内蒙古"一湖两海"水资源与水生态

王圣瑞　孙　标　岳卫峰　张翼龙　殷国栋　等　著

科学出版社

北京

内 容 简 介

　　本书针对内蒙古"一湖两海"（呼伦湖、岱海和乌梁素海）流域水资源时空演化及生态退化机理问题，总结了团队围绕内蒙古"一湖两海"区域水资源、水生态与气候变化和人类活动间关系、湖泊水量水质时空演变规律与驱动机制、湖泊水量水质动态耦合与生态退化机理及湖泊地表水-地下水互馈机制与贡献及水资源、水生态承载力间的协同效应等研究的新成果新认识，意在破解气候变化与人类活动驱动下的"一湖两海"流域水资源-水环境-水生态协同演变机制，攻克"一湖两海"流域水循环过程的精细刻画技术方法和寒旱区流域冰封期水资源-水环境-水生态协同承载提升技术方法难点。综合性解析内蒙古"一湖两海"全流域全过程水量水质水生态耦合机制是本书的重要创新，体现了水质、水量、水生态统筹协调的湖泊保护治理理念。

　　本书围绕内蒙古"一湖两海"水资源、水环境、水生态三者联动关系，较为系统地总结了课题组的研究成果，可供从事湖泊保护与治理、水环境管理及规划与生态环境保护修复和水利管理等方面工作的管理人员、科研人员和大专院校师生等参考。

图书在版编目（CIP）数据

　　内蒙古"一湖两海"水资源与水生态 / 王圣瑞等著. —北京：科学出版社，2022.10

　　ISBN 978-7-03-073232-3

　　Ⅰ. ①内… Ⅱ. ①王… Ⅲ. ①水资源－研究－内蒙古 ②水环境－生态环境－研究－内蒙古 Ⅳ. ①TV211 ②X143

　　中国版本图书馆 CIP 数据核字（2022）第 176615 号

责任编辑：刘　冉 / 责任校对：杜子昂
责任印制：吴兆东 / 封面设计：北京图阅盛世

科 学 出 版 社 出版

北京东黄城根北街 16 号
邮政编码：100717
http://www.sciencep.com

北京中石油彩色印刷有限责任公司 印刷
科学出版社发行　各地新华书店经销

*

2022 年 10 月第 一 版　开本：720×1000　1/16
2022 年 10 月第一次印刷　印张：23 1/2
字数：470 000

定价：160.00 元

（如有印装质量问题，我社负责调换）

前　言

　　湖泊是重要的环境演变指示器，特别是对于我国北方生态脆弱区而言，湖泊作为生态安全屏障的关键战略支撑作用日益受到重视。过去几十年来，在自然和人为因素的共同影响下，以内蒙古"一湖两海"（呼伦湖、岱海和乌梁素海）为代表的寒旱区湖泊普遍呈现快速萎缩、水资源短缺、水生态退化、水环境恶化等突出共性问题，严重威胁华北、东北、西北乃至全国的生态安全，直接影响区域经济社会发展和居民生活安定。然而，我国地域辽阔，自然环境复杂、区域分异特征明显，目前较为成熟的湖泊水资源安全保障与水生态综合治理理论、方法、模型、技术、装备等，主要集中应用于以太湖、巢湖、滇池等为代表的温暖地区，大多难以适用于以补给水量少、生态系统脆弱易失衡、冰封冻融周期性交替为主要特征的"一湖两海"等典型寒旱区湖泊综合治理需求。

　　具体来讲，"一湖两海"是指位于中国内蒙古自治区境内的呼伦湖、岱海和乌梁素海，其分别分布在内蒙古东部、中部及西部，对应我国地理单元的东北、华北及西北。其中呼伦湖位于内蒙古呼伦贝尔市新巴尔虎左旗、新巴尔虎右旗和满洲里市之间，是内蒙古最大湖泊，同时是寒旱区极为罕见的具有生物多样性和生态多功能的草原型湖泊湿地生态系统，流域主要用地类型为草原及部分森林，人类活动以牧业为主。岱海位于内蒙古乌兰察布市凉城县境内，是农牧交错带典型深水藻型湖泊，内蒙古自治区三大内陆湖之一，同时是内蒙古自治区中部生态保护的核心区，流域主要用地类型为农业及少量草原，人类活动主要为农业及部分工业和畜牧业。乌梁素海位于内蒙古巴彦淖尔市乌拉特前旗境内，是内蒙古第二大淡水湖泊，也是干旱草原及荒漠地区少见的具有生物多样性和环保多功能的大型湖泊，其上游流域是北方特大灌区——河套灌区，人类活动以农业为主。因此，呼伦湖、岱海、乌梁素海分别代表了草原湖泊、农牧交错带湖泊、灌区湖泊，地域上代表了东北、华北及西北地区，是北方寒冷干旱半干旱地区典型代表湖泊。

　　由于"一湖两海"所处寒冷干旱半干旱地区干旱少雨，冰封及生消期长达4~6个月，同时蒸发作用强烈，水体浓缩效应明显，且自然地表水系补给源不足，水平衡依靠人为补水，水资源是湖泊存亡的决定性因素，其水生态系统极度脆弱。过去几十年来，气候变化和人类活动双重影响下，"一湖两海"水位下降、水域面积减小、湿地萎缩、部分水质超标、水体盐化、水生态退化显著，水系统承载力下降等共性问题不断凸显。同时，"一湖两海"也呈现鲜明个性特征，其中呼伦湖作为典型牧区草原吞吐型湖泊,区域草场退化沙化严重,入湖河流水量不断减少,湖体生态系统功能性分区现象明显,生态自净能力显著下降,水-气界面交互作用剧烈,呈跨境吞吐湖向内陆尾闾湖演化的鲜明个性特征;乌梁素海曾经为黄河的河迹湖,现为承接河套灌区农业灌溉退水和城乡生产生活尾水的调蓄湖泊,上游河套灌区盐渍化问题突出,区域内点-线-面源污染物入湖量大,湖体水浅水动力条件差、富营养化和沼泽化现象明显,呈草型湖向藻型湖演化的特征;岱海作为典型的内陆湖,流域内地下水、地表水和湖水资源过度开发利用问题突出,区域水资源极其短缺,水生态极度恶化,水位急剧下降,面积快速萎缩,盐度显著增高,大型鱼类灭绝,营养级联断层,呈内陆型淡水湖向高盐尾闾湖演化的特征。

由此可见,内蒙古"一湖两海"代表不同类型的湖泊,但均属于生态脆弱区,变化剧烈,且历史资料缺乏,流域水资源演变驱动机制不清,水生态退化机理不明,缺乏对气候变化和人类活动影响下水资源演变过程及湖泊水量-水质-水生态耦合关系等深入认识。因此,研究内蒙古"一湖两海"流域水资源-水生态演变与气候变化和人类活动关系、湖泊水量水质时空演变规律与驱动机制、流域生态退化机理以及水资源-水环境-水生态三者的协同互馈机制等,可支撑"一湖两海"水资源优化配置及水环境质量改善,有效地提高我国寒旱区湖泊综合管理水平,对内蒙古"一湖两海"及其他湖泊保护治理至关重要,是突破寒旱区湖泊综合治理制约瓶颈需要解决的关键基础性科学问题。

本专著就是基于以上需求,依托国家重点研发计划"内蒙古'一湖两海'等典型湖泊水资源综合保障关键技术及示范"项目课题"'一湖两海'流域水资源时空演化与生态退化机理"成果总结而成。全书共8章,第1章由孙标和王圣瑞编写,介绍"一湖两海"总体特征及湖泊主要水环境问题;第2章由张翼龙、余楚、吴利杰、姜高磊和张胃编写,分析气候变化和人类活动影响下"一湖两海"流域水资源演变过程及趋势,解析湖泊水量水质时空演变驱动机制;第3章由殷国栋、张璇、李溪然、何佳、杜鹏编写,研究揭示"一湖两海"湖泊流域水资源-水生态演变规律,并解析其对气候变化与人类活动定量响应关系;第4章由岳卫峰、翟远征、郭梦申编写,分析典型湖泊流域尺度"四水"转化关系及演变趋势,阐明地下水时空演化特征与影响因素;第5章由岳卫峰、翟远征、曹倡铭、曹欣怡和吴礼军编写,研究揭示"一湖两海"湖泊地表水-地下水互馈关系及其贡献;第6章由王圣瑞、姚波、郭颖、张昊、陈秋颖编写,解析气候变化和人类活动对湖泊水质水量变化及水生态演变的驱动作用;第7章由王圣瑞、姚波、张昊、郭颖、黄煜祺编写,解析气候变化和人类活动影响下"一湖两海"水质水量耦合作用及水生态系统对水量、水质变化动态响应过程,揭示"一湖两海"生态退化机理及主要驱动因素;第8章由孙标、赵胜男、史小红和任贝贝编写,探究湖泊流域水资源-水环境-水生态协同承载力互馈响应关系与协同提升技术,开展"一湖两海"

湖泊流域协同承载力提升及水资源安全利用评估。王圣瑞牵头负责本书的总体设计与内容组织，郭颖、成祥等研究生及课题组其他成员参与统稿和校对等工作。

本书的出版得到了国家重点研发计划项目课题"'一湖两海'流域水资源时空演化与生态退化机理"（2019YFC0409201）资助，凝聚了多位作者的辛勤付出，衷心感谢各位专家的支持和辛勤付出，感谢项目组专家学者的指导和帮助。

由于时间和水平有限，本书难免存在不足之处，敬请读者批评指正。

作　者

2022 年 7 月

目　　录

第1章 流域概况及水生态环境问题

湖泊被誉为"地球之肾",湖泊及其流域是人类赖以生存的重要场所,在国民经济的发展中发挥着重要作用。内蒙古湖泊众多,大部分地区都属于干旱半干旱地区,且每年有 4~6 个月的冰封期(李畅游等,2016a),当地的湖泊水资源对于维持区域环境生态的协调可持续发展具有毋庸置疑的关键作用。其中,"一湖两海"分布在内蒙古的东部、中部及西部,分别代表了草原湖泊、农牧交错带湖泊、灌区湖泊,是我国干旱半干旱地区的典型代表湖泊(李畅游和孙标,2013)。

1.1 流 域 概 况

寒旱区湖泊是我国北方生态脆弱区水资源的重要载体,在承载流域社会经济发展、调节区域气候、保持生态平衡、调配水质水量、美化人居环境等方面发挥着关键作用。它们所处位置远离海洋,降水少,气候干旱寒冷,过去几十年来,以内蒙古"一湖两海"为代表的寒旱区湖泊普遍呈现快速消退、水资源极其短缺、水生态极度退化、水环境持续恶化等共性问题(张亚丽等,2011),威胁华北、东北、西北乃至全国的生态安全,影响区域经济社会发展和居民生活安定。

1.1.1 乌梁素海概况

1. 地理位置及形态

乌梁素海位于内蒙古自治区巴彦淖尔市乌拉特前旗境内,属干旱半干旱地区,地理坐标介于 40°36′~41°03′N,108°43′~108°57′E 之间(图 1-1),湖区呈南北长、东西窄的狭长形态,其中南北长约 35~40 km,东西宽约 5~10 km。乌梁素海面积随周边芦苇变化波动在 293~330 km^2,其中芦苇区约占 55%,明水区约占 45%,明水区随季节变化分布有沉水植物,湖面运行水位 1018.8~1019.2 m,大片水域水深在 0.5~1.5 m,最大水深 4 m。湖岸发育率为 2.15,岛屿率为 6.1%,湖盆特征形态系数为 22.2,湖泊水体滞留时间为 160~220 天。2002 年,乌梁素海被国际湿地公约组织正式列入国际重要湿地名录,成为深受国际社会关注的湿地系统生物多样性保护区(李畅游等,2019;Mao et al.,2020)。

乌梁素海是 1850 年由黄河改道而形成的河迹湖。由于狼山西部缺口,在西北风作用下,阿拉善沙地流沙向东蔓延,加之色尔腾山、乌拉山等流域山洪所携带泥沙的不断堆积,并不断向南扩展,促使河床不断抬高,到 1850 年将现在西山咀以北早期黄河主流隔断 15 km 左右,造成黄河主流南移,留下故道一段,形成一半弧形的长条洼地,即乌梁素海的前身(Sun et al.,2011)。

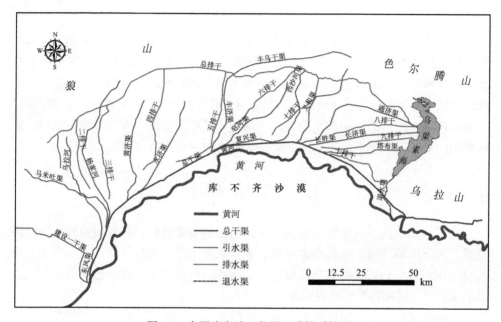

图 1-1　乌梁素海地理位置及灌排系统图

整个河套平原在地质上是一个内陆断陷盆地,乌梁素海流域受狼山旋扭构造作用,形成扇面状。沉积层在流域地层结构中分布十分广泛,沉积层上部是冲积层、洪积层和风积层,下部是巨厚的新老第四纪湖相淤积层。

2. 流域灌排系统分布

乌梁素海是河套灌区灌排水系统重要的组成部分,是当地生活污水、工业废水的唯一承载渠道,最为重要的是河套灌区农田退水的唯一排泄渠道。河套灌区的农田退水通过总排干、八排干、九排干进入乌梁素海,上游城镇如磴口、临河、五原等地的生活污水和工业废水处理后也通过总排干汇入乌梁素海,除此之外,乌梁素海还接纳大气降水、地下径流、周围山沟季节性洪水和总排干季节性洪水的径流补给。湖水的排泄途径以蒸发为主,其次是退水和渗漏,乌梁素海的出水最终通过湖区南端的退水渠(西山咀镇附近)排入黄河。经过多年建设,流域形成了引水、排水、乌梁素海调蓄、退水入黄的完整水循环系统,在维持灌区水环境系统平衡等方面发挥着重要作用,乌梁素海不仅是河套灌区排水的承载渠道,控制河套灌区土地的盐渍化，同时也是黄河水质安全的保障（史小红等，2015；Sun et al.，2013）。

3. 区域气候特征

乌梁素海地区处在干旱半干旱的高纬度地带，属北温带大陆性气候。主要气候特点是四季温差大、冰封期长、气候干旱、降水量小且年内分配不均匀、蒸发量大、湿度适中及风沙活动强烈（李兴等，2015）。

据气象资料统计，多年平均降水量为 224 mm，降水主要集中在 7~9 月，该期间降水量占全年总降水量的 67.9%。年蒸发量达到 1992~2351 mm，流域内湿润程度很低（0.11~0.20），是天然降水资源极度缺乏的地区，其中 5~7 月蒸发量占全年总蒸发量的 47.4%。多年平均气温为 7.3℃，7 月份气温最高，多年平均值为 24.6℃，1 月份气温最低，多年平均值为–10.2℃。多年平均日照时数约 3185 h；多年平均风速 3.0 m/s，大风多出现在 3~5 月，最大风速可达 27.7 m/s，年内大风日数在 20 天以上，风向多为西北风。乌梁素海封冻期每年约 5 个月，通常从 11 月中旬至翌年 4 月中旬（图 1-2 至图 1-4）。

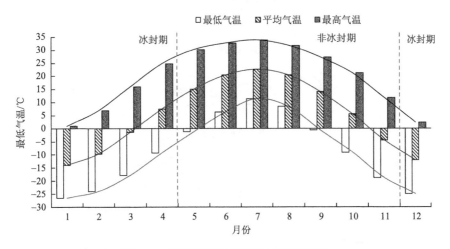

图 1-2 乌梁素海区域气温年内变化过程

1.1.2 岱海概况

1. 地理位置及形态

岱海（112°33′31″~112°46′40″E，40°29′7″~40°37′6″N）位于内蒙古自治区乌兰察布市凉城县境内，地处阴山山脉东段南侧，北靠阴山支脉的蛮汉山，南邻马头山丘陵低山区，东接丰镇丘陵，西部地形开阔，主要分布数条间歇性入湖河流。

岱海湿地是列入《中国湿地保护行动计划》的 179 块国家重要湿地之一，同时也是自治区级湖泊湿地自然保护区。岱海主要受中温带半干旱大陆性季风气候影响，四周环山，属于典型内陆咸水湖泊，是内蒙古自治区重要的内陆湖泊之一。岱海东西长约 13 km，南北宽约 8 km，最大水深达到 7.6 m。岱海结冰日期最早的为 10 月 4 日，最迟的为 12 月 5 日，冰融时间多数从 3 月中旬开始，冰融终止日期最晚为 4 月 26 日，封冻天数为 101~143 天（周云凯等，2008）。

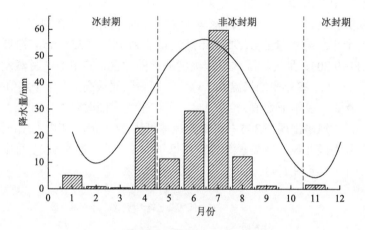

图 1-3　乌梁素海区域降水量年内变化过程

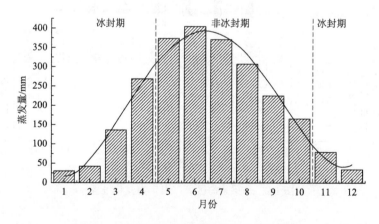

图 1-4　乌梁素海区域蒸发量年内变化过程

岱海位于岱海盆地中央，是一个狭长陷落型盆地，长轴约为 45 km，短轴约为 14 km，形成于上新世纪第四纪的地壳升降运动（陈建生等，2013）。岱海断陷盆地形成后，大约是早更新世初开始形成为湖泊。构造断裂对本区的地貌形成起控制作用，主要有中低山地、丘陵和陷落盆地平原三种地貌形态。本区的断裂带主要在东北和北北东向断裂，这些断裂在燕山运动时期已经形成。后经喜马拉雅运动使得这一断裂继续运动造成现在地堑式的构造，直接形成本区的地貌形态。

2. 流域分布及水系

岱海属于内陆尾闾湖，湖水补给的常规水源主要来源于地表径流、地下水补给和湖面降水（Wang Q X et al.，2021）。岱海流域总面积为 2312.75 km^2，其中凉城县流域面积 1968.71 km^2，丰镇市流域面积 222.11 km^2，卓资县 121.93 km^2。凉城县境内流域面积占总流域面积的 85.4%。

流入岱海的一级河流有 22 条，均发源于流域周边山区与台地，最终全部汇入岱海，如图 1-5 所示。较大型的有弓坝河、五号河、步量河、天成河、大河沿河（目花河）、索代沟等，大多数属于间歇性河流，以东西两侧及南部的河流较长，

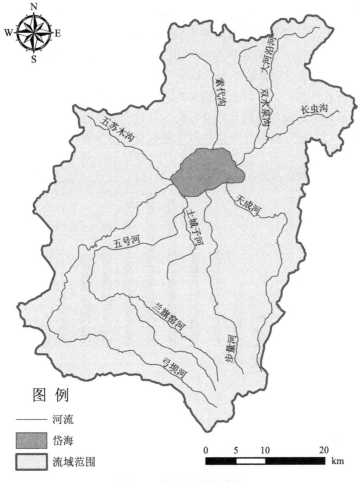

图 1-5　岱海流域水系图

且流域面积较大，如西部的弓坝河和五号河，东部的目花河，南侧的天成河、步量河。这些河流中弓坝河最长，总长为 77.4 km，流域面积也最大，大约 450 km²。北侧主要以季节性河流为主，仅在降雨时有径流。由于西部地势最为平坦，河岸湖滨带蓄水，形成了大量的湿地沼泽。岱海湖水来源主要是靠湖面降水及地表径流和地下水补给，而湖水消耗主要是湖面蒸发和人类活动用水。目前为止岱海流域内主要入湖河流径流的特点及变化规律与降水一致，属于季节性河流，仅雨季部分河流存在径流，其余河流基本全部断流。

3. 区域气候特征

岱海在气候上处于温带半干旱区向干旱区过渡地带，位于东亚季风的西北边缘地带，是西伯利亚干冷气团南下与热带海洋湿暖气团北上相交锋的敏感地带。其气候冬季主要受大陆冷气团的控制，如蒙古-西伯利亚高原气流，寒冷而干燥。夏季主要受来源于低纬大洋暖气流的影响，高温多降水（金章东等，2002；周云凯和姜加虎，2009 b）。岱海地区多年平均气温为 6.1℃，年内最低气温在 1 月，最高气温在 7 月，冰封期长达 5 个月以上。多年平均降水量约为 407 mm，年内降水主要集中在 6~8 月，占年降水量的 80%左右，降水年内变化趋势呈现先上升后下降特征。多年平均蒸发量约为 1795 mm，年内蒸发主要集中在 4~7 月，占年蒸发量的 80%左右，蒸发的年内变化趋势呈现先上升后下降特征（图 1-6 至图 1-8）。

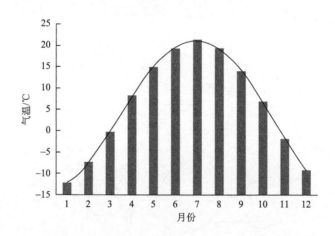

图 1-6　岱海区域近 30 年平均气温年内变化过程

1.1.3　呼伦湖概况

呼伦湖，也称达赉湖、呼伦池，"呼伦"是由蒙古语"哈溜"音转而来，意为

"水獭",因古代湖区内盛产水獭,生活在湖区的蒙古人便以动物名将其命名。关于呼伦湖的记载最早见于两千多年前的《山海经》,称之为"大泽";《旧唐书》称"俱轮泊";《明史》称"阔滦海子";《朔漠方略》称"呼伦诺尔"。

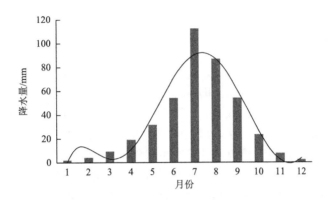

图 1-7　岱海区域近 30 年平均降水量年内变化过程

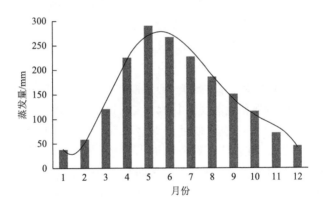

图 1-8　岱海区域近 30 年平均蒸发量年内变化过程

1. 地理位置及形态

呼伦湖为中国第五大湖,内蒙古第一大湖,位于内蒙古自治区满洲里市及新巴尔虎左旗、新巴尔虎右旗之间,地理坐标为 116°58′~117°48′E,48°33′~49°20′N。呼伦湖是全球范围内寒冷干旱地区极为罕见的具有生物多样性和生态多功能的自然湖泊湿地生态系统,1990 年被划定为自治区级保护区,1992 年被批准为国家级自然保护区,2002 年 1 月被联合国列为国际重要湿地名录,2002 年 11 月被联合国教科文组织人与生物圈计划吸收为世界生物圈保护网络成员。呼伦湖东边是兴安岭山脉，西边及南边是蒙古高原，湖面呈不规则斜长方形，轴为东北至西南方向，长度为 93 km，最大宽度为 41 km，周长约 480 km。当湖泊水位最高时，最大水深可达 8 m，蓄水量达 120 亿 m^3。湖岸线弯曲系数为 1.88（李翀等，2006；李卫平等，2016；毛志刚等，2016）。

2. 湖泊的形成与周边地貌概况

大约在古生代的下石炭纪（距今约 3 亿六千万年）以前，呼伦湖地区曾为海洋，在地质构造上属于蒙古地槽的一部分。约在距今三亿多年前，才开始上升为陆地，从此再没有被海水淹没过。在距今约二亿二千五百万年前的中生代，呼伦贝尔一带气候温和，雨量充沛，河流广布，大地生长着苏铁、松柏、银杏等高大的裸子植物，为一派热带景象。约在中生代侏罗纪后期，距今一亿三千七百万年前，由燕山运动造成了呼伦贝尔盆地沉降带，这个盆地中的较低区域，可称为呼伦湖最早的雏形，位置大约在今乌尔逊河以东至辉河一带。

到了新生代第三纪末期，随着地壳的持续挤压，在现今湖区一带产生了两条北北东向的大断层。西部一条大致在克鲁伦河—呼伦湖—达兰鄂罗木河—额尔古纳河一线，称西山断层；东部的一条大致在嵯岗—双山一线，称嵯岗断层。这使得今呼伦湖地区成为呼伦贝尔最低的地区，原始的呼伦湖从乌尔逊河以东至辉河之间移到现金呼伦湖的位置上。距今一百万年至一万五千年前，呼伦湖地区的气温由温热多雨转为冰川气候。距今约一万年前，冰川气候消失，逐渐转暖变干，现代呼伦湖形成（秦伯强和王苏民，1994；Xue et al.，2003）。

呼伦湖处在呼伦贝尔盆地最低处，湖盆不深，四周起伏不大，底层多覆盖着第四纪沉积物。周边的地貌可划分为低山丘陵、湖滨平原和冲积平原、沙地沙岗、河谷漫滩及高平原几种类型。湖盆西北部为一条东北向西南的低山丘陵带，名为达赉诺尔低山，一般海拔为 600~800 m，多为玄武岩构成。在湖的北端、南端和东面环湖一带，都有较广阔的湖滨平原。在乌尔逊河两岸，特别是其东面阿木古郎至双山子之间，有古乌尔逊河冲积形成的平原，在额尔古纳河以东，湖北端的滨洲铁路两侧，有海拉尔河冲积形成的平原。在入湖河流克鲁伦河、乌尔逊河、达兰鄂罗木河的沿河都有宽阔的漫滩沼地，在宽阔的河漫滩上有许多废河道和沼泽湿地。在湖的东侧有两条沙丘带，一条在呼伦湖东岸，沿湖岸线呈南北向分布，为湖滨沙丘；另一条在乌尔逊河以东，阿木古郎、甘珠尔庙以北，沿沼泽湿地东缘大体呈南北向发展，此外，在满洲里市以南的山坡上，有若干呈覆舟状的固定沙堆分布。这些湖滨平原和冲积平原与沼泽湿地、沙地沙岗等地貌类型相互穿插。在湖区东部有广阔的高平原分布，一直可延伸到大兴安岭边缘（图 1-9）。

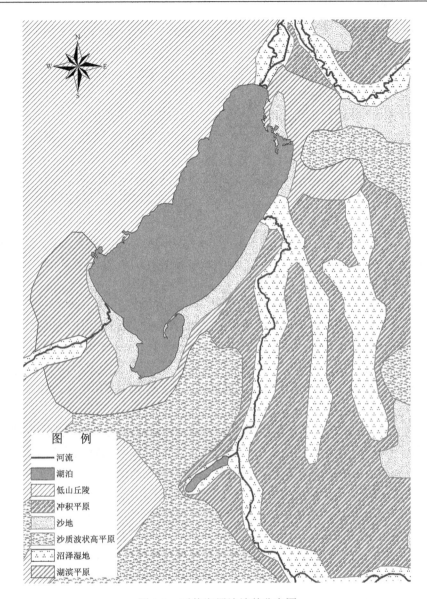

图 1-9　呼伦湖周边地貌分布图

3. 流域分布及水系

呼伦湖水系是额尔古纳水系的组成部分，主要包括哈拉哈河、贝尔湖、乌尔逊河、乌兰诺尔、克鲁伦河、新开河（达兰鄂罗木河）等主要支流（孙占东等，2021；Li et al.，2013），100 km 以上的河流有三条，20~100 km 的河流有 13 条，20 km 以下的河流共 64 条，全流域河流总长 2374.9 km。其中哈拉哈河，是贝尔湖的主要水源，也是呼伦湖主要水源之一，发源于兴安盟阿尔山市大兴安岭北侧五道沟东南山顶，中游段流经蒙古国，下游段为中蒙界河，由东向西至额布都格附近，河道分为两支，一支向西北流入乌尔逊河，称为沙尔勒金河，一支向西南流入贝尔湖，河全长 233 km。

贝尔湖位于呼伦贝尔的西南部边缘，是中蒙两国共有的湖泊。湖呈椭圆形状，长 40 km，宽 20 km，面积约 600 km²，大部分在蒙古境内，仅西北部的 40.26 km² 为我国所有。湖水为淡水，一般深度在 9 m 左右，湖心最深处可达 50 m。

乌尔逊河，位于呼伦湖东南部，是呼伦湖主要补给水源之一，多年平均径流量为 $6.11×10^8$ m³。乌尔逊河发源于贝尔湖，东流至乌尔逊河分场注入呼伦湖，它是呼伦湖与贝尔湖的连接通道，是两湖鱼类产卵的重要场所和洄游通道。乌尔逊河河长 223 km，流域平均宽度 47 km。流域为狭长形，形状系数为 0.21，河宽在丰水期为 60~70 m，水深 2~3 m，比降 1/3000~1/4000，枯水期河宽 30~50 m，水深仅 1.0 m 左右，河流弯曲系数 2.03。

克鲁伦河，位于呼伦湖西南部，是呼伦湖主要的补给水源之一，多年平均径流 $4.6×10^8$ m³。克鲁伦河发源于蒙古国肯特山东麓，自西向东流，于新巴尔虎右旗克尔伦苏木西北乌兰恩格尔进入我国，向东南流入呼伦湖。河全长 1264 km，我国境内 206 km（产流区和 90%流域面积在蒙古国），流域平均宽度 73 km，流域呈狭长形，河道蜿蜒曲折，河宽 40~90 m，沿途多牛轭湖及沼泽。

达兰鄂罗木河位于呼伦湖的东北部，全长 25 km，为连接呼伦湖与额尔古纳河的吞吐性河流，由呼伦湖的水位决定流向。在呼伦湖水大时顺达兰鄂罗木河流入额尔古纳河，在呼伦湖水小时，海拉尔河的河水顺达兰鄂罗木河可流入呼伦湖少许。因在 1960 年前后呼伦湖水位猛涨影响到扎赉诺尔矿区的生活生产，所以在附近进行了河流改道工程，于 1971 年竣工，新修的人工河道称为"新开河"，并在新开河两端加设了水闸，这使得呼伦湖第一次得到了人工控制。

海拉尔河与额尔古纳河严格来讲虽不属于呼伦湖水系，但它们与呼伦湖水系有着千丝万缕的关系，这里稍作介绍。海拉尔河，又称"开拉里河"，发源于牙克石市境内大兴安岭吉勒奇老山的西麓，由东向西流，沿途有多条河道汇入，流至牙克石市附近进入呼伦贝尔高原。当海拉尔河蜿蜒流至扎赉诺尔北部阿巴该图山附近时，汇达兰鄂罗木河突折向东北流去。从此处起，称为额尔古纳河。海拉尔河全长 708 km，河宽 145 m 左右，多年平均径流量 32.8 亿 m³。海拉尔河的主要支流有库都尔河、免渡河、扎敦河、特尼河、莫尔格勒河、伊敏河、辉河等。额尔古纳河为黑龙江的上源，在流到我国洛古村附近与俄罗斯的石勒喀河相汇后开始称黑龙江，黑龙江最终流入鄂霍次克海。额尔古纳河北岸为俄罗斯，南岸为我国，是两国的天然界线。额尔古纳河河道弯转曲折，两岸土质肥沃，水草丰美，全国闻名的三河马和三河牛就产于额尔古纳河的支流根河、得尔布尔河、哈乌尔河流域。额尔古纳河上游支流较少，中下游支流较多，100 km 以上的支流有 19 条，20~100 km 以内的支流有 216 条之多。呼伦湖周围分布着季节性湖河，多分布在呼伦湖西岸一带，大型的则分布在湖东岸和西南岸。这些湖泊随呼伦湖水位的涨落发生变化，受降水量大小的影响，依丰水期和枯水期的周期变化而存在与消失，其中较大的有新达赉湖、乌兰布冷泡。

新达赉湖又称新开湖，是在 1962 年呼伦湖水位高涨时，在湖东岸双山子一带决口，湖水东泄形成的面积达 147 km² 的湖泊，位于呼伦湖东岸新巴尔虎左旗境内，距呼伦湖 5 km。新开湖水位、水质、渔业资源等均受呼伦湖的制约和影响，颇像子母湖。新开湖底多生水草，湖水温凉，水质肥沃，是鱼类栖息、产卵的理想水域。在 60 年代末水面逐渐缩小，80 年代初干枯，1984 年呼伦湖水位上涨，重新注入新开湖，随后十几年时大时小，到 2005 年彻底干枯后至今未有水注入。

呼伦湖补给水源为国际河流，流域范围分布广，东西跨度大，约 16 个经度带。最高海拔位于蒙古国肯特山脉，可达 2516 米，最低洼处位于呼伦湖湖区（图 1-10）。呼伦湖全流域面积约为 20.2 万 km²，我国部分为 3.9 万 km²，所占比例为 19.3%；而蒙古国部分为 16.3 万 km²，所占比例达 80.7%。其中来水量大、面积大的克鲁伦河流域几乎 95% 的汇水面积位于蒙古国。如将海拉尔河与新开河流域计算在内，全流域面积为 25.6 万 km²。图 1-11 为呼伦湖水系及子流域分布图，可详细划分为 9 个子流域（李畅游等，2016b）。

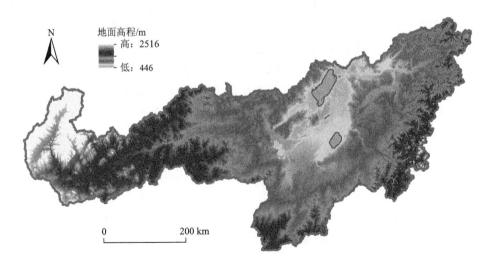

图 1-10　呼伦湖流域边界及流域地面高程情况

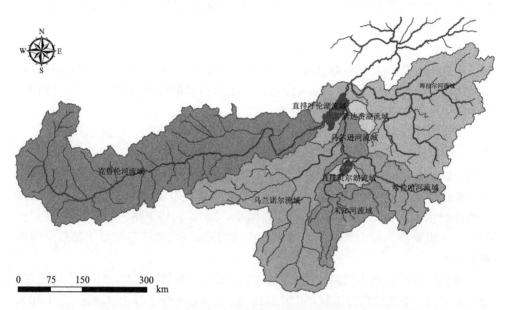

图 1-11　呼伦湖水系及子流域分布图

4. 区域气候特征

呼伦湖地处欧亚大陆中高纬度地带,气候类型属于中温带大陆季风气候(严登华等,2001;Cai et al.,2016)。该气候特点显示为春夏季节较短,其中春季为 5 月 1 日至 6 月 30 日两个月,春季刮风日数较多,占全年的 40%~50%,气候转暖,阳光充足,气温回升剧烈;夏季为 7 月 1 日至 8 月 15 日,该季节气候温良,时间较短,日照时间较长,降雨集中,且容易形成雷雨天气;秋季为 8 月15 日至 10 月 15 日,该季节日照时间缩短,天气晴朗,早晚温差较大,降温剧烈;而冬季时间最长,为 10 月 15 日至次年 5 月 30 日,该季节日照时间最短,降雪及大风天气较多,气温寒冷。气温、降水量及蒸发量年内变化情况见图 1-12至图 1-14。

近 60 年来呼伦湖区域气温呈显著升高趋势,年平均气温变化范围为–3.1~1.9℃,气温的最大值出现在 2007 年。区域降水呈不显著减少趋势,年平均降水量变化范围为 149.4~558 mm,降水量的最大值出现在 1998 年。区域蒸发呈显著升高趋势,蒸发量变化范围为 1221.0~1878.6 mm,蒸发量的最大值出现在 2017 年。区域相对湿度呈显著下降趋势,相对湿度变化范围为 55.0%~70.6%,最小值出现在 2017 年(图 1-15 至图 1-18)。

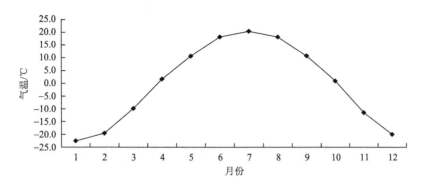

图 1-12　呼伦湖区域气温年内变化情况

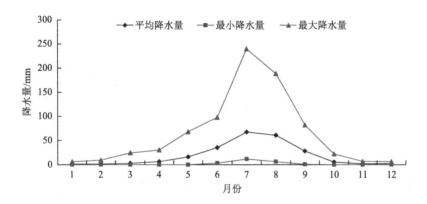

图 1-13　呼伦湖区域降水量年内变化情况

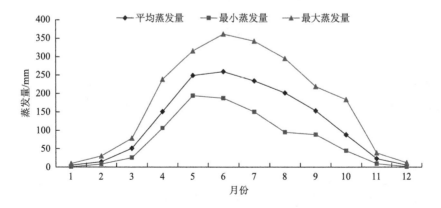

图 1-14　呼伦湖区域蒸发量年内变化情况

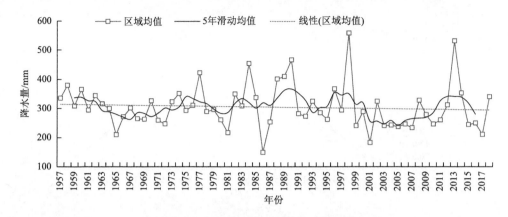

图 1-15　呼伦湖区域降水量年际变化

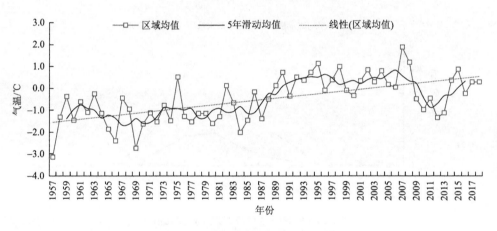

图 1-16　呼伦湖区域气温年际变化

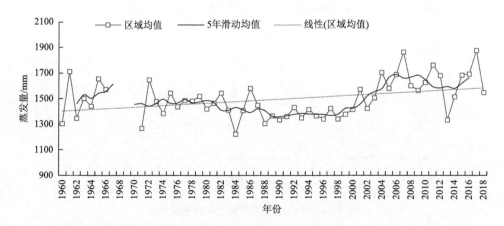

图 1-17　呼伦湖区域蒸发量年际变化

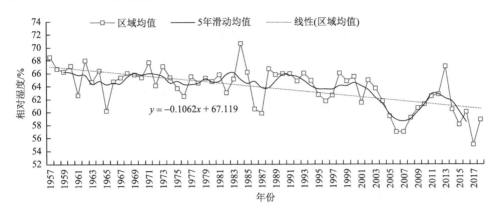

图 1-18　呼伦湖区域相对湿度年际变化

1.2　水生态环境问题

呼伦湖、乌梁素海、岱海是内蒙古重要的三大淡水湖，在调节气候、修复生态、涵养水源方面发挥着重要作用。前些年，由于自然原因和人为因素，"一湖两海"出现不同程度的湖面缩减、水质变差等问题。

1.2.1　乌梁素海主要水生态环境问题

1. 水资源主要依赖于黄河，部分年份会因水资源不足引发水环境水生态问题

乌梁素海位于黄河流域河套平原末端，是内蒙古河套灌区灌排水系极其重要的组成部分，湖泊现有的补给水源主要依靠河套灌区农田退水、黄河补水及少部分大气降水和山洪水。由于区域的强烈蒸发作用，在没有黄河补水的情况下，其余来水仅能维持蒸发损耗，需要在黄河凌汛期和河套灌区灌溉期补充黄河水到乌梁素海，使湖泊进行水体交换以维持一定的水质状况。如遇黄河水偏枯、凌汛水偏少年份时，很难保证进入乌梁素海的黄河补水量，进而引发水动力条件不足，水环境水生态变差。

2. 水环境质量有所改善，局部和季节超标现象时有发生

随着近些年乌梁素海综合治理的不断推进，湖区整体水质呈现变好的趋势。流域建设多座污水处理厂、再生水厂及相应管网附属设施，工程已基本竣工，提高了污水处理率、回用率和资源化水平，但水环境情况仍不容乐观，湖泊总氮、化学需氧量等指标在某些时段及某些点位仍超标严重。另一方面，由于农业退水携带的盐分较高，湖泊水体的盐化情况也较为严重。

3. 农业面源污染物入海所占比例有提高趋势

近年来随乌梁素海流域城镇生活、工业污染源的治理，湖区人工湿地、网格水道、生态补水等水环境综合治理工程实施，乌梁素海流域污染源结构发生一定变化，入湖污染物总量降低，点源入湖量呈下降趋势，使得农业面源污染物入湖的比例有提高的趋势。

4. 水生态系统稳定性不足，物种多样性贫乏

乌梁素海水生植被生长茂盛，大型挺水植物以芦苇为主，湖面约 55% 的区域被芦苇覆盖，主要分布在湖的中部、西岸和北部。乌梁素海湖区沉水植物种类贫乏、优势种群突出、生物量大，以眼子菜科和金鱼藻等耐污性强的物种为主，清水型植被种群已逐渐消失，每年 5 月至 11 月初，乌梁素海沉水植物形成茂密的"水下草原"，绝大部分水生植物得不到利用而腐烂沉积。湖区渔业捕获以鲫和麦穗鱼、鳑鲏等小杂鱼为主，鲤鱼、草鱼、鲇鱼等大型鱼类所占比例极低，瓦氏雅罗鱼、赤眼鳟等土著鱼类几乎消失，渔业捕捞产量也持续下降。鱼类优势种"单一化"和"小型化"发展趋势明显。

1.2.2　岱海主要水生态环境问题

1. 水资源严重短缺，湖泊水位、面积减少严重

近 60 年来，岱海水面面积持续减小，水位、蓄水量变化随面积也呈快速减少趋势，蓄水量从 20 世纪 60 年代的 12.70 亿 m^3 减小到 2019 年的 1.738 亿 m^3，减小了 86.3%，形势不容乐观，2019 岱海湖面面积为 50.3 km^2。岱海水量下降显著、湖面面积萎缩是岱海保护的首要问题，岱海的水量受人类生产、生活活动的影响是不可回避的现实，同时也受蒸发量大、降水量少等客观自然因素影响。

2. 水体咸化加剧，污染物居高不下

岱海为内陆尾闾湖，湖蒸发量大，在入湖水量减少、水位下降、蓄水量减少的共同作用下，自 20 世纪 60 年代以来岱海湖水年平均矿化度不断上升，从 1962 年的 2250 mg/L 上升到 2019 年的 13878 mg/L，年均上升 204 mg/L。与此同时，由于湖泊本身没有出流，与外界交换性差，自净能力弱，周边土壤中磷、有机质、氟化物等物质含量较高，暴雨径流作用下入湖，导致水体污染物居高不下。

3. 水体富营养化污染加剧

岱海周边营养物质伴随入湖径流汇入岱海，风等外力扰动下水体沉积物中的营养物质向上覆水体释放，加之近年来的连续干旱，湖泊面积减小，盐类及有机质浓度不断提高，加快了湖泊富营养化进程，导致岱海水体富营养化水平不断加剧。高锰酸盐指数、总氮、总磷等判断富营养化程度的指标浓度高于地表水Ⅳ类标准限值，现状为劣Ⅴ类。

4. 水生态系统失衡严重，生物多样性减少

近年来受气候变化和人类活动影响，岱海水域及周边湿地持续萎缩，生物多样性减少，生态环境恶化严重；周围湿地 20 世纪 60 年代芦苇区曾达到 0.67 万 hm^2，沿岸 1.0~1.5 km 内均有水生维管束植物生长，西岸及南岸一带芦苇及蒲草生长茂盛，芦苇等水生维管束植物大幅度减少。水体中其他水生生物由于水量及水质的影响也随之减少，生物多样性锐减，岱海鱼类已经全部灭绝，渔业养殖功能已基本丧失，水生态系统失衡严重。

5. 径流补给区生态脆弱

岱海流域属半干旱干旱气候地带，区域水资源匮乏，大风频繁，生态环境脆弱，森林覆盖率仅为 30%，且岱海湖周围区域人口相对集中，大面积土地被开垦耕作，使得植被覆盖度进一步降低，同时，地下水过度开采导致地下水水位下降，造成了地表植被覆盖度下降，加速了水土流失。

1.2.3　呼伦湖主要水生态环境问题

1. 天然河流来水不足，入湖水量锐减，需依靠补水维持水平衡

呼伦湖入湖水量主要来自克鲁伦河、乌尔逊河、湖周入流、降水及地下水。两条天然河流来水有明显的减少趋势。其中克鲁伦河由于蒙古国生态环境的变化，产流能力在逐步下降，而我国境内河道蜿蜒曲折，几乎不产流引起来水不断减少；乌尔逊河入流需要通过中蒙边界湖泊贝尔湖，贝尔湖蓄水能力大，近年来干旱，贝尔湖水位也呈下降趋势，使得乌尔逊河进入呼伦湖的水量剧减。为了遏制水域萎缩、水位下降，通过疏通古河道及新建引渠道，将海拉尔河水生态补水至呼伦湖，通过每年的生态补水，呼伦湖水位已经得到提升，面积有所扩大。

2. 受浓缩效应及污染排放等因素影响，湖泊水质超标问题突出

近年来，随来水减少，湖泊水位下降，水体交换不足，受强烈蒸发下浓缩效应等因素影响，湖泊水质超标问题突出，湖水矿化度已超过 1500 mg/L，远未达到水功能区规定要求。受污染排放等因素影响，克鲁伦河相关断面全年水质类别

为Ⅴ类，主要超标项目为高锰酸盐指数、COD、总氮及总磷等指标；乌尔逊河相关断面水质为劣Ⅴ类，主要超标项目为高锰酸盐指数、COD及总氮等指标。

3. 流域草地退化和沙化严重

在气候变化、水域减少及载畜量持续增加的综合影响下，2000年以来，区域草地退化面积达2.03万km^2，占草地总面积的60.73%，其中中、重度退化占3.88%。与此同时，随着湖区水位下降，导致湖滨裸露形成沙地，草地退化进一步加剧了沙化，草地退化及沙化对于呼伦贝尔草原生态系统构成了巨大威胁，并对牧业生产造成极大影响，对区域生态安全构成巨大压力。

4. 湿地萎缩态势明显，生物多样性减少

呼伦湖、乌尔逊河、克鲁伦河以及湖周边水域形成的湿地面积在不断减少，湿地的萎缩减少了鱼类洄游空间和产卵场所，减少了鸟类觅食场所和栖息地。受草地退化、沙化、湿地萎缩等因素的影响，近年来生物多样性受到极大破坏，呼伦湖渔业产量从20世纪的1.5万t下降到2013年的3000t左右，减少80%，鲤鱼、鲶鱼、红鳍鲌等大型经济鱼类比例由15%下降到3%，狗鱼基本绝迹。

1.3　本　章　小　结

内蒙古"一湖两海"（呼伦湖、岱海和乌梁素海）分别位于内蒙古自治区东部、中部和西部地区，区域内干旱少雨，冰封及生消期长达4~6个月，属于典型寒旱区生态脆弱湖泊。过去几十年，气候变化和人类活动的双重影响下，"一湖两海"等典型寒旱区湖泊呈现快速消退的趋势，水资源短缺，水生态退化，有机质、氮磷和盐度不断增高等共性问题凸显，威胁华北、东北、西北乃至全国的生态安全。

"一湖两海"也呈现出鲜明特征，其中呼伦湖为典型的牧区草原吞吐型湖泊，区域草场退化沙化严重，出入湖河流水量不断减少，湖泊生态系统功能性分区现象明显，自净能力显著下降，呈跨境吞吐湖向内陆尾闾湖演化的个性特征。乌梁素海曾经为黄河的河迹湖，现为农业灌溉退水和城乡生产生活尾水调蓄湖泊，流域上游河套灌区盐渍化问题突出，区域内点-线-面源污染物入湖量大，湖体水浅水动力条件差、富营养化和沼泽化现象明显，其退水进入黄河，呈草型湖向藻型湖演化的个性特征。岱海为典型的内陆湖，流域内地下水、地表水和湖水资源超采问题突出，区域严重超载，水资源极其短缺，水生态极度恶化，水位急剧下降，面积快速萎缩，盐度显著增高，大型鱼类灭绝，营养级联断层，生态系统稳态崩溃，呈内陆型淡水湖向高盐尾闾湖演化的个性特征。

第2章 湖泊时空演变规律与驱动机制

湖泊是我国北方生态脆弱区环境演变的重要指示器，是北方生态安全屏障的关键战略支撑点，也是寒旱区湖泊流域水资源的重要载体，在承载流域社会经济发展、调节区域气候、保持生态平衡、调配水质水量、美化人居环境等方面发挥着关键作用。过去几十年，以内蒙古"一湖两海"（呼伦湖、岱海和乌梁素海）为代表的寒旱区湖泊普遍呈现快速萎缩、水资源短缺、水生态退化、水环境恶化等突出共性问题，严重威胁华北、东北、西北乃至全国的生态安全，直接影响区域经济社会发展和居民生活安定。内蒙古湖泊时空演变规律、主要影响因素及其驱动机制研究可为合理构建寒旱区湖泊流域水资源-水环境-水生态协同承载力评估体系提供依据，是开展湖泊流域水生态综合治理亟待查明的关键基础性问题。

2.1 湖泊时空演变特征及规律

湖泊是干旱、半干旱区水资源的重要组成部分，其演化反映了气候变化和人类活动影响下流域的水平衡调节过程。内蒙古自治区地域广阔，湖泊数量众多。研究分析湖泊数量与面积的变化特征及规律有助于更好揭示该地区湖泊演变成因，对认识人类活动与自然环境之间的关系具有重要意义。

2.1.1 湖泊分布特征

内蒙古自治区从西向东跨越干旱、半干旱、半湿润、湿润四个气候区，地貌形态多样，数百个大大小小的湖泊分布其上。地质成因类型、气候条件和水资源开发利用方式的不同造成了不同区域湖泊在阶段性演化过程中的差异性特征。早期对内蒙古地区湖泊的演化研究多集中在几个典型的中大型湖泊上，如呼伦湖（汪敬忠等，2015；岳丹，2015）、岱海（曹建廷等，2002a；江南等，2016；梁文军等，2017；岳丹，2015；周云凯，2006）、乌梁素海（江南等，2016）、达里诺尔（Li et al，2017；岳丹，2015）、红碱淖（王莺等，2018）、查干淖尔（江南等，2016；刘美萍等，2015；岳丹，2015）、东、西居延海（岳丹，2015）等。近年来我国西北及北方生态环境脆弱区湖泊的区域性演化特征受到广泛关注,Tao 等(2015,2020)研究指出 20 世纪 80 年代中期至 2015 年蒙新高原>1 km² 的湖泊严重萎缩,除气候因素外,围湖造田、灌溉和采矿等也对湖泊变化造成了严重影响。闫立娟和郑绵平(2014)研究了 20 世纪 70 年代至 2010 年前后蒙新地区>0.5 km² 的湖泊变化,研究发现 20 世纪 70~90 年代内蒙古地区的湖泊总体上呈扩张趋势,2000 年至 2010年前后东北部地区的湖泊呈萎缩趋势,西部地区呈扩张趋势,认为主要受到了降水量和蒸发量的年际变化影响。

本研究利用遥感监测对 1990~2018 年内蒙古全区湖泊演变特征进行了分析。遥感监测使用 Landsat 系列卫星 TM/ETM/OLI 传感器,选择全境全覆盖 30 m数据,共获取了 1990 年、1995 年、2000 年、2005 年、2010 年、2015 年、2018 年共七期的有效数据,每期监测的时间统一选择丰水期 6~8 月,以获取湖的最大水域面积。

通过遥感解译,内蒙古自治区 2018 年湖泊总数为 527 个,湖泊总面积 4292.38 km²(贝尔湖以在自治区范围内的面积进行统计,约占总面积的 1/15)。参考现有研究(Tao et al, 2020),根据面积将湖泊分为 4 级,分别是微型(<1 km²)、小型(1~10 km²)、中型(10~50 km²)和大型(>50 km²),湖泊数量分别为 226、270、24、7 个,占总数的 42.88%、51.23%、4.55%和 1.33%。研究区的湖泊以浅小型为主,微型和小型湖泊共有 496 个,占总数的 94.12%,仅占总面积的 19.77%,主要分布在蒙北高原、西辽河平原,以及巴丹吉林沙漠、腾格里沙漠、乌兰布和沙漠、毛乌素沙漠、库布奇沙漠和浑善达克沙漠等沙漠区,见图 2-1,其中微型湖泊主要分布在蒙北高原、阿拉善地区和西辽河平原。

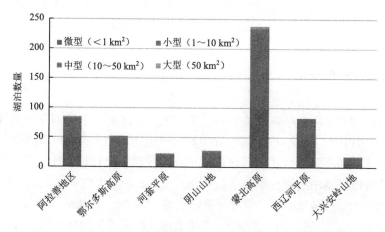

图 2-1　内蒙古地区不同等级湖泊的区域性分布(2018 年)

2.1.2　湖泊动态变化

1990~2018 年内蒙古湖泊总面积减少 672.98 km^2，变幅为–13.55%，湖泊总数增加 14 个，变幅为 2.73%，见表 2-1。小型、大型湖泊的面积与数量均减少，小型湖泊面积减小了 256.35 km^2，变幅为–26.00%，数量减少了 83 个，变幅为–23.51%。大型湖泊面积减小了 519.35 km^2，变幅为–15.08%，数量减少了 2 个，变幅为–22.22%。微型、中型湖泊的面积与数量增大，微型湖泊面积增大了 44.82 km^2，变幅为74.56%，数量增加了 97 个，变幅为 75.19%。中型湖泊面积增大了 57.90 km^2，变幅为 12.17%，数量增加了 2 个，变幅为 9.09%。

湖泊的变化特征表现为，总体呈萎缩态势，大、中型湖泊向中、小型湖泊转化，小型湖泊向微型湖泊转化，微型湖泊有扩张趋势，见表 2-2。1990 年的 3 个（33.33%）大型湖泊至 2018 年退化成中、小型，7 个（31.82%）中型湖泊退化成小、微型，124 个（35.13%）小型湖泊退化成微型，3 个（0.85%）小型湖泊干涸。39 个（30.23%）微型湖泊扩张成小、中型湖泊，有 25 个（75.76%）干涸的湖泊再现。

表 2-1　研究区 1990 年和 2018 年湖泊数量和面积的变化

湖泊等级	1990 年		2018 年		变化情况			
	数量	面积/km^2	数量	面积/km^2	数量变化	数量变幅/%	面积变化/km^2	面积变幅/%
微型	129	60.11	226	104.93	97	75.19	44.82	74.56
小型	353	985.85	270	729.50	–83	–23.51	–256.35	–26.00
中型	22	475.86	24	533.76	2	9.09	57.90	12.17
大型	9	3443.53	7	2924.18	–2	–22.22	–519.35	–15.08
合计	513	4965.36	527	4292.37	14	2.73	–672.98	–13.55

表 2-2　研究区 1990~2018 年不同等级湖泊数量的转化

1990 年		2018 年				
		干涸	微型	小型	中型	大型
干涸	33	8	19	5	1	—
微型	129	8	82	38	1	—
小型	353	3	124	220	6	—
中型	22	—	1	6	14	1
大型	9	—	—	1	2	6
合计		19	226	270	24	7

注："—"表示湖泊的此类转化情况不存在

采用湖泊面积距平百分率（area anomaly rate，AAR）进一步分析了不同地貌分区湖泊面积的多年变化特征（周岩，2018），由式(2-1)计算：

$$AAR(\%) = (A^* - A_{mean}) \times 100 / A_{mean} \tag{2-1}$$

式中，A^* 为 1990~2018 年中某湖泊某一年的面积；A_{mean} 为某湖泊多年的面积平均值。该指标能反映某一年湖泊面积与多年平均状态的偏离程度，从而反映出湖泊萎缩或扩张的驱动力作用强度。

对某一研究区而言，湖泊面积的变化特征可以用各类湖泊的平均面积距平百分率进行分析，由式(2-2)计算：

$$AAR_{region}(\%) = \frac{1}{n}\sum_{i=1}^{n}AAR_i \tag{2-2}$$

式中，n 为各类型湖泊的数量。

全区及不同地貌分区湖泊 AAR 的多年变化见图 2-2，微型湖泊对外部环境变化更敏感，其 AAR 的变化范围明显大于小、中、大型湖泊。除大兴安岭山地外，其他地貌区的微型湖泊均表现出相似的扩张—缩小—扩张阶段性变化特征，大致可划分为快速扩张（1990~1995 年）、持续萎缩（1995~2015 年）和快速扩张（2015~2018 年）三个时期。中、小型湖泊的变化大致经历了缓慢萎缩（1990~2000 年）、加速萎缩（2000~2010 年）和相对平稳（2010~2018 年）三个时期。

对区域年平均气温、年平均降雨、年供用水量、年矿山用水量和分级湖泊 AAR 的相关性分析表明，阿拉善地区的多年降雨与微型湖泊 AAR 变化具有显著性，两者间相关系数为 0.557，说明该地区微型湖泊的演化主要受控于降雨。由于数据时间序列长度不一致，其他地区的相关性分析并未显示有显著性。定性分析认为，全区矿山用水量在 20 世纪初期进入高峰，见图 2-3，2012 年后逐年下降，用水量快速上升期与中、小型湖泊加速萎缩期大体一致，表明中、小型湖泊演化受到了工矿开发活动的重要影响。

水资源调控和工、农业开发活动对内蒙古多数大型湖泊的演化造成了强烈干扰，在 9 个大型湖泊中，达里诺尔湖尚处于自然因素为主导的变化机制，岱海和黄旗海以工农业开发为主导，其余 6 个湖泊均以人工调节为湖泊演化的主要因素，见表 2-3。相比于 1990 年，内蒙古第一大湖呼伦湖 2010 年湖面减小了 235.87 km²，河川径流量和降水量的缩减是其主要原因（Fu et al，2021；张浩然等，2018），近年来在"引河（海拉尔河）济湖"工程的开展下，湖面面积持续扩大，2018 年湖面仅减小 23.48 km²，减幅 1.11%。乌梁素海实施"引黄补水"后，湖面面积主要

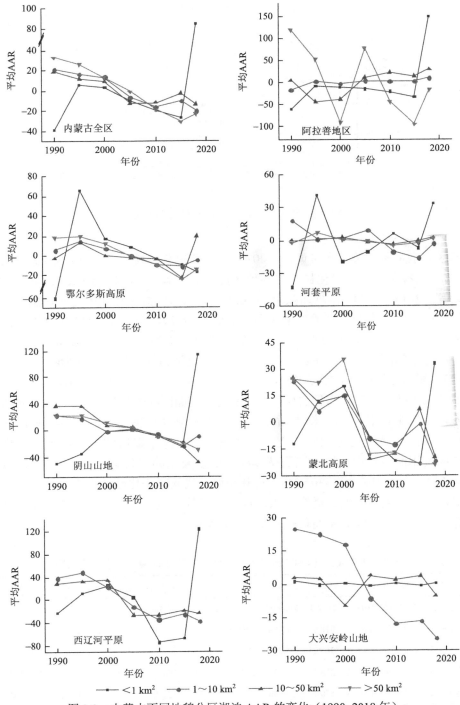

图 2-2　内蒙古不同地貌分区湖泊 AAR 的变化（1990~2018 年）

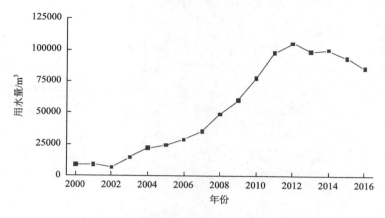

图 2-3 内蒙古全区矿山用水量的多年变化

由灌区退水量和引黄补水量调控，2010 年后面积有所增长，2018 年湖面扩大了
4.13%。乌拉盖湖湖面变化目前主要受乌拉盖水库泄流量的控制（Tao et al，2015;
张兵等，2013），2018 年湖面减小了 40.78%。西居延海是黑河的尾闾，由于上中
游拦蓄河水、工农业用水量大增（乔西现等，2007），湖水在 2000 年几近干涸，
1999 年国家开始实施黑河水量统一调度，2018 年面积仍减小 61.92%。

达里诺尔湖在流域水资源过度开发、植被退化和气候暖干化的影响下（丹旸，
2019），面积持续缩小，至 2018 年面积减小了 13.01%。岱海至 2018 年湖泊面积
减小了 52.08%，农作物播种面积和人口变化对湖面面积影响最大（刘旭隆，2019）。
此外，岱海电厂利用湖水作为循环冷却水造成湖水水温升高，湖面蒸发量增大
也是造成湖面萎缩的可能原因之一。区域地下水超采造成的地下水水位下降也
是造成黄旗海 21 世纪以来湖面持续萎缩的主要原因（付意成等，2017），该湖
泊至 2018 年面积减小了 30.50%。与其相似，气候暖干化叠加人类活动（上游水
利工程修建、工矿开发、灌溉耗水、环湖开发等）造成了红碱淖的持续萎缩（王
莺等，2018），至 2018 年面积减小了 27.86%。

表 2-3 研究区大型湖泊（>50 km²）1990~2018 年的变动情况及主要人为影响因素

湖泊名称	1990 年	1995 年	2000 年	2005 年	2010 年	2015 年	2018 年	变幅/%	主要人为因素
呼伦湖	2107.15	2109.11	2102.31	2039.90	1871.28	2074.40	2083.67	-1.11	"引河济湖"
乌梁素海	309.53	338.61	318.01	315.04	300.31	308.01	322.30	4.13	灌溉退水，"引黄补水"
乌拉盖湖	257.91	234.40	365.21	5.53	174.93	143.87	152.74	-40.78	水库拦蓄
达里诺尔湖	219.70	220.30	218.71	212.76	197.80	195.17	191.12	-13.01	工矿开发、畜牧业集聚等
哈达乃浩来	170.53	171.35	170.17	100.96	35.36	9.95	5.73	-96.64	决口湖，人工拦堵

续表

湖泊名称	1990 年	1995 年	2000 年	2005 年	2010 年	2015 年	2018 年	变幅/%	主要人为因素
西居延海	158.52	110.91	6.23	128.65	39.61	3.41	60.36	−61.92	黑河分水
岱海	113.79	104.44	92.20	89.90	77.50	63.96	54.53	−52.08	农灌超采地下水，电厂取排水
黄旗海	55.94	62.15	58.11	51.40	45.08	43.84	38.88	−30.50	区域地下水超采
红碱淖	50.46	51.06	47.92	42.39	38.47	32.59	36.40	−27.86	水库拦蓄、工矿开发、农灌超采地下水等

2.2　湖泊演变特征及驱动机制

内蒙古生态脆弱区"一湖两海"等典型湖泊呈快速萎缩趋势，水资源、水环境和水生态问题凸显。呼伦湖为构造成因的牧区草原吞吐型湖泊，乌梁素海为人工调控水库型尾闾湖，岱海为构造成因的农牧交错区内陆湖，了解典型湖泊演变特征及驱动机制对流域水资源保护和生态综合治理有重要意义。

2.2.1　呼伦湖演变特征及驱动机制

呼伦湖近年来的水位、面积及库容变化见图 2-4。1962~2016 年，呼伦湖水位、面积、库容三者的变化趋势一致，变化情况大致可以分为 6 个阶段：

（1）1962~1982 年，呼伦湖水位呈现缓慢下降趋势，该时段水位最高值为 545.21 m，高水位对应的湖面面积达 2110 km²，对应库容为 134.7 亿 m³；该时段水位最低值为 542.92 m，低水位对应的湖面面积约为 2022.37 km²，对应库容约为 87.22 亿 m³。

（2）1982~1990 年，呼伦湖水量表现出增长—下降—增长的波动趋势。

（3）1990~2000 年，呼伦湖维持在高水位状态，2000 年水位最高，为 544.8 m，对应库容约为 125.8 亿 m³，为近 20 年的峰值。

（4）2000~2009 年，呼伦湖水量快速持续减少，到 2009 年水位降低至 540.5 m，面积约为 1775.7 km²，库容不足 41 亿 m³，约 2/3 的水量消失，湖泊最大水深不足 4 m。

（5）2009~2012 年，呼伦湖水位停止下降，基本处于稳定状态。

（6）2012~2016 年，呼伦湖水量快速恢复。

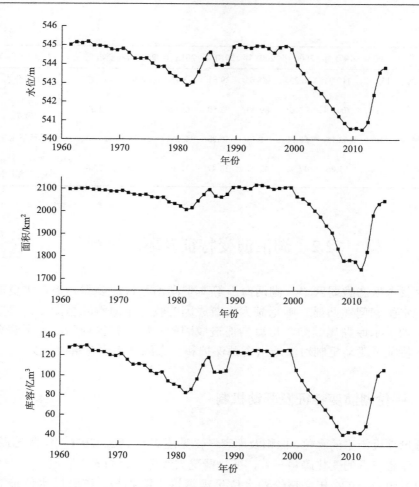

图 2-4　不同年份呼伦湖水位、面积、库容动态变化（1962~2016 年）

近 50 年的气象数据分析显示，呼伦湖流域多年平均气温为 0.26℃，气温呈显著上升趋势，见图 2-5。20 世纪 60 年代的气温均值为-0.55℃，70 年代为-0.39℃，80 年代为-0.18℃，到了 90 年代达到 1.06℃，2000 年以后为 1.26℃，从 1987 年开始气温发生了突变，增温速度加快，90 年代后升温幅度进一步加大。多年平均降水量为 261.1 mm，年平均降水量呈减少趋势，其中 1960~1981 年是较为干旱的少雨期，1982~1998 年转入较湿润的多雨期，1999~2011 年为极干燥的少雨期，峰值出现在 1998 年，1998 年以后降水量从 590 mm 急剧减少到 177 mm，并且减少趋势加快（汪敬忠等，2015）。

呼伦湖区蒸发有两个特点：一是受风向影响，西风蒸发量最大，南风蒸发量最小；二是融冰期的影响，4~5 月湖面蒸发偏小，5 月中旬湖水冰体消失后，蒸发量猛增。呼伦湖区域 1960~2017 年年蒸发量呈增高趋势（李孝荣和塔娜，2014），20 世纪 80 年代末期至 2007 年增高速率最大，见图 2-6 和图 2-7。

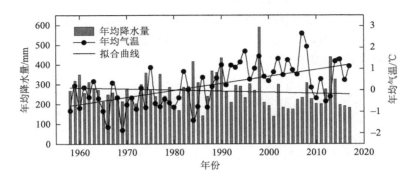

图 2-5　呼伦湖流域 1959~2017 年降水量和气温变化

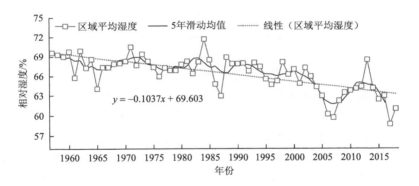

图 2-6　呼伦湖流域 1959~2017 年相对湿度变化

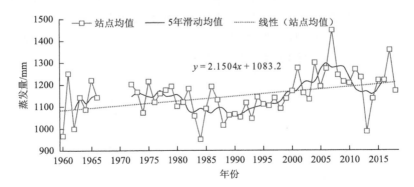

图 2-7　呼伦湖流域 1960~2017 年蒸发量变化

　　呼伦湖水源主要由乌尔逊河、克鲁伦河和周边约 5000 km² 集水面积径流补给（吴亚男，2013）。位于乌尔逊河的坤都冷水文站和位于克鲁伦河的阿拉坦额莫勒水文站来水量被认为是呼伦湖区主要的入湖径流量。利用这两个水文站 1960~2011 年年径流量数据，绘制呼伦湖年入湖径流量变化曲线，并用 2 阶多项式拟合其变化趋势。1960~2011 年呼伦湖的年入湖径流量呈减少趋势，且从 20 世纪 80 年代后期开始减少趋势加剧，见图 2-8。

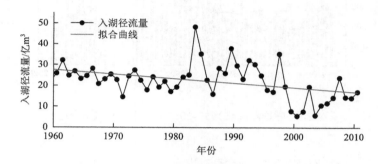

图 2-8　呼伦湖流域 1960~2011 年入湖径流量变化

　　呼伦湖周边满洲里、扎赉诺尔、新巴尔虎右旗部分生活用水取自呼伦湖。2000 年后，呼伦贝尔地区的经济飞速发展，2003~2013 年的 GDP 增长了 8 倍以上，第二产业所占比重达到了 50%以上，工业成为该地区经济增加的主要来源。煤炭开采在第二产业中占有超过 10%的比例，其中呼伦湖北部的满洲里，为呼伦贝尔市三大产煤区之一。2000 年后，呼伦湖周边地区的工业总产值到 2014 年已经增加了 81 倍（张浩然等，2018），见图 2-9，伴随着第二产业的飞速增长，煤炭开采量也迅速增加，其直接造成该地区地下水位降低，最终导致湖泊的地下水补给减少。第一产业随着总体经济的发展，其产值也得到了一定的增长，但是第一产业产值占总体经济的比重显著下降。另外，根据本研究的农业产值数据，间接反映了耕地面积增加。耕地面积、牲畜数的增加，直接导致水体消耗量大、土地荒漠化、植被退化严重，对呼伦湖湿地生态环境造成了一定的破坏。

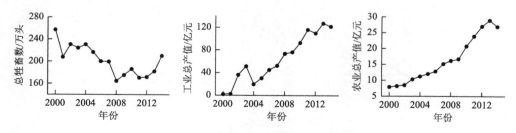

图 2-9　呼伦湖地区 2000~2014 年社会经济发展

综上所述，气温升高、降水量减少、蒸发量加大，致使所在区域的主要补给河流入湖量减少，以及呼伦湖自身耗水增加，这是造成呼伦湖水位下降、水体面积减少的主要原因。在以自然因素为主要影响因素下，再加上以总牲畜数、农业产值和工业产值为主的社会因素，造成了呼伦湖水位、水面面积的大幅度变化。

2.2.2　岱海演变特征及驱动机制

岱海形成于距今 200 万~250 万年前的新近纪中新世时期。彼时由燕山运动形成的北东与北西向断裂发生差异性升降运动，导致上新世大规模的玄武岩喷溢，在岱海南部形成了熔岩台地。北部蛮汗山与东部石质山持续隆起，造成中部断陷，形成了岱海盆地，盆地积水形成了岱海湖（周云凯和姜加虎，2009a）。岱海形成初期，气候温暖潮湿，湖面面积基本保持在 760 km²，湖泊属于淡水湖。中更新世晚期湖区降水量减少，气候逐渐干旱，湖泊急剧萎缩，至第四纪晚更新世中期（距今 2.5 万~7 万年）湖面缩小至 170 km²。在晚更新世晚期（距今 1.8 万~2.2 万年），湖盆南缘与西缘经历了一次断裂抬升，阻断了岱海湖与天成河的水力联系，岱海成为一个封闭的内流湖泊。与此同时，由于浑河袭夺及汗海的形成，湖区汇水面积大幅减小，湖面面积下降至 120 km² 左右。

全新世以来随着气候冷暖交替、干湿变化，湖泊面积和水位变动更加频繁，中全新世时夏季风的北进使湖区气温回升、降水增多，湖面持续扩张达到 420 km²。晚全新世时湖区气候偏于干寒，湖面萎缩，水位下降。

一万年以来岱海的湖泊演化和区域气候变化过程可分为三个时期，见图 2-10：

（1）距今 8000~10000 年，岱海湖区植被优势种以耐旱草本为主，指示气候温和干燥，流域降水较低，湖泊水位较低。C/N 值显示湖泊中的有机碳和碳酸盐主要来自于湖泊内部，表明流域降水补给量较小。

（2）距今 3300~8000 年，利用孢粉重建的流域降水为全新世以来的最高的时期，尤其是距今 4500~6000 年，该时期流域降水充足，C/N 值、有机质和碳酸盐含量表明陆源有机质以及碳酸盐类等物质在较强的流域径流携带下输入量增加。

（3）3300 年前至今，流域降水逐步降低，湖泊水位下降，C/N 值显示湖泊有机质和碳酸盐主要为湖泊内源产生，表明流域降水补给量减少。

近千年来岱海盐度与区域降水、温度的变化过程为：600~1000 年间湖水盐度呈逐渐下降趋势，同时期降水减少，温度略有降低；390~600 年间湖水盐度和温度同步上升，降水较为稳定；近 390 年以来，湖水盐度、降水和温度均呈上升趋势，见图 2-11，表明在百年尺度上岱海盐度变化可能主要受温度（蒸发量）变化影响。

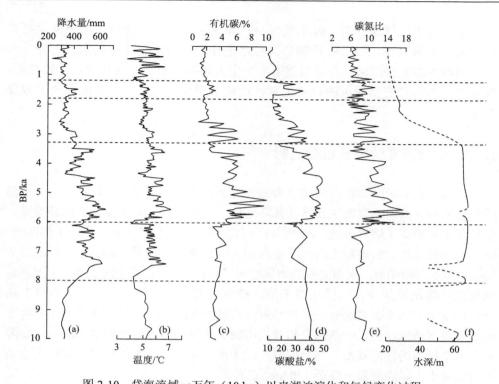

图 2-10　岱海流域一万年（10 ka）以来湖泊演化和气候变化过程

(a) 流域降水量；(b) 温度（许清海等，2003）；(c) 有机碳；(d) 碳酸盐；(e) C/N（孙千里和肖举乐，2006）；
(f) 湖泊水深（Sun et al.，2009）

据《岱海水生态保护规划》及相关研究成果，岱海近代有两次重要的扩张—萎缩过程：

（1）19 世纪末至 20 世纪初（扩张期）。自 19 世纪后半叶以来，随着小冰期的结束，岱海地区降水增加，湖面面积增至 140 km² 左右。

（2）20 世纪初至 20 世纪 30 年代初（萎缩期）。1875~1879 年连续 5 年大旱，岱海湖萎缩严重，水位也随之不断下降。此后到 30 年代初湖面急剧萎缩，水位急剧下降，到 1929 年湖面水位维持在 1219.5 m 左右，湖面面积仅剩 80 km² 左右。

（3）20 世纪 30 年代中期到 70 年代初期（扩张期）。1934~1935 年连续大涝，湖面面积急剧扩张。40 年代和 50 年代中期，湖面进一步扩张，西岸河洞子、五号地、四块地、六甲地等地先后被淹，至 60 年初期湖面积最大达 182.46 km²，至 60 年代末湖面水位最高达 1225 m，至 70 年代初期湖面面积一直维持在 150 km² 以上。

（4）20 世纪 70 年代初期至今（萎缩期）。自 1970 年开始，岱海湖面又进入一个持续萎缩期，见图 2-12。1970~2020 年湖面面积由 174.2 km² 萎缩至 49.1 km²（马佳丽，2021），共缩减 125.1 km²，减幅为 71.8%，萎缩速率为 2.5 km²/a。湖水位由 1225.2 m 下降至 1214.0 m，共降低 11.2 m，下降速率为 0.22 m/a。期间湖面有 3 次短暂微幅扩张。

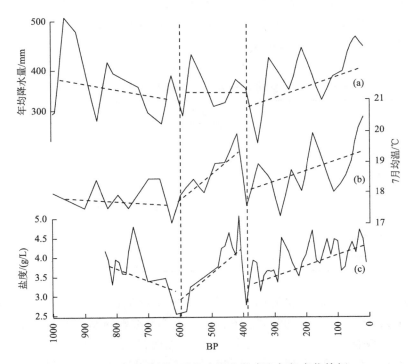

图 2-11　岱海流域近千年来湖水盐度和气候变化特征

(a) 降水量；(b) 温度（许清海等，2004）；(c) 盐度（曹建廷等，2002b）

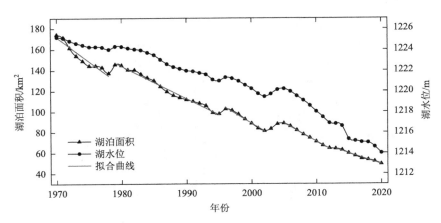

图 2-12　1970~2020 年岱海面积与水位变化趋势

分时段线性拟合的结果表明（表 2-4），70 年代湖泊萎缩速率最快，拟合斜率最小。2002~2005 年湖面经历了一个相对较长的扩张时期，2003~2004 年拟合斜率为 4.59。2005 年至今湖面持续萎缩。2016 年以后，湖面萎缩趋势显著减缓，拟合斜率由 2005~2012 年的−3.55 增大至 2017~2020 年的−1.72，萎缩速率由 3.44 km²/a 减小至 1.73 km²/a。

表 2-4　1970~2020 年岱海的变动情况（线性拟合斜率）

年份	湖面积	湖水位
1970~1978	−4.64	−0.15
1979~1995	−3.14	−0.23
1996~2002	−3.85	−0.33
2003~2004	4.59	0.42
2005~2012	−3.55	−0.48
2013~2016	−2.34	−0.62
2017~2020	−1.72	−0.35

受湖盆形态的影响，岱海西南、南、东南部萎缩最显著，其次是西部和东部。2000~2019 年高频（时间间隔 16 天）的遥感数据解译结果表明（Wang et al.，2022），岱海湖面一般在 3 月份最小，9 月份湖面最大，多年平均湖面年内变幅为 5.37 km²。2015~2019 年，年内湖泊面积变幅明显增大，见图 2-13。近年，盆地内实施"退灌还水"措施以来地下水水位有所上升，可能增强了地下水对湖泊的补给作用。

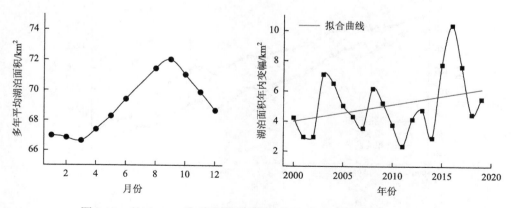

图 2-13　2000~2019 年岱海的年内和年际变化（Wang et al.，2022）

2.2.3　乌梁素海演变特征及驱动机制

1. ^{222}Rn 同位素指示的区域水文循环特征

自然环境中的氡是一种化学性质保守的惰性气体，^{222}Rn 是氡最重要的天然放射性同位素之一，来源于铀系物质的衰变。沉积环境中含铀矿物不断衰变产生 ^{222}Rn，使 ^{222}Rn 常富集于地下水中，而地表水中的 ^{222}Rn 容易逸散到大气中，因此一般 ^{222}Rn 的活度在地下水和地表水中差异显著。^{222}Rn 的半衰期为 3.82 d，能够匹配 1~20 d 的水文过程。国内外早期利用 ^{222}Rn 的研究多集中在海底地下水排泄量评估上（Burnett and Dulaiova，2003；Corbett et al.，2000；郭占荣等，2012），近年来 ^{222}Rn 在地表水与地下水相互作用研究方面逐渐受到关注，不同地区的调查研究表明，^{222}Rn 能够较好地指示黄河（Yi et al.，2018）、马莲河（王雨山等，2018）、广西岩溶水系统（郭芳等，2021）以及张家口市崇礼区（师明川等，2020）地下水与地表水的相互作用关系。

乌梁素海是 19 世纪中叶受地质运动、黄河改道和水利开发影响而形成的河迹湖，肩负着河套灌区盐碱化调控、黄河水量调蓄、湿地生态环境维护、渔业生产等任务，是河套灌区水利工程的重要组成部分，更是黄河上游地区极为重要的多功能人工控制型草型湖泊。受灌溉周期和引黄水量的影响，灌区地下水水位年内动态变化明显、退水量年内分布不均，进而造成乌梁素海的水位和水质月度间差异显著（乌兰和王俊，2017），表明短期水文过程对乌梁素海的水量调节和水质变化有重要影响。鉴于此，采用 ^{222}Rn 对乌梁素海地区的区域水文循环特征进行了调查分析。

于 2020 年 10 月 24~28 日（灌溉期）、2021 年 9 月 2~8 日（非灌溉期）对乌梁素海及其周边水体中的 ^{222}Rn 进行了两期采样调查和测试，见图 2-14。测试仪器采用美国 Durridge 公司的 RAD 7 型测氡仪和 RAD7-H$_2$O 水氡配件。湖水采样点在明水区均匀布设，表层湖水进行了两期采样，采样深度控制在湖面以下 0.5 m，2021 年还采集了底层湖水样品，采样深度控制在湖底以上 0.5 m。地下水采样点控制在距湖岸 20 km 的范围，采样井均为民用井，井深在 20 m 以内，采样同时测量了水位埋深。两个河渠水采样点位于总排干入湖口和乌毛计闸退水渠出口，采样同时用浮标法粗略测量流量。地表水体用 RAD7-H$_2$O 自配的 250 ml 采样瓶采样，地下水用 40 ml 采样瓶采样。测试结果在分析前都经过了衰变校正。

1）河渠水的 ^{222}Rn 含量及其指示意义

根据粗略测量的结果，2020 年 10 月下旬采样调查时，河套灌区正逢灌溉期，农田退水量较大，入湖水量较大。总排干入湖流量大约为 25.64 m^3/s。2021 年 9 月上旬灌区处于非灌溉期，总排干水量以城镇生活、工业废污水为主，入湖水量较小，入湖流量大约为 4.28~7.49 m³/s，不足灌溉期的 1/3。

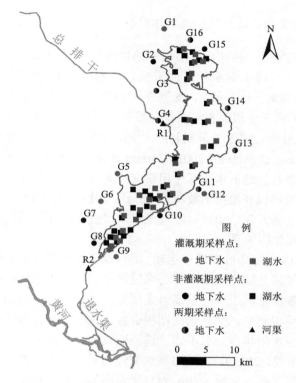

图 2-14　乌梁素海采样示意图

灌溉期乌梁素海总排干和退水渠的 ^{222}Rn 活度均大于非灌溉期，但不同时期总排干、退水渠 ^{222}Rn 活度的相对大小有所差异，见表 2-5。

表 2-5　乌梁素海河渠水与其他地区河水 ^{222}Rn 活度对比

采样地区		调查时间	^{222}Rn 活度
乌梁素海	总排干（R1）	2020 年 10 月 24~28 日（灌溉期）	924.20
		2021 年 9 月 2~8 日（非灌溉期）	110.72
	退水渠（R2）	2020 年 10 月 24~28 日（灌溉期）	678.93
		2021 年 9 月 2~8 日（非灌溉期）	277.25
马莲河下游（王雨山等，2019）		2016 年 11 月 13~15 日	56.5~920.9
黄河源区（Yi et al，2018）		2014 年 9 月/2015 年 2 月/2016 年 5 月	100~9300

续表

采样地区		调查时间	^{222}Rn 活度
黄河下游（张晓洁等，2018）		—	20~170
黑河中游（钱云平等，2005）		2002 年 6 月	7.3~379
奎河上游（Yang et al，2020）		2018 年 9 月 18~23 日	583~8716
渤海湾沿岸（黄怡萌，2019）	黄河故道	2017 年 4 月 28 日~5 月 11 日 2017 年 8 月 11~22 日	55.36~168.17
	海河		111.35~118.34
	唐河		62.12~186.85
	潮河		533.96~1687.89
	双龙河		21.86~118.34
	溯河		22.12~236.68

灌溉期总排干的 ^{222}Rn 活度大于退水渠，总排干的 ^{222}Rn 活度为 924.20 Bq/m³，经过衰变和逸散，湖体中的 ^{222}Rn 活度降低，退水渠的 ^{222}Rn 活度减小至 678.93 Bq/m³。综合分析其他地区的相似研究，在没有地下水补给的河水中 ^{222}Rn 的活度一般较低，大多小于 300 Bq/m³，见表 2-5。Green 和 Stewart（2008）对南澳洲 Mount Lofty Ranges 东部地区地下水与地表水系统相互作用的研究表明，地表水中 ^{222}Rn 活度大于 1000 Bq/m³，可以有效地指示地下水流的补给。灌溉期总排干流量较大，其 ^{222}Rn 活度接近 1000 Bq/m³，推测此时总排干的 ^{222}Rn 活度很可能受到了地下水的影响。由于地表水体的 ^{222}Rn 容易向大气逸散，汇入总排干的农田退水很可能具有比总排干更高的 ^{222}Rn 活度，表明在河套灌区水文循环系统中地下水与地表水的交互作用十分紧密。

非灌溉期总排干的 ^{222}Rn 活度小于退水渠，总排干的 ^{222}Rn 活度为 110.72 Bq/m³，退水渠的 ^{222}Rn 活度为 277.25 Bq/m³。总排干的流量和 ^{222}Rn 活度均小于灌溉期，推测此时农田退水量较小，总排干 ^{222}Rn 活度受地下水的影响小。由于 ^{222}Rn 的半衰期较短，而湖水的更新周期长，如果没有其他水源补给，退水渠中的 ^{222}Rn 活度将小于总排干，而测试结果显示退水渠的 ^{222}Rn 活度大于总排干，表明除了总排干，还有其他 ^{222}Rn 活度较高的水源补给湖水，降水的 ^{222}Rn 活度很小，对湖体 ^{222}Rn 的补给可忽略不计，这说明地下水对湖水存在一定量的补给。

综上所述，乌梁素海接受地下水的补给，但补给水量不大，在灌溉期总排干入湖水量对湖体水环境起主要的控制作用，而在非灌溉期地下水对湖体水环境的影响程度可能要高于灌溉期。

2）地下水的 ^{222}Rn 含量及其指示意义

A. 时间变化特征

乌梁素海周边地下水灌溉期 ^{222}Rn 活度大于非灌溉期，见表 2-6。灌溉期的 ^{222}Rn

活度在 3296.85~20161.65 Bq/m³，平均值为(10401.73±5192.17) Bq/m³。非灌溉期在 2609.91~11092.02 Bq/m³，平均值为(6783.44±2569.41) Bq/m³。相关性分析结果显示，灌溉期地下水的 ^{222}Rn 活度与氧化还原电位（ORP）显著正相关，与水温、pH、溶解氧（DO）、电导率、溶解性总固体（TDS）均没有显著相关性，非灌溉期地下水的 ^{222}Rn 活度与各指标均没有显著性，这验证了 ^{222}Rn 的惰性属性，说明水化学性质不是影响研究区地下水 ^{222}Rn 活度变化的主要因素。

表 2-6　乌梁素海周边地下水的 ^{222}Rn 活度和基本水化学特征

时期	统计指标	^{222}Rn 活度 /(Bq/m³)	水温/℃	pH	DO/%	ORP/mV	电导率 /(μS/cm)	TDS /(mg/L)
灌溉期	平均值	10401.73	12.76	8.05	64.65	45.46	2562.66	1639.96
	标准差	5192.17	2.22	0.42	12.11	149.76	2166.57	1386.53
	Pearson 相关系数	1	0.24	0.09	0.25	0.701[*]	−0.14	−0.14
非灌溉期	平均值	6783.44	12.74	8.19	67.70	174.59	5802.70	3713.24
	标准差	2569.41	2.93	0.27	9.23	137.62	10614.22	6791.27
	Pearson 相关系数	1	−0.27	0.27	−0.41	0.05	−0.56	−0.56

注：*表示在 0.05 水平上相关性显著

G16、14、13、11 采样点的测试结果显示，灌溉期地下水的 ^{222}Rn 活度大于非灌溉期，而水位埋深小于非灌溉期，见表 2-7。依据地下水氡富集量计算公式（式(2-3)），氡在地下水中的富集程度主要取决于岩石中镭的含量和岩石射气系数（国家地震局华北地球化学背景场课题组，1990），水流量较大或水交替较强烈的地带同样也有利于氡的富集。推测灌溉期的灌溉入渗和排水过程改变了地下水水动力条件，加速了区域地下水的循环流动过程，使地下水的 ^{222}Rn 活度升高，所以水动力条件的变化很有可能是影响研究区地下水 ^{222}Rn 活度变化的主要因素。有关研究也表明，水动力条件会通过控制水岩相互作用程度和地下水的运移速度从而影响 ^{222}Rn 的活度变化（陈迪云等，2000）。

$$Q = \frac{E}{\lambda}\left(1 - \alpha \frac{-S_1 \cdot L_1}{W}\lambda\right) \cdot \alpha \frac{-S_2 \cdot L_2}{W}\lambda \tag{2-3}$$

式中，Q 为水中氡的含量；S_1，S_2 分别为含放射性元素岩石和不含放射性元素岩石中通道断面面积；L_1，L_2 分别为含放射性元素岩石和不含放射性元素岩石中通道的长度；E 为含放射性元素岩石中每秒钟内自 1 cm² 通道表面放出的氡量；α 为每秒通过 1 cm² 的水量；W 为通过单位面积含放射性元素岩石中通道的水的流量；λ 为氡的衰变常数。

表 2-7　地下水采样点的 ^{222}Rn 活度与水位埋深

分区	编号	井深/m	灌溉期		非灌溉期	
			^{222}Rn 活度 /(Bq/m³)	水位埋深/m	^{222}Rn 活度 /(Bq/m³)	水位埋深/m
北岸	G1	—	15557.09	23.38	—	22.8
	G16	10	11696.11	3.80	5788.27	5.46
	G15	20	—	8.90	8942.08	10.10
西岸	G2	—			5606.72	
	G3	10	10608.22	3.60	11092.02	4.15
	G4	10	3296.85	—	7518.63	3.29
	G5	10	8274.53	1.93		
	G6	10	3926.68	2.00		2.75
东岸	G14	10	10582.88	3.65	8479.65	4.69
	G13	10	13948.50	2.20	9035.26	2.90
	G11	10	4533.00	1.10	4416.93	1.70
	G12	—	11833.52	1.27	—	—
	G10	—	—	—	7287.57	—
东南岸	G9	—	20161.65	2.50	—	—
西南岸	G8	10	—	1.20	2609.91	2.64
	G7	10	—	2.65	3840.83	1.96

G4 点紧邻总排干,其灌溉期的 ^{222}Rn 活度(3296.85 Bq/m³)小于非灌溉期(7518.63 Bq/m³)。由于灌溉期总排干流量较大,总排干可能渗漏补给地下水,稀释了地下水中的 ^{222}Rn,使该点 ^{222}Rn 活度减小。此外,如前所述,非灌溉期总排干流量和排干水的 ^{222}Rn 活度都大幅减小,此时渗漏水量及其对地下水 ^{222}Rn 活度的影响也相应减小,造成该点非灌溉期 ^{222}Rn 活度升高。G3 点灌溉期 ^{222}Rn 活度略小于非灌溉期,两期测量值差值仅占均值的 4.46%,其活度变化可能主要受测量误差的影响。

B. 空间分布特征

乌梁素海周边地下水 ^{222}Rn 活度的空间差异性特征显著。总体上,灌溉期西岸地下水的 ^{222}Rn 活度均值(6526.57 Bq/m³)最小,东岸(10224.47 Bq/m³)大于西岸,北岸(13626.60 Bq/m³)大于东、西两岸,东南岸地下水 ^{222}Rn 活度最高,代表性采样点 G9 的 ^{222}Rn 活度为 20161.65 Bq/m³。该点位于乌拉山北缘断裂带,该断裂为近东西向的张性正断层,地壳深部的放射性气体可以通过断裂通道进入地下水中(王雨山等,2019),可能是造成该点地下水 ^{222}Rn 活度高的原因。西岸的 G4、G6 点 ^{222}Rn 活度较低，不到均值的一半。如上述，G4 可能受到排干水渗漏补给影响。G6 位于古河道旁，地层的渗透系数较大，有利于地表水入渗，可能稀释地下水的 ^{222}Rn。东岸的 G11 与 G12 距离相近，G11 更近邻乌梁素海，该点的 ^{222}Rn 活度偏低，仅占 G12 活度的 38%，推测其可能受到了湖水的侧渗补给影响。

非灌溉期地下水的 ^{222}Rn 活度受河渠渗漏补给的影响小，其区域性差异很有可能反映了湖水与地下水的相互作用特征。此时，乌梁素海西、东、北岸地下水的 ^{222}Rn 活度均值相近，分别为 8072.46 Bq/m³、7304.85 Bq/m³、7365.18 Bq/m³，西岸略高。西南岸地下水 ^{222}Rn 活度均值最低，代表性采样点 G7 与 G8 的平均 ^{222}Rn 活度为 3225.37 Bq/m³，仅为区域平均值的 48%，指示该地区很可能湖水渗漏补给地下水，地下水中的 ^{222}Rn 被稀释进而活度降低。

3）湖水的 ^{222}Rn 含量及其指示意义

乌梁素海 ^{222}Rn 活度的分布具有明显的时空差异性，灌溉期的 ^{222}Rn 活度大于非灌溉期，见表 2-8，与地下水 ^{222}Rn 活度的变化特征相似。灌溉期的 ^{222}Rn 活度为 79.07~707.16 Bq/m³，平均值为(334.52±161.79) Bq/m³，非灌溉期的 ^{222}Rn 活度为 39.18~276.35 Bq/m³，平均值为(129.72±65.18) Bq/m³，约为灌溉期的 39%。^{222}Rn 的母体是镭（^{226}Ra），已有研究表明水体盐度对 ^{226}Ra 的活度有影响（孔凡翠等，2021），但 ^{226}Ra 的衰变常数很小，仅为 $1.37×10^{-11}$ d^{-1}，因此年间湖水 ^{226}Ra 活度的变化对 ^{222}Rn 活度的影响可以忽略不计。

表 2-8　乌梁素海不同采样调查时期 ^{222}Rn 的活度

采样时间	采样类型	采样点数	^{222}Rn 活度/(Bq/m³)			
			范围	均值	标准差	变异系数
灌溉期	表层湖水	31	79.07~707.16	334.52	161.79	0.48
非灌溉期	表层湖水	36	39.18~276.35	129.72	65.18	0.50
	底层湖水	33	42.04~468.66	194.59	97.55	0.50

由图 2-15(a)和(b)可知，表层湖水的 ^{222}Rn 活度在总排干入湖区偏大，并且灌溉期湖区中部的 ^{222}Rn 活度明显高于北部、南部，主要原因可能有：①总排干退水是湖水 ^{222}Rn 的主要源项。②湖区中部、北部大面积分布的芦苇减少了湖面 ^{222}Rn 的逸散。乌梁素海是我国北方干旱区典型的浅水草型湖泊，在北部、西部和中部地区分布着大面积的芦苇，芦苇区占湖区总面积的 51%（姜忠峰，2011），湖面芦苇增加了下垫面的粗糙度，增强了来流的阻碍作用，减小了湖面风速（谢清芳等，2013），造成湖面 ^{222}Rn 的不均匀逸散。此外，植被的降温增湿作用也不利于 ^{222}Rn 在大气中的扩散稀释（谢清芳，2014）。③高密度芦苇区阻碍了湖水 ^{222}Rn 的水平向混合。乌梁素海高密度挺水植物芦苇对水流有阻滞作用，芦苇区的水流流速小

于航道区域及明水区（袁冬海，2016），意味着该区域湖水中 ^{222}Rn 水平扩散的水动力条件较差，易造成局部湖区 ^{222}Rn 较高。

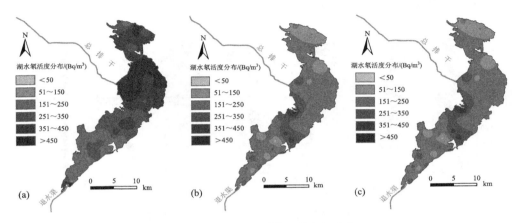

图 2-15　乌梁素海 ^{222}Rn 的空间分布

(a) 灌溉期的表层湖水；(b) 非灌溉期的表层湖水；(c) 非灌溉期的底层湖水

由图 2-15(b)和(c)可知，非灌溉期表层湖水的 ^{222}Rn 活度的取值范围和平均值都小于底层湖水，这主要归因于水气界面 ^{222}Rn 的逸散。更值得关注的是，表层湖水和底层湖水的 ^{222}Rn 活度均值都大于总排干（110.72 Bq/m^3），表明地下水对湖水存在一定的补给，除了湖水 ^{226}Ra 自身的衰变外，此时总排干退水不再是湖水 ^{222}Rn 的主要来源。

2. 沉积记录的环境演化过程

2020 年 8 月在乌梁素海利用重力钻获取沉积岩芯 106 cm（编号 WLS-1），建立了沉积物年代序列，在收集资料基础上，通过对沉积物粒度、TOC 和介形类的测试分析，对近 80 年来湖泊的演化过程进行了研究。乌梁素海的沉积物主要由黏土（0~4 μm）、细粉砂（4~63 μm）和粗粉砂（>63 μm）组成，见图 2-16，其中细粉砂（4~16 μm）组分占到 50% 左右。根据其变化特征可以划分 5 个阶段：

（1）1940 年之前，沉积物中值粒径（$d_{0.5}$）最小，细粉砂含量占到 55%，黏土含量达到 20%；

（2）1940~1966 年间，沉积物中值粒径缓慢升高，黏土和细粉砂的含量有所下降，粗粉砂含量有多升高，这可能与 1933 年之后河套各大干渠相继通梢，湖泊补给水量增大有关；

（3）1966~1985 年间，沉积物中值粒径出现峰值，粗粉砂及砂级颗粒组分含量增加；

（4）1985~2002 年间，沉积物中值粒径出现低估，黏土和细粉砂含量增加；

（5）2002 年之后，沉积物中值粒径逐步下降，黏土和细粉砂逐步上升，粗颗粒物质含量降低。

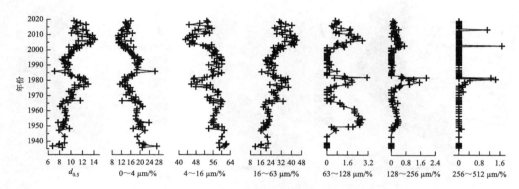

图 2-16 乌梁素海 WLS-1 钻孔粒度年代变化

沉积物的 TOC 含量整体较低，见图 2-17，TOC 含量变化范围 0.5%~4.5%，平均值为 1.58%，TN 含量变化范围 0.1%~0.5%，平均值为 0.22，C/N 变化范围 6.5~9.4，平均值为 7.30。湖泊沉积物的 C/N 能够反映有机质的来源，通常，水生植物和湖泊中的浮游植物的 C/N 大约为 5~12，陆生植物的 C/N 大约为 20~30，甚至可以达到 45~50（刘卫国等，2019）。在气候适宜的条件下，入湖径流量大，带

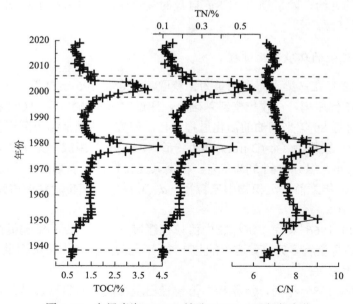

图 2-17 乌梁素海 WLS-1 钻孔 TOC、TN 年代变化

来丰富的陆生植物和营养物质，水生富有生物也得以繁荣，湖泊生产力提高，使得沉积物中有机质含量较高；相反，干燥少雨的气候条件下，入湖径流量小，陆源有机质减少，营养矿物质降低，水生浮游生物受到限制，湖泊生产力降低，使得沉积物中有机质含量较低。同时，岩性特征对沉积物中有机质含量有影响，较粗的沉积物不利于吸附较细颗粒的有机质。

　　本研究的 C/N 变化范围 6.5~9.4，表明乌梁素海的有机质主要来自湖泊内部。TOC 与 TN 呈显著正相关，见图 2-18，TN 的变化反映了湖泊的营养状况，受水温变化的影响较大。水温不仅影响 TN 的变化，而且直接且显著地影响湖泊中浮游生物的生长，从而改变内源有机碳的含量（卢凤艳和安芷生，2010）。因此，TOC 与 TN 呈显著正相关关系，说明 TOC 和 TN 值越高，代表初级生产力越高。

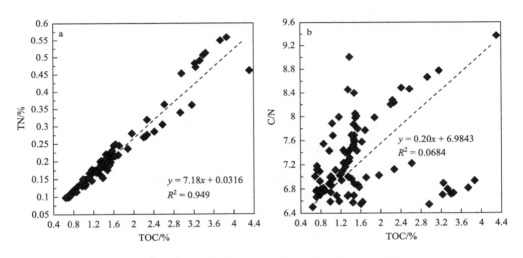

图 2-18　乌梁素海 WLS-1 钻孔 TOC 和 TN、TOC 和 C/N 比值相关性

　　对 48 个沉积样品共鉴定出介形类 5 属 6 种：纯净小玻璃介（*Candoniella albicans*）、疏忽玻璃介（*Candona neglecta*）、意外湖花介（*Limnocythere inopinata*）、布氏土星介（*Ilyocypris bradyi*）、粗糙土星介（*Ilyocypris salebrosa*）和达尔西真星介（*Eucypris dulcifons*），见图 2-19。介形类是海洋、湖泊、河流等水域中广泛存在的一种节肢类小型甲壳动物，以浅海和静水湖泊中最为丰富。湖泊中的介形类一般营底栖生活，栖息于沉积物表面、沉积物内部（钻掘深度通常<1 cm）或者水草丛中，取食各种有机质。由于不同属种具有不同的宿生环境，且对水化学条件、温度等环境参数较为敏感，所以利用沉积物中的介形类壳体能够指示当时宿生水体的环境变化。

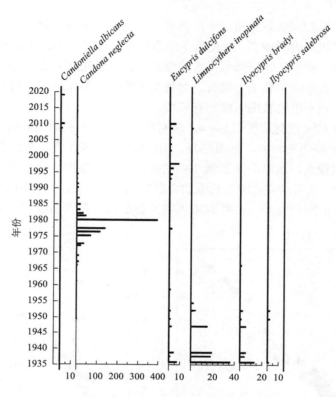

图 2-19　乌梁素海 WLS-1 钻孔介形类分布

土星介属（*Ilyocypris*）偏爱或适于流动水体，喜热，多于 10.5~20℃ 以上的水体生活，当其种类繁盛时指示水温较高。土星介属的 *I. bradyi* 种常在湿热的气候条件下湖底水温 17℃ 的环境下生存。达尔西真星介喜欢溪流、湖泊和其他一些浅水水体（Mischke et al.，2005）。意外湖花介偏好稳定水体，偏好淡盐水至中盐水水体，特别是盐度低于 14‰ 的中盐水水体，偏好水深小于 25 m 的湖区。

对 53 个沉积样品共统计出孢粉 30315 粒，鉴定孢粉类型 55 类，其中木本植物 12 类，主要有松、云杉、榆、栎属、桦、胡桃属、麻黄、椴属、漆树科、鹅儿栎、榛属等，平均百分含量为 6.92%；草本植物 39 类，主要有蒿、藜科、香蒲、莎草科、狐尾藻、菊科、蒲公英、紫菀、苍耳、荨麻科、葎草、白刺、蔷薇科、绣线菊、豆科、唇形科、毛茛科、十字花科、唐松草、蓼科、圆蓼、酸模、老鹳草、茜草、旋花科、虎耳草科、龙胆科、锦葵科、石竹科、柳叶菜科、茄科、百合科等，平均百分含量为 92.94%；少量的蕨类植物，主要有中华卷柏、三缝孢、单缝孢和卷柏，平均百分含量为 0.03%。

根据镜下孢粉鉴定统计分析结果，按照植物气候类型代表性特征选取生态意义较大的孢粉属种，运用 Tilia 软件绘制孢粉百分比含量图，根据聚类分析 Coniss 所得结果和孢粉分析参数的变化，见图 2-20 和图 2-21，可以将该孢粉组合大致划分为 3 个组合带：

（1）1940~1975 年，该时期主要为喜凉干的蒿和藜科，属荒漠草原的代表植物，其次为沉水植物狐尾藻，该时期藜科植物含量逐渐下降，喜温凉的松科植物的含量逐渐下降，而沉水植物狐尾藻的含量逐渐增加；

（2）1975~2000 年，该时期蒿和藜科处于含量较低水平，整体略有上升，而沉水植物狐尾藻含量呈明显的下降趋势，禾本科植物含量略有上升，且在 2000 年前后出现峰值；

（3）2000 年之后，沉水植物狐尾藻消失，蒿和藜科植物含量进一步升高，木本植物松和榆的含量升高，且达到了钻孔最高值。总体来看，孢粉类型随时间分布序列，与流域近几十年来的气候变化并不一致，可能与人工控制入湖补给和围湖开发有关。

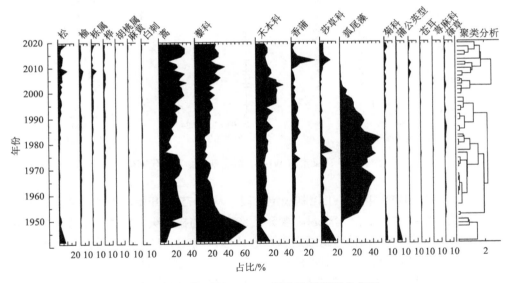

图 2-20　乌梁素海 WLS-1 钻孔孢粉类型分布图

通过收集资料和沉积岩芯粒度、TOC、介形类等的分析研究，将乌梁素海的湖泊演化过程划分为 4 个阶段：

（1）1975 年之前，逐步萎缩阶段。1931 年后河套各大干渠相继通梢，渠口没有控制建筑，长年流水，均汇集到乌梁素海之中，加之退水入黄不畅，致使 1933 年后乌梁素海水面明显扩大，1949 年达到 120 万亩（1 亩≈666.7 m²)，水量为 10 亿 m³ 左右；20 世纪 60 年代围湖造田、黄河入湖水量减少等原因，湖面大面积萎缩，至 70 年代末缩减至 293 km² 并稳定至今（内蒙古自治区水文总局，2017）。该时期湖泊水体受人为因素影响较小，湖泊中的有机质除在 1950 年左右有小幅上升外，基本稳定在较低的水平，湖泊的萎缩可能导致盐度的增加，广盐类意外湖花介和喜盐的达尔西真星介含量较多。

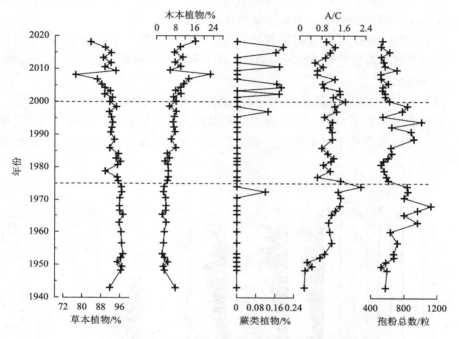

图 2-21　乌梁素海 WLS-1 钻孔孢粉参数年代变化

（2）1975~1988 年，人工控制稳定阶段。从 1975 年开始，为了降低河套灌区地下水位，解决农田盐渍化难题，修筑了 509 km 的排干渠，总排干渠成为乌梁素海的主要输水渠道，该时期湖泊面积稳定。1977 年 11 月湖水持续涨高，西北围湖坝堤决口，造成湖泊面积小幅扩张（内蒙古自治区水文总局，2017）。沉积岩芯分析结果表明，该次决口事件导致湖泊沉积物粗颗粒物质含量增加，外源汇入TOC 和 TN 含量增加，在之后 2~3 年间恢复至之前稳定状态，该时期外源物质的增加，导致钻孔位置附近水体较为动荡，喜欢流水环境的玻璃介和小玻璃介属介形类含量达到了高峰。

（3）1988~2005 年，人为污染逐步影响湖泊水质。80 年代，因造纸业应用价值提高，乌梁素海周围湿地开始人工种植芦苇（于瑞宏等，2007），随着种植面积的增大和湖泊周围农作物化肥使用量的增加，湖泊富营养化逐步加重，湖泊中TOC 和 TN 含量逐渐增加，在 2000~2005 年间达到富营养化的最严重状态（Shen et al.，2015），孢粉序列中在 2000 年前后禾本科植物出现峰值可能也与人工种植芦苇有关。在该时期干渠补水逐步增加，湖泊面积有小幅增长（李山羊等，2016），维持在 300~340 km²。

（4）2006 年之后，水质逐步改善。当地政府从 2005 年起对乌梁素海实施生态补水工程，并于 2006 年开始全力推进污水处理厂建设，关停排污严重的造纸厂、调味厂等污染严重工厂，使得湖泊水质逐步改善。沉积岩芯研究结果显示在 2005 年，沉积物中 TOC 和 TN 能量骤降，之后稳步下降。综合来看，乌梁素海的水量和水质变化主要受人为因素的影响和人工控制。

2.3　岱海流域水循环转化关系及水平衡变化

岱海是内蒙古第三大内陆湖，属于农牧交错带，生态环境脆弱。近几十年来，在自然因素和人类活动的综合作用下，湖泊面积持续萎缩、湿地严重退化、流域生态环境逐步恶化。气候变化和人类活动会驱动地表水、土壤水、地下水等水循环要素发生变化，引起水资源在时空尺度上的重新分配，并进一步引发水资源短缺、水质恶化等生态环境问题。研究分析流域水循环转化关系和湖泊水量平衡变化有助于掌握湖泊演变过程及其发展趋势，加深对湖泊水生态问题的理解和认识。

2.3.1　岱海流域水循环转化关系

1. 地下水的赋存和补径排条件

岱海流域的地下水类型有裂隙地下水、孔洞裂隙地下水、孔隙裂隙地下水及孔隙地下水。裂隙水和孔洞裂隙水分布于山地及玄武岩台地，海拔比较高，地形坡度大，降水渗入后，径流通畅，水交替能力强。地下水从四周汇集于沟谷及山间洼地，因含水层厚度薄，降水入渗量较少，故水量贫乏，但水质好，一般仅能满足当地人畜用水需求。孔洞裂隙水在大型沟谷的中下游，利于地下水的汇集，富水性较好。孔洞裂隙水主要分布于盆地南部的玄武岩台地，分布面积较小。因玄武岩经历了多回次喷发，孔洞与节理发育的玄武岩与致密块状玄武岩互为层状，也存在地域性不均，地下水的连通性不好。

孔隙地下水主要分布于地形低洼的断陷山间盆地及山前倾斜平原，其分布及赋存条件受基底隐伏断裂的控制比较明显，见图 2-22。在岱海盆地北部山前一带，受东西向两条隐伏断裂的影响，第四系基底埋深仅为 50~65 m，仅在第四系底部的砾石及砾砂层含水，厚度<15 m，地下水水量较贫乏，单井涌水量 100~500 m³/d。随着地下水从北向南径流，含水层岩性过渡为砾砂、砂，含水层厚度增加至 30~60 m，

构成了由黏性土与砂、砾石互层的含水岩组，由于黏性土在区域未形成统一的隔水层，呈现为透镜体，故含水岩组的水力性质属于潜水。地下水水位埋深 5~20 m，利于降水和洪水入渗补给，含水量比较丰富。岱海周边含水层以粉砂为主，厚度<10 m，不利于孔隙水的赋存，水量贫乏。

孔隙含水层底板埋深变化较大，除岱海周边埋深大于 300 m，其他地区一般为 60~100 m，岩性为新近系泥岩、太古界片麻岩。在大型沟谷的出口处，孔隙地下水接受裂隙水、孔洞裂隙水的补给，补给来源充沛，富水性好。此外，大气降水及洪水入渗也是盆地孔隙地下水的主要补给来源。

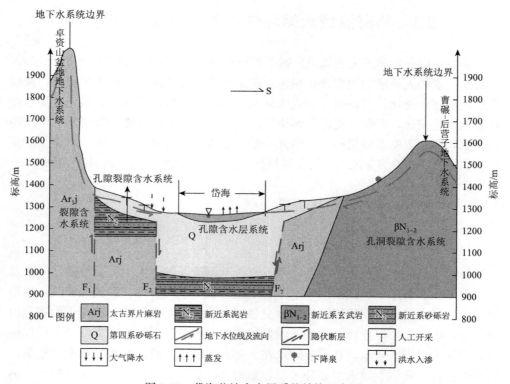

图 2-22　岱海盆地含水层系统结构示意图

孔隙含水层是盆地主要开发利用的含水层，地下水的富水地段主要分布在岱海镇周边、东营子—三苏木—四道咀、三甲地、南房子及蓝旗窑周边，不同富水地段地下水补、径、排条件有所差异。

1）岱海镇周边富水地段

位于盘路沟口的下游。除了山区基岩裂隙水的侧向补给外，还有洪水、大气降水入渗及农田灌溉水回渗补给，后三项补给强度大。岱海镇以南地区水位埋深一般为 5~20 m。地下水在山前由北向南径流，在苇站营—西营子转向东向岱海径流。地下水的排泄主要是工、农业开采和人畜饮水。因地下水位埋深<3 m 的区域，仅分布于井沟子—西营子一带，所以蒸发量较少。

2）东营子—三苏木—四道咀富水地段

位于泉子沟、郭家村沟、王顺沟及大保代沟的冲洪积平原上，属于地下水的径流区。地下水主要靠裂隙水的侧向径流和洪水入渗补给。地下水位埋深 20~30 m，降水及灌溉回渗补给量较少。地下水由北向南径流，在东营子—三苏木—三济庙—麦胡图排入岱海。该地区机井密度较大，农田灌溉是主要排泄方式，生活用水次之。因地下水位埋深较大，没有地下水的蒸发排泄。

3）南房子富水地段

位于弓坝河及五号河出山口处。由于上游修建水库，阻断了山区基岩裂隙水及洪水对盆地孔隙含水层的补给。地下水补给以大气降水及农田灌溉回渗补给为主，地下水排泄以农业开采为主，人畜饮用次之，地下水位埋深 6~20 m。

4）泉卜子—三甲地富水地段

位于步量河的洪积扇上，水位埋深在 20 m 左右，地下水补给以裂隙水、孔洞裂隙水径流和洪水入渗为主。岱海电厂水源地建在此处，往年以开采地下水作为生活及设备冷却水，是地下水的主要排泄项，生活用水及农田灌溉也是排泄方式之一。地下水由南向北径流并排入岱海。

5）蓝旗窑富水地段

位于厂汉营沟的出山口处，以裂隙水径流及洪水入渗补给为主，地下水位埋深>20 m，地下水排泄以生活用水及农田灌溉为主，地下水自西向东部岱海径流。

2. 水化学指示的地表水与地下水的水力联系

2020 年 7 月采集了岱海盆地不同水体水样共 57 组，包括雨水样品 3 组、河水样品 6 组、库塘样品 3 组、泉水样品 3 组、湖水样品 8 组、浅层地下水样品 29 组、深层地下水样品 5 组，其中河水样品主要沿弓坝河从上游向下游采集。测试分析了其中溶解性总固体（TDS）和八大离子含量，进而对地表水与地下水的循环转化关系进行了研究。

测试结果显示，岱海盆地不同水体的离子组分差异较大，见表 2-9。弓坝河与泉水的阴、阳离子含量特征相同，阴离子含量 $HCO_3^- > SO_4^{2-} > Cl^- > NO_3^-$，阳离子含量 $Ca^{2+} > Na^+ > Mg^{2+} > K^+$。湖水阴离子含量 $Cl^- > HCO_3^- > SO_4^{2-} > NO_3^-$，阳离子含量 $Na^+ > Mg^{2+} > Ca^{2+} > K^+$，表示受到了强烈的蒸发作用；库塘水阴离子含量 $HCO_3^- > SO_4^{2-} > Cl^- > NO_3^-$，阳离子含量 $Na^+ > Ca^{2+} > Mg^{2+} > K^+$，水库水各离子含量与附近地下水含量类似，并未出现高离子含量，表明水库水与地下水联系密切。

在南部山区玄武岩台地，弓坝河上游河水的优势阴、阳离子分别为 HCO_3^-、

Ca^{2+}，流入平原区后，优势阳离子由 Ca^{2+} 转变为 Na^{+}，Ca^{2+} 含量略低于 Na^{+} 含量，优势阴离子不变，但 Cl^{-} 浓度逐渐增大。

山区地下水阴离子含量 $HCO_3^{-} > SO_4^{2-} > Cl^{-} > NO_3^{-}$，阳离子含量 $Ca^{2+} > Na^{+} > Mg^{2+} > K^{+}$，与河水离子组分特征相同，指示地下水与地表水有密切的水力联系。冲湖积平原区孔隙地下水阴离子含量 $HCO_3^{-} > Cl^{-} > NO_3^{-} > SO_4^{2-}$，阳离子含量 $Na^{+} > Mg^{2+} > Ca^{2+} > K^{+}$，且越临近岱海，地下水中 Cl^{-}、Na^{+} 的相对含量越高。

表 2-9 岱海盆地不同水体主要离子组分特征（2020 年 7 月）

类型	特征值	K^{+} /(mg/L)	Na^{+} /(mg/L)	Ca^{2+} /(mg/L)	Mg^{2+} /(mg/L)	HCO_3^{-} /(mg/L)	Cl^{-} /(mg/L)	SO_4^{2-} /(mg/L)	NO_3^{-} /(mg/L)
河水	最大值	12.66	60.91	78.04	35.15	333.50	55.36	93.34	3.99
	最小值	1.50	25.33	15.81	17.68	155.50	15.39	29.98	1.57
	平均值	4.72	41.89	50.06	23.09	231.45	24.62	53.44	2.69
	标准差	3.37	11.02	19.85	6.01	58.57	11.32	23.43	0.70
泉水	最大值	2.28	14.86	54.46	14.81	204.08	9.08	29.57	17.65
	最小值	0.40	10.92	33.68	10.12	122.60	6.41	12.17	4.77
	平均值	1.11	13.05	44.25	12.28	166.51	7.73	20.99	10.66
	标准差	0.65	1.30	7.16	1.87	25.36	0.92	5.93	4.12
湖水	最大值	82.47	5960.71	159.75	342.53	1214.53	8182.04	335.93	71.60
	最小值	6.42	4784.00	22.18	260.68	908.70	7352.00	285.10	2.45
	平均值	22.11	5557.39	62.36	306.18	1115.63	7949.33	313.83	46.22
	标准差	27.36	415.93	51.83	30.44	110.35	314.83	15.98	22.41
库塘水	最大值	4.42	47.32	29.82	26.25	211.55	33.38	32.80	10.68
	最小值	2.07	41.68	13.56	18.11	166.75	17.42	26.04	3.05
	平均值	3.17	44.51	23.31	22.32	193.30	27.16	29.38	7.04
	标准差	0.97	2.30	7.02	3.33	19.21	6.97	2.76	3.12
地下水	最大值	13.12	1619.61	227.34	171.58	2435.00	1079.13	468.21	470.52
	最小值	0.16	12.77	16.28	9.94	89.73	5.59	7.29	1.70
	平均值	1.93	106.53	62.70	29.26	304.43	82.66	56.21	42.77
	标准差	1.97	301.05	37.38	32.12	401.34	216.85	93.00	80.40
雨水	最大值	1.03	4.77	5.84	0.63	11.96	1.75	8.83	13.08
	最小值	0.07	0.16	2.45	0.20	7.47	0.70	3.56	3.37
	平均值	0.41	1.67	4.33	0.40	9.52	1.26	6.55	7.36
	标准差	0.39	1.60	1.52	0.17	1.80	0.42	1.94	4.10

采用 Gibbs 图对不同水体水化学组分的成因机制进行了定性分析。Gibbs 图是以水体 TDS 含量为纵坐标，以 $Na^+/(Ca^{2+} + Na^+)$、$Cl^-/(Cl^- + HCO_3^-)$ 为横坐标的关系图，一般将水化学成因分为大气降水作用、水岩作用、蒸发浓缩作用（张景涛等，2021），水体样品点位在图中左部位置时，水体受到水岩溶滤作用影响；位于图右下角时，水体受到大气降水影响；位于图右上方时，水体受蒸发浓缩作用影响。

岱海盆地湖水落在典型的蒸发-浓缩型区域，$Na^+/(Ca^{2+} + Na^+)$ 介于 0.97~0.99 之间，$Cl^-/(Cl^- + HCO_3^-)$ 介于 0.87~0.88 之间，与其他水体差异显著。除湖水与个别地下水之外，所有的水体均落在水岩作用区域内，表示研究区地下水化学组分的形成主要为水岩作用主导，见图 2-23。

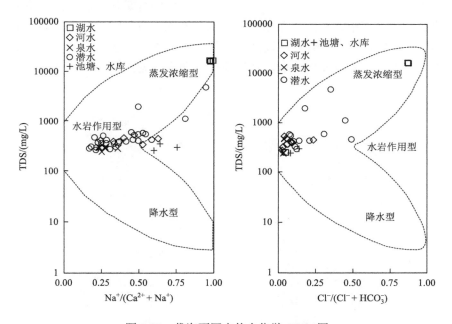

图 2-23　岱海不同水体水化学 Gibbs 图

弓坝河河水沿程 TDS 含量先降低后升高，范围在 200~500 mg/L。南部山区地下水的 TDS 与 Cl^- 含量均呈下降趋势，河水的 TDS 呈下降趋势，Cl^- 含量呈上升趋势，且河水 TDS 变化幅度大于地下水。山区段河水 TDS 在 400 mg/L 左右，$Na^+/(Ca^{2+} + Na^+)$ 为 0.25、$Cl^-/(Cl^- + HCO_3^-)$ 为 0.07，两岸地下水 $Na^+/(Ca^{2+} + Na^+)$ 为 0.23、$Cl^-/(Cl^- + HCO_3^-)$ 为 0.09，两者比值相近指示地下水补给河水。

流入平原区后，弓坝河 TDS 逐渐升高，变化范围在 257.60~523.8 mg/L，地下水的 TDS 变化趋势几乎相同。地下水的 Cl^- 含量逐渐升高，河水先降低后升高，下游河段河水的 Cl^- 含量都低于地下水，指示河水很可能补给地下水。

3. 同位素指示的湖水与地下水的水力联系

采用氢、氧稳定同位素（D、^{18}O）和氡放射性同位素（^{222}Rn）对地下水与岱海之间的水力联系进行了调查。2020 年 7 月在岱海开展了 D、^{18}O 同位素采样工作，共采集湖水样品 54 件，采样点在距离湖岸约 1 km 处按 3×3 的网格布设，垂向上的取样间隔为 1 m，表层湖水样品采集自湖面以下 0.2 m。测试仪器为 Picarro L2130-i 型同位素分析仪，测试精度 δ_{18_O} 为 0.025‰，δ_D 为 0.100‰。

测试结果显示，岱海湖水 δ_{18_O} 的变化范围在 3.10‰~4.17‰，δ_D 的变化范围在 −0.31‰~4.72‰。受湖水蒸发作用的影响，垂向上越接近表层，δ_{18_O} 与 δ_D 的含量越高。水平方向浅层湖水（水深<1 m）南部 δ_{18_O}、δ_D 的含量最高，可能与岱海电厂余热排放致使局部地区升温从而加大了湖水蒸发强度有关。整体上，湖水北、东北部不同深度的 δ_{18_O}、δ_D 含量均较低，尤其是深层湖水（水深>4 m）差异更为显著，指示地下水主要从北部、东北部排泄补给湖水，见图 2-24。

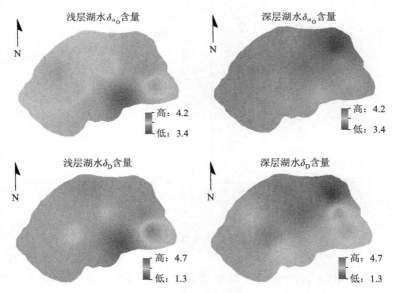

图 2-24 岱海 D、^{18}O 分布特征（2020 年 7 月）

2021 年 8 月在岱海盆地开展了 ^{222}Rn 同位素采样测试工作，共采集湖水样品 60 件，其中表层湖水样品（湖面以下 0.5 m）和底层湖水样品（湖底以上 0.5 m）各 30 件，地下水样品 21 件，泉水样品 4 件。因采样调查期间弓坝河下游断流，故没有采集河水样品。测试结果显示，表层湖水 ^{222}Rn 活度在 35.4~296 Bq/m³，平均值为 135.53 Bq/m³。底层湖水 ^{222}Rn 活度略大，取值在 35.4~299 Bq/m³，平均值为

145.33 Bq/m³。泉水 ^{222}Rn 活度在 463~7690 Bq/m³，平均值为 3585 Bq/m³。地下水活度在 5600~30700 Bq/m³，平均值为 12977 Bq/m³。

表层湖水北部、中部 ^{222}Rn 活度较大，主要受北部山前泉水排泄入湖的影响。湖北岸泉水样品的 ^{222}Rn 活度在 489~546 Bq/m³，高于湖水 ^{222}Rn 活度两倍以上。其他区域在气体逸散作用下，^{222}Rn 活度较低。底层湖水的 ^{222}Rn 活度也表现为中部、北部较大，指示中、北部很有可能是地下水的排泄"热点"，见图 2-25。

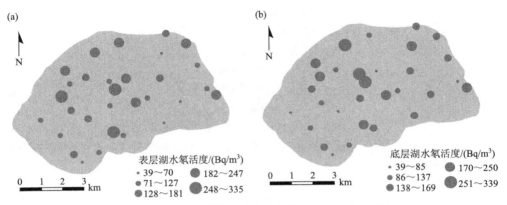

图 2-25　岱海湖水 ^{222}Rn 活度分布特征（2021 年 8 月）

(a) 表层湖水；(b) 底层湖水

2.3.2　基于氧氢同位素的地下水入湖补给量估算

1. 基于 ^{18}O 质量平衡方程的地下水入湖补给量

岱海属干旱区半干旱区构造型封闭内陆湖，湖泊的水量平衡方程可表示为（包为民等，2007）：

$$\frac{\mathrm{d}V}{\mathrm{d}t} = \mathrm{IS} + \mathrm{IG} + \mathrm{P} - \mathrm{OS} - \mathrm{OG} - \mathrm{E} \tag{2-4}$$

式中，V 为湖泊总水量；IS 和 IG 分别为地表水流入量、地下水补给量；OS 和 OG 分别为地表水流出量和地下水渗漏量；P 为湖泊接收的降雨量；E 为湖泊表面蒸发量。

一般理想情况下，湖水的稳定同位素质量平衡方程则为：

$$\frac{\mathrm{d}(\delta_{\mathrm{L}}V)}{\mathrm{d}t} = \delta_{\mathrm{IS}} + \delta_{\mathrm{IG}} + \delta_{\mathrm{P}} - \delta_{\mathrm{OS}} - \delta_{\mathrm{OG}} - \delta_{\mathrm{E}} \tag{2-5}$$

式中，δ_{L} 为湖水同位素比率；δ_{IS} 和 δ_{IG} 为入湖地表水体和入湖地下水的同位素比率；δ_{OS} 和 δ_{OG} 为出湖地表水体和渗漏地下水的同位素比率；δ_{P} 为降雨的同位素比率；δ_{E} 为湖水蒸发后水汽同位素比率。

当入流水体与湖水充分混合时，式(2-5)中出湖地表水、渗漏地下水的同位素组成与湖水的同位素组成相同，即 $\delta_{OS} = \delta_{OG} = \delta_L$。

岱海属于封闭的构造湖泊，蒸发是其最主要的排泄方式，故不考虑出湖地表水量和湖泊渗漏量。当湖泊在短时间内同位素含量处于稳定条件时，同位素组分达到平衡，即 $d\delta_L/dt = 0$、$dV/dt = 0$，式(2-4)和式(2-5)可简化为：

$$IS + IG + P - E = 0 \tag{2-6}$$

$$\delta_{IS} + \delta_{IG} + \delta_P - \delta_E = 0 \tag{2-7}$$

将式(2-6)和式(2-7)联合可得入湖地表水与地下水的计算公式：

$$IG = \frac{(\delta_P - \delta_{IS})P + (\delta_{IS} - \delta_E)E}{\delta_{IS} - \delta_{IG}} \tag{2-8}$$

$$IS = \frac{(\delta_{IG} - \delta_E)E + (\delta_P - \delta_{IG})P}{\delta_{IG} - \delta_{IS}} \tag{2-9}$$

在湖水蒸发过程中，氢氧同位素的分馏程度受到温度、湿度、大气同位素等多种因素的共同影响，无法直接测定。参考 Crage-Gordon 方程，蒸发水汽的同位素比计算公式为：

$$\delta_E = \frac{\alpha\delta_L - \delta_A h - \varepsilon}{1 - h + \Delta\varepsilon} \tag{2-10}$$

式中，α 为相应温度条件下空气与水面间的平衡分馏系数；δ_A 为湖水上方自由空气中同位素含量；h 为空气相对湿度；ε 为总分馏系数；$\Delta\varepsilon$ 为动力分馏系数。

其中各项系数推导公式为：

$$\varepsilon = 1 - \alpha + \Delta\varepsilon \tag{2-11}$$

$$\Delta\varepsilon = K(1 - h) \tag{2-12}$$

式中，K 取经验值约为 14.3‰。

利用瑞利蒸发模型计算 ^{18}O 的 α，由于温度是控制平衡分馏程度的主要影响因素，α 与表层湖水温度 T（K）的关系如下：

$$\alpha = e^{-1.137T^{-2}\times10^3 + 0.4156T^{-1} + 2.0667\times10^{-3}} \tag{2-13}$$

湖水上方自由空气同位素含量 δ_A 由式(2-14)计算（刘忠方等，2009）：

$$\delta_A = -0.014t^2(℃) + 0.67t - 23.4 \tag{2-14}$$

据气象资料统计，1968~2018 年平均降水量为 407.87 mm，1960~2018 年平均蒸发量为 961.98 mm，湖泊面积约为 55.5 km²。假设稳定条件下，湖泊水量与面积保持不变，则岱海一年内接受大气降水量约为 2264×10⁴ m³，蒸发量约为 5339×10⁴ m³，多年平均温度 5.6℃，相对湿度 45%。

据调查，岱海周边地下水平均 $\delta_{^{18}O} = -10.08‰$，地表水入湖平均 $\delta_{^{18}O} = -9.02‰$，湖水平均 $\delta_{^{18}O} = 3.74‰$，大气降水平均 $\delta_{^{18}O} = -12.58‰$，经计算后蒸发水汽中 $\delta_{^{18}O} = -10.997‰$。

计算结果显示，岱海以大气降水和地下水补给为主，入湖地表水补给量较小。大气降水年均补给量 $2264.00 \times 10^4 \, \text{m}^3$，占总补给量的 42.41%；地下水补给量为 $2354.1 \times 10^4 \, \text{m}^3$，占总补给量的 44.09%，略大于大气降水补给量；地表水多年平均入湖量为 $720.9 \times 10^4 \, \text{m}^3$，占总补给量的 13.50%。

2. 基于 ^{222}Rn 质量平衡方程的地下水入湖补给量

当满足下述条件时可建立稳态条件下的湖泊 ^{222}Rn 质量平衡模型（Burnett，2012；Dimova et al.，2013；Dimova and Burnett，2011）：①水体在垂向和水平向都充分混合；②水体 ^{222}Rn 主要损失于放射性衰变和大气逸散，降水与湖水渗漏中的 ^{222}Rn 可忽略不计；③没有地表径流汇入。岱海的 ^{222}Rn 质量平衡方程可表示为：

$$Q_{\text{gw}} \, {}^{222}\text{Rn}_{\text{gw}} + F_{\text{diff}} A_{\text{bot}} + Q_{\text{in}} \, {}^{222}\text{Rn}_{\text{in}} + \lambda_{226} I_{226} - F_{\text{atm}} A_{\text{sur}} - \lambda_{222} I_{222} = 0 \qquad (2\text{-}15)$$

式中，Q_{gw} 为地下水的排泄量，m^3/d；$^{222}\text{Rn}_{\text{gw}}$ 为地下水的 ^{222}Rn 活度，Bq/m^3；F_{diff} 为湖泊沉积物 ^{222}Rn 的扩散通量，$\text{Bq/(m}^2 \cdot \text{d)}$；$F_{\text{atm}}$ 为湖水向大气中逸散的 ^{222}Rn 通量，$\text{Bq/(m}^2 \cdot \text{d)}$；$A_{\text{bot}}$ 和 A_{sur} 分别为湖泊沉积物的面积和湖泊面积，m^2；Q_{in} 为入湖径流量，m^3/d；$^{222}\text{Rn}_{\text{in}}$ 为入湖径流的 ^{222}Rn 活度，Bq/m^3；$\lambda_{226} I_{226}$ 为湖水中的 ^{226}Ra 衰变产生的 ^{222}Rn，Bq/d；λ_{226} 为 ^{226}Ra 的衰变系数，$1.37 \times 10^{-11} \, \text{d}^{-1}$；$\lambda_{222} I_{222}$ 为湖水中 ^{222}Rn 自身的衰变，Bq/d；λ_{222} 为 ^{222}Rn 的衰变系数，$0.181 \, \text{d}^{-1}$；I_{222} 和 I_{226} 分别为湖水中 ^{222}Rn 和 ^{226}Ra 的库存，Bq。

质量平衡方程各项的计算方法如下：

1）$F_{\text{atm}} A_{\text{sur}}$

F_{atm} 取决于湖泊表层水体与空气中的 ^{222}Rn 浓度梯度和风速的大小，由式(2-16)计算（Macintyre et al.，1995；郭占荣等，2012）：

$$F_{\text{atm}} = (C_{\text{ws}} - \alpha C_{\text{air}}) \cdot k \qquad (2\text{-}16)$$

式中，C_{ws} 和 C_{air} 分别为表层湖水和大气中 ^{222}Rn 的活度，Bq/m^3；α 是无量纲的 Ostwald 系数（Schmidt et al.，2009），等于水-气平衡条件下水相中 ^{222}Rn 活度相对气相中的比，是水温 t（℃）的函数，由式(2-17)计算（Burnett and Dulaiova，2003）：

$$\alpha = 0.105 + 0.405 e^{-0.0502t} \qquad (2\text{-}17)$$

k 为气体的迁移系数，m/d；由经验公式(2-18)计算（Corbett et al.，2000；Rodellas et al.，2018）：

$$k(600) = 0.45 u_{10}^{1.6} (Sc / 600)^{-a} \qquad (2\text{-}18)$$

式中，u_{10} 为湖面上方 10 m 处的风速，m/s；a 与风速有关，当 $u_{10} > 3.6 \, \text{m/s}$ 时，$a = 0.5$，当 $u_{10} < 3.6 \, \text{m/s}$ 时，$a = 0.6667$（Dulaiova and Burnett，2006；Macintyre et al.，1995）；Sc 是给定水温 T（K）下氡的施密特数，是水的运动黏性系数 v（cm^2/s）与水中

^{222}Rn 的分子扩散系数 D_o（cm^2/s）的比值，由式(2-19)和式(2-20)计算（Peng et al.，1974；Wang Q et al.，2020）：

$$v = -0.003(T - 273) + 0.0169 \tag{2-19}$$

$$D_o = 10^{-(980/T + 1.59)} \tag{2-20}$$

也可由式(2-21)计算（Pilson，1998）：

$$Sc = 3417.6e^{-0.063T} \tag{2-21}$$

当风速测量不是在湖面上方 10 m 处进行时，假定风速梯度与高度呈比例，则 u_{10} 可由式(2-22)（Dimova and Burnett，2011）计算：

$$u_{10} = u_z[a\ln(z/10) + 1]^{-1} \tag{2-22}$$

式中，z 为测量高度，m；a 为常数，$a = 0.097$。

2021 年 5 月调查测试表层湖水平均温度为 18.04℃，湖面空气中的 ^{222}Rn 活度和湖面风速分别为 9.61 Bq/m^3 和 1.77 m/s。

2）$F_{diff}A_{bot}$

当湖底沉积物中的 ^{222}Rn 活度高于上覆湖水时，^{222}Rn 会从沉积物中向湖水扩散。F_{diff} 取决于湖泊底层水体与沉积物孔隙水中的 ^{222}Rn 浓度梯度，由式(2-23)计算（Martens et al.，1980；Rodellas et al.，2018）：

$$F_{diff} = (C_{eq} - C_{wb})\sqrt{\lambda_{222}D_s} \tag{2-23}$$

式中，C_{eq} 和 C_{wb} 分别表示沉积物孔隙水及底层湖水的 ^{222}Rn 活度，Bq/m^3；C_{eq} 可由沉积物平衡培养实验计算获得（Corbett et al.，1998；Wang Q et al.，2020）；λ_{222} 为 ^{222}Rn 的衰变常数，0.181 d^{-1}；D_s 为平衡时 ^{222}Rn 从沉积物到湖水中的扩散系数，m^2/s，当沉积物的孔隙度 θ 在 0.2~0.7 时，D_s 近似等于 θ 乘以 D_o（Ullman and Aller，1982）。

2021 年 5 月调查测试底层湖水平均温度为 17.16℃，^{222}Rn 活度 C_{wb} 取平均值，为 163.88 Bq/m^3。

3）$Q_{in}{}^{222}Rn_{in}$

2021 年 5 月在岱海以西约 15 km 处的弓坝河下游采用浮标法对流量进行了简易测量，共测量了四次，同时对河水的 ^{222}Rn 活度进行了采样测试。弓坝河流量约为 7084.8 m^3/d，入湖河水的 ^{222}Rn 通量为 2.39×10^6 Bq/m^3，见表 2-10。

表 2-10　弓坝河流量及入湖 ^{222}Rn 量计算

次序	时间/s	流速/(m/s)	平均流量/(m^3/d)	^{222}Rn 活度/(Bq/m^3)	入湖 ^{222}Rn 量/(Bq/d)
1	47	0.2127		247	
2	46	0.2173	7084.8	347	2.39×10^6

续表

次序	时间/s	流速/(m/s)	平均流量/(m³/d)	²²²Rn 活度/(Bq/m³)	入湖 ²²²Rn 量/(Bq/d)
3	43	0.2326		278	
4	49	0.2041	7084.8	478	$2.39×10^6$
均值	51	0.1961		337.5	

4）Q_{gw} ²²²Rn_{gw}

岱海 ²²²Rn 质量平衡方程主要收支项与计算参数取值见表 2-11。根据计算结果，湖氡损失以自身衰变为主，大气逸散量占损失总量的 21%。湖水 ²²⁶Ra 衰变产生和河流输入 ²²²Rn 之和不足湖氡源项的 0.1%，可忽略不计。沉积物扩散和地下水输入的 ²²²Rn 分别占总量的 60% 和 40%，是湖氡主要补给来源。地下水输入的 ²²²Rn 量为 $1.25×10^9$ Bq/d，地下水入湖排泄量为 $8.27×10^4$ m³/d。估算的 2021 年地下水入湖排泄量为 $3017×10^4$ m³。由于采样调查时期地下水水位年内偏高，估算的地下水年排泄量可能较实际情况略偏大。

表 2-11　基于 ²²²Rn 活度的地下水排泄量计算

收支项	参数	单位	取值	说明
大气逸散项	表层湖水 ²²²Rn 活度 C_{ws}	Bq/m³	78.96±5.28	实测
	大气 ²²²Rn 活度 C_{air}	Bq/m³	9.61	实测
	Ostwald 系数 $α$	无量纲	0.27	式(2-17)
	湖水温度 T	℃	18.4	实测
	气体迁移系数 k	m/d	0.18	式(2-18)
	湖面风速 u	m/s	1.77	实测
	施密特数 Sc	无量纲	1064.37	式(2-21)
	大气逸散通量 F_{atm}	Bq/(m²·d)	14.03	式(2-16)
	大气逸散量	Bq/d	$6.50×10^8$	式(2-15)
²²²Rn 衰变项	²²²Rn 衰变常数 $λ_{222}$	d⁻¹	0.181	（Wang Q et al.，2020）
	²²²Rn 库存 I_{222}	Bq	$1.37×10^{10}$	²²²Rn 活度与库容乘积
	²²²Rn 衰变量	Bq/d	$2.49×10^9$	式(2-15)
沉积物扩散项	沉积物孔隙水 ²²²Rn 活度 C_{eq}	Bq/m³	15102.7	假定与地下水的平均活度相等
	底层湖水 ²²²Rn 活度 C_{wb}	Bq/m³	163.88	实测
	沉积物 ²²²Rn 扩散系数 D_s	cm²/s	$4.09×10^{-6}$	（Ullman and Aller，1982）
	沉积物孔隙度 $θ$	无量纲	0.38	根据岩性取经验值
	扩散通量 F_{diff}	Bq/(m²·d)	37.78	式(2-23)
	扩散量	Bq/d	$1.89×10^9$	式(2-15)

收支项	参数	单位	取值	说明
^{226}Ra 衰变项	^{226}Ra 衰变常数 λ_{226}	d^{-1}	1.37×10^{-11}	(黄怡萌, 2019)
	^{226}Ra 库存 I_{226}	Bq	8.70×10^{9}	^{226}Ra 活度与库容乘积
	^{226}Ra 衰变量	Bq/d	0.12×10^{-3}	式(2-15)
河流输入项	河流 ^{222}Rn 活度 ^{222}Rn$_{in}$	Bq/m^3	337.50	实测
	入湖径流量 Q_{in}	m^3/d	7084.80	实测
	河流输入量	Bq/d	2.39×10^{6}	式(2-15)
地下水输入项	地下水 ^{222}Rn 活度 ^{222}Rn$_{gw}$	Bq/m^3	15102.7	实测
	地下水排泄量 Q_{gw}	m^3/d	8.27×10^{4}	计算求取
	地下水输入量	Bq/d	1.25×10^{9}	式(2-15)

沉积物的扩散量对准确评估地下水的输入 ^{222}Rn 量和排泄量十分重要。沉积物孔隙水 ^{222}Rn 活度是扩散量计算的关键参数，一般情况下大于地下水的 ^{222}Rn 活度 (Rodellas et al.，2018)。本研究中沉积物孔隙水 ^{222}Rn 活度取值等于地下水可能会使计算的沉积物扩散氡量较实际情况偏低，而地下水输入氡量偏高，从而导致估算的地下水排泄量较实际情况偏大。此外，实际测量的风速、湖水和地下水氡含量、湖面面积和水温都是 ^{222}Rn 质量平衡方程的敏感性参数。风速通过控制水-气界面的氡浓度梯度从而对氡气的逸散过程造成重要影响。当风速的测量误差达到 50% 时，计算结果误差可达 74.4% (Yang et al.，2020)。所有这些因素的不确定性都会对最终的地下水排泄量产生一定影响。

根据误差传播定律计算的地下水入湖排泄量相对误差大概在 25%，因此基于 ^{222}Rn 质量平衡方程评估的 2021 年地下水入湖排泄量取值范围在 $2262.75\times10^4 \sim 3771.25\times10^4$ m^3。结合利用氧同位素质量平衡方程的计算结果，保守取值 2262.75×10^4 m^3。

2.3.3 岱海水平衡变化分析

1. 降水量与蒸发量

有关岱海流域的降水和蒸发特性，多年来不同学者基于不同的时间序列长度和统计方法进行了分析，取得的认识大体相同，一致认为近几十年来流域气候趋向暖干化。据凉城气象站的观测资料，见图 2-26，20 世纪 70 年代中期至今流域多年平均降水量为 394.1 mm，汛期平均降水量为 287.6 mm，多年变化倾向率为 −2.60 mm/10a。多年平均气温为 5.95℃，多年变化倾向率为 0.50℃/10a。多数年份的降水量低于多年平均降水量，而同期气温波动上升。

岱海流域多年平均水面蒸发量 977.2 mm，近降水量的 2.4 倍。夏季蒸发量最大，冬季蒸发量最小。20 世纪 50 年代中期至今，蒸发量呈下降趋势，见图 2-27。
21 世纪以来，时段平均年蒸发量较多年平均值明显偏低。

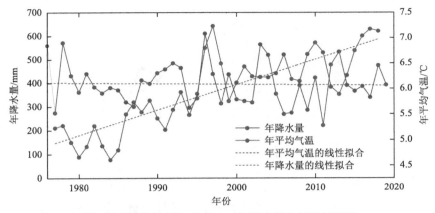

图 2-26　岱海流域 1976~2019 年降水量与气温过程线

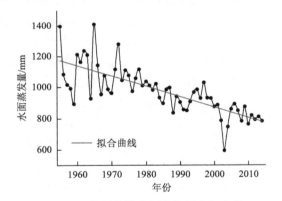

图 2-27　岱海流域水面蒸发量多年变化

　　湖面蒸发量是湖泊水平衡的重要组分，其计算的准确性决定着水量平衡结果的
可靠性。收集整理有关数据，并将蒸发量数据统一折算成大水体蒸发，E601 型蒸发
皿折算系数为 0.93，20 cm 蒸发器折算系数为 0.6。分析结果表明，2014~2019 年岱海年
湖面蒸发量呈持续下降趋势。月度蒸发量的变化与当地气温呈明显的正比例关系，
4~9 月份水面蒸发量超过平均值，1 月份、2 月份、12 月份受气温影响水面蒸发量较小。
　　岱海流域内有多条河流沟谷，均发源于流域周边山区与台地，早期天然条件
下全部汇入岱海。20 世纪 70 年代开始入湖水量呈波动下降趋势，见图 2-28。自
20 世纪 60 年代起，岱海流域兴建了双古城水库、石门水库、五号河水库等，集
水面积达到 840 km² ，拦截了大量地表径流，成为岱海萎缩的重要因素之一。目
前，仅五号河水库少量蓄水，其他水库均已干涸，被泥潭或耕地取代。实地勘察

发现，2021 年 5 月仅有弓坝河注入岱海，其余河流均处于干涸或断流状态，2021 年 8 月弓坝河也断流，推测可能与前期降水量和地下水开采量的变化有关。

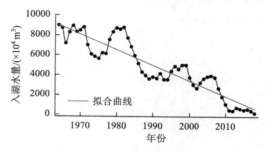

图 2-28　岱海入湖水量变化趋势

2. 湖泊水平衡变化

综上，参考有关调研成果对湖泊水量平衡进行分析，由于实测水面蒸发量数据难以收集，故采用多年平均值进行计算，见表 2-12。结果表明，2016~2019 年岱海蓄变量均为负数，总补给量小于总排泄量。多年平均入湖地下水排泄量为 2035.13×10^4 m^3/a，多年平均入湖径流量为 347.33×10^4 m^3/a，多年平均湖面降雨补给量为 2153.26×10^4 m^3/a，地下水、地表径流、大气降雨补给占比分别为 44.87%、7.66%、47.47%，地下水和大气降雨是主要的补给来源。

表 2-12　岱海水量平衡分析

年份	湖面积/km²	湖水位/m	蓄变量/($\times 10^4$ m³)	蒸发排泄量/($\times 10^4$ m³)	湖面降雨补给量/($\times 10^4$ m³)	入湖径流量/($\times 10^4$ m³)	地下水补给量/($\times 10^4$ m³)
2016	57.14	1215.17	−992.89	5583.72	2209.03	584.16	1797.64
2017	54.29	1215.04	−724.22	5305.22	1849.66	398.98	2332.37
2018	53.00	1215.01	−160.93	5179.16	2520.47	179.16	2318.60
2019	51.70	1214.80	−1099	5052.12	2033.88	227.00	1691.92

注：湖面积参考（马佳丽，2021）；湖水位参考（水利部牧区水利科学研究所，2018）；入湖径流量参考（王书航等，2019）；2019 年入湖径流量参考（王磊，2021）

据氚同位素质量平衡方程的计算结果，从 2016 年到 2021 年，地下水排泄量增加了 465×10^4 m^3，2021 年湖泊补给总量约 4763×10^4 m^3，仍小于湖面多年平均蒸发量 5280×10^4 m^3，地下水入湖排泄量占湖泊总补给量的比例增大至 47.50%，地下水对湖面变化的影响程度进一步增强。

不同时间段岱海补给水源各组分的平均补给量和占比变化显示，1955~2021 年降雨和地表径流补给量总体减小，与流域降雨量的下降趋势相符，见图 2-29，地下水补给量增加，表明近年来地下水的入湖排泄量增大。降雨补给量由 1955~2014 年的 58%（水利部牧区水利科学研究所，2018）降低至 2020~2021 年的 45%，地下水补给量由 33%增大至 48%。

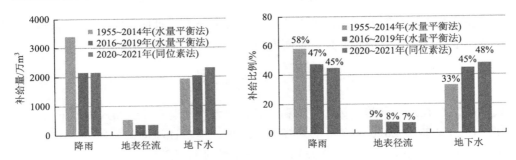

图 2-29　不同时期岱海补给水源各组分的差异

2.4　岱海水量水质时空演变特征及驱动机制

岱海形成初期为淡水湖，演化过程中水体矿化度升高变为微咸水湖，并出现了严重的富营养化。水质和水量都是湖泊生态保护治理的重要考量部分，两者密不可分。湖泊萎缩过程中的水质变化过程及水量水质协同变化机制是湖泊环境演化中的关键问题。本节对岱海水量水质的协同变化过程及地下水入湖排泄对湖泊水量水质协同变化的驱动机制进行了初步分析，为相关研究的深入开展提供了基础。

2.4.1　矿化度、氯离子的演变特征

早在 20 世纪 50 年代岱海的矿化度就达到 2.00 g/L，属于微咸水湖（周云凯和姜加虎，2009）。近 50 年来，随着湖面萎缩，岱海逐渐咸化，湖水矿化物和氯离子含量呈指数增长，见图 2-30。1962~2019 年间，湖水矿化度由 2.25 g/L 上升至 11.68 g/L，氯化物由 1.10 g/L 上升至 6.54 g/L（王书航等，2009；王磊，2021）。

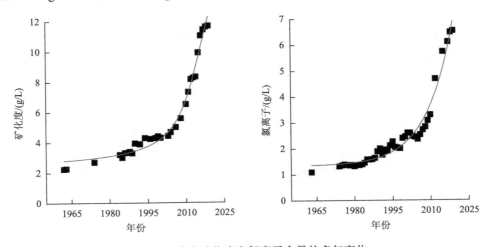

图 2-30　岱海矿化度和氯离子含量的多年变化

在岱海水量平衡方程的基础上建立了盐量平衡方程对岱海的盐分来源进行了评估。根据式(2-4)，岱海的盐量平衡方程可表示为：

$$\frac{\mathrm{d}(C_L V)}{\mathrm{d}t} = C_{IS} + C_{IG} + C_P \tag{2-24}$$

式中，C_L 为湖水矿化度，g/L；C_{IS} 和 C_{IG} 分别为入湖地表径流和入湖地下水的矿化度，g/L。根据 2020 年 7 月的采样调查结果，地表径流的矿化度为 0.454 g/L，地下水为 0.460 g/L，降雨为 0.034 g/L。岱海目前库容量约为 2.23 亿 m^3，经算，湖泊储盐量约为 360 万 t，入湖总盐量为 1.31 万 t，占湖泊总盐分的 0.36%，降雨、地表径流和地下水对湖泊的盐量补给分别为 0.07 万 t、0.16 万 t、1.08 万 t，指示地表径流对湖泊积盐的影响程度略大于降雨，远小于地下水，地下水的补盐量占总量的 82%，是湖泊的主要盐分来源。

由于 Ca^{2+}、Mg^{2+}、CO_3^{2-} 在湖泊盐分演化过程中会发生沉降，保守离子 Cl^- 的浓度变化更适合用于研究湖泊的演化历史（巩艳萍，2017）。类似于盐量平衡方程，可建立岱海的氯离子平衡方程，根据实测值，降雨、入湖径流和地下水的 Cl^- 浓度分别为 0.93 mg/L、25.4 mg/L、39.08 mg/L，湖泊 Cl^- 总量约为 181.52 万 t，约占储盐量的 50%，入湖 Cl^- 含量为 1028.23 t，降雨、地表径流和地下水对湖泊的 Cl^- 补给量占总量比例分别为 2%、9%和 89%，这进一步表明岱海盐分主要来自地下水。

相关性分析结果表明，湖水矿化度、Cl^- 含量与年平均气温显著正相关（$P<0.01$），Pearson 相关系数分别为 0.71 和 0.67；与湖泊面积、湖水位、湖水蒸发量均呈显著负相关（$P<0.01$），Pearson 相关系数均小于–0.75，其中与湖水位的相关系数最小，均小于–0.94。无论是面积还是水位都能与湖水矿化度和 Cl^- 含量很好地拟合，见图 2-31。尤其是湖水位，其与 Cl^- 含量和矿化度拟合的 R^2 分别为 0.991

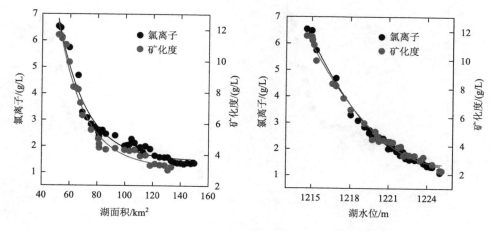

图 2-31　湖水矿化度、氯离子含量与湖面积、水位的非线性拟合

和 0.989。根据拟合方程，湖水位若以 0.2 m/a 的速率下降，预测湖水矿化度将以每年 0.36 g/L 的速率上升。综上，湖水盐化的直接原因是区域升温背景下湖体萎缩造成的库容量减小。

2.4.2　总氮、总磷的演变特征

依据环境监测站点多年的水质监测数据，2000~2019 年岱海 TN 含量在 0.51~1.55 mg/L 之间变化，平均浓度为(1.17±0.33) mg/L，整体呈增加趋势；TP 含量在 0.03~1.05 mg/L 之间变化，平均浓度为(0.44±0.30) mg/L，整体呈增加趋势，见图 2-32（梁旭，2021）。近年来，岱海 TN、TP 含量的时空分布特征受到了更多关注，由于采样时间和点位的不同，不同学者的调查研究结果有所差异。赵丽等（2020）调查发现岱海冬季 TN 含量最高，为(4.23±0.29) mg/L（2019 年 2 月 25 日），主要归因于冬季湖面结冰，湖水中的 TN 发生浓缩。TP 含量夏季最高，为(0.136±0.014) mg/L（2019 年 7 月 10 日）。湖水中的 TN、TP 均以溶解态为主，其溶解态含量分别占总量的 86.61%、77.84%，其次是颗粒态。梁旭（2021）通过调查发现岱海 TN、TP 含量夏、秋季高于冬、春季，TN 含量秋季最高，为(9.54±0.34) mg/L（2019 年 10 月），TP 含量夏季最高，为(0.23±0.01) mg/L（2019 年 8 月）。

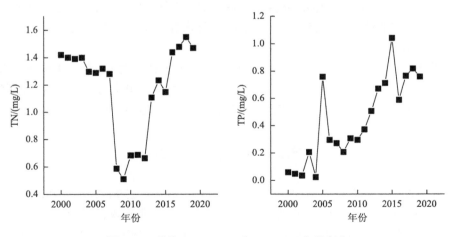

图 2-32　岱海 2000~2019 年 TN、TP 含量变化

2021 年 9 月采样调查结果显示，岱海的 TN 含量在 3.71~4.52 mg/L，平均浓度为(4.21±0.29) mg/L，见表 2-13。TP 含量在 0.08~0.16 mg/L，平均浓度为(0.115±0.04) mg/L。所有样品 TN 含量均超出了《地表水环境质量标准》（GB 3838—2002）Ⅴ类水标准限值，83%采样点超标 2 倍以上。TP 含量均超出了Ⅲ类水标

准限值，Ⅳ、Ⅴ类水的达标率分别为50%、100%。相比2019年，湖水中的TN、TP含量进一步升高。

表 2-13　岱海、弓坝河及周边地下水 TN、TP 含量（mg/L）（2021年9月）

采样类型	测试项目	最小值	最大值	平均值	标准差	变异系数
湖水	TN	3.71	4.52	4.21	0.29	0.07
	TP	0.08	0.16	0.115	0.04	0.35
弓坝河	TN	1.64	3.83	2.79	0.78	0.28
	TP	0.04	0.28	0.13	0.09	0.69
地下水	TN	0.98	3.43	2.19	0.77	0.35
	TP	0.03	0.42	0.13	0.14	1.08

弓坝河的TN含量在1.64~3.83 mg/L，平均浓度为(2.79±0.78) mg/L。所有样品TN含量均超出Ⅳ类水标准，86%的样品含量超Ⅴ类水标准。TP含量在0.04~0.28 mg/L，平均浓度为(0.13±0.09) mg/L。71%的样品TP含量超Ⅲ类水标准，29%的样品TP含量超Ⅴ类水标准。

地下水的TN含量在0.98~3.43 mg/L，平均浓度为(2.19±0.77) mg/L。TP含量在0.03~0.42 mg/L，平均浓度为(0.13±0.14) mg/L。结果表明，58%的地下水样品TN含量超出地表水Ⅴ类水标准限值，超标1.1~1.9倍，83%的样品超出Ⅳ类水标准限值。17%的地下水样品TP含量超出Ⅴ类水标准限值，其余样品均低于Ⅲ类水标准限值。

据前文，岱海2021年的地下水补给量约是地表径流的6.5倍，但地下水和地表径流的TN、TP含量相当，预计地下水排泄的TN、TP总量要大于地表径流，地下水的排泄作用对湖泊氮、磷污染程度的影响程度值得关注和深入研究。

2.5　本 章 小 结

内蒙古地区生态环境脆弱，湖泊总体呈萎缩态势。1990~2018年湖泊总面积减少了13.55%，变化特征表现为大、中型湖泊向中、小型湖泊转化，小型湖泊向微型湖泊转化，微型湖泊有扩张趋势。以"一湖两海"为代表的大型湖泊（>50 km²）演化受到了水资源调控和工、农业开发活动的强烈干扰。

岱海是我国干旱、半干旱区构造型内陆湖的典型代表，流域地表水和地下水水力联系紧密，转化频繁，湖水接受地下水、地表径流和大气降水补给。气候暖干化背景下，流域水资源量总体减小，岱海会向萎缩方向发展。近五十年来区域经济，尤其是农业经济的快速发展，是加剧湖面萎缩的主要驱动因素，过度开发地下水资源、拦蓄地表径流造成地下水水位降低，以及入湖地表径流量减小是造成湖面萎缩的直接原因。湖区中部和北部地下水氡活度较高，地下水排泄强度较大。由氧、氢同位素质量平衡方程计算的 2020~2021 年岱海地下水入湖排泄量在 $2262.75×10^4$~$2354.1×10^4$ m^3，是湖泊的主要补给来源。近年来地下水入湖排泄量和补给总量增加，蓄变量减小，湖面萎缩速率减缓。

随着湖面萎缩，岱海逐渐咸化，湖水矿化度和氯离子含量呈指数增长。地下水入湖排泄的盐分是湖泊的主要盐分来源，湖水盐化的直接原因是区域升温背景下湖体萎缩造成的库容量减小。岱海盆地蒸发量大于降雨量，在强烈的蒸发作用影响下，当地下水入湖排泄量和地表径流量不足时，湖泊水量易向负均衡发展，导致蓄水量减小、湖体萎缩、水质进一步咸化。

第3章 流域水资源与水生态对气候变化和人类活动响应

气候变化与人类活动直接作用于生态水文循环，深刻改变了流域产水、地表径流、水生态平衡等特征过程。理解和量化气候变化与人类活动对生态水文过程的影响，尤其是在干旱、半干旱地区湖泊流域，将对区域水资源与水生态可持续管理政策制定提供重要支撑。许多研究针对气候变化或者人类活动单一因素进行了情景评估分析，但因其在假设情景下，没有考虑气候变化、人类活动的交互作用，结论可能存在较大不确定性（Zhang L et al., 2018）。基于目前多源观测与重演数据，量化气候变化和人类活动情景下的水资源、水生态变化，是本章研究重点，相关结果可为内蒙古"一湖两海"流域生态环境保护提供科学建议，也为缺乏高时空观测资料的中国北方干旱半干旱流域生态水文研究探索新的方法。

3.1 流域水资源与水生态特征及演变

呼伦湖、岱海、乌梁素海是内蒙古地区重要淡水湖泊，是作为气候调节与水资源调储的重要载体，其与流域内丰富的景观和多样的物种共同承担着生态屏障功能。过去几十年，呼伦湖、岱海和乌梁素海都呈现了不同程度的湖泊萎缩和生态退化，经过近些年治理，目前"一湖两海"生态环境大为改善。系统分析"一湖两海"水资源变化规律，收集整理流域水生态相关资料，可为"一湖两海"地区水资源与水生态影响因素分析夯实数据基础。本章根据公开发表的文献资料，整理了自20世纪60年代至今的湖泊水资源数据；而水生态作为水环境与水生物相互影响适应的过程，在"一湖两海"地区的研究中，相关定性资料较多，但定量资料较少，因此本小节收集可定量、可对比的浮游植物、浮游动物资料作为分析基础。

3.1.1 呼伦湖

呼伦湖湖泊面积和水资源量在经历快速下降后，近十年呈恢复态势。呼伦湖多年平均面积约为 2140 km^2，水资源量约为 107 亿 m^3，其中 1966 年、1991 年湖泊面积达到峰值，约为 2300 km^2，湖泊水资源量近 140 亿 m^3。自 1960 年以来，呼伦湖整体呈萎缩趋势，湖泊面积下降速度为 6.16 km^2/a，水资源量下降速度为

1.16 亿 m³/a。历史上呼伦湖有两次较为明显的萎缩期，第一次始于 20 世纪 70 年代，湖泊面积从 1971 年的 2285 km² 下降至 1984 年的 2020 km²，水资源量也从 131 亿 m³ 下降至 94 亿 m³；第二次明显萎缩始于 21 世纪初，湖泊萎缩速度约为 50 km²/a，水资源量也从 2000 年的近 120 亿 m³ 下降至 2011 年的 36 亿 m³。在一系列生态补水和水源涵养保护工程共同作用下，2011 年后呼伦湖得到明显恢复，近期湖泊面积恢复至约 2000 km²，水资源量也逐步恢复至 90 亿 m³。

浮游植物种类和生物量都呈下降趋势。1987~1988 年间，呼伦湖水产研究所对流域浮游植物进行了分析，共检出浮游植物 181 种属，浮游植物生物量约为 8.1 mg/L，蓝藻和绿藻占绝对优势，秋季生物量最高，调查结果也表明浮游植物种类与 1981 年相比有着显著增加（王玉亭等，1993）；2009 年对呼伦湖浮游植物调查结果显示，浮游植物种类和生物量都有所下降，浮游植物种属 142 个，生物量约为 6.995 mg/L（姜忠峰等，2011）；2017~2019 年相关调查检出浮游植物共计 110 种，生物量介于 5.525~7.557 mg/L 之间，相比仍呈下降趋势（李星醇等，2020）。

浮游动物种群密度与结构显示湖泊呈退化趋势。在浮游动物方面，2010 年夏季内蒙古农业大学联合中国环境科学研究院对呼伦湖浮游动物情况进行取样调查，共检出浮游动物四大类 38 种，其中轮虫在种类上占优势、原生动物在数量上占优势、桡足类在重量上占优势，生物量为 1.203 mg/L。与 1988 年相关调查相比，非污染指示种的种群密度快速下降，其中以轮虫与甲壳类动物的种群演变尤为明显；污染指示种，尤其是富营养水体指示种种类和数量增多明显（姜忠峰等，2014）；2011 年王玉等研究结果显示，呼伦湖浮游动物共有 33 种，其中桡足类最多，其次为原生动物，总生物量为 5.81 mg/L（王玉等，2012）；2018~2019 年夏季采样结果显示，共检出浮游动物 34 种，生物量在 0.19~1.22 mg/L（刘慧，2020）。

3.1.2　乌梁素海

乌梁素海面积约为 331 km²，多年平均水资源量约为 3.31 亿 m³。在过去 60 年间，乌梁素海面积与水资源量整体呈现先下降、后上升的变化趋势。其中 1960~1975 年乌梁素海面积呈下降趋势，在 1975 年左右达到最低，面积约为 238 km²，后湖泊面积略有恢复，水资源量维持在 3 亿 m³/a，湖泊面积约为 350 km²。

乌梁素海浮游植物种类明显增加。内蒙古自治区水产科学研究所 2004~2005 年在乌梁素海进行的浮游植物采集结果显示，乌梁素海有浮游植物 7 门 58 属，春夏季生物量介于 37.94~56.42 mg/L，绿藻和硅藻占据属类优势（李畅游等，2007）；2012 年内蒙古农业大学在乌梁素海采样中鉴定浮游植物 99 属 222 种，绿藻和硅藻仍是优势属类（李建茹等，2013），春夏季生物量介于 4.57~89.54 mg/L；陈晓江等 2016 年在乌梁素海进行浮游植物采集，共检出 57 属 161 种（陈晓江等，2021）；

李美霞等 2019 年在乌梁素海进行浮游植物采集，共鉴定浮游植物 96 属 344 种，生物量平均值在 0.25 mg/L（春季）~1.01 mg/L（冬季）之间（李美霞，2021）。

浮游动物种类有明显增加，生物量呈下降趋势。内蒙古自治区水产科学研究所在 2004~2005 年采集了乌梁素海浮游动物，结果显示共有浮游动物四大类 62 种，生物量约为 3.624 mg/L（武国正等，2008）；2011 年王玉等在夏季调查发现乌梁素海浮游动物共有 48 种，生物量为 2.52 mg/L（王玉等，2012）；李美霞等 2019 年在乌梁素海采集浮游动物 90 种，总生物量均值为 0.32 mg/L（李美霞，2021）。

3.1.3　岱海

岱海面积和水资源量呈现持续萎缩态势。自 1960 年以来，岱海多年平均湖泊面积约为 119.7 km²，多年平均水资源量约为 7.73 亿 m³，其中 70 年代初期湖泊面积最大，超过 160 km²，水资源量也达到峰值，接近 13.5 亿 m³；近些年湖泊面积持续萎缩，2018 年湖泊面积约为 53 km²，水资源量低于 3 亿 m³。从历史变化趋势上看，岱海湖泊面积和水资源量呈下降趋势。20 世纪 60 年代岱海水资源量较为稳定，1960~1970 年间湖泊水资源量维持在 12.7 亿 m³；1980 年后湖泊进入快速萎缩期，萎缩速度超过 2 km²/a，2000 年后湖泊萎缩速度进一步加快，每年约有超过 3.5 km² 湖泊消失。湖泊水资源量也呈明显下降趋势，多年平均下降速率约为 0.22 亿 m³/a，其中 1971~1975 年、1980~1990 年两个时期水资源量下降速度最快，分别为 0.71 亿 m³/a 和 0.51 亿 m³/a。

岱海浮游生物种类低于其他湖泊，但生物量与其他湖泊相当。岱海浮游生物调查最早始于 1960 年。在浮游植物研究上，历史上共采集到浮游植物 93 种，最高当年采集 53 种（王翠等，2003）；吴东浩等 2011 年夏季在岱海进行浮游植物群落调查，在四个站点仅采集到 16 种浮游植物，绿藻为优势种群，远低于同期呼伦湖、乌梁素海调查结果（吴东浩等，2012）。岱海浮游动物调查结果显示物种结构和优势种受季节影响较大。总体上轮虫一直在数量上占据优势，但是桡足类和枝角类在生物量上占据优势，历史上岱海浮游动物种类也低于内蒙古其他湖泊，生物量却高于同期其他地区（蓝学恒等，2000）。2011 年岱海浮游动物共有 29 种，其中桡足类最多，其次为原生动物，总生物量为 4.4 mg/L（王玉等，2012）。

3.2　气候变化与人类活动对流域水资源与水生态的影响机制

系统梳理气候变化与人类活动对流域水资源、水生态的影响机制，是定量分析其变化原因的基础。尤其在气候变化与人类活动共同作用下，生态水文过程的复杂性、陆面植被的适应与反馈，增加了水资源与水生态变化的不确定性。本节结合"一湖两海"地区主要气候变化特征以及典型人类活动影响类型，梳理其对流域水资源的影响机制；同时以浮游植物与水生态为研究重点，梳理浮游植物与水质、有机碳含量等的动态关系。

3.2.1　气候变化对流域水资源的影响

1. 温度与降水

已有很多研究表明，气候变化深刻地影响着地表水文过程。降水作为径流的主要来源，是流域水资源变化主要的驱动因子。除了降水总量外，降水强度和形式（Xue and Gavin，2007；Berghuijs et al.，2014），以及降水的时空分布等（Greve et al.，2014）都对流域水资源有显著的影响。温度的变化是能量平衡的重要影响因素，直接影响水文循环中的蒸散发过程，但温度对地表水资源变化的影响是多样的，如升温会导致蒸发量上升进而可能引起径流减少，但同时也可能影响植被的光合作用和物候周期，从而影响植被冠层截留、冠层蒸发等改变降水截留与下渗过程（Ohmura and Wild，2002；杨大文等，2010）。除此之外，全球气候变化引发了冰川萎缩、短期融水激增，导致了短期冰川径流增加，但远期可能导致以冰川融水为主要补给源的地表径流面临干涸风险（Huss and Hock，2018）。

2. 大气二氧化碳浓度变化

大气二氧化碳浓度升高已是不争的事实，二氧化碳浓度变化主要通过影响植被生长过程和大气辐射，对流域水文过程产生影响。首先，随着大气二氧化碳浓度的升高，可能导致植被叶片气孔关闭，蒸腾作用降低、水分利用效率得到提升，因此也可以产生更多的地表径流，提高流域产水能力（Gedney et al.，2006）；但二氧化碳升高而导致的施肥效应可促进植被光合作用速率，冠层增加、植被生物量大大提升，因此冠层截留和蒸腾过程大大增强，导致地表径流降低（Piao et al.，2007；Gerten et al.，2008）。同时，二氧化碳作为主要温室气体，阻挡了一部分地表长波辐射，而二氧化碳浓度的增高导致长波辐射被对流层吸收，地表长波逆辐射增加，进一步影响到地表温度，进而影响到地表水文过程。

3. 气溶胶变化

气溶胶主要来源包括人类活动排放和火山喷发的释放，其中人类活动导致的气溶胶含量持续上升（Haywood and Boucher，2000）。气溶胶的变化对流域水资源产生了一定影响。一方面气溶胶通过改变云层数量、云层反照率和云的周期，直接影响降雨时空分布和强度，同时气溶胶粒子对辐射的吸收和散射作用也对流域地表水文过程产生间接影响，如气溶胶的吸收作用将降低光合有效辐射，通过改变植被生长影响冠层截留和蒸腾作用，但气溶胶的散射比例增强可增大投射到冠层底部的光，提高冠层光能利用率，生物量和冠层蒸腾都得到增强，进而影响地表径流（Gedney et al.，2014）。

3.2.2　人类活动对流域水资源的影响

1. 土地利用

土地利用方式改变了地表性质，影响了流域水文循环过程。首先，不同地表覆盖的降雨截留效率（主要指植被截留）直接影响着流域产水能力。以往研究表明，不同土地利用年均实际蒸散发表现为森林>农田>草地>城市建设用地>未利用裸地（Mahmood and Hubbard，2003）。同时，土地利用方式的改变影响了土壤理化性质，导致与地表径流密切相关的土壤微生物、土壤容重、土壤孔隙度等理化结构产生改变，从而影响土壤渗透性和持水能力（石培礼和李文华，2001）。

2. 用水情况

水是人类社会发展的重要因素之一，生产生活取水用水直接影响了流域水资源变化。对水的需求可分为提取和非提取两类，其中主要为提取类需求，这类需求又可分为消耗与非消耗两类。非消耗性的用水基本不改变地表水资源情况（如水力发电等），而消耗性用水包括生活用水（市政供水）、农业用水（如种植业灌溉、畜禽养殖等）以及工业生产用水等形式。消耗性用水直接改变了现有地表径流汇流过程，对流域水资源时空分布产生极大的影响。

3. 水利工程建设

为增强水资源时空调蓄能力、提高水资源开发利用效率，许多地区修建了大型水利工程设施，这些水利工程包括蓄水（水库水坝）、拦水（水闸、硬化河堤）、引水（调水工程）等，直接改变了基础产汇流条件，实现了一定范围内水资源时空优化配置，但也影响了区域内能量与水文循环过程（Vitousek et al.，1997）。水利工程的建设大部分都服务于农业、城市生产生活目标，与用水过程一道改变了水资源时空分布格局。

3.2.3　浮游植物与流域水生态

水生态是指环境水因子对生物的影响以及生物对各种水分条件的适应过程。主要研究对象包括水体中生物要素、生境要素以及生物与环境之间相互关系等，是生态环境治理改善和自然资源管理的重要基础。国外水生态研究起步较早，20世纪 70 年代，欧美国家率先开展水生态监测评价研究工作，1981 年，美国学者提出了生物完整性指数（index of biological integrity，IBI）监测评价方法，以藻类、底栖生物、鱼类三个类群为对象，实现了水生态指标监测的系统性（Karr，1981）。随后南非、英国、爱尔兰等先后开展了河流健康与河流生境情况调查，相关成果为欧盟水框架指令（Water Framework Directive，WFD）奠定了数据和技术基础。我国水生态监测研究始于 20 世纪 80 年代，早期主要开展水生生物相关监测研究，并颁布出台了生物监测技术规程；进入 21 世纪后，太湖、滇池、洪泽湖等湖泊富营养化问题凸显，相关浮游植物监测研究工作在全国范围内展开（杨增丽等，2016）；进入"十二五"以来，在生态文明战略背景下，以河湖健康评估为形式载体的水生态健康监测研究得到快速发展，长江流域、太湖流域、松花江流域、辽河流域水生态监测与河湖健康评价已取得了丰硕成果。

鉴于生态系统的复杂性，学者常采用指示种群（indicator taxa）进行生态系统健康的监测，在河流评价中，多采用着生藻类、无脊椎动物和鱼类。着生藻类因其生境相对固定、处于河流生态系统食物链底端、代谢周期短、对污染物反应灵敏等特点，是目前最为广泛应用的指示指标（Kelly and Whitton 1998；Kwandrans et al.，1998）。与河流生态健康评价指标体系相比，湖泊水动力条件较为稳定，生态功能和生态结构各异，常用评价方法包括净初生产力法、压力指标法、生物完整性指标等。刘永等（2004）建立的以浮游生物为主、包括细菌和微生物的综合健康评价指数，已广泛应用于湖泊生态系统健康评价中。也有部分学者基于浮游生物和环境因子相互关系对呼伦湖生态系统变化进行探索（孙标 2010，郭子扬等，2019）。因此，基于浮游植物的定量模拟，探讨其影响因素及潜在生态效益，可为生态退化研究提供理论基础（刘永等，2004）。

在生物指标中，浮游植物一直是水生态系统的重要指示指标，尤其在深水区域，水草和底藻作用较小，浮游植物几乎是水生系统的唯一生产者（何志辉 1987），作为最为主要的能量代谢和元素循环初级生产者，对水生态系统平衡发挥着极为重要的作用。浮游植物群落变化对水环境质量波动极为敏感，种群数量、优势种和指示种是水质污染和营养水平的重要标志（岳彩英等，2008）。如丝状蓝绿藻等特殊种类的大量增殖，可能加速水质恶化，是多个湖泊生态退化的表征（孔繁翔和高光，2005）。在"一湖两海"地区，很多研究对浮游植物密度、多样性以及水质进行了系统分析，三个湖泊都达到不同程度富营养化水平（岳彩英等，2008；张晓晶等，2010；姜忠峰等，2011；于海峰等，2021），研究也发现呼伦湖的浮游植物密度高于其他两个湖泊，具有很强的代表性（吴东浩等，2012）。除直接影响外水生态外，浮游植物通过释放有机碳影响着水体中细菌的结构和组成，如 Liu 等（2010）的研究表明藻类释放的有机碳影响了纳木错表层水中的细菌丰度。

呼伦湖流域自 20 世纪 80 年代就面临水华风险，2009 年以来，水华暴发的频率大幅增加,特别是在 7~8 月,对呼伦湖水质造成了很大的影响,这些可能主要与人类活动相关(Fang et al.,2018)。有学者明确指出,呼伦湖长期处于中度甚至重度富营养化水平(岳彩英等,2008),而这一退化现象与营养物质外源输入、地表径流和水资源量密切相关(姜忠峰等,2014)。早期研究多侧重基于原位采集的浮游植物生物量、种群结构与水环境的联合分析,但对流域尺度研究支撑不足。随着多光谱信息技术的兴起,海洋浮游植物生物量以及生产力的时空测算技术发展迅速,为大尺度水生态系统研究提供了数据和技术支持。综上所述,在收集现有原位观测数据的基础上,探索流域尺度浮游植物、有机碳空间分布以及与水资源的关系,可进一步探索浮游植物动态变化影响因素,也为不同时空尺度流域水生态系统变化提供技术和数据支撑。

3.3　呼伦湖流域水资源变化及驱动因素

呼伦湖是我国北方第一大湖泊,也是我国第五大湖泊,历史上水域面积曾达到 2339 km^2,具有涵养水源、生物多样性维护、气候调节等重要生态系统功能,且其生态系统所能提供的生态价值远大于经济价值。然而,近 20 年来,随着气候暖干化加剧,呼伦湖流域生态系统表现出湖泊湿地面积萎缩、草地退化、土地沙化、鱼类小型化等生态问题,对我国北方生态安全屏障造成威胁,不容忽视。

本部分气候台站数据来自国家气象科学数据中心(http://data.cma.cn)中国地面气候资料年值数据集;年均降水量和年均温度数据基于英国东英格利亚大学气候研究所(Climatic Research Unit,CRU)网格化时序数据中的气候要素数据计算所得;潜在蒸散发和实际蒸散发数据来自全球陆地蒸散发阿姆斯特丹法(Global Land Evaporation Amsterdam Model,GLEAM)数据集(Martens et al.,2017);呼伦湖全流域 1992 年、2015 年两个时间段土地利用数据来自欧洲航空航天局研发的全球逐年土地覆盖数据集(Climate Change Initiative Land Cover,CCI-LC)(Bontemps et al.,2015);呼伦湖我国流域 1985 年、2015 年两个时间段土地利用数据来自资源环境科学与数据中心(https://www.resdc.cn);归一化植被指数数据利用谷歌地球引擎平台,基于 Landsat 3,Landsat 5,Landsat 7 多波段数据计算 1985~2015 年逐年生长季(6~9 月)均值。

3.3.1　呼伦湖流域气候变化特征

1. 呼伦湖流域气候变化明显,但近期呈放缓趋势

过去 60 年,呼伦湖我国境内降水量呈明显下降趋势,暖干化趋势明显。我国境内呼伦湖流域共有国家级气象监测台站四个,年降水量都呈明显下降态势,年

均气温明显上升。其中海拉尔站监测降水量下降最快，约为 13.18 mm/a；海拉尔站同时气温上升也最为剧烈，约为 0.35℃/10a。但自 1990 年开始，气候变化幅度有所减缓，四个台站观测温度虽然呈小幅上升波动，但降水量观测上只有满洲里站呈明显下降趋势（图 3-1 和图 3-2）。

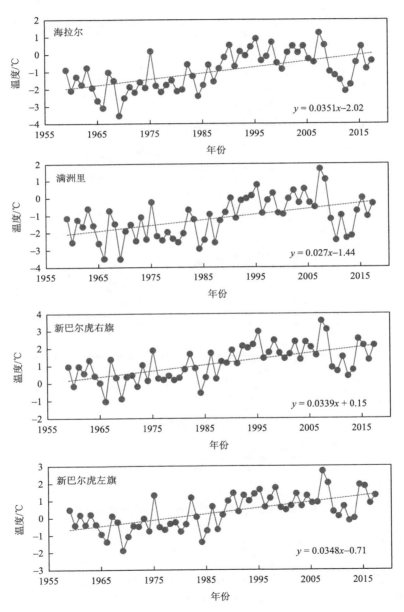

图 3-1　呼伦湖周边气象站点过去 60 年年均温度变化情况

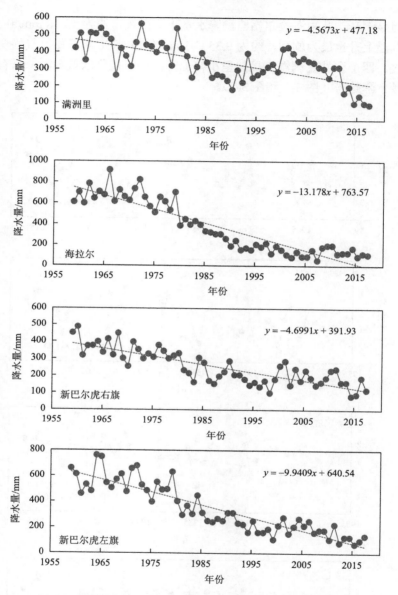

图 3-2　呼伦湖周边气象站点过去 60 年年均降水量变化情况

2. 呼伦湖流域气候变化呈明显空间异质性

呼伦湖流域在空间上沿东北至西南呈逐渐暖干趋势，空间异质性明显。除流域中部和西部部分地区外，呼伦湖流域大部分地区年降水量呈明显下降态势。蒙古国肯特山南部、流域西部大兴安岭余脉地区下降趋势最强；在年际温度空间变化上，流域整体自东北向西南方向升温现象明显。从流域内主要河流空间分布上可以看出，海拉尔河流域暖干化趋势不明显，但克鲁伦河和乌尔逊河都面临气候暖干带来的风险（图 3-3 至图 3-6）。

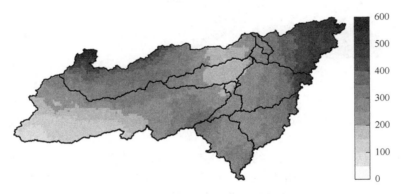

图 3-3　1981~2010 年呼伦湖流域年均降水量空间分布（mm/a）

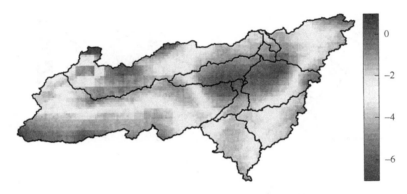

图 3-4　1981~2010 年呼伦湖流域年均降水量变化情况（mm/a）

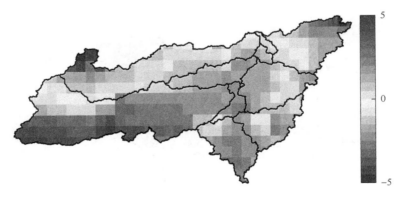

图 3-5　1981~2010 年呼伦湖流域年均温度空间分布（℃/a）

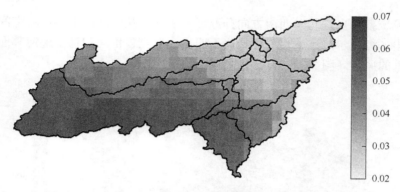

图 3-6　　1981~2010 年呼伦湖流域年均温度变化情况（℃/a）

　　呼伦湖流域潜在蒸散发量约在 400~500 mm/a，过去 30 年主要呈增加趋势。除流域西部、我国境内呼伦贝尔中部地区外，整个流域 1981~2010 年潜在蒸散发量持续增加，其中东部林区潜在蒸散发量增速最快，超过 2 mm/a（图 3-7 和图 3-8）。

图 3-7　　1981~2010 年呼伦湖流域年均潜在蒸散发空间分布（mm/a）

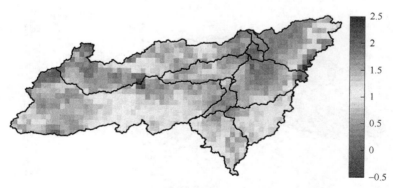

图 3-8　　1981~2010 年呼伦湖流域年均潜在蒸散发年变化情况（mm/a）

3.3.2　呼伦湖流域土地利用变化特征

呼伦湖流域土地覆盖主要以草地、裸地和稀疏植被为主，东部我国境内和蒙古国肯特山东麓有部分林地和灌木林地分布。土地利用转换主要发生在流域中东部，湖泊周边土地利用改变也较为明显。从呼伦湖流域土地利用转移概况表的面积净变化量可以看出，与 20 世纪 90 年代相比，稀疏植被面积消失较快，主要转换为裸地、草地和农用地，而裸地在过去 30 年面积增长最多，其次为农田和草地。在空间分布上，发生变化的像元主要位于西南部裸地边缘，中部农用地也有较多扩张趋势（图 3-9、图 3-10 和表 3-1）。

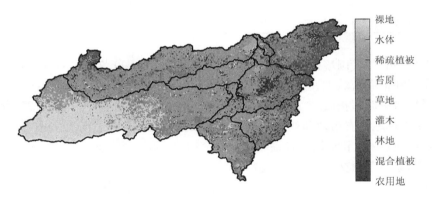

图 3-9　2015 年呼伦湖流域土地利用覆盖情况

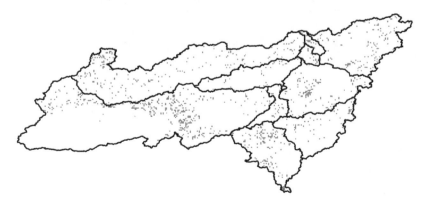

图 3-10　呼伦湖流域土地利用变化像元空间分布（基准年：1992 年）

表 3-1　1992~2015 年呼伦湖流域土地利用转移概况

		1992 年								1992 年合计
		农用地	自然植被	林地	灌木	草地	稀疏植被	水体	裸地	
2015 年	农用地	1216	0	2	0	16	11	0	2	1247
	自然植被	0	903	6	0	74	48	1	3	1035
	林地	15	15	1123	3	31	3	1	0	1191
	灌木	3	2	7	48	0	0	2	1	63
	草地	42	57	27	0	5778	72	1	39	6016
	稀疏植被	113	46	0	0	196	10670	0	221	11246
	水体	1	0	0	2	6	3	329	11	352
	裸地	0	0	0	0	18	39	2	4124	4183
2015 年合计		1390	1023	1165	53	6119	10846	336	4401	
面积净变化量		143	−12	−26	−10	103	−400	−16	218	

　　过去 30 年我国境内呼伦湖流域土地利用变化主要以草地和河流水系增长为主。我国呼伦湖流域主要土地利用类型为草地，其次为林地和无植被裸露地表。受我国生态资源保护政策（如草原封禁、退耕还草等）的影响，我国呼伦湖流域过去 30 年林地、农用地和裸露地表都有所减少，同时草地和河流水系增长较多。草地和裸地、林地和草地都有很高的转变交换量，这可能归因于过去 30 年林草交错带、草原与荒滩交错地区出现较大的地表覆盖变化。农业用和草地也表现出较大的交换量，表明农牧交错地区存在较大的生产生活类型转变（表 3-2）。

表 3-2　1985~2015 年我国境内呼伦湖流域土地利用转移概况

		1985 年							1985 年合计
		农用地	灌木	林地	草地	建设用地	河流水系	裸地	
2015 年	农用地	100	0	5	177	1	2	9	294
	灌木	1	126	5	45	0	0	5	182
	林地	13	8	742	231	0	1	8	1003
	草地	152	43	205	6056	39	30	301	6826
	建设用地	0	0	2	25	132	0	18	177
	河流水系	0	0	2	12	0	7	2	23
	裸地	6	5	7	312	15	6	398	749
2015 年合计		272	182	968	6858	187	46	741	
面积净变化量		−22	0	−35	32	10	23	−8	

3.3.3　呼伦湖流域植被生长动态与蒸散发变化情况

呼伦湖东部我国境内以森林、草原为主，归一化植被指数（NDVI）也相对较高，整体自东北向西南呈递减趋势。1981~2010 年间植被生长空间异质性较高，流域西部、东南部呈下降趋势，但流域中部和我国呼伦贝尔地区植被生长呈明显向好趋势（图 3-11 和图 3-12）。

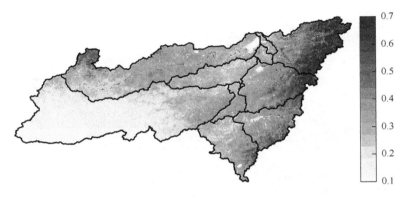

图 3-11　1981~2010 年呼伦湖流域年 NDVI 空间分布情况

图 3-12　1981~2010 年呼伦湖流域年 NDVI 变化情况

呼伦湖流域年实际蒸发量空间分布格局和植被类型分布、植被生长情况密切相关，实际蒸散发自东向西逐步递减，因蒙古国境内克鲁伦河源头肯特山东麓也有森林分布，因此区域实际蒸散发量也相对较高。过去 30 年流域实际蒸散发量主要以增长为主，只有流域西部和呼伦贝尔中部呈较大范围下降趋势（图 3-13 和图 3-14）。

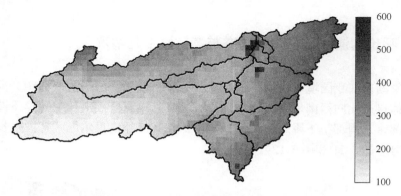

图 3-13　　1981~2010 年呼伦湖流域年实际蒸散发空间分布（mm/a）

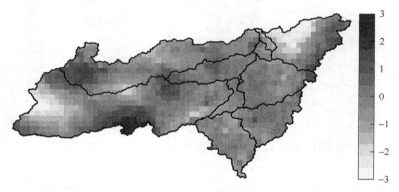

图 3-14　　1981~2010 年呼伦湖流域年实际蒸散发变化情况（mm/a）

3.3.4　呼伦湖水资源变化对地表径流、降水的响应

　　湖泊水量平衡研究主要基于降水、蒸散发、地表径流、地下水补给等观测数据变化情况，结合遥感影像、水位记录等资料，对湖泊库容动态变化进行归因分析（季劲钧等，2004；王芳等，2008；刘丽梅等，2013；崔颖颖等，2017）。呼伦湖流域作为北方典型草原湖泊，已有很多学者对其展开研究（李翀等，2006；孙标，2010；王志杰等，2012b, c；张娜等，2015）。

　　基于湖泊水量平衡计算方法，呼伦湖库容动态同时受到地表径流补水（克鲁伦河、乌尔逊河、湖周边坡地补给）、降水、蒸散发、新开河补水或开闸放水以及地下水交换因素影响。在地表径流补给上，呼伦湖湖泊水资源主要来自发源于蒙古国的克鲁伦河和乌尔逊河，海拉尔河虽属于呼伦湖流域，但其与呼伦湖联通的新开河属于吞吐性河流，当海拉尔河水量较大时，河流经新开河流经呼伦湖，反之则从呼伦湖流入额尔古纳河。因受资料限制，新开河的径流变化情况参考进行估算（即当呼伦湖水位超过 544.8 m 时，按照闸门设计流量正常泄流，即 40.7 m³/s）（地方志编写委员会，1998）；地下水补给和湖泊坡面径流补给等对湖泊水资源年际动态影响较小（王志杰等，2012c），且不影响区域水资源总量变化估算，因此不在此讨论。综上所述，结合呼伦湖水量平衡的相关研究（王志杰等，2012b），本部分主要讨论湖泊库容水资源量、湖面降雨、湖面蒸发、地表径流的变化情况。

在研究时间选择上，考虑呼伦湖在 2010 年后修建了较多的水利设施，为尽量剔除人类水利活动的影响，同时尽可能地获取高分辨率降雨、蒸散发空间数据，本部分选择时间段为 1981~2010 年。本部分研究河流数据来自阿拉坦额莫勒和坤都冷两个水文站 1981~2010 年逐月径流数据。分析的流域尺度降水数据、蒸散发数据时间序列也为 1981~2010 年，所有数据采用一阶守恒差值法将空间分别来统一为 0.01°（Jones，1999）。

为初步分析湖泊水资源量动态变化对地表径流和气候的响应，本部分采用累积距平和 M-K 突变检验两种方法进行分析，累积距平是一种广泛应用的检验连续实测数据年际变化情况的方法，其表达式为：

$$S_i = \sum_{i=1}^{n} (x_i - x_{\text{mean}}) \tag{3-1}$$

式中，x_i 为实测值；x_{mean} 为该连续数据的平均值。距平值正负具有特定意义，当实测值大于平均值时斜率为正，反之斜率为负。

Mann-Kendall 检验（Mann，1945）是常用的气候水文要素序列突变分析方法，可判断突变年份和变化趋势。当 UF 值大于 0 时，表明序列呈上升趋势，若小于 0，则表明呈下降趋势，当超过置信水平时，表明该变化趋势明显，若 UF 和 UB 两条曲线在置信区间内出现交汇点时，则表明该点在设定的显著水平（本部分设为0.05）下发生突变。

1. 1981~2010 年呼伦湖水资源量变化情况

1981~2010 年间，呼伦湖库容水资源量约为 103.98 亿 m³，低于 1961~1980 年水平（约为 124.83 亿 m³），但远高于最近 10 年（2011~2020 年，70.66 亿 m³）。由五年滑动平均变化曲线与累积距平分析可以看出，呼伦湖库容水资源量在研究期内经历了先上升再下降的趋势，其中 1982~1986 年、2000~2006 年两个时期年际波动明显（五年标准差大于 10），第一个时期主要表现为波动上升，而第二个时期主要表现为快速下降（图 3-15 和图 3-16）。

利用 M-K 法对呼伦湖库容水资源量进行突变分析可以看出，UF 曲线在 1982~1987 年进入快速增长期，后呈波动下降的趋势。在置信区间内，UF 曲线和 UB 曲线在 2005 年有一个交点，显示湖泊水资源量突变可能发生在此期间（图 3-17）。

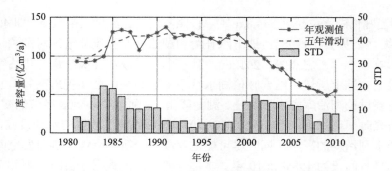

图 3-15　1981~2010 年呼伦湖库容量与五年滑动平均变化情况

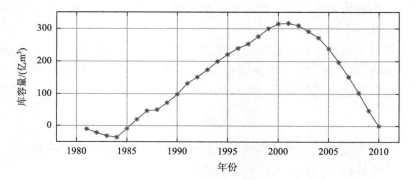

图 3-16　1981~2010 年呼伦湖库容量水资源量累积距平线

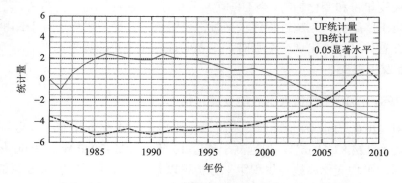

图 3-17　1981~2010 年呼伦湖库容量水资源 M-K 检验

2. 1981~2010 年湖面降水与蒸发情况

1）湖面降水

1981~2010 年，呼伦湖湖面直接降水量约为 221 mm/a，但年际波动很大。最高年份可超过 400 mm（1998 年），最低年份接近 100 mm/a，降水量波动最大时期出现在 1996~2000 年（图 3-18）。

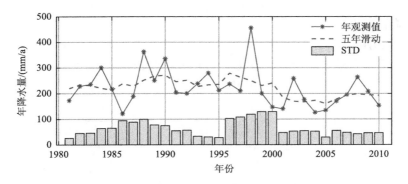

图 3-18　1981~2010 年呼伦湖湖面降水量变化情况

　　累积距平曲线结果显示，研究期内呼伦湖湖面降雨先呈上升趋势，直至 1998 年达到峰值，之后降雨量进入持续下降期。M-K 检验结果同样显示，UF 曲线与 UB 曲线在置信区间内第一个交点出现在 1998~1999 年，证明这一时期后湖面降水量开始下降。UF 和 UB 曲线在 2016~2018 年间在置信区间内再次相交，主要这一时期湖面降雨量有明显波动，但整体仍呈下降趋势（图 3-19 和图 3-20）。

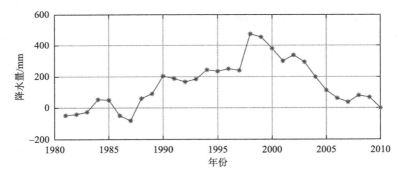

图 3-19　1981~2010 年呼伦湖湖面降水累积距平曲线

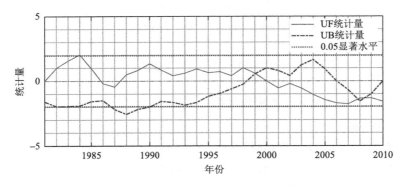

图 3-20　1981~2010 年呼伦湖湖面降水量 M-K 检验

2）湖面蒸发

1981~2010 年，呼伦湖湖面蒸发量约为 553 mm/a，整体上呈轻度上升趋势。30 年间湖面蒸发量波动较小，最高年份超过 600 mm（2004 年），最低年份约为 520 mm/a，2005~2010 年波动情况高于其他时间（图 3-21）。

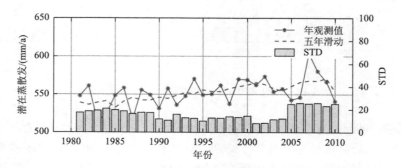

图 3-21　1981~2010 年呼伦湖湖面蒸发变化情况

累积距平曲线结果同样显示，研究期内呼伦湖面蒸发量呈上升趋势。基于 M-K 检验，UF 曲线与 UB 曲线在置信区间交点出现在 1993 年，但由于湖面蒸发主要受近地风速、气温、辐射等影响，且其年际波动较小、上升趋势较为稳定，其年际波动与突变可能不是呼伦湖库容水资源量波动的主要原因（图 3-22 和图 3-23）。

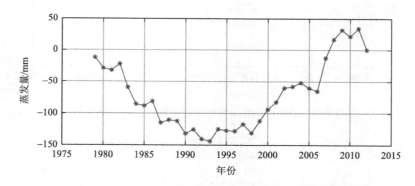

图 3-22　1981~2010 年呼伦湖湖面蒸发累积距平曲线

3. 1981~2010 年地表径流变化情况

1）乌尔逊河

研究期内乌尔逊河多年平均流量约为 5.72 亿 m³/a，显著波动主要出现在 1987 年和 1997 年，两次出现径流量的大幅下降。2000 年以后径流量快速下降，十年平均仅为 1.9 亿 m³（图 3-24）。

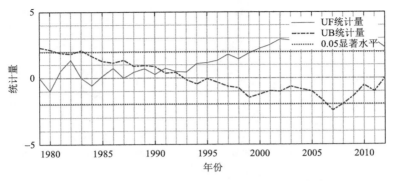

图 3-23　1981~2010 年呼伦湖湖面蒸发 M-K 检验

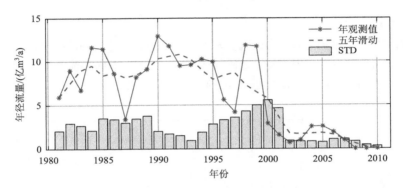

图 3-24　1981~2010 年乌尔逊河径流量变化情况

　　从图 3-25 可以看出，乌尔逊河累积距平曲线呈先上升再下降的整体趋势，峰值为 1999 年。基于 M-K 检验结果（图 3-26）可以看出，UF 曲线在 1987 年后进入上升并在 1994 年达到峰值，随后进入持续下降时期。在置信区间内，UF 曲线和 UB 曲线交点位于 2001~2002 年，证明乌尔逊河径流量在这段时间发生了由丰水期向枯水期的转变。

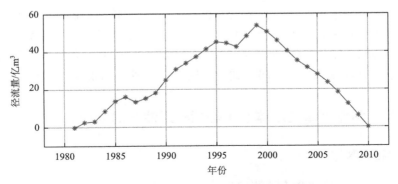

图 3-25　1981~2010 年乌尔逊河径流量累积距平曲线

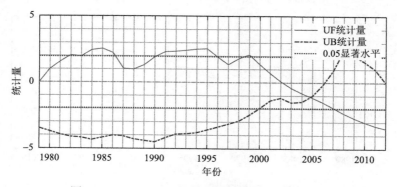

图 3-26　1981~2010 年乌尔逊河径流量 M-K 检验

2）克鲁伦河

1981~2010 年克鲁伦河平均径流量为 4.13 亿 m^3/a，年际波动情况明显。在 2000 年以前，克鲁伦河丰水期和枯水期交替分布，但在 2000 年后径流量下降明显，其中最低年份（2007 年）年径流量低于 0.5 亿 m^3（图 3-27）。

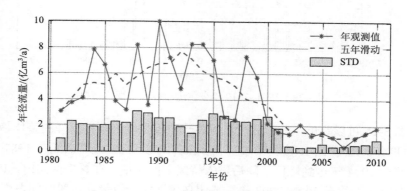

图 3-27　1981~2010 年克鲁伦河径流量变化情况

累积距平曲线结果分析可知，1981~1995 年克鲁伦河径流量主要呈波动上升趋势，2000 年以后距平曲线开始下降，通过 M-K 曲线分析后可知，UF 曲线和 UB 曲线在置信区间内有一个交叉点，位于 2004~2005 年，结合历史径流量波动情况，说明 2004 年后克鲁伦河正式进入枯水期（图 3-28 和图 3-29）。

3.3.5　呼伦湖流域重要水体水生态指标反演与时空变化

1. 数据获取

为探索流域尺度水生态监测评估技术，开展水生态相关指标时空演变分析，

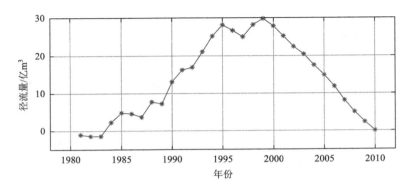

图 3-28 1981~2010 年克鲁伦河径流量累积距平曲线

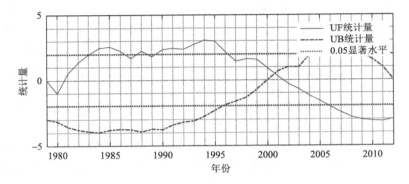

图 3-29 1981~2010 年克鲁伦河径流量 M-K 检验

本部分基于流域地表水体采样、无人机航测多光谱信息采集、卫星遥感产品反演等手段，同时结合同期学者发表的相关水生态研究论文数据，筛选化学需氧量、总磷、总氮、溶解氧、浮游植物生物量、总有机碳量六个指标进行遥感反演。其中，化学需氧量、总氮、溶解氧、总有机碳量五个指标来自本研究与 2021 年秋季的采样，采样期处于秋季末期，降水时间少。共完成呼伦湖周边主要河流 17 个点位 34 个样品的采集（表 3-3）。

表 3-3 呼伦湖流域采样点位信息汇总

序号	编号	水系	支流/采样点位
1	nms01	海拉尔河	伊敏河
2	nms02	海拉尔河	市区北海拉尔河大桥
3	nms03	海拉尔河	海北二桥
4	nms04	海拉尔河	布敦胡硕嘎查海拉尔河大桥西

序号	编号	水系	支流/采样点位
5	nms05	海拉尔河	库都尔河
6	nms06	海拉尔河	大雁河
7	nms07	海拉尔河	布敦胡硕嘎查海拉尔河大桥东
8	nms08	海拉尔河	辉河
9	nms09	海拉尔河	近完工嘎查北
10	nms10	海拉尔河	嵯岗大桥
11	nms11	乌尔逊河	乌尔逊河入湖口
12	nms12	海拉尔河	新开河
13	nms13	克鲁伦河	克鲁伦河大桥
14	nms14	克鲁伦河	近克尔伦苏木
15	nms15	克鲁伦河	近呼德勒木日嘎查
16	nms16	乌尔逊河	乌尔逊大桥
17	nms17	乌尔逊河	近楚鲁廷呼舒

根据数据的公开性和时间要求，浮游植物生物量数据主要来自于李星醇等（2020）于 2018 年春季在呼伦湖及周边河流的采样，共涉及 28 个点位。

哨兵系列卫星（Sentinel）是哥白尼计划的核心部分，系列卫星包含 6 组卫星。Sentinel 2A 和 2B 卫星分别于 2015 年和 2017 年发射升空，在太阳同步轨道以 180 度相位协同工作，其搭载的多光谱成像仪沿扫描方向排列 12 个探测诸元，包含的 13 个光谱波段涵盖从可见光到短红外的电磁波段，具有空间分辨率高、重访周期短、光谱通道多、波段宽度窄的优势。Sentinel 2A/2B 各光谱波段属性如表 3-4 所示。

表 3-4　Sentinel 2A/2B 各光谱波段属性

分辨率	光谱波段	中心波长	带宽	波段	应用领域
10	B2	490	65	蓝光	下垫面监测（陆、海、极地），延续 Landsat 与 SPOT 卫星多光谱对地观测任务
	B3	560	35	绿光	
	B4	665	30	红光	
	B8	842	115	近红外	
20	B5	705	15	红边	植被与环境监测
	B6	740	15		
	B7	775	20		
	B8a	865	20	近红外	
	B11	1610	90	短波红外	云、雪、冰、植被、地质监测
	B12	2190	180		

续表

分辨率	光谱波段	中心波长	带宽	波段	应用领域
60	B1	443	20	气溶胶与海岸波段	大气校正
	B9	940	20	水蒸气波段	
	B10	1375	20	卷云波段	

2. 反演模型建立结果

借助 GEE 平台，分别选择了对应时间点哨兵系列卫星（Sentinel）波段图像，并依次进行了以下操作：①影像几何校正、大气校正；②计算了水体指数判定水面，制作河流水面掩膜层，进行了水域提取；③根据经纬度信息、结合水体指数，提取了各样点 13 个波段对应信息；④对各反演对象按照从大到小排列，每间隔两个样本提取数据作为验证样本数据集，其余作为逐步线性回归数据集，以确定应敏感波段并进行线性拟合，精度应用决定系数（R^2）和均方根误差（RMSE）进行检验。模型拟合结果参数可见表 3-5。

表 3-5　不同指标遥感反演模型结果

序号	指标	模型形式	R^2	P	RMSE
1	氨氮	$NH_3\text{-}N = 0.441 + 13.722B_2 - 10.408B_3 - 9.693B_6 + 9.75B_7 - 5.765B_8A + 12.86B_{11} - 9.966B_{12}$	0.77	<0.01	0.06
2	化学需氧量	$COD = 18.040 + 82.899B_2 - 366.554B_6 + 236.777B_7 + 81.245B_{11}$	0.80	<0.01	0.91
3	总氮	$TN = 1.149 + 13.735B_2 - 10.410B_3 - 9.722B_6 + 9.784B_7 - 5.790B_8A + 12.883B_{11} - 9.974B_{12}$	0.77	<0.01	0.06
4	溶解氧	$DO = 7.277 + 7.606B_2 - 8.045B_4 + 8.063B_5 - 11.037B_6 + 5.481B_8A$	0.67	0.02	0.09
5	总有机碳	$TOC = 5.635 - 17.441B_3 + 54.039B_5 - 92.795B_6 + 40.313B_{11}$	0.82	<0.01	1.35
6	浮游植物生物量	$Biomass = 28.832 - 475.824B_2 + 334.050B_4 + 619.526B_6 - 615.374B_7$	0.91	<0.01	3.12

3. 主要水体水质与浮游植物调查反演结果

1）流域主要水质调查与反演结果

基于采样分析结果，呼伦湖流域主要河流氨氮浓度优于地表水Ⅱ类水体标准，其中海拉尔河下游、克鲁伦河和乌尔逊河采样结果优于地表水Ⅰ类水体标准；总氮与氨氮变化趋势较为一致，其浓度都优于地表水Ⅲ类限值，海拉尔河下游和乌尔逊河水体总氮浓度优于Ⅱ类水体限值；化学需氧量浓度优于地表水Ⅲ类水体标准，海拉尔河下游部分断面、乌尔逊河采样结果优于地表水Ⅲ类水体标准。

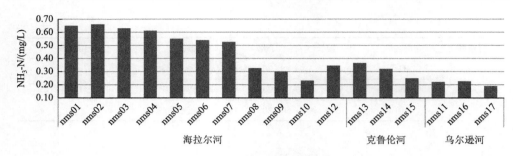

图 3-30　呼伦湖流域地表水氨氮检测结果

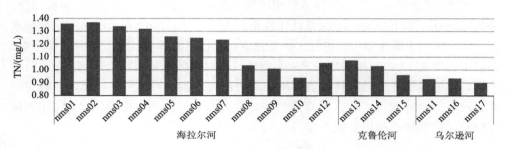

图 3-31　呼伦湖流域地表水总氮检测结果

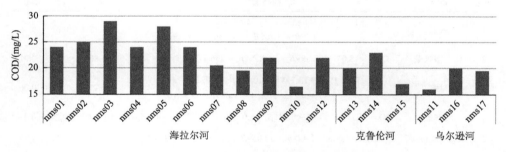

图 3-32　呼伦湖流域地表水化学需氧量检测结果

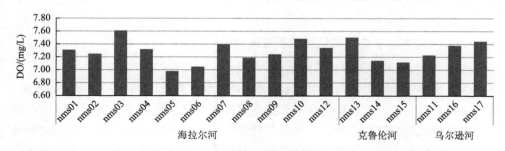

图 3-33　呼伦湖流域地表水溶解氧检测结果

地表水体采样检测结果显示（图 3-30 至图 3-33），海拉尔河总氮、氨氮两个指标自上游向下游有着明显的递减趋势，可能与上游牙克石市、海拉尔区农业生产和社会发展有着密切联系；而自海拉尔以下总氮和氨氮两个指标逐渐降低，这一现象可能由于缺少人类农业生产活动和河道自净有关；该因果关系同样可解释克鲁伦河、乌尔逊河不同地区氨氮、总氮的差异。化学需氧量的结果差异可能主要与人口数量和社会规模相关。相对较高的 nms02、nms03、nms05 紧邻海拉尔城区、乌尔旗汗镇中心等地区，与人类活动密切相关。克鲁伦河和乌尔逊河的两个接近 20 mg/L 的点位均在村镇旁边，因此也与偏远的中游、入湖口点位相比化学需氧量明显较高。

基于已建立的遥感反演模型，本研究计算了采样同期呼伦湖流域我国境内主要河流湖泊的水质空间分布情况。总体上，呼伦湖湖体水质低于入湖河流水质，但大部分水体指标仍保持在Ⅲ类以上，各项指标中，只有总氮面临超过Ⅲ水质限值的风险。在湖体不同指标反演结果空间分布上，整体呈自西南向东北逐渐变优的趋势；尤其在呼伦湖北部沿岸，水质明显优于其他湖体。这一结果表明，乌尔逊河和新开河对湖体水资源的补充，在维持和改善水资源、水环境方面发挥着重要的作用（图 3-34 至图 3-37）。

TN/(mg/L)

■ < 0.97
■ 0.97~1.04
□ 1.05~1.07
▨ 1.08~1.09
■ >1.09

图 3-34　呼伦湖主要水体总氮反演结果

2）流域主要水体有机碳与浮游植物调查与反演结果

水体总有机碳采样分析结果表明，三条河流中海拉尔河平均有机碳含量最高，约为 6.17 mg/L，其中新开河断面、海拉尔河上游库都尔河断面、海拉尔河大桥三个断面有机碳含量较高，超过 7 mg/L；乌尔逊河平均有机碳含量为 5.85 mg/L，略低于海拉尔河；克鲁伦河有机碳含量最低，仅为 5.07 mg/L，中游的呼德勒木日嘎查断面仅为 4.63 mg/L，是本次采样中 17 个断面中最低的（图 3-38）。

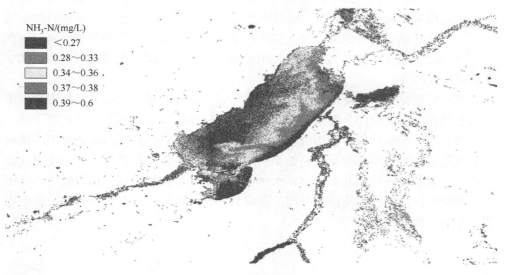

图 3-35　呼伦湖主要水体氨氮反演结果

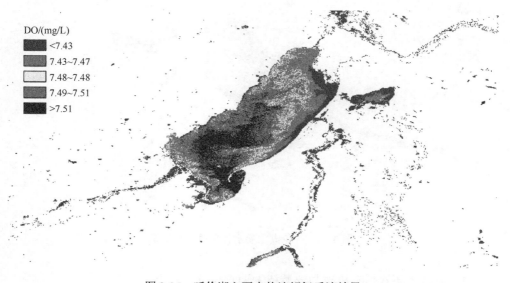

图 3-36　呼伦湖主要水体溶解氧反演结果

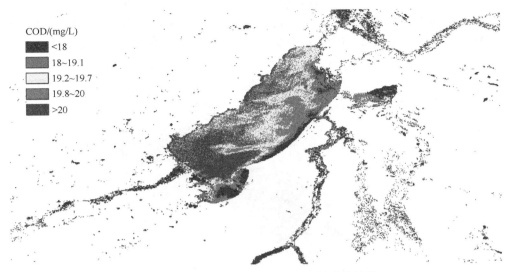

图 3-37　呼伦湖主要水体化学需氧量反演结果

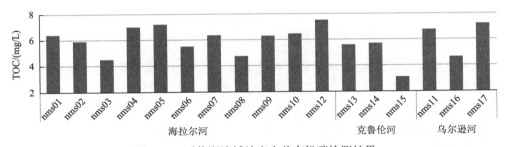

图 3-38　呼伦湖流域地表水总有机碳检测结果

基于当月对应时段哨兵卫星数据产品，采样同期（2021 年 9 月）呼伦湖及周边水体总有机碳反演结果如图 3-39 所示。结果表明，在采样期，湖体边缘和河流入湖口处总有机碳含量相对较高。湖体周边地区有机碳含量较高可能因周边浅水区水温较高且表层水生植物活动较强，因此湖体边缘有机碳含量高于深水湖区。新开河、克鲁伦河与乌尔逊河入湖口总有机碳含量较高，可能因在采样期正值旱季开始，河流补给为湖体主要补给形式，河流中携带的较高的有机碳和藻类等浮游植物导致了这一区域总有机碳的增加；同时，入湖口丰富的湿地资源也导致区域总有机碳含量增加。

研究也发现，尽管克鲁伦河有机碳含量相对较低，但入湖口及外围区域总有机碳含量也超过了 5.7 mg/L，这可能由于每年 10 月正值克鲁伦河丰水期（孙标，2010），河水对湖体的大量补给导致呼伦湖西南部营养盐、水温等升高，导致总有机碳含量升高。在湖体东南部，研究发现总有机碳含量也略高于湖中大部分地区，这可能由于东南部湖体较浅、水生植物较多、水温较高等原因，较利于浮游植物、水生植物的生长，因此生产力相对较高，总有机碳含量高于其他地区。

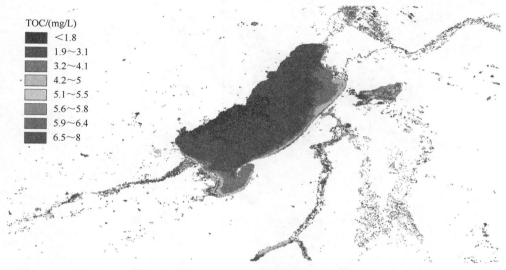

图 3-39　呼伦湖及周边水体总有机碳反演结果

基于李星醇等于 2018 年春季在呼伦湖及周边河流的采样记录，本研究利用哨兵数据完成了 2017~2021 年春季呼伦湖及周边河流浮游植物的生物量，并根据本研究实地采样地理信息分别提取了几条主要河流多年平均浮游植物生物量情况，结果如图 3-40 所示。研究结果表明，海拉尔河中下游近完工嘎查、嵯岗大桥附近断面生物量最高，超过 8 mg/L，这两个断面上游河道为典型辫流型河道，浅滩与水草极为丰富；海拉尔河上游大雁河、库都尔河以及乌尔逊河三个断面浮游植物生物量也相对较高，这可能与三个断面河道平缓且水草丰富有关。浮游生物量最低的点位为位于海北二桥附近，此断面为伊敏河入海拉尔河处，河道较宽且水量较大，可能不利于浮游植物的生长。

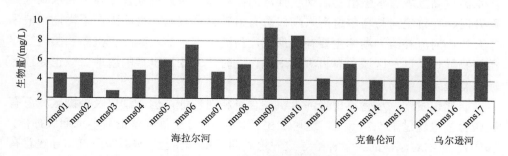

图 3-40　呼伦湖流域地表水浮游植物生物量多年平均值比较

为进一步分析浮游植物生物量时空动态变化情况，本部分将海拉尔河上的 11 个点位按照地理位置分为海拉尔河上游、海拉尔河中游和海拉尔河中下游三个部分，其中上游包括乌尔旗汗辖区内大雁河、库都尔河两个断面，中游主要包括海拉尔区附近的 5 个断面，中下游包括嵯岗至新开河 4 个断面。以上结果统计后与乌尔逊河、克鲁伦河的统计结果一并分析，结果如图 3-41 所示。

图 3-41　呼伦湖流域主要水体浮游植物生物量多年变化

尽管有部分断面因特定时间段遥感影像缺失数据，但从主要水体浮游植物生物量多年变化比较上，仍可得出一定规律。从年际变化上看，海拉尔河上游浮游植物生物量呈现了上升的趋势，克鲁伦河、乌尔逊河自 2019 年起春季浮游植物生物量逐年下降，过去 5 年中，2018 年春季大部分水体浮游植物生物量都相对较低。

在不同地理位置上，海拉尔河上游、中下游浮游植物生物量略高于其他水体，这可能与断面上游河道形状、水流量、水生植物丰富成都密切相关；海拉尔河中游浮游植物生物量则显著低于其他地区，除因河流交汇处水流量较大外，城区附近的河道都因防洪原因进行了河岸硬化，滨岸挺水、沉水植物匮乏，因此这种硬化不利于水生植物、浮游植物等的繁衍。为进一步验证这一结论，我们按照以上分区标准统计了实际采样中各水体有机碳含量结果，海拉尔河中游城市附近断面有机碳含量也明显低于上游和中下游的含量，我们采样时间为旱季，长时间的干旱意味着水体中的有机碳可能主要以内源为主，因此也佐证了人类因防洪、景观建设引起的堤岸固化影响了水生植物和浮游植物的生长（图 3-42）。

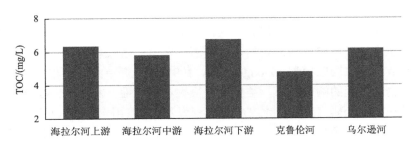

图 3-42　各主要河流区域 TOC 采样检测分析结果

　　基于 2017~2021 年同期春季的反演结果，本部分计算了呼伦湖及周边主要河流浮游植物生物量均值。结果表明，呼伦湖湖体浮游植物生物量较高的地区主要为湖泊东部，三条河流入湖口浮游植物含量也相对较高。已有学者对呼伦湖湖盆结构进行了模拟重建，对呼伦湖水深也进行了多年模拟，从研究结果来看，湖泊东部较为平缓、西部陡峭，水深也呈现了这一特征（孙标，2010），因此浅水环境中的温度和光照优势更有利于浮游植物的生长，东北部以及乌尔逊河河口附近高生物量结果也说明，河流对湖体的补给带来了更多的营养物，同时影响着水体温度，因此也更有利于浮游植物的生长（图 3-43）。

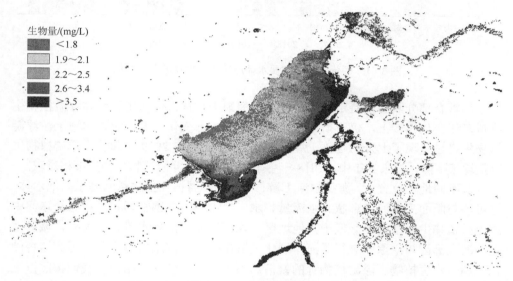

生物量/(mg/L)
- <1.8
- 1.9~2.1
- 2.2~2.5
- 2.6~3.4
- >3.5

图 3-43　呼伦湖及周边浮游植物生物量反演结果

3.4　呼伦湖流域水资源时空演变及对气候变化和人类活动的定量响应

　　水资源时空变化对气候变化和人类活动的响应一直是研究的热点。早期研究以统计模型为主，主要以观测资料，如地表径流量、水文特征指标为基础，结合气候观测数据建立回归模型（Dooge et al.，1999），但简单的统计相关关系并不意味着生物物理过程的响应关系，结果存在很大不确定性。20 世纪 50 年代，以降雨径流过程模拟为研究对象的水文模型逐渐发展，多应用于中小尺度流域研究中，早期水文模型未考虑植被蒸散、地表径流等过程，限制了其在复杂条件下的应用（彭书时等，2020）；随着观测数据和模拟技术的发展，大尺度水文模拟和植被模式耦合模型得到发展，建立了精确性更高的生物圈水文模型，如 DBH 模型等（Tang 等，2008）。地球系统模型是目前最为复杂、精确度也高于前者的分析手段，在流域尺度和全球尺度水文循环归因研究中广泛应用，但地球系统模型的应用场景需依托高质量的观测数据，计算过程较为复杂，同时需预设若干科学假设，这增加了最终结果的不确定性（Davie et al.，2013）。基于 Budyko 水热耦合平衡理论的模型计算过程较为简单，模型参数也易于获取，同时具有实际的物理意义，已广泛应用于长时间序列水资源变化归因分析中（Creed et al.，2014；王登等，2018），该方法虽然对气候变化和流域特征的交互研究支撑不足，没有评估地表径流和地下水的分配情况，但可用于评估区域水资源供给能力。在本部分研究中，为避免大规模补水、引水工程对模拟结果的影响，研究时间段选择在 1981~2010 年间。

　　为分析呼伦湖流域产水量空间变化，本部分研究主要基于 Budyko 水热平衡假说，计算 1980~2010 年呼伦湖流域产水量时空分布。其中降雨数据来自多源降雨估算数据集（Multi-Source Weighted-Ensemble Precipitation，MSWEP）网格化降水数据产品（Beck et al.，2019），空间分辨率为 0.1°，时间段为 1981~2010 年；潜在蒸散发、实际蒸散发数据来自 GLEAM 数据集（Martens et al.，2017）。所有数据采用一阶守恒差值法将空间分别来统一为 0.01°。为进一步分析气候变化、人类活动对呼伦湖水资源的影响及调控，本部分研究按照产汇流关系将全流域概划分为海拉尔流域、乌尔逊河流域和克鲁伦河流域，如图 3-44 所示。

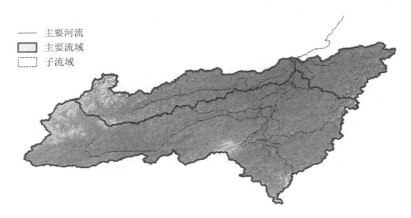

图 3-44　基于产汇流关系的子流域划分结果

3.4.1　呼伦湖流域产水量空间变化估算

　　根据水量平衡基本准则，在任意地区一段时间的水量平衡方程可以表达为：

$$P_i = \mathrm{AET}_i + Q_i + \Delta S_i \tag{3-2}$$

式中，P_i 为某段时间该栅格 i 降水量；AET_i 为该时间段该栅格 i 实际蒸散发量；Q_i 为该栅格径流量；ΔS_i 为栅格蓄水量变化情况。在计算多年平均情况下，需水量变化量可以忽略，本部分主要讨论流域产水能力的变化情况，因此忽略蓄水量的变化情况（Redhead et al.，2016），表达式为：

$$Q_i = (1 - AET_i / P_i)P_i \tag{3-3}$$

式中，Q_i 为第 i 个栅格产水量。

1981~2010 年间，呼伦湖流域多年平均产水量为 68.27 mm，其中，克鲁伦河流域平均产水量最高，约为 88.25 mm，乌尔逊河流域产水量最低，仅为 53.66 mm。从变化率分析，过去 30 年呼伦湖流域产水量呈下降趋势，约为–0.78 mm/a；海拉尔河下降速率最快，但未达到统计学极显著水平（$P<0.05$）；克鲁伦河下降速率也超过 1 mm/a。各流域产水量没有明显趋势变化，但在 2003 以后各流域产水量呈上升趋势（表 3-6 和图 3-45）。

表 3-6　1981~2010 年呼伦湖主要流域产水量变化情况

流域	年均值/mm	年增长率/(mm/a)	P
海拉尔河	74.43	–1.19	0.30
乌尔逊河	53.66	–0.57	0.30
克鲁伦河	88.25	–1.07	0.20
全流域	68.27	–0.78	0.13

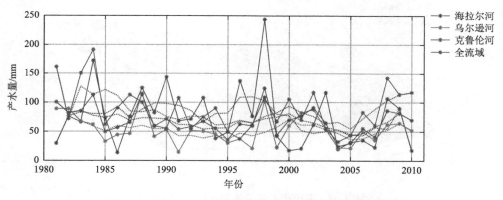

图 3-45　1981~2010 年呼伦湖流域产水量逐年变化情况

在空间分布上，呼伦湖流域产水能力较高的地区集中在流域东北部大兴安岭余脉和蒙古肯特山南麓部分地区，多年维持在 100 mm 以上，中部、西部产水量较低，一般低于 50 mm，东南部我国境内受降雨影响，产水量略高于中部和西部地区。在年际变化率上，流域大部分地区产水量都呈不同程度的降低趋势，只有流域东南部部分地区产水量略有增加。东部大兴安岭余脉西缘、流域中和蒙古肯特山东南前缘产水量下降最为明显，部分地区年产水量下降超过 5 mm/a（图 3-46 和图 3-47）。

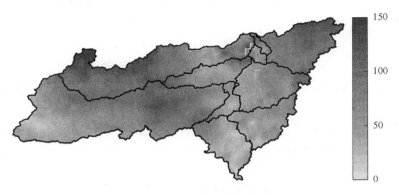

图 3-46　1981~2010 年呼伦湖流域年均产水量空间分布（mm/a）

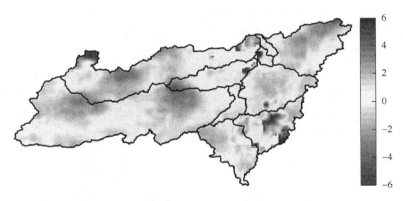

图 3-47　1981~2010 年呼伦湖流域年均产水量变化情况（mm/a）

3.4.2　基于 Budyko 假说的流域产水量变化归因分析

本部分研究采用 Budyko 模型的形式是 Choudury-Yang 表达式，此公式认为，降水在蒸散、地表径流的分配比例与年均降水量、年潜在蒸散发量和下垫面参数常数相关。目前已广泛应用于多个研究中（Choudhury，1999；Yang et al.，2008）。Choudury-Yang 表达式为：

$$\text{AET}_i / P_i = (\text{PET}_i / P_i) / [1 + (\text{PET}_i / P_i)^{n_i}]^{-1/n_i} \tag{3-4}$$

式中，AET_i 为第 i 栅格的实际蒸散发量；PET_i 为第 i 栅格的潜在蒸散发量；P_i 为第 i 栅格的降水量；n_i 为第 i 栅格的计算常数，代表该时期此栅格下垫面特征。

假设式中降水量、潜在蒸散发和流域下垫面特征彼此独立，实际蒸散发量的变化情况可通过全微分形式表达，即实际蒸散发的变化由降水量、潜在蒸散发和流域下垫面特征变化引起。因此，实际蒸散的变化情况可由以下公式表达：

$$\Delta \text{AET} = \partial \text{AET}/\partial P \cdot \Delta P + \partial \text{AET}/\partial \text{PET} \cdot \Delta \text{PET} + \partial \text{AET}/\partial n \cdot \Delta n \qquad (3\text{-}5)$$

各要素偏导数可表达为如下形式：

$$\partial \text{AET}/\partial P = \text{AET}/P \cdot [\text{PET}^n/(P^n + \text{PET}^n)] \qquad (3\text{-}6)$$

$$\partial \text{AET}/\partial \text{PET} = \text{ET}/\text{PET} \cdot [P^n/(P^n + \text{PET}^n)] \qquad (3\text{-}7)$$

$$\partial \text{AET}/\partial n = \text{AET}/n \cdot [\ln(P^n + \text{PET}^n)/n - (P^n \cdot \ln P + \text{PET}^n \cdot \ln \text{PET})/(P^n + \text{PET}^n)] \qquad (3\text{-}8)$$

在多年尺度上，假设流域蓄水量为相对稳定状态，则可产生径流的水资源量变化情况为 $\Delta Q = \Delta P - \Delta \text{AET}$，即流域产水量变化（$\Delta Q$）驱动因素可主要分解为降水量 ΔQ_P、潜在蒸散发（ΔQ_{PET}）和下垫面变化（ΔQ_n）三个指标。

$$\Delta Q = \Delta Q_P - \Delta Q_{\text{PET}} - \Delta Q_n = (1 - \partial \text{AET}/\partial P) \cdot \Delta P - \partial \text{AET}/\partial \text{PET} \cdot \Delta \text{PET} - \partial \text{AET}/\partial n \cdot \Delta n \qquad (3\text{-}9)$$

本专题将过去 30 年划分为 6 个阶段，通过非线性拟合 Choudury-Yang 表达式分别计算 6 阶段栅格水平计算常数（n），并完成降水量、实际蒸散发和潜在蒸散发时空变化计算。

结果表明，过去 30 年大部分地区产水都呈下降态势，但下降速度较缓。模拟结果与上小结观测结果在空间分布上较为一致。产水量减少的地区主要位于大兴安岭东北部和蒙古国肯特山南麓，年产水量下降速度超过 5 mm/a。呼伦湖周边地区、蒙古国肯特山南缘、流域东南部部分地区产水量呈上升态势（图 3-48）。

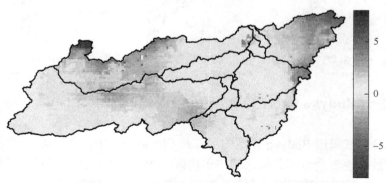

图 3-48　基于非线性回归的流域产水时空变化情况（mm）

基于式(3-9)，本专题分别计算降水、潜在蒸散发和下垫面变化情况对流域产水时空变化的贡献率，年降水量波动对产水量变化影响幅度最大，多呈现为不利影响，尤其在流域东北部大兴安岭和蒙古国肯特山余脉，导致了产水量的快速下降。潜在蒸散发作为不利于产水量增加的因素，其贡献量大致在 0~0.5 mm/a，主要表现于流域中部和东北部，明显降低了区域掺水能力。下垫面的波动对产水量的影响力大于潜在蒸散发，整体上多呈现出有利于产水量增加的作用，在流域中部和呼伦湖东部地区，这一作用更为明显（图 3-49 至图 3-51）。

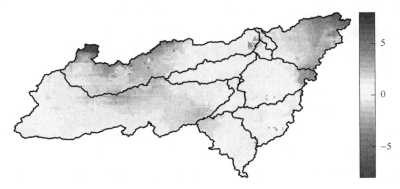

图 3-49　降水量对流域产水量贡献情况（mm/a）

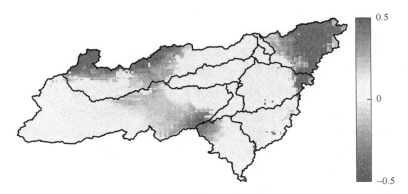

图 3-50　潜在蒸散发对流域产水量贡献情况（mm/a）

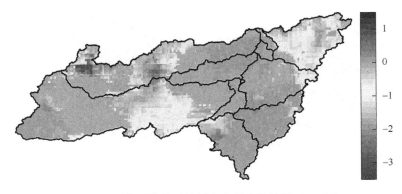

图 3-51　下垫面变化对流域产水量变化情况（mm/a）

3.4.3　流域产水量与人类活动、气候变化影响因素定量解析

为进一步定量评估气候变化、人类主导的下垫面变化对气候变化的响应,本部分研究预设两种情景,基于 Budyko 假说开展呼伦湖流域产水量变化情况分析。选用两个时间段作为研究对象,包括第一阶段(1980~1985 年)和第二阶段(2006~2010 年),其中第一阶段为基准期,第二阶段为变化期。基于水量平衡公式,两个阶段空间产水量表达式为:

$$Y_i = (1 - \mathrm{AET}_i / P_i) \cdot P_i = (1 - \mathrm{PET}_i / P_i / [1 + (\mathrm{PET}_i / P_i)^{n_i}]^{-1/n_i}) \cdot P_i \qquad (3\text{-}10)$$

式中,Y_i 为每个栅格在第 i 时期的估算的产水量;AET_i 为每个栅格在第 i 时期的实际蒸散发量;PET_i 为每个栅格在 i 时期的潜在蒸散发量;P_i 为每个栅格在 i 时期的降水量;n_i 为每个栅格在 i 时期的计算常数,代表该时期此栅格下垫面特征。

为定量估算气候变化对产水量变化的影响,首先基于公式和基准期降水量 P_1、潜在蒸散发 PET_1 和常数 n_1,计算基准期产水量 Y_1,再基于公式将模拟期降水量 P_2、潜在蒸散发 PET_2 和基准期常数 n_1,计算模拟期产水量 Y_2,两者之差即为假设下垫面特征不变情况下,气候变化对产水量的影响。

为定量估算下垫面特征变化对产水量变化的影响,同样先基于公式和基准期降水量 P_1、潜在蒸散发 PET_1 和常数 n_1,计算基准期产水量 Y_1,再基于公式将模拟期降水量 P_1、潜在蒸散发 PET_1 和模拟期常数 n_2,计算模拟期产水量 Y_2,两者之差即为假设气候不发生变化情景下,下垫面变化对产水量的影响。

从图 3-52 可以看出,气候变化(以 2006~2010 年为例)主要表现为降低了呼伦湖流域大部分地区产水量。研究区域东北部海拉尔河上游、大兴安岭余脉、蒙古国肯特山南部产水量下降明显,降幅最高超过 150 mm。流域中部受气候变化的影响较小,对比基准期和模拟期降水量和潜在蒸散发量变化情况可以看出,

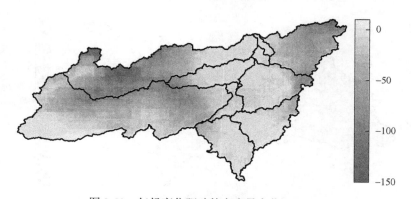

图 3-52　气候变化驱动的产水量变化(mm)

降水量可能是造成这一现象的主要原因。与基准期相比，呼伦湖流域在模拟期降水量有着明显下降，尤其在海拉尔河上游和肯特山南部地区，年降水量下降幅度超过 100 mm。

　　基于模拟期下垫面参数估算的产水量与基准期产水量差值如图 3-53 所示。结果表明，呼伦湖流域下垫面变化对产水量增加主要为促进作用。与基准期相比，下垫面变化大大提升了海拉尔河中下游、肯特山南麓部分地区、克鲁伦河与乌尔逊河上游分水岭处的产水量，尤其在我国境内，这种现象更为明显。

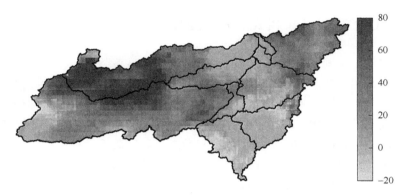

图 3-53　下垫面特征变化驱动的产水量变化（mm）

　　代表下垫面特征的非线性参数主要反映了下垫面产汇流条件特征，鉴于同一像元的土壤质地、坡度坡向等地理条件在三十年内不会发生大面积变化，因此这种下垫面的变化可能主要由植被和人类活动两者引起。植被活动引起的下垫面特征主要包括蒸散发条件变化，而人类活动引起的下垫面活动主要包括土地利用改变、放牧、开荒耕种等。这些活动虽然可能导致产水量在空间上得到增加，但在人工取水等活动的叠加影响下，可能不能表现为地表径流对湖泊水资源的补给。

3.5　气候变化和人类活动对呼伦湖流域未来水资源影响

　　为分析未来呼伦湖流域水资源时空变化及不同因素的影响，本研究基于气候变化预测数据和 Budyko 假说对呼伦湖流域产水能力进行预测评估。气候变化的评估主要依托气候模式，世界气候研究计划（WCRP）组织了国际耦合模式比较计划（CMIP），旨在了解和评估完全耦合的气候模式对外强迫驱动的相应，是目前应用最为广泛的气候变化评估体系，该计划为不同研究提供了多情景下的气候变化基础信息。本部分研究主要基于 Budyko 水热平衡假说，利用 CMIP6 计划历史数据和预测的气候变化数据产品模拟未来呼伦湖流域产水能力时空变化情况。

为满足 Budyko 假说模型的输入参数要求，本部分选用 IPSL-CM6A-LR 模式输出的月平均降水、潜在散发数据、实际蒸散发数据，选取了三种未来预估气候情景（2015~2100 年）：SSP1-2.6、SSP2-4.5 和 SSP5-8.5，分别代表可持续发展（低排放）、中度发展（中排放）和常规发展（高排放）这 3 种不同的路径情景，采用一阶守恒差值法将空间分别来统一为 0.01°。为进一步分析气候变化、人类活动对呼伦湖水资源的影响及调控，本部分研究分别分析了全流域、海拉尔流域、乌尔逊河流域和克鲁伦河流域产水量情况。

3.5.1　IPSL-CM6A-LR 模式历史数据校正

已研究指出不同区域对全球气候变化响应存在显著差异，在利用气候模式预估气候变化及相应预测计算时，应先对气候模式对模拟区域的气候模拟能力进行校正和验证（胡苓等，2014；高峰等，2017；刘子豪等，2019）。本部分集合地面站点观测数据以及 MSWEP 网格化降水数据产品和 GLEAM 全球陆地蒸散发数据，对产水量计算所需的降水、蒸散发和潜在蒸散发数据进行校正。首先通过偏差校正法对 IPSL-CM6A-LR 模式三个历史数据集进行偏差校正，并利用计算所得的校正系数对未来模拟数据集进行校正。

1. 偏差校正方法

常用校正方法包括线性回归（linear regression）、平均偏差校正（mean bias correction）、贝叶斯融合等方法。线性回归模型对地面观测点位数量有一定要求，同时需要对相关性进行显著性检验，平均偏差校正操作简单，但对空间异质性没有涉及，只能起到整体平滑作用。贝叶斯融合可有效融合多源观测信息，观测数据误差可通过历史数据和样本训练两种方式定义，但误差估计准确度会影响最终精度。本部分校正依托高精度空间数据产品，基于栅格采用偏差校正的方法，操作较为简单，同时避免了平均偏差校正在空间异质性和流域大小等因素考虑不足的短板。

在校正结果评估上，本部分采用多年平均值偏差 BIAS、均方根误差 RMSE、距平符号一致率（CR）、M-K 检验 4 个评价指标。这套指标体系已多次应用于不同流域气候指标精度评估（孟玉婧等，2013；王静洁等，2017）。

多年平均值偏差计算公式如下：

$$BIAS = \frac{1}{n}\sum_{i=1}^{n}(C_i - O_i) \tag{3-11}$$

方根误差（RMSE）计算公式如下：

$$RMSE = \sqrt{\frac{1}{n}\sum_{i=1}^{n}(C_i - O_i)^2} \tag{3-12}$$

式中，n 为样本量；i 为样本序列；C 为模拟值；O 为观测值；

距平符号一致性是指具有相同样本数量 n 的序列 X 和 Y，两者距平序列为 X 和 Y。比较两个距平序列的正负，有 m 个变量的符号相同时，可得到距平符号一致率 S。具体公式如下：

$$S = m / n \times 100\% \tag{3-13}$$

2. 结果评估

基于栅格水平的偏差校正方法，选择 1981~2000 年为率定期，2001~2010 年为验证期，计算了校正前后流域尺度的平均值偏差、均方根误差、距平符号一致性和 M-K 统计量。结果表明，模式预测数据高估了海拉尔流域和克鲁伦河流域的降水、潜在蒸散发和实际蒸散发结果，但在乌尔逊河流域估算值略低。从不同流域三个指标均方根误差情况比较可以看出，模式在乌尔逊河流域模拟的结果优于其他两个流域，对降水量和潜在蒸散发的估算结果略好于实际蒸散发。距平符号一致性评价结果显示，矫正后的实际蒸散发结果较好，对乌尔逊河的模拟结果也明显优于其他两个流域，对海拉尔河流域模拟结果最差。M-K 检验结果显示三个流域各数据观测值和模拟值的变化趋势一致（表 3-7 至表 3-10）。

表 3-7　各流域主要指标平均值偏差计算结果

平均值偏差	实际蒸散发	降水	潜在蒸散发
海拉尔河	58.73	48.32	48.61
克鲁伦河	64.67	16.58	9.98
乌尔逊河	−28.52	−22.15	−25.02

表 3-8　各流域主要指标均方根误差情况

均方根误差	实际蒸散发	降水	潜在蒸散发
海拉尔河	75.47	65.17	63.05
克鲁伦河	122.13	63.36	71.78
乌尔逊河	51.14	42.21	46.75

表 3-9　各流域主要指标距平符号一致率计算结果

距平符号一致率	实际蒸散发	降水	潜在蒸散发
海拉尔河	50	30	30
克鲁伦河	80	40	40
乌尔逊河	70	80	80

表 3-10　各流域主要指标 M-K 统计量计算结果

M-K 统计量	观测	模拟	观测	模拟	观测	模拟
海拉尔河	64.91	56.91	56.91	54.91	48.91	38.91
克鲁伦河	54.91	64.91	58.91	66.91	56.91	74.91
乌尔逊河	62.91	44.91	50.91	36.91	56.91	36.91

　　在空间分布上，校正后的模式模拟数据与观测数据分布格局较为一致。实际蒸散发与降水量的模拟值都能较好地反映研究区域情况，但模拟的结果整体上略高于实际观测情况，研究区域西部观测值和模拟值结果相近。潜在蒸散发模拟结果在大部分区域低于观测结果，在东北部地区模拟结果略高于观测值（图 3-54 至图 3-56）。

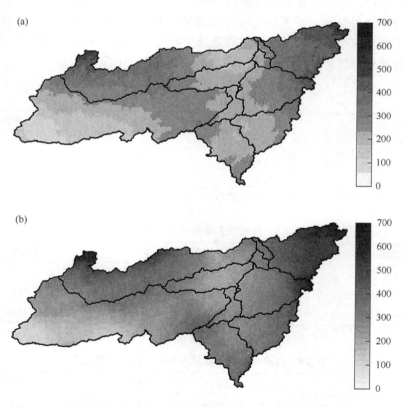

图 3-54　研究区域年降水量观测值(a)与模式校正值(b)空间分布（mm/a）

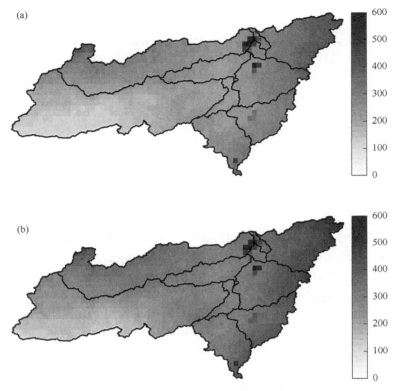

图 3-55　研究区域年实际蒸散发观测值(a)与模式校正值(b)空间分布（mm/a）

3.5.2　不同情景模式下呼伦湖流域气候变化情况

1. 降水

图 3-57 给出了 2021~2100 年不同三种情景下呼伦湖流域降水量变化情况，虚线代表其五年滑动平均结果。只有在 SSP5-8.5 情景下，呼伦湖流域平均降水量呈

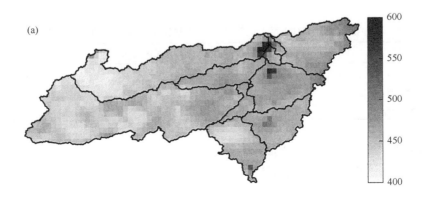

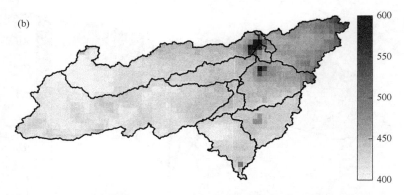

图 3-56　研究区域年潜在蒸散发观测值(a)与模式校正值(b)空间分布（mm/a）

明显上升趋势，年均降水量约 259.42 mm，年均增加 0.79 mm，明显高于其他两个情景模式。SSP2-4.5 情景下的降水约为 245.23 mm，略高于 SSP1-2.6 情景（244.97 mm）。SSP2-4.5 情景下 2021~2100 年均增长率约为 0.3 mm，而 SSP1-2.6情景下年均增长不显著（表 3-11）。

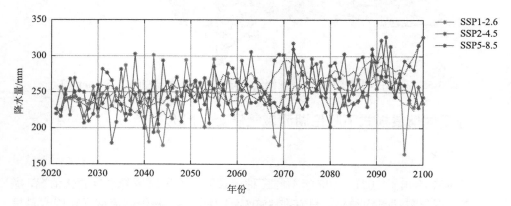

图 3-57　2021~2100 年不同情景模式下呼伦湖流域逐年降水变化

表 3-11　2021~2100 年不同情景模式下呼伦湖流域年均降水量变化

情景模式	年均值/mm	年均增长率/(mm/a)	P
SSP1-2.6	244.97	0.14	0.24
SSP2-4.5	245.23	0.30	0.01
SSP5-8.5	259.42	0.79	<0.01

不同情景模式下降水量空间分布情况较为相似，区域内最大降水量主要在区域东北部大兴安岭余脉和蒙古国肯特山南麓部，年均降水量超过 600 mm，最小降水

量集中在研究区中部和西南部。SSP1-2.6 和 SSP2-4.5 情景下，降水量低于 150 mm
的区域在区域中部和西南部均有明显分布，在 SSP5-8.5 情景模式下，只有西南部
和中部零星地区降水量小于 150 mm，大部分地区年降水量处于 150~400 mm 之间。
以 20 年为一个时间段将未来研究时间划分为四个阶段，并计算各阶段年降水量均
值。在 SSP1-2.6 和 SSP2-4.5 情景下，第二阶段（2041~2060 年）降水量与第一阶
段（2021~2040 年）没有明显增加，在第三阶段和第四阶段观察到年降水量明显
增加；在 SSP5-8.5 情景下，四个阶段年降水量均值呈明显上升趋势，这与逐年变
化分析结果较为一致（图 3-58 至图 3-60）。

图 3-58　2021~2100 年 SSP1-2.6 情景模式下呼伦湖多年平均降水量空间分布（mm/a）

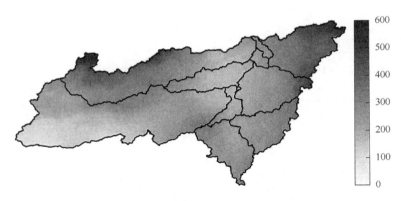

图 3-59　2021~2100 年 SSP2-4.5 情景模式下呼伦湖多年平均降水量空间分布（mm/a）

　　比较不同流域间年均降水量变化情况，整体结果为海拉尔河>克鲁伦河>乌尔
逊河。在低排放强度情景模式下，乌尔逊河未来多年平均降水量约为 206.99 mm，
为三个流域最低；海拉尔河多年平均降水量约为 364.23 mm，为三个流域最高，
尽管在该情景下三条河流流域年降水量都呈上升趋势，但都不显著，该情景下克

鲁伦河年降水量增幅最大，可达 0.26 mm/a。在中排放强度情景模式下，年降水量比较结果顺序不变，但只有克鲁伦河多年平均年降水量低于低排放强度情景，三个流域年降水量都呈显著上升趋势（$P<0.05$），其中海拉尔河年均增长率约为 0.56 mm/a。在高排放情景模式下，三个流域年降水量进一步增加，海拉尔河流域年降水量最高，可达 386.59 mm，年增长率也超过 1.17 mm/a，三个流域年降水量也均呈极显著上升趋势（$P<0.01$）（表 3-12 和图 3-61 至图 3-63）。

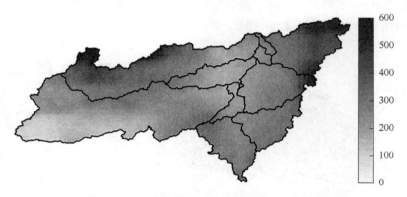

图 3-60　2021~2100 年 SSP5-8.5 情景模式下呼伦湖多年平均降水量空间分布（mm/a）

表 3-12　2021~2100 年不同情景模式下呼伦湖主要流域年均降水量变化

河流	SSP1-2.6 情景			SSP2-4.5 情景			SSP5-8.5 情景		
	年均值/mm	年增长率/(mm/a)	P	年均值/mm	年增长率/(mm/a)	P	年均值/mm	年增长率/(mm/a)	P
海拉尔河	364.23	0.15	0.487	364.59	0.56	0.014	386.59	1.17	0.000
乌尔逊河	206.99	0.10	0.363	207.48	0.26	0.019	219.08	0.73	0.000
克鲁伦河	305.68	0.26	0.109	300.94	0.29	0.046	323.79	0.79	0.000

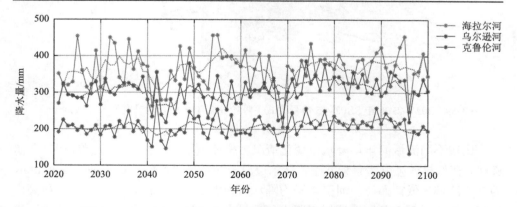

图 3-61　2021~2100 年 SSP1-2.6 情景模式下各流域逐年降水量变化

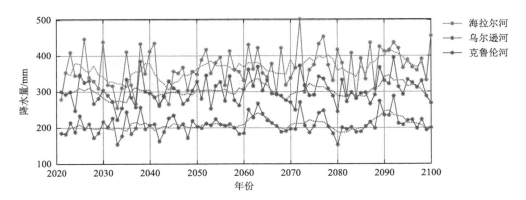

图 3-62　2021~2100 年 SSP2-4.5 情景模式下各流域逐年降水量变化

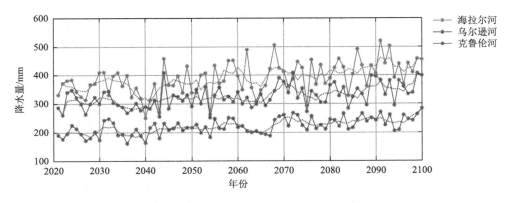

图 3-63　2021~2100 年 SSP5-8.5 情景模式下各流域逐年降水量变化

2. 潜在蒸散发

2021~2100 年间，不同三种情景下呼伦湖流域潜在蒸散发均值与变化情况存在明显差异。在年均潜在蒸散发量和年均变化量上，整体呈高排放情景>中排放情景>低排放情景的形势。低排放情景模式年均潜在蒸散发约为 514.86 mm，高排放情景下年潜在蒸散发量约为 611.38 mm。2021~2100 年间，低排放情景年增长率为 0.65 mm/a（$P<0.05$）。中排放情景年增长率为 1.74 mm/a（$P<0.01$），高排放情景年增长率约为 4.33 mm/a，超过低排放情景的 6 倍（$P<0.01$）。分析不同排放强度情景模式下的年际变化情况，可以看出约在 2075 年后，三种情景的潜在蒸散发逐渐有明显区别（图 3-64 和表 3-13）。

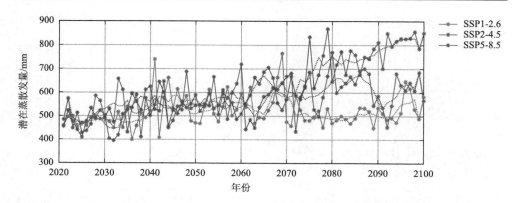

图 3-64　2021~2100 年不同情景模式下呼伦湖流域逐年潜在蒸散发变化

表 3-13　2021~2100 年不同情景模式下呼伦湖流域年均潜在蒸散发变化

情景模式	年均值/mm	年均增长率/(mm/a)	P
SSP1-2.6	514.86	0.65	0.027
SSP2-4.5	565.32	1.74	0.000
SSP5-8.5	611.38	4.33	0.000

2021~2100 年流域年均潜在蒸散发空间分布情况如图 3-65 至图 3-67 所示,随着排放强度增加,潜在蒸散发量在空间上也呈上升趋势。不同情景模式下,潜在蒸散发量最大的地区均为呼伦湖湖区和贝尔湖湖区,潜在蒸散发量为 750~900 mm/a;其次为研究区东北部大兴安岭余脉地区。在高排放强度情景模式下,蒙古国肯特山南麓潜在蒸散发量与研究区东部都超过 700 mm/a,是区域内相对较高的地区。低排放情景模式下大部分地区潜在蒸散发量低于 550 mm/a,中排放情景模式下大部分地区低于 600 mm/a,但高排放情景模式下年潜在蒸散发量大部分超过 600 mm/a。以 20 年为一个时间段将未来研究时间划分为四个阶段,并计算各阶段年潜在蒸散发量均值。在 SSP1-2.6 情景下,第二阶段（2041~2060 年）年潜在蒸散发量高于其他三个阶段,但中排放强度情景模式和高排放强度情景模式四个阶段潜在蒸散发量都呈逐渐上升趋势。

在不同排放强度情景模式下,各流域潜在蒸散发量未来均值和变化情况较为相似。在低排放强度情景模式下,三个流域年均潜在蒸散发量在 511.83~525.56 mm,海拉尔河潜在蒸散发量最大。年际变化上,三个流域潜在蒸散发都呈上升趋势,只有海拉尔河和乌尔逊河达到统计学显著水平（$P<0.05$）;中排放强度情景模式下,各流域潜在蒸散发量年均值和年增长率都出现上升,且年增长率都为极显著提升（$P<0.01$）,年际变化图也显示,各流域潜在蒸散发量年际波动较大;高排放强度情景模式下,流域年均潜在蒸散发量均值在 602.57~525.56 mm,克鲁伦河年潜在

蒸散发量均值超过其他两个流域；三个流域年变化量也有大幅提升，是低排放情景模式的 5~10 倍（表 3-14 和图 3-68 至图 3-70）。

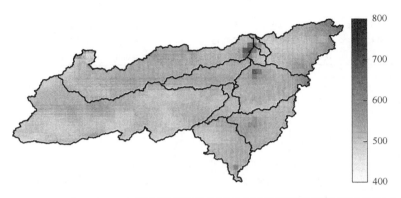

图 3-65　2021~2100 年 SSP1-2.6 情景模式下呼伦湖多年平均潜在蒸散发空间分布（mm/a）

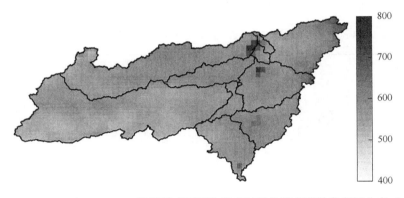

图 3-66　2021~2100 年 SSP2-4.5 情景模式下呼伦湖多年平均潜在蒸散发空间分布（mm/a）

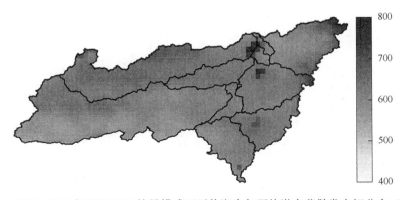

图 3-67　2021~2100 年 SSP5-8.5 情景模式下呼伦湖多年平均潜在蒸散发空间分布（mm/a）

表 3-14　2021~2100 年不同情景模式下呼伦湖主要流域年均潜在蒸散发变化

河流	SSP1-2.6 情景			SSP2-4.5 情景			SSP5-8.5 情景		
	年均值 /mm	年增长率 /(mm/a)	P	年均值 /mm	年增长率 /(mm/a)	P	年均值 /mm	年增长率 /(mm/a)	P
海拉尔河	525.56	0.85	0.019	585.68	1.94	0.000	621.82	4.78	0.000
乌尔逊河	511.83	0.67	0.024	560.15	1.68	0.000	602.57	4.02	0.000
克鲁伦河	519.01	0.49	0.124	571.25	1.84	0.000	634.77	5.09	0.000

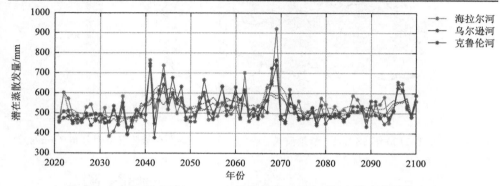

图 3-68　2021~2100 年 SSP1-2.6 情景模式下各流域逐年潜在蒸散发变化

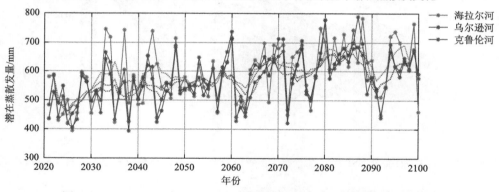

图 3-69　2021~2100 年 SSP2-4.5 情景模式下各流域逐年潜在蒸散发变化

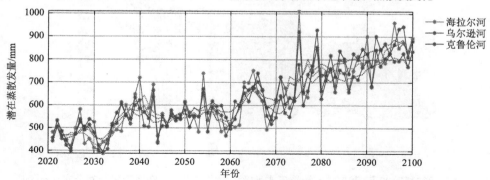

图 3-70　2021~2100 年 SSP5-8.5 情景模式下各流域逐年潜在蒸散发变化

3.5.3　不同情景模式下呼伦湖流域产水量变化情况

2020~2100 年，不同排放强度情景模式下，呼伦湖流域产水量呈下降趋势。其中，低排放强度情景模式下的产水量相对较高，多年平均值为 28.98 mm；中排放强度和高排放强度产水量接近，分别为 24.98 mm 和 25.55 mm。从年变化情况分析可以看出，高排放强度产水量降幅最为明显，达 1.38 mm/10a，呈极显著水平（$P<0.01$）；中排放强度情景模式和低排放强度情景模式下的产水量年际变化呈不显著的下降趋势，分别为 0.26 mm/10a 和 5.6 mm/10a。高排放强度和低排放强度的产水量年际大幅波动主要集中在 2050 年之前，但中排放强度在研究对象中后期仍有大幅波动情况（图 3-71 和表 3-15）。

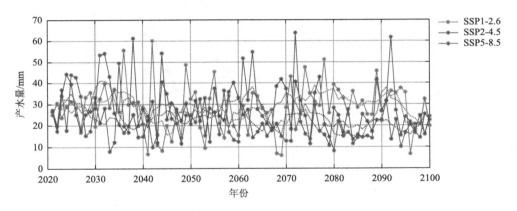

图 3-71　2021~2100 年不同情景模式下呼伦湖流域逐年产水量变化

表 3-15　2021~2100 年不同情景模式下呼伦湖流域年产水量变化

情景模式	年均值/mm	增长率/(mm/10a)	P
SSP1-2.6	28.98	−0.26	0.609
SSP2-4.5	24.98	−0.56	0.304
SSP5-8.5	25.55	−1.38	0.002

未来不同情景模式下呼伦湖流域产水量空间分布情况如图 3-72 至图 3-74 所示。总体上，未来产水量较多的主要集中在海拉尔河流域东北侧、克鲁伦河上游肯特山南麓地区，这些地区产水量一般可达 50 mm 以上，最高可超过 150 mm；产水量较低的地区主要集中在研究区中部和西南部分地区，年产水量低于 20 mm。

比较不同情景模式下产水量空间分布结果也可以看出，低排放强度情景下的产水量稍高于中强度和高强度排放情景模式，这一现象在海拉尔河流域相对更为明显。以 20 年为一个时间段将未来研究时间划分为四个阶段，并计算各阶段年产水量均值。结果显示在 SSP1-2.6 情景下，第一阶段（2021~2040 年）产水量明显高于其他三个阶段，第二阶段（2041~2060 年）年产水量有明显下降，但第三第四阶段产水量又有小幅回升；中排放强度情景模式下，第一和第三阶段产水量高于第二和第四阶段产水量，也与上图年均产水量波动结果一致。高排放强度情景模式下，四个阶段产水量线性下降趋势较为明显，在海拉尔流域、肯特山南麓更为明显。

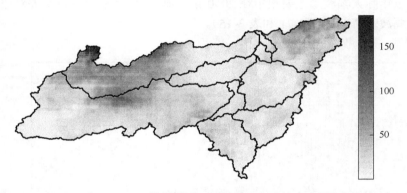

图 3-72　2021~2100 年 SSP1-2.6 情景模式下呼伦湖多年平均产水量空间分布（mm/a）

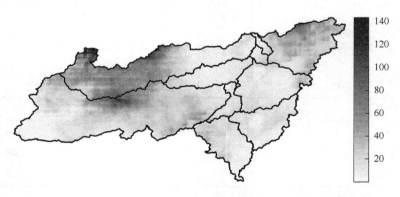

图 3-73　2021~2100 年 SSP2-4.5 情景模式下呼伦湖多年平均产水量空间分布（mm/a）

分析三个主要流域年均产水量在不同排放强度情景模式下的变化情况，可以看出都呈不同程度的下降趋势，整体上克鲁伦河平均产水量最高、乌尔逊河平均产水量最低。在低排放强度情景和中排放强度情景中，下降速率上呈"海拉尔河>

克鲁伦河>乌尔逊河"，但在高排放强度情景中，克鲁伦河产水量下降速率超过海拉尔河。所有情景模式中，只有高排放强度情景海拉尔河和克鲁伦河下降速度达到极显著水平（$P<0.01$）。不同流域产水量年际波动比较上，乌尔逊河年际波动最小，克鲁伦河和海拉尔河年际波动较大（表 3-16 和图 3-75 至图 3-77）。

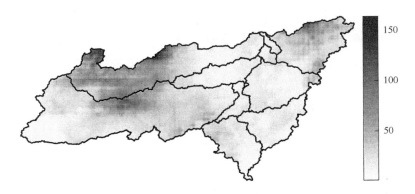

图 3-74　2021~2100 年 SSP5-8.5 情景模式下呼伦湖多年平均产水量空间分布（mm/a）

表 3-16　2021~2100 年不同情景模式下呼伦湖主要流域年产水量变化

河流	SSP1-2.6 情景			SSP2-4.5 情景			SSP5-8.5 情景		
	年均值 /mm	增长率 /(mm/10a)	P	年均值 /mm	增长率 /(mm/10a)	P	年均值 /mm	增长率 /(mm/10a)	P
海拉尔河	39.93	−1.92	0.11	32.47	−1.29	0.267	34.10	−3.03	0.003
乌尔逊河	20.53	−0.21	0.61	18.27	−0.25	0.548	18.52	−0.48	0.184
克鲁伦河	50.89	0.49	0.59	43.01	−1.17	0.200	44.06	−3.45	0.000

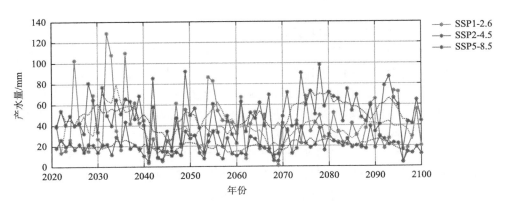

图 3-75　2021~2100 年 SSP1-2.6 情景模式下各流域逐年产水量变化

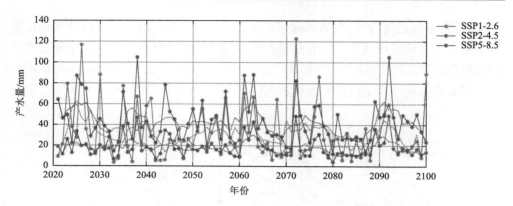

图 3-76　2021~2100 年 SSP2-4.5 情景模式下各流域逐年产水量变化

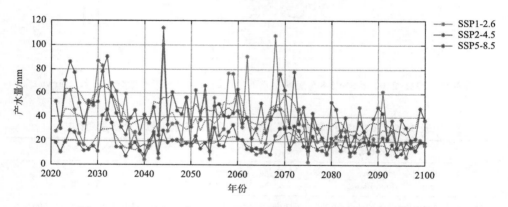

图 3-77　2021~2100 年 SSP5-8.5 情景模式下各流域逐年产水量变化

3.6　本 章 小 结

　　过去 60 年呼伦湖、岱海和乌梁素海都呈现了湖泊萎缩、浮游生物生物量下降的趋势。乌梁素海作为河迹湖，湖泊面积和水生态深受人类影响；岱海退化趋势明显，与其他两个湖泊相比面临自然风险更高。与以上两个湖泊相比，呼伦湖流域气候变化和人类活动影响更为强烈，地表径流在湖水资源补充和水生态调节发挥了重要的作用，因此本章重点以呼伦湖为研究重点，系统分析水资源水生态的时空变化及驱动因素。

　　在气候变化特征上，我国呼伦湖流域在过去明显呈暖干化趋势。整个流域气候变化空间异质性明显。与海拉尔河相比，克鲁伦河、乌尔逊河面临更高的暖干化带来的风险。在土地利用变化上，发生转变的地区主要位于流域中东部蒙古国境内，且多为草地和裸地间的变换，我国境内发生土地利用变化的主要位于林草交错和农牧交错地区。在自然植被生长方面，1981~2010 年只有流域西部、东南部呈下降趋势，流域中部和我国呼伦贝尔地区植被生长呈明显向好趋势，实际蒸散发量也主要以增长为主，只有流域西部和呼伦贝尔中部呈较大范围下降趋势。基于湖泊水量平衡理论和突变检验，呼伦湖水资源量在 2005 年前后出现突变点，呈显著下降趋势，结合湖面降雨、蒸散发和地表径流情况，乌尔逊河和克鲁伦河径流量的下降，是湖泊面积下降的主要原因。

选择浮游植物生物量作为水生态指示指标，本章探索建立了基于多光谱信息的生物量、有机碳、重要水质反演模型。结果表明，呼伦湖湖体水质相关指标明显低于地表径流水质，作为吞吐性湖泊，地表水的补给在改善湖体水质方面发挥了重要作用，地表径流的浮游植物生物量也明显高于湖体自身。这一结果主要由于地表径流带来了充足营养，各河流入湖口水质和水生态明显优于湖中部和西部。从主要断面多年春季变化上看，海拉尔河上游浮游植物生物量呈现了上升的趋势，克鲁伦河、乌尔逊河自 2019 年起春季浮游植物生物量逐年下降，同时研究也发现人工硬化河岸降低了滨岸挺水沉水植物，进而影响了浮游植物的生长繁殖。

本章节基于 Budyko 水量平衡假说重建了 1981~2010 年呼伦湖流域产水量时空分布，结果显示大部分地区产水量呈下降趋势，流域北部和东部地区产水量变化较大，且明显受到降雨控制；下垫面变化对产水量变化的贡献率也不容忽视，尤其在蒙古国肯特山南缘和我国呼伦湖东部地区，下垫面的变化有利于产水量的增加。基于情景模拟，气候变化（以 2006~2010 年为例）主要表现为降低了呼伦湖流域大部分地区产水量，大部分地区产水量降低范围在 0~50 mm/a。下垫面变化对产水量主要表现为促进作用，这一作用在流域中部和我国境内更为明显。

为模拟未来不同情景下呼伦湖流域产水量变化情况，本节基于栅格水平的偏差校正方法，对流域尺度气候数据进行校准，结合已建立产水量预测模型完成预测。高排放情景模式下，呼伦湖主要河流流域降水量和潜在蒸散发明显上升，而低排放强度情景下上升趋势不明显，中排放情景模式下三条河流变化趋势不同。基于三种排放强度模式，呼伦湖流域产水量都呈下降趋势。低排放强度情景模式下的产水量相对较高，多年平均值为 28.98 mm，下降率约为 0.26 mm/10a，中排放强度和高排放强度产水量接近，分别为 24.98 mm 和 25.55 mm。未来产水量较多的主要集中在海拉尔河流域东北侧、克鲁伦河上游肯特山南麓地区，而这两个地区在不同情景下模拟的变化趋势也最大，因此克鲁伦河和海拉尔河在未来将对呼伦湖水资源保护发挥重要作用。

第4章 典型湖泊流域地下水时空演化及影响因素

自然界中的地表水与地下水常常存在水力联系，它们之间的相互作用是一个复杂的水文过程。从宏观尺度来看，地下水是水循环中的一个关键环节，因为含水层为水循环提供了至关重要的通道和储藏空间。地下水在岩层中的流动普遍比较缓慢，这使得时间上分布不均的大气降水可以长期储存在地层中并缓慢补给地表水，这也正是许多河流湖泊得以存在和维持（尤其是在枯水期）的重要原因（Zhou et al.，2013）。"一湖两海"地区降水稀少，蒸发作用强烈，自然地表水系补给源不足，地下水和地表水的交互作用是"一湖两海"水文循环重要过程，是维持湖泊生态系统基本功能的关键之一。本研究以乌梁素海为例，剖析了"一湖两海"流域地下水时空演化特征及其驱动机制等关键科学问题，明确了流域内"四水"转化关系，为探索变化环境下流域地下水转化特征提供了科学思路，为灌区水资源的可持续利用、社会经济的可持续发展提供了科学的参考意义。

4.1 典型湖泊流域关键环境要素变化分析

人类不合理利用水资源导致了许多严重水问题的发生，例如水污染、水土流失，也导致了水资源短缺地区的水问题日益严重。作为环境和人类活动的功能区域，以及水与自然特征连续的空间综合体的流域，会直接或者间接地影响生态环境与社会经济发展。在人类活动影响的干扰下，流域环境要素的复杂性和不确定性日趋加剧，最终导致生态平衡关系发生变更，并且对流域的诸多方面包含社会生态和经济发展都会产生显著影响。乌梁素海流域地处内蒙古自治区西部，黄河上游北岸，东与包头市为邻，西与阿拉善盟毗连，北与蒙古国接壤，南邻黄河，属于巴彦淖尔市辖区，是内蒙古重要的农牧业基地，也是河套灌区引排水系统的重要组成部分（王俊枝等，2019），其生态状况也直接反映了河套灌区的发展质量，因此明确乌梁素海流域关键环境要素变化可为维持地区生态平衡、促进地区经济发展提供支撑。

4.1.1 乌梁素海水文地质特征

1. 水文地质条件

1）地下水系统划分

地下水系统研究包括含水层系统和地下水流系统两部分。含水层系统主要界定介质特征，地下水流系统主要用于界定地下水的补给、排泄和渗流场的统一性（万力等，2022）。乌梁素海位于后套平原东北，构成后套平原和佘太盆地区域地下水排泄中心，乌梁素海以西，地下水主要接受引黄灌溉入渗、山前较大沟谷的地下潜流以及黄河侧渗补给，在总排干沿线形成浅层地下水的排泄带，最终向东径流排泄到乌梁素海，形成一个区域地下水流系统；乌梁素海以东的佘太盆地，地下水由盆地北、南、东三侧向盆地中心汇集后由东向西向乌梁素海径流排泄，也形成一个独立的区域水流系统；三湖河平原，地下水主要接受乌拉山的地表径流、潜流、降水与灌溉入渗补给，黄河沿线形成区域地下水排泄中心。由此可划分三个地下水系统，如表 4-1 所示。

表 4-1　乌梁素海流域地下水系统划分一览表

一级系统	二级系统
后套平原地下水系统（A）	狼山山前冲洪积平原地下水系统（A01）
	黄河冲湖积平原地下水系统（A02）
佘太盆地下水系统（B）	佘太盆地山前冲洪积平原地下水系统（B01）
	佘太盆地冲湖积凹陷地下水系统（B02）
三湖河平原地下水系统（C）	三湖河平原黄河冲湖积平原地下水系统（C）

2）含水层特征

研究区主要为第三系、第四系孔隙水含水层，利用工作区内 100 多个钻孔资料，结合前人研究成果，在分析含水层沉积环境和沉积物空间分布特征的基础上，依据工作区内淤泥质黏土层的分布范围，将含水层划分为单一结构含水层系统和双层结构含水层系统，双层结构含水层系统分为浅层含水层和承压含水层。其中，佘太盆地山前单一结构含水层上部为厚 40~50 m 的砂砾石或黏性土夹砂砾石，中部为 50~60 m 的黏土层，下部为角闪岩、花岗片麻岩。中部黏性层是良好的隔水层，下部角闪岩、花岗片麻岩含水微弱，无开采意义。上部砂砾石层在冲洪积扇顶部，由于所处位置较高，一般透水但不含水，只是在冲洪积扇中部及边部形成单一结构含水层，厚度 35~83 m，含水层底板埋深 90~120 m，水量丰富，水位埋藏由近山麓的 40~60 m 递减到冲洪积扇裙边部 10~30 m。

狼山和乌拉山山前单一结构含水层，含水层岩性为含卵砂砾石、含砾中粗砂，含水层分布自北向南有明显的水平分带性，由扇裙顶部向前缘带，含水层颗粒变细，厚度变薄，黏土质夹层增厚，水量由大变小，水位由深变浅，但总体该含水组颗粒粗，含水层厚度较大，多在 30~50 m，厚者可达 50~80 m，水量丰富，埋藏浅，含水层底板埋深多在 70~90 m 以上，水位埋深多在 5~20 m，是良好的供水含水层，但分布宽度不大，由东向西宽度变窄，沿冲洪积扇轴部向两翼及前缘颗粒相变较快，水量递减迅速。在扇的翼部及扇间地带，含水层颗粒变细，水量较小。垂向上，上段为冲积洪积相，下段为冲积洪积-湖积交互相。后套平原双层结构含水层，其浅层潜水含水层广泛分布于整个后套平原，含水层岩性为上更新统至全新统（Q_{3-4}）由湖积相向冲积湖积过渡的中细砂、细砂和粉细砂，局部有含砾中粗砂。含水层顶板埋深一般小于 20 m，底板埋深沿东南向西北方向变大，在东部 80~100 m，向西增至 150~300 m，南部 30~80 m，向北增至 100~200 m。含水层在水平方向上有明显的分带规律，呈由东南向西北变厚的规律。含水层颗粒力度及富水性的分布在水平上由西向东、由南向北逐渐变细，西南部颗粒最粗，以含砾中砂为主，局部可见中粗砂，向东北方向递变为细中砂、中细砂、细砂、粉细砂，南部近黄河一带较粗，北部和东部近乌梁素海一带颗粒最细，黏土质层增厚，均以粉细砂为主。富水性由西南向东北方向变小。垂向上，含水层可分为上中下三段，上段为全新统以弱含水冲积层潜水（Q_4^{al}）为主，中段为上更新统上层以冲积湖积层微-半承压水（Q_3^{2al-l}），下段为上更新统下层以湖积层半承压水（Q_3^{ll}）。

后套平原双层结构含水层，其承压-半承压含水层主要是中更新统下段（Q_2^1）含水层。其分布主要受构造控制，一般在湖盆边缘地带和隆起区埋藏较浅。前人研究成果中，将中更新统上段（Q_2^2）也视为承压含水层，但由于该层薄颗粒细，径流缓慢，水量较小，水质往往较咸，无供水意义，且开发利用极少，故本次工作将该层划为隔水层。

三湖河平原双层结构含水层，其浅层潜水含水层为上更新统至全新统（Q_{3-4}）含水层，由北部山前倾斜平原的前缘至黄河北岸广泛分布。由南向北含水层厚度增大，埋藏变深，一般由南部 10~30 m，向北变为 50~60 m，西部靠近西山咀地区甚至只有几米厚；底板埋深由南部 20~40 m 向北增至 60~80 m，东西向虽有起伏，但厚度变化不大，含水层水量较小。三湖河平原双层结构含水层中承压含水层为中更新统下段（Q_2^1）含水层，含水层埋藏一般不深，有由南向北、自东向西变深、厚度增大的规律，顶板埋深由南部 30~50 m，向北部增至 100~150 m，最深部位在扇裙前缘一带，含水层厚度大。

结合现有的地下水开采层位，以及钻孔揭露的含水层深度。后套平原主要开采浅层潜水含水层地下水，含水层埋藏深度浅，钻孔资料详细；而对承压含水层，因其埋藏深，一般埋深 300~500 m 以下，且其水质差、水量小，开采条件差，只在局部埋藏较浅地区有少量开采，揭露该层的钻孔少，本次工作总体研究流域 300 m 以内的浅层潜水含水层。乌梁素海流域西部、中部和东部水文地质剖面如图 4-1 所示。

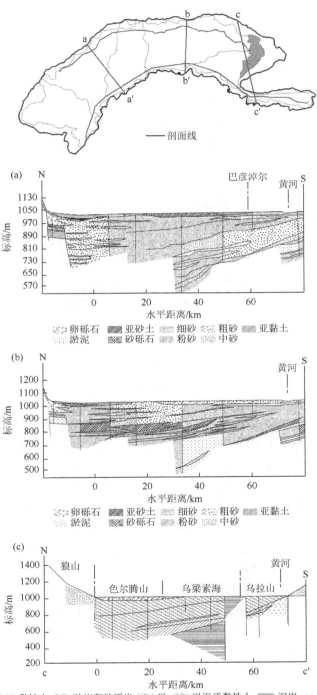

图 4-1　乌梁素海流域西部(a)、中部(b)、东部(c)水文地质图

2. 地下水特征

1）地下水补径排特征

乌梁素海流域地下水的补径排特征主要受到地形地貌、地表岩性以及引水灌溉和地下水开采等因素的共同作用。乌梁素海东部佘太盆地单一结构区潜水主要靠南部乌拉山及北部色尔腾山山区大气降水入渗转化形成的基岩裂隙水及沟谷潜流的补给。南部乌拉山冲洪积扇裙带的潜水由东南向西北径流，北部色尔腾山冲洪积扇裙带的潜水由东北向西南径流。潜水通过蒸发方式排泄，也会以侧向径流形式向冲湖积平原排泄，扇群带间出露的泉和人工开采也是潜水的排泄途径之一。

狼山和乌拉山山前单一结构区潜水分布于北部山前冲洪积扇裙带和洪积平原上，主要接受山区地下水的侧向径流补给。北部山前洪积扇群带前缘自然地形成一条东西向的排水廊道，潜水径流路径短，主要的排泄方式是农业开采和径流排泄。

河套灌区黄河水灌溉入渗补给是浅层地下水的主要补给来源，其次是渠道的渗漏补给和大气降水入渗补给。黄河水和地下水的补排关系呈周期性转变，以向浅层地下水补给为主，但受含水层岩性、厚度以及黄河水位、水量的影响，补给量有限，二者之间的补排关系呈周期性转变，黄河水没有持续稳定地补给浅层地下水。浅层地下水在黄河冲湖积平原区主要从黄河北岸向北部山前径流，径流方向从西南至东北，平原区地势平缓，水力坡度很小，并且含水层岩性较细，地下水径流缓慢。地下水水位埋藏非常浅，在 1~3 m 之间，蒸发作用强烈，蒸发排泄成为平原区浅层水的主要排泄方式。农灌期浅层水水位升高时，地下水会向排水沟排泄，并通过各级排水沟汇入北部山前的总排干沟。退水通过排干沟进入乌梁素海，经乌梁素海退入黄河。此外，后套平原农业用地面积大，在作物生育期，农作物蒸散发作用对地下水的消耗也是浅层水的排泄途径之一。

平原区的承压地下水主要依靠单一结构区潜水的侧向径流补给。由于承压含水层埋藏深，后套平原对承压水基本没有开采，承压水径流平缓，总体上从西南向东北径流，排泄区在乌梁素海。三湖河平原山前单一结构区潜水主要分布在乌拉山山前冲洪积扇裙带和洪积平原上，主要接受乌拉山山区降水入渗转化形成的基岩裂隙水和沟谷潜流的侧向补给。在乌拉特前旗西山咀镇至巴彦花镇一段，山区沟谷不甚发育，除了局部地区的降雨入渗补给外，没有其他的补给来源，水量贫乏。承压地下水主要接受单一结构潜水和山区基岩裂隙水的侧向径流补给。

2）地下水动态特征

从图 4-2 可以看出，地下水动态受气象和引黄灌溉的影响，表现出明显的季节性周期动态变化（李亮等，2010；苏阅文等，2017；岳卫峰等，2011）。根据多年动态观测资料，全灌区枯水期平均水位埋深在 2.03~2.64 m，丰水期埋深在 0.93~

1.20 m，多年平均水位埋深在 1.65~1.71 m，多年平均水位变幅在 1.01~1.49 m。年水位动态变化大致可分为五个阶段来说明：

(1) 冻融阶段（3 月中旬至 5 月中旬）：3 月份无降水和灌溉入渗补给，在前期冻结影响下为全年最低水位。3 月后，气温回升，地温增高，土壤开始解冻，冻层以下融冻水回补地下水，水位开始回升，冻层融通前，水位上升缓慢。

(2) 夏灌阶段（5 月中旬至 7 月中旬）：5 月上中旬夏灌开始，河套灌区一般是夏灌第一次水量大，水位上升也较多，与此同时，蒸散发作用增加，地下水消耗于蒸发，水位有所下降。

(3) 秋灌阶段（7 月中旬至 9 月中旬）：秋灌期是灌区的主要降水期，水位变幅受降水和秋灌水共同影响。同时在蒸发和作物蒸腾作用下，水位有所下降，一般降至非冻结期的最低水位。

(4) 秋浇阶段（9 月中旬至 11 月中旬）：秋浇的主要目的是压盐和保墒，灌水量大，一般占全年总灌溉用水量的 1/3，灌溉时间在 40 天左右，因此这一阶段地下水位急剧上升，秋浇结束后出现全年最高水位，某些地区地下水位接近地表，全灌区多年平均水位在 1.2 m 左右。

(5) 封冻阶段（11 月中旬至次年 3 月中旬）：土壤开始封冻，冻层厚度为 0.85~1.10 m，随着冻层的逐渐加厚，地下水位随之下降，由于气温低，土壤蒸发降至最小限度，至 3 月份出现全年最低水位，全灌区多年平均水位为 2.2~2.4 m。由于冻层的存在，冻结层上下温差较大，地下水在温差作用下向冻层运移，使冻层不断增厚而使地下水位下降。

上述地下水位动态变化在一个水文年内进行，在下一个水文年得到周期性重演。

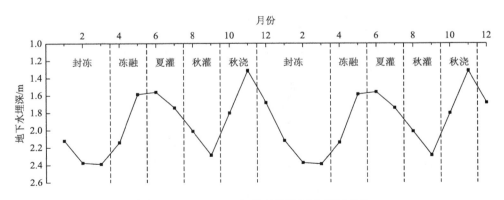

图 4-2　2000~2015 年月平均地下水埋深变化

3）地下水化学条件

由于地貌、构造、岩性、气候等因素的影响，地下水中的各组分经过水文地球化学作用在不同区域富集,同时由于黄河的迂回改道以及灌渠水的混合作用,流域的水化学类型在空间上呈现一定的分带性。

河套平原狼山山前冲洪积倾斜平原,地下水接受来自山区的地表径流以及大气降水的补给,地形坡度大,地下水埋藏较深,地下水以矿化度较低(TDS<1 g/L)的重碳酸型水为主。随着地下水径流到靠近平原中部的地区,地势逐渐平缓,水化学类型以矿化度略高(TDS 在 1~2 g/L)的重碳酸盐-氯化物型水为主。平原中心径流条件差,地下水水平流动几乎处于停滞状态,地下水埋藏浅,地下水以高矿化度(TDS>3 g/L)的氯化物型水和氯化物-硫酸盐型水为主。南部受黄河水及灌溉补给的影响,水化学类型为矿化度较低(TDS<1.5 g/L)的重碳酸盐型水和少量的重碳酸盐-氯化物型水为主。向平原中部,水流滞缓,地下水位埋深逐渐变浅,在蒸发浓缩和地表淋溶的作用下,以矿化度较高(TDS 在 1.5~2.5 g/L)的氯化物-重碳酸盐型水、氯化物型水和氯化物-重碳酸盐-硫酸盐型水为主。

总的看来,研究区的地下水从山前扇缘到平原中心,随着径流条件变差,矿化度逐渐增高,水化学类型由低矿化度的重碳酸盐型水逐渐转为矿化度较高的氯化物或氯化物-硫酸盐型水。南部受黄河影响,水逐渐淡化,矿化度降低,呈现出明显的分带规律。

4.1.2　流域主要环境要素分析

流域水资源来源包括降水、黄河引水以及少量的山前汇流,排泄过程包含蒸发蒸腾以及排水,渠系入渗、田间入渗均属于流域内部水资源转化。水资源的具体循环过程如图 4-3 所示。

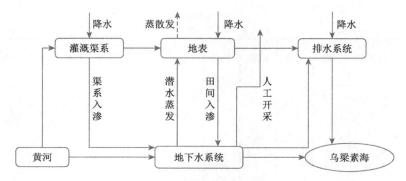

图 4-3　流域水资源循环示意图

如将地下水系统作为均衡区,黄河、灌溉渠系、地表、排水系统、乌梁素海均为外部系统。均衡区水资源来源为降水入渗、渠系入渗、灌溉入渗以及少量的山前侧渗、黄河、乌梁素海的侧渗,输出为潜水蒸发、排水沟排水及少量的侧渗。

1. 地下水埋深变化特征

河套灌区地下水埋深在每月的 1、6、11、16、21 和 26 日进行监测，取其平均值作为当月地下水埋深数据，在采用 EOF 方法分析地下水埋深变化特征时，应选择缺失月份低于 20%的数据进行分析，因此选择 2000~2015 年共 16 年 206 口监测井逐月地下水埋深进行计算。由图 4-4 可知，河套灌区年平均地下水埋深在 1.6~2.2 m，年际间呈现波动增加趋势，月平均地下水埋深在 0.8~2.8 m，波动幅度在 2 m，月地下水埋深也存在一定的差异性，结合月份变化可以看出每年 3、9 月份地下水埋深最大，11 月份秋浇导致地下水埋深最小。

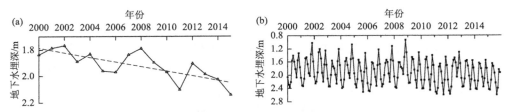

图 4-4　2000~2015 年河套灌区地下水埋深年际变化(a)与月平均变化(b)

地下水系统是一个非常复杂的系统，很难完全了解其信息和相关过程，但是干旱和半干旱地区的监测井数据往往包含大量的时间和空间信息（Yue et al.，2020），为了充分了解这些时间和空间信息，非常有必要去寻找一种方法在获取地下水关键信息的同时可以丢失最少的信息（Griffiths and Bradley，2007; and North，1999）。根据前人的研究，经验正交函数（EOF）是理解时空变化的有效方法。EOF 分析方法可以将变量的时空数据分解为一组正交空间模式和相应的主要成分，可以解释最大的时空变化，同时损失最少的信息（Yu and Chu，2010）。

对河套灌区监测井地下水埋深进行经验正交函数分析，首先建立 $m \times n$ 的原始资料矩阵，其中 m 为监测井站点，n 为时间点，地下水埋深的距平化公式如下：

$$x_i(t) = s_i(t) - \frac{1}{m}\sum_{(j=1)}^{m} s_j(t) \tag{4-1}$$

式中，$x_i(t)$ 和 $s_i(t)$ 分别为地下水埋深的距平处理值和在位置 i 和时间 t 的实际观测值；j 为监测井站点指数，距平化后的矩阵 X 可以被写成：

$$X = \begin{pmatrix} x_{11} & \cdots & x_{1n} \\ \vdots & & \vdots \\ x_{m1} & \cdots & x_{mn} \end{pmatrix} \tag{4-2}$$

协方差矩阵 $C(m \times n)$ 的计算公式为：

$$C = \frac{1}{n} X \times X^{\mathrm{T}} \tag{4-3}$$

式中，T 表示矩阵的转置。

计算协方差矩阵 C 的特征值和特征向量，特征值和特征向量满足方程：

$$C \times V = V \times E \qquad (4\text{-}4)$$

式中，V 为 $m \times m$ 的矩阵，矩阵的列表示特征向量，对角矩阵 E（$m \times m$）的对角值为特征值，如下式所示：

$$E = \begin{pmatrix} \lambda_1 & \cdots & 0 \\ \vdots & & \vdots \\ 0 & \cdots & \lambda_m \end{pmatrix} \qquad (4\text{-}5)$$

根据以下公式求解时间系数 EC：

$$F = V^{\mathrm{T}} \times X \qquad (4\text{-}6)$$

式中，F 的每一列代表一组 EC。

通过上面的计算，原始的空间坐标轴经过旋转，其中每个特征向量代表一个新的坐标轴，主轴的方向解释了最大的空间变化。每个轴的方差解释率 EV_k 通过以下公式计算：

$$EV_k = \frac{\lambda_k}{\sum_{i=1}^{m} \lambda_i} \times 100\% \qquad (4\text{-}7)$$

最后，采用 North 等（1982）的方法对 EOF 进行显著性检验。这种方法认为，当 EOF 特征值的置信下限（例如 95%）大于以下特征值的置信上限时，EOF 在统计上具有显著性。第 k 个特征值的 95%置信区间可通过以下等式计算：

$$Cl_k = \lambda_k \times \left(1 + \sqrt{\frac{2}{m}}\right) \qquad (4\text{-}8)$$

式中，Cl_k 是第 k 个特征值的置信区间；m 是监测井的数量。

根据河套灌区 206 口监测井的月地下水埋深数据，用 EOF 方法得到 206 对 EOF/EC，表 4-2 列出了河套灌区地下水埋深前 10 个特征值的方差贡献率和累积方差贡献率。根据表 4-2，河套灌区前 10 个特征值的累积贡献率为 84.10%，前 4 个特征根通过 North 显著性检验，累积贡献率为 73.78%，因此前 4 个特征根可以很好地解释河套灌区 2000～2015 年月地下水埋深的四种分布类型。

表 4-2　河套灌区月地下水埋深前 10 个特征值累积方差贡献率（%）

模态	方差贡献率	累计方差贡献率	特征根误差范围	
			上限	下限
1	36.60	36.60	28.26	34.43
2	29.31	65.91	22.63	27.58
3	4.87	70.78	3.76	4.58

续表

模态	方差贡献率	累计方差贡献率	特征根误差范围	
			上限	下限
4	3.00	73.78	2.32	2.83
5	2.59	76.38	2.00	2.44
6	2.33	78.70	1.80	2.19
7	1.62	80.32	1.25	1.52
8	1.48	81.80	1.14	1.39
9	1.20	83.00	0.93	1.13
10	1.09	84.10	0.84	1.03

河套灌区月地下水埋深的空间分布和月时间系数如图 4-5 所示。其中河套灌区月地下水埋深采用 Surfer 15 进行空间插值。模态 1 特征向量的方差贡献率为 36.60%，方差贡献率大于其他模态，是反映河套灌区从 2000~2015 年月地下水埋深场最主要的空间分布形式。EOF1 一半为正值，一半为负值，表明河套灌区的月地下水埋深变化趋势的强差异性，负值中心位于乌兰布和灌域。EC1 的月时间系数显示 1~4 月和 8~9 月系数为正值，5~7 月和 10~12 月系数为负值，说明了河套灌区不同月份间的反向变化。模态 2 特征向量的方差贡献率为 29.31%，也是反映河套灌区月地下水埋深场的主要空间分布形式。EOF2 与 EOF1 空间表现类似，负值中心出现在乌拉特灌域，说明河套灌区地下水埋深具有强烈的空间差异性，且 2006 年之前 EC2 均为负值，2006 年突变呈现基本均为正值的情况。模态 3 和模态 4 特征向量的方差贡献率仅为 7.87%，反映了月地下水埋深变化的局部空间模式，2003~2012 年 EC3 为负值，其他时间段大多为正值，EC4 在每年的 7~10 月为正值。可以看出，2000~2015 年河套灌区的地下水埋深差异性特别大，不仅空间差异性极强，时间差异也很大。

2. 气候变化特征

乌梁素海流域周边地形复杂，地域差异性明显，既有沙漠性气候，又存在高山性气候，整体表现为自西向东波动降低。为了消除气象站点所处方位带来的片面性，依据各气象站点覆盖乌梁素海流域行政区划面积所占比例来划分温度权重，同时由于流域存在地域性差异，气象站点中降水量、蒸发量存在明显差异，根据各个站点年均降水量（蒸发量）占全体站点年均降水量（蒸发量）总和的百分比，加权平均赋予其不同权重。各站点年均降水量和蒸发量所占权重见表 4-3。

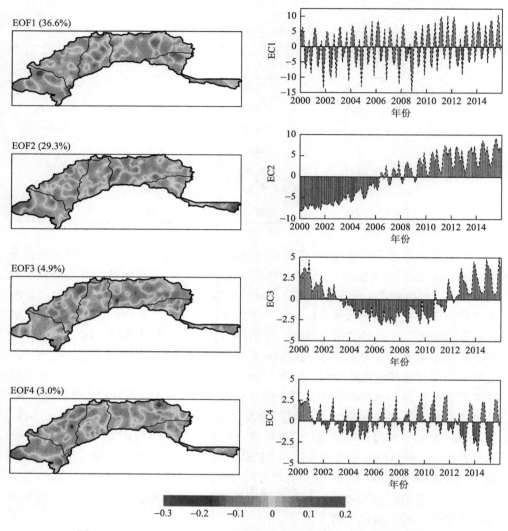

图 4-5　2000~2015 年河套灌区 EOF 的空间插值和 EC 的时间变化图

表 4-3　乌梁素海流域气象要素权重分配表

气象站点	磴口	杭锦后旗	乌拉特前旗	五原	临河
年均降水量/mm	148.40	150.67	199.43	185.49	146.65
权重	0.18	0.18	0.24	0.22	0.18
年均潜在蒸发/mm	1124.29	1061.07	1110.70	1075.47	1073.89
权重	0.21	0.19	0.20	0.20	0.20

续表

气象站点	磴口	杭锦后旗	乌拉特前旗	五原	临河
所占面积/km²	2032.15	2394.25	1864.69	3350.10	1775.48
权重	0.18	0.21	0.16	0.29	0.16
年实际蒸发/mm	1589.35	1490.43	2615.17	2275.21	1766.07
权重	0.16	0.15	0.27	0.23	0.18

1）气温

图 4-6 通过对乌梁素海流域的年际气温和年内气温统计分析发现：乌梁素海流域年均气温多年来呈现波动上升趋势；年内变化 7 月份为一年中气温最高的时间，1 月份为气温最低。

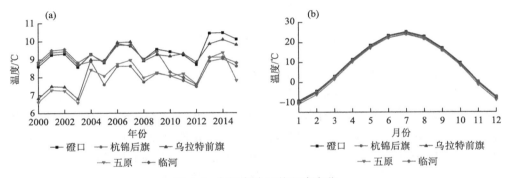

图 4-6　年际年内平均温度变化

通过对乌梁素海流域内 5 个气象站点气温数据进行加权平均可知，该流域多年平均气温为 8.59℃，气温呈现规律性波动上升趋势，变化率为 0.054℃/a，高于全国平均水平的 0.22℃/10a，与我国几年来气温逐年升高的背景相似。年均最高温度发生在 2014 年，为 9.49℃，年均最低温度为 7.70℃，发生在 2003 年。流域月均温度最高为 7 月份，温度为 24.71℃，月均温度最低为 1 月份，为−10.10℃，两者温差为 34.81℃，月均温度普遍较低，一年中温度为零下的有四个月份，分别为 1 月、2 月、11 月和 12 月，一年中高温主要集中在 6~8 月，均温 23.27℃，最寒冷的月份集中在 1 月和 12 月，均温为−9.00℃，低于整体月均温度 17.58℃。

流域高温区主要集中在磴口、临河等西南部区域，磴口气象站年均温度达9.30℃，所有站点中，仅有杭锦后旗和临河年均气温呈下降趋势，其中上升趋势较大为乌拉特前旗和五原，乌梁素海流域年均气温的升高，与近年来所有站点气温的普遍升高是分不开的，且低温区域升温幅度明显高于高温区域，这就使得整体区域升温更加明显。

2）降水

对乌梁素海流域的年际降水和年内降水进行统计分析，见图 4-7。乌梁素海流域年均降水量多年来呈现略微的上升趋势；年内变化 7 月份为一年中降水量最多，12 月份为降水量最少。

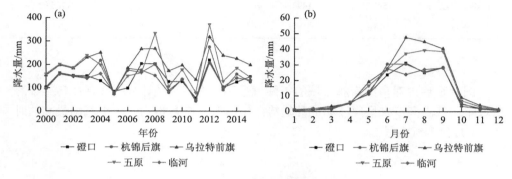

图 4-7　年际年内平均降水量变化

乌梁素海流域年均降水量的加权平均值计算为 164.24 mm，整体呈略微上升趋势，其中降水量最多年份为 2012 年，为 285.05 mm，最少年份为 2011 年，仅为 76.30 mm，与平均降水量相差分别为 120.81 mm 和 87.94 mm。流域内月均降水量为 25.28 mm，降水最多为 7 月份，达 35.09 mm，最低为 1 月份，仅为 1.04 mm，两者相差 34.05 mm，与整体月均降水量相差分别为 9.82 mm 和 24.23 mm。月降水量从 1 月起一直呈增长趋势，其中 7 月份到达顶峰，降水主要集中在 6~9 月份，这四个月总降水量约占全年降水量的 78.72%。

降水量最多站点为乌拉特前旗站，年均降水量达 205.64 mm，降水量最少的站点为位于流域西南方向的磴口站，年均降水量达 137.28 mm。地处西部乌兰布和沙漠附近的磴口、临河、杭锦后旗等气象站点多年平均降水量较少，而处于东部地区的乌拉特前旗气象站点降水量较多，这充分说明了地形影响了降水量。

3）蒸发

图 4-8 通过对乌梁素海流域的自然水面蒸发量的年际和年内统计分析发现，乌梁素海流域年均蒸发量多年来呈现不显著的下降趋势；年内变化 8 月份为一年中蒸发量最多，12 月份为蒸发量最少。

乌梁素海流域年均蒸发量的加权平均值计算为 1887.82 mm，年均蒸发量整体呈不显著的下降趋势，其中蒸发量最多年份为 2003 年，为 2660.95 mm，最少年份为 2011 年，仅为 930.09 mm，与平均蒸发量相差分别为 773.13 mm 和 957.73 mm。流域内月均蒸发量为 157.32 mm，蒸发最多为 8 月份，达 383.60 mm，最低为 12 月份，仅为 11.11 mm，与整体月均蒸发量相差分别为 226.28 mm 和 146.21 mm。

月蒸发量从 1 月起一直呈增长趋势，8 月份到达顶峰，蒸发集中在 6~9 月份，之后蒸发量逐渐降低。

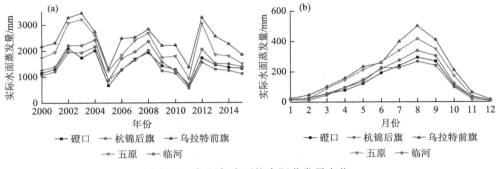

图 4-8　年际年内平均实际蒸发量变化

蒸发量最多的站点为乌拉特前旗站，年均蒸发量达 2615.17 mm，蒸发量最少的站点为位于杭锦后旗站，年均蒸发量达 1490.43 mm。地处西部乌兰布和沙漠附近的磴口、临河、杭锦后旗等气象站点多年平均蒸发量较少。所有站点中年均蒸发均呈现下降趋势，五原的下降趋势更为明显，变幅 43.62 mm/a，磴口的下降趋势最小，仅为 14.76 mm/a，这就使得整体区域蒸发呈现下降趋势。

3. 人类活动影响

1）地下水开采

流域内地下水的开采主要集中于河套灌区，河套灌区的主要开采层位于全新世-晚更新世（Q_{3-4}）的浅层含水层，其占据了河套平原地下水总开采量的一半以上。2010 年，巴彦淖尔市地下水开采总量为 6.22 亿 m³，后套平原主要以农业灌溉为主，以开采浅层地下水为主，山前平原地下水量较大，狼山-色尔腾山冲洪积扇前平原的乌拉特中旗及后旗都是地下水开采强度较大的地区。巴彦淖尔市乌拉特中旗及后旗浅层地下水开采模数为全区最高，分别为 13.91×10^4 m³/(km²·a) 及 14.85×10^4 m³/(km²·a)，如表 4-4 所示。

表 4-4　乌梁素海流域地下水开采量统计表

旗县/区	面积/km²	浅层地下水开采量/($\times 10^4$ m³/a)	浅层地下水开采模数/[$\times 10^4$ m³/(km²·a)]
磴口	2713.87	3840.00	1.41
杭锦后旗	1870.2	5660.00	3.03
五原	2474.74	2320.00	0.94
乌拉特前旗	4337.43	17042.00	3.93
乌拉特中旗	1244.59	17310.00	13.91

续表

旗县/区	面积/km²	浅层地下水开采量/(×10⁴ m³/a)	浅层地下水开采模数/[×10⁴ m³/(km²·a)]
乌拉特后旗	269.95	4010.00	14.85
临河	2383.32	12028.65	5.05
合计	15294.09	62210.65	4.07

河套平原城镇集中开采水源地主要分布于狼山—色尔腾山—乌拉山山前冲洪积扇上，以及巴彦淖尔市临河区。城镇水源开采地下水的格局是：巴彦淖尔市后套平原城镇水源地主要以开采浅层水为主，主要集中分布于乌拉特中旗、后旗，以及临河区黄河北岸黄河冲积平原上。企事业自备井地下水开采的分布范围与城镇集中供水水源地相同，主要分布于狼山—色尔腾山—乌拉山山前冲洪积扇上，以及巴彦淖尔市临河区。企事业水源开采地下水的格局是：企事业自备井水源地主要集中在临河区以及乌拉特前旗，以开采浅层地下水为主。农业区地下水开采范围主要分布于狼山—色尔腾山—乌拉山山前冲洪积平原。农业地下水开采状况的格局是：全区农业地下水开采主要集中在山前冲洪积扇倾斜平原，巴彦淖尔市主要集中在乌拉特中旗、后旗以及临河区黄河北岸黄河冲积平原，农业区开采最大的是乌拉特中旗，开采模数为 $13.52×10^4$ m²/(km²·a)；盆地中部黄河冲湖积平原的农业灌溉用水主要依靠黄河水，因此地下水开采强度远小于山前冲洪积平原，地下水开采也主要以浅层水为主（王璐瑶，2018）。

2）引水量

巴彦淖尔市除山前冲洪积扇以及佘太盆地利用地下水进行农业灌溉之外，其余大部分地区都是引黄灌溉（陈玺等，2007），引黄量资源模数为 $32.54×10^4$ m³/(km²·a)，其中以临河区及杭锦后旗的引黄量最大，资源模数分别为 $49.45×10^4$ m³/(km²·a)及 $57.15×10^4$ m³/(km²·a)，如图4-9所示。

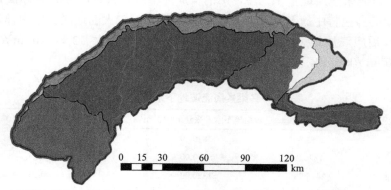

0　15　30　　60　　90　　120
km

黄河引水量资源模数/[×10⁴m³/(km²·a)]　□ 0～0.6　■ 0.6～12　■ 12～23　■ 23～40　■ >40

图4-9　黄河引水量资源模数分区图

2000~2015 年河套灌区年引水量变化情况如图 4-10 所示，多年平均引水量为 45.32 亿 m³，整体呈现波动上升趋势，上升幅度很小，引水量最多为 2015 年，为 52.03 亿 m³，引水量最少发生在 2003 年，为 37.43 亿 m³。并且每年 12 月份至次年 3 月份无引水灌溉，引水从 4 月份开始，在 10 月份引水量最多高达 13 亿 m³，主要进行秋浇。

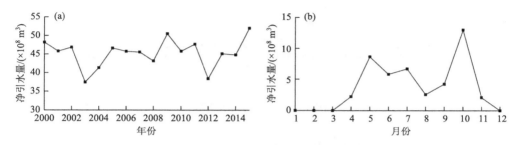

图 4-10　年际年内平均引水量变化

4. 乌梁素海进出湖水量分析

目前汇入乌梁素海的主要排口为新安镇扬水站、八排干、九排干、总排干，其中以总排干的排域面积最大，长度最长，设计流量最大，分别为 7583.3 km²，227.28 km 和 100 m³/s，新安镇扬水站为四个排沟中面积最小，长度最短，设计流量最小，分别为 62.8 km²，11.7 km，1.8 m³/s。

入湖总水量为总排干、八排干、九排干的入湖水量相加，而通济渠、长济渠、塔布渠由于占比小且没有逐年的数据，未计算在内。通过对乌梁素海 1990~2015 年多年平均入乌梁素海径流量统计见图 4-11，流域内多年平均入湖量为 5.5 亿 m³，整体呈现波动上升趋势，上升幅度为 0.025 亿 m³/a，入湖量最多为 2014 年，为 7.5 亿 m³，入流量最少发生在 2003 年，为 3.6 亿 m³。其中，总排干年均入湖量为 4.8 亿 m³，占所有入湖口流量的 80.1%，总排干年均入湖趋势与总体年均入流量基本吻合，即年均入湖水量的多少取决于总排干，且年均入流量最小年份与总体入流量最小发生年份一致，均为 2003 年，变化也与总体入流量一致呈波动上升趋势。新安镇扬水站、八排干、九排干、灌溉渠道年均入流量仅占全部的 19.9%，其中以新安镇扬水站年均入流量最少，仅为 0.03 亿 m³。

乌梁素海向黄河退水主要通过乌毛计闸以及西山咀排口，其中以西山咀退水量最多，年均 1.52 亿 m³。本章的出湖总水量仅计算乌毛计闸的出湖水量，乌毛计闸年均出湖量为 1.9 亿 m³，总体呈现出上升趋势，上升趋势为 0.08 亿 m³/a。出湖量最多年份为 2016 年，为 6.6 亿 m³，最少为 2003 年，仅为 0.01 亿 m³，跨度相差 6.53 亿 m³，并且近年来，出湖水量逐年增加。

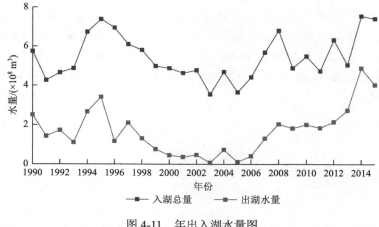

图 4-11　年出入湖水量图

4.2　地下水数值模型构建

乌梁素海是黄河流域大型灌区河套灌区灌排工程的重要组成部分,人口集中,工业和农业发展较快,水资源状况对地区发展影响较大。要找到水资源的合理利用方法,首先要了解流域内部的水文循环规律。而地下水循环作为水文循环的重要部分,研究流域地下水循环对于探明水文循环具有重要作用。基于此,本节构建了地下水数值模型,评估了乌梁素海流域地下水资源,并进行了地下水演化趋势预测,结果可为流域水资源规划、管理、利用和水权分配等提供依据。

4.2.1　地下水流模拟的目的和方法

1. 模拟目的

通过开展乌梁素海流域地下水资源数值模拟,进行地下水 2006~2015 年均衡分析,开展地下水资源评价工作,预测地下水演化趋势及可能产生的环境问题,为流域包括河套灌区在内水资源的开发利用与保护提供科学依据。

2. 模拟软件

工作区地下水赋存在松散冲积、冲洪积地层中,地下水以垂直运动为主,在多层含水层系统中存在相互间的越流,地下水水平流动缓慢且符合达西定律,为非稳定流,地下水流的控制方程为:

$$\frac{\partial}{\partial x}\left(K_{L}\frac{\partial h}{\partial x}\right)+\frac{\partial}{\partial y}\left(K_{L}\frac{\partial h}{\partial y}\right)+\frac{\partial}{\partial z}\left(K_{Z}\frac{\partial h}{\partial z}\right)+\varepsilon=S\frac{\partial h}{\partial x}\quad x,y,z\in\Omega,\ t\geqslant 0 \quad (4\text{-}9)$$

$$h(x,y,z,t)\big|_{t=0} = h_0(x,y,z) \qquad x,y,z \in \Omega,\ t \geqslant 0 \tag{4-10}$$

$$K_n \frac{\partial h}{\partial x}\bigg|_{s_2} = q(x,y,z,t) \qquad x,y,z \in \Gamma_0,\ t \geqslant 0 \tag{4-11}$$

式中，h 为地下水位；h_0 为初始地下水位；K_L 为含水层水平方向渗透系数，m/d；K_Z 为含水层垂直方向渗透系数，m/d；S 为含水层的储水率，m^{-1}；ε 为源汇项，即单位时间进入单位体积含水层的流量体积，d^{-1}；s_2 为渗流区域的第二类边界；n 为第二类边界的外法线方向；K_n 为边界法线方向的渗透系数，m/d；Ω 为渗流区域，Γ_0 为渗流上边界。

该式再加上相应的边界条件即可形成特定区域地下水流动微分方程的定解问题，通过求解这类定解问题，可得到随各种源汇项、边界条件变化的地下水位时空分布。

美国地质调查局（USGS）开发的地下水流模拟软件 MODFLOW 是基于有限差分法编制的一套用于孔隙介质中地下水流动数值模拟的软件。不需要对源程序进行任何修改，MODFLOW 就可以直接用来解决大多数地下水模拟问题，已经被世界上许多官方和司法机构所认可（孙海霞等，2019）。并且由于该代码是开源的，且开发者建立了完备的说明文档供大家学习使用，因此使用者数目巨大。同时，不同机构、不同用户在使用过程中根据自身需要，不断对源代码进行补充修改，添加了大量辅助功能。这些功能的不断添加，使得 MODFLOW 也获得了巨大的发展，各类产品层出不穷。

美国 Brigham Young 大学环境模拟研究实验室（Environmental Modeling Research-Laboratory）开发的 GMS（Groundwater Modeling System）是基于概念模型的地下水模拟软件，其具有良好的使用界面、强大的前处理、后处理功能及优良的三维可视效果，已成为国际上最受欢迎的地下水模拟软件，该软件中 MODFLOW 是地下水流模拟最常用的模块（孙海霞等，2019）。本次工作即选用 GMS 中的 MODFLOW 作为建立地下水流模拟模型的软件。

3. 模拟方法

建立地下水流数值模型的过程主要包括水文地质条件分析、建立水文地质概念模型、建立地下水流数值模型、模型应用等。

水文地质条件分析是建立地下水流数值模型的重要基础和关键环节，直接决定着模型的成败。水文地质条件分析应结合建模目的展开，重点围绕模拟区边界位置与性质、地下水系统结构在空间的分布以及对应的各含水层水文地质参数、补径排条件、地下水运动状态等展开分析。

水文地质概念模型是研究者根据研究的目的，对实际复杂的水文地质条件进行必要简化的过程，概念模型应尽量简单明了，能够反映地下水系统的主要功能和特征。构建概念模型是开发地下水模型的关键，其概化内容主要包括计算区几何形状的概化、边界类型和边界值的概化、含水层性质的概化（如承压、潜水或承压转无压含水层，单层或多层含水层系统等）与水文地质结构模型、水文地质参数性质（均质或非均质、各向同性或各向异性）的概化与参数分区和赋值、地下水流场与地下水流动特性的概化（如二维流或三维流）、各补排项的处理与确定、地下水均衡分析等，其中在应用数值法计算之前，要用均衡法对全区进行均衡计算，以便在总体上把握地下水的均衡情况，使数值计算结果更趋合理化。在上述基础上形成对应于水文地质概念模型的地下水流数学模型。

地下水流数值模型的建立是对所形成的数学模型进行量化、模拟计算与水文地质条件识别的过程。首先应针对选择的数值模拟软件，确定网格剖分形式；依据水文地质条件、资料情况和评价的要求确定模拟期和抽水应力期；对边界条件进行处理，给出地下水初始流场；依据所选取的模型软件对源汇项数据进行处理，要特别注意与地下水位有关的均衡量的确定，如降水入渗量、蒸发量、越流量等，有时这些量需要在计算程序中处理。

为了验证所建立的数值模型是否符合实际，还要根据抽水试验或开采地下水时所提供的水位动态信息来检验其是否正确，即在给定参数、各补排量和边界、初始条件下，通过调整模型的结构、参数、各种量等，达到模拟的地下水状态（水头、浓度、温度）与实测地下水状态最大限度地拟合，以使模型尽可能刻画实际水文地质条件，提高模型的仿真程度。这一过程也称为求解模型的逆问题，通常有试估-校正法和最优化方法这两类方法。

根据建模的目的以及模型类型的不同，所建立的地下水模型有不同的用途，总的来看，有以下的用途：①通过模型的识别和验证，对建模取得的水文地质条件有更深入的、定量的认识；②在模拟期地下水均衡分析的基础上，评价地下水补给资源量；③结合水资源规划或水源地开采等规划方案确定预报期，运用模型预测地下水分布状态和变化趋势，从而进行地下水可开采量评价与地下水环境影响评价等。

4.2.2　GMS MODFLOW 地下水模型的构建

1. 模拟范围及网格划分

本次模拟区域为乌梁素海流域，包括整个河套平原、乌梁素海及其东岸，东起蛮汉山西麓，西至狼山山脉、乌兰布和沙漠以东，南临黄河，北靠阴山山脉。研究区边界通过 ArcGIS 勾画，并导入 GMS MODFLOW 作为底图，总面积约14462.5 km²，可划分为 3 个一级系统，5 个二级系统。由于模拟区域较大，且南北窄东西宽，在模型中将整个区域划分为 84665 个长 1000 m，宽 500 m 大小的网格，其中，16612 个为有效网格，68053 个无效网格。以月为应力期，其中率定期共 60 个应力期，验证期共 60 个应力期。

利用地质勘探资料及钻孔资料，并结合地下水的开采利用现状，第四系岩性分布特点，只考虑 300 m 深度以内的地形特征，参照含水层发育程度、含水层渗透性、地下水水力性质、水文地球化学特征、地下水动态特征等将第四系含水岩组在垂向上进行了概化，将含水层划分为一个含水层组，厚度为 10~275 m，标注为浅层含水层，模拟区域只模拟 Q_{3-4} 浅层含水层的地下水流。在概化的基础上，根据已有测绘的地表高程等值线及高程点数据，采用插值方法获取了地面标高及底板标高，如图 4-12 和图 4-13 所示，建立了层状水文地质结构模型。

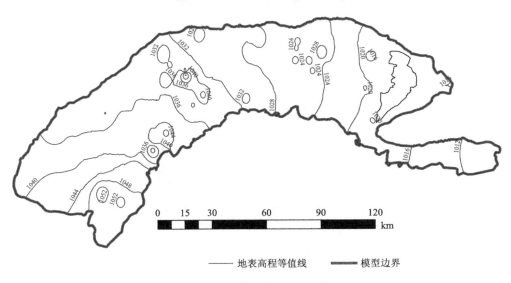

──── 地表高程等值线　━━━ 模型边界

图 4-12　地表高程插值图

2. 边界概化及分析

边界条件的确定是模型建立中最重要的一个步骤之一，合理的边界概化和正确的处理才能保证模型合理，计算结果准确（李海峰等，2012）。将不同边界概化为何种类型是由模拟区内与区外的水力联系决定的。同一类型的边界在 MODFLOW 中有多种表示方式，选择何种表示方法取决于计算精度要求以及掌握资料的精细程度。

1）侧向边界

根据区内地层结构、地下水系统分区、地下水流场特征分析，将模拟区侧向边界类型确定为不同性质的边界，如图 4-14 所示。

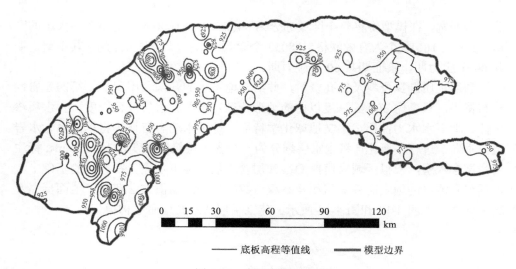

图 4-13　底板高程插值图

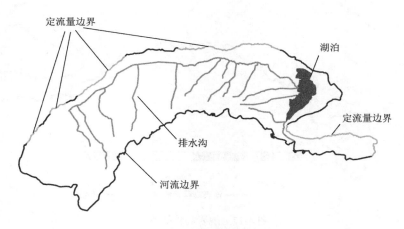

图 4-14　模型边界概化图

　　北边界：模拟区域北部自西向东分别为狼山、色尔腾山和乌拉山，补给方式主要为山前侧渗补给，其中后套平原地下水系统中西段、东段的基岩裂隙水侧向补给山前平原，构成侧向补给边界，其他地段为隔水边界，仅在希日河等较大沟口通过潜流补给山前平原和地表洪流补给；因此概化北部中西段、东段以及若干小区域为流量边界，其他地段为隔水边界。其中，山前侧向补给量包括山前潜流侧向补给和基岩裂隙水侧向补给。在河套平原周边的狼山、色尔腾山、乌拉山，山区汇水通过潜流或透水边界的基岩裂隙水补给山前冲洪积平原。计算公式为：

$$Q_{\text{山前侧向}} = K \times M \times I \times L \times T \times 10^{-8} \tag{4-12}$$

式中，$Q_{山前侧向}$为山前侧向补给量，10^8 m^3；K 为计算断面的加权平均渗透系数，m/d；M 为计算断面的平均含水层厚度，m；I 为计算断面的平均水力坡度；L 为计算断面宽度，m；T 为均衡期时间，d。按照断面法计算狼山和乌拉山侧向补给流域的地下水量分别为 $0.994×10^8$ m^3/a 和 $0.361×10^8$ m^3/a。此外，流域内周边的狼山、色尔腾山、乌拉山沟谷中发育昆都仑河、大黑河一系列季节性河流，河流在雨季形成地表洪流，洪流一部分渗入补给地下含水层。经计算 5 年平均沟谷洪流入渗补给量为 $0.038×10^8$ m^3/a，将计算的沟谷洪流入渗补给量给到对应的沟谷见表 4-5。

表 4-5　年均侧向地下水径流补给量计算表（10^8 m^3/a）

区域	后套平原		佘太盆地	
补给方式	狼山山前侧向补给	沟谷洪流入渗	乌拉山南缘侧向补给	沟谷洪流入渗
补给量	0.994	0.03	0.361	0.008
小计	1.024		0.369	
合计	1.393			

《河套灌区水文地质勘探报告》中，采用断面法计算狼山和乌拉山侧向补给套区的地下水量分别为 $5.0×10^8$ m^3/a 和 $0.79×10^8$ m^3/a，巴盟水文局在 1998 年的《巴盟水资源评价》中，得到狼山和乌拉山侧向补给套区地下水量分别为 $1.057×10^8$ m^3/a 和 $0.35×10^8$ m^3/a，在《黄河内蒙古河套灌区续建配套与节水改造规划报告》中，得到狼山和乌拉山侧向补给套区地下水量分别为 $1.057×10^8$ m^3/a 和 $0.959×10^8$ m^3/a，在《河套平原地下水资源及其环境问题调查评价》中，得到狼山和乌拉山侧向补给套区地下水量分别为 $1.01×10^8$ m^3/a 和 $0.37×10^8$ m^3/a，岳卫峰等（2011）取值狼山和乌拉山侧向补给套区地下水量分别为 $1.06×10^8$ m^3/a 和 $0.35×10^8$ m^3/a。因此本研究取值狼山和乌拉山侧向补给套区地下水量分别为 $1.024×10^8$ m^3/a 和 $0.369×10^8$ m^3/a。

西边界：模拟区域西部为乌兰布和沙漠，面上主要为降水和蒸发，不同时期地下水状态比较稳定，水平方向流动较弱，水力联系微弱，因此概化西部为隔水边界。

南边界：黄河自河套灌区南部流过，与南部的地下水之间存在密切的水力联系，因此概化南部为重要的河流边界。近年来，黄河上游来水逐渐减少，该段河道淤积严重，河床上升比较明显。巴彦高勒水文站位于磴口县巴彦高勒镇南套子村，坐标为 107°03′E，40°32′N，三湖河口水文站处于内蒙古乌拉特前旗公庙镇三湖河口村，坐标 108°78′E，40°61′N。本次模拟中所计算的黄河区段主要处于巴彦高勒和三湖河口两个水文站之间，同时三湖河口至头道拐水文站的部分河段也在模拟区范围内。

由黄河 2000~2015 年在巴彦高勒和三湖河口两个水文站测得的水位观测资料可知, 黄河在该河段年间相同月份的水位变幅小于 3 m, 基本均在 1 m 左右, 黄河年内各个月份水位最大变幅超过 2 m。由此可见, 黄河水量年际变化较小, 年间变化较大, 率定时采用实际水位, 验证期和预测年份的各个月份黄河水位可取已知年份水位数据的均值。在不考虑黄河的冲淤情况下, 黄河每年相同月份的侧渗量基本不变, 不同月份内黄河与模拟区域的水量交换变化较大 (李红良等, 2013)。

模型中河流宽度设为 350 m、河流深度平均为 2.5 m, 河流底部弱透水层厚度设为 3 m, 根据两个水文站点的水位资料, 以及平均河床底板高程值, 利用 GMS 中的 River 程序包计算黄河补给量, 计算公式为:

$$Q_R = \frac{K_s \times W \times L}{M}(h_r - h) = C_R \times (h_r - h) \tag{4-13}$$

式中, Q_R 为黄河侧向补给量, m^3/d; h_r 为河流水位, m; h 为地下水位, m; W 为河流宽度, m; L 为河流长度, m; M 为河床底积层厚度, m; K_s 为河床渗透系数, m/d; C_R 为单位长度水力传导系数, $m^2 d$。

东边界: 模拟区域东部为色尔腾山前断裂、乌拉山前断裂, 为山前跌水边界, 基本为隔水边界。其中, 东部的乌梁素海, 作为黄河流域最大的淡水湖泊和自治区第二大淡水湖泊, 承担着河套灌区退水、分洪、排盐三大任务。模型中, 将湖面高程取为乌梁素海多年测量水位的平均值 1018.5 m, 湖水深度取平均值 0.8 m, 湖底高程取 1017.7 m, 湖泊底部弱透水层厚度设为 3 m。经验系数表明, 淤泥土渗透系数约为 10^{-7}~10^{-6} cm/s, 模型中乌梁素海底泥渗透系数设置为 10^{-6} cm/s。

2) 垂向边界

上边界: 浅层含水层自由水面为系统的上边界, 通过该边界, 潜水与系统外界发生垂向水量交换, 如接受大气降水入渗补给、灌溉入渗补给、蒸发排泄等。下边界: 底部概化为隔水边界。

3. 地下水位及参数初值

1) 初始地下水位

本次地下水模拟分析利用 2006~2010 年区内 206 口观测井的地下水水位实测数据反演模型水文地质参数, 利用 2011~2015 年的地下水位实测数据进行验证。因此率定期和验证期相应的初始水位分别由 2006 年 1 月 1 日和 2011 年 1 月 1 日的地下水位实测值插值得到, 结合乌梁素海东岸的 28 口监测井的地下水位初始值, 率定期的初始地下水位插值结果如图 4-15 所示。由浅层地下水位等值线可以看出, 在河套平原地区地下水流总体由西南向东北流动, 汇入乌梁素海, 乌梁素海则以侧渗的形式补给东岸的地下水, 同时部分水量通过退水渠道排泄进入黄河, 导致退水渠道处的地下水位升高。

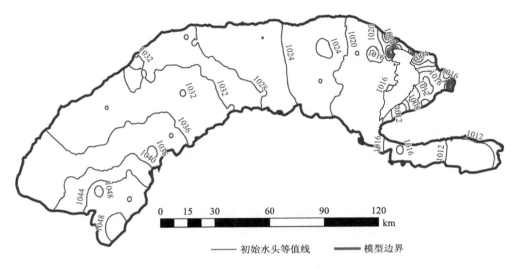

图 4-15　率定期初始地下水位插值图

地下水在第四系松散多孔介质中的流动符合质量守恒定律和达西定律；考虑到由层间水头差异引起含水层之间的垂向水量交换，故地下水运动为三维流；地下水的补排项以及水位是随时间变化的，故为非稳定流；介质的非均匀性造成水文地质参数随空间变化，体现了系统的非均质性，可概化为水平各向同性非均质介质。

2）给水度

给水度是指重力作用下含水层水位下降一个单位时，单位体积含水层所能释放的重力水体积（任东阳等，2019）。给水度的确定以抽水试验数据为基础，参考地下水动态资料，水位变动带岩性、水位变动带沉积环境等水文地质条件综合给出，在资料匮乏的地区充分考虑水位变动带的岩性和所处的水文地质单元，根据以往的经验值来确定给水度。

表 4-6 显示了给水度分布规律：①山前冲洪积平原水位变动带颗粒较粗，以砂卵砾石、中粗砂为主，给水度较大，给水度值介于 0.1~0.27 之间，局部冲洪积扇间带水位变动带岩性为粉砂、亚砂土，给水度介于 0.06~0.1 之间；冲湖积平原水位变动带岩性以亚砂土、亚黏土为主，给水度值介于 0.02~0.10 之间。②河套平原的给水度值呈现出自西向东递增的规律。狼山、色尔腾山山前零星分布规模较小的冲洪积扇扇体，给水度值介于 0.08~0.20，乌拉山山前沟谷汇水面积较小，山前不发育冲洪积扇体，给水度值介于 0.2~0.25；在黄河冲湖积平原，河套平原东部水动力条件强于西部，东部的水位变动带岩性较西部稍粗，给水度呈现自西向东递增的规律。

表 4-6　流域给水度系列值

地下水系统	沉积环境	卵砾石	中砂、粗砂	粉砂	亚砂土	亚黏土	黏土
后套平原、余太盆地	山前冲洪积平原	0.12~0.20	0.08~0.15	0.08~0.12	0.06~0.08		
	黄河冲湖积平原			0.08~0.10	0.06~0.08	0.04~0.06	0.02~0.04
三湖河平原	黄河冲湖积平原			0.07~0.10	0.06~0.08	0.04~0.06	0.03~0.04

3）渗透系数

渗透系数是表征岩石与土的透水能力，是计算地下水资源的重要参数。在充分收集以往相关水文地质钻孔渗透系数的基础上，利用工作新施工的抽水试验，对以往参数进行甄别和修正，结合地下水系统、含水层沉积环境、含水层岩性，来选取区域渗透系数值（樊贵盛等，2012）。

表 4-7 显示了浅层含水层渗透系数分布规律：后套平原总排干、乌梁素海及其退水渠为三个区域地下水排泄带，同时也是渗透系数最小的地区；山前冲洪积平原自西向东，渗透系数逐渐增大。

表 4-7　流域渗透系数系列值

地下水系统	沉积环境	卵砾石	中砂、粗砂	粉砂	亚砂土	亚黏土	黏土
后套平原、余太盆地	山前冲洪积平原	100~400	20~100	10~20	5~10		
黄河冲湖积平原	黄河冲湖积平原			5~20	5~10	1~5	<1
三湖河平原	黄河冲湖积平原			5~20	5~10	1~5	<1

4. 灌溉及降水入渗

1）灌溉入渗

流域地下水的主要补给源为灌溉和降水，将灌溉入渗与降水入渗合并输入。根据河套灌区渠系资料，河套灌区现有总干渠 1 条，干渠 13 条，分干渠 48 条，支渠 372 条，斗、农、毛渠 8.6 万多条，斗、农渠在平面上基本均匀密布。引水量较均匀地灌溉至各渠道的灌溉控制区域，因此将灌溉补给均摊至灌溉控制面上以面状补给的形式输入。

利用 ArcGIS 地理绘图软件，依据图 4-16 灌区内排水沟和引水渠道分布情况，将排水沟作为各个分区的分界，划分各渠道灌溉控制区域，因为河套灌区区域广阔，鉴于模拟难度及资料掌握情况，将干渠、分干渠灌溉控制区域作为分区单元，

将整个河套灌区分成 19 个灌溉控制区域，如图 4-16 所示，各个干渠的灌溉控制
区域的面积及其年平均引水量见表 4-8。单位面积上灌溉水量的大小与该分区内部
的耕作面积、作物需水有关。从表中可以看出大部分分区的单位面积灌溉水量较
为均匀，在 300~600 mm 之间。其中北边渠、华惠渠、四闸渠、黄洋渠、南三支
的单位面积灌溉水量偏小，是由于这些分区位于总干渠或黄河周边，补给较为丰
富，且部分分区内有大量的非种植区域。

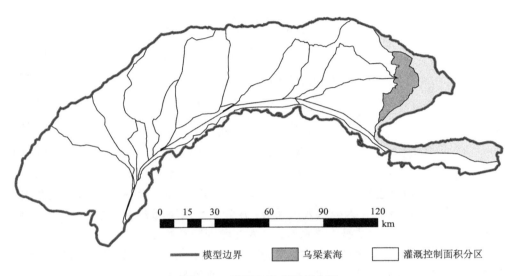

图 4-16　灌溉入渗分区划分图

表 4-8　渠道综合信息

渠名	一干渠	渡口渠	乌拉河	杨家河	清惠渠	黄济渠	黄洋渠
引水量/(10^8 m³/a)	5.796	0.583	1.936	4.002	0.883	4.977	0.169
面积/km²	2493.26	235.98	734.23	725.58	174.68	1292.23	149.58
单位面积上灌溉量/m	0.232	0.247	0.264	0.552	0.505	0.385	0.113
渠名	永济渠	合济渠	南边渠	北边渠	南三支	丰济渠	复兴渠
引水量/(10^8 m³/a)	6.284	1.216	0.628	0.093	0.288	4.343	4.473
面积/km²	1184.89	302.34	252.57	166.24	293.71	1487.83	602.77
单位面积上灌溉量/m	0.530	0.402	0.249	0.056	0.098	0.292	0.742
渠名	义和渠	通济渠	长塔渠	华惠渠	四闸渠		总计
引水量/(10^8 m³/a)	2.752	2.125	6.138	0.209	0.731		47.626
面积/km²	851.89	572.87	784.73	168.43	435.92		12909.73
单位面积上灌溉量/m	0.323	0.371	0.782	0.124	0.168		0.369

其他低级渠道由于分布密集，因此将对应的渠系入渗合并到田间入渗中。降水入渗单独计算，渠系入渗与田间入渗的水量合并计算，三种来源的入渗水量，整合为一个等效的补给量，赋予每个干渠对应的灌溉控制区域内。

单位面积地下水入渗补给量为地表单元面积补给量与入渗系数之积，计算公式如下：

$$q_{\text{灌}} = Q_{\text{灌}} \big/ S \tag{4-14}$$

$$q_{\text{井灌}} = Q_{\text{井灌}} \big/ S \times \theta \tag{4-15}$$

$$q_{\text{雨}} = P \times \alpha \tag{4-16}$$

$$q_{\text{渠系渗漏}} = q_{\text{灌}} \times \varphi \times (1 - \eta_{\text{渠系}}) \tag{4-17}$$

$$q_{\text{灌溉入渗}} = q_{\text{灌}} \times \eta_{\text{渠系}} \times \beta \tag{4-18}$$

$$q_{\text{井灌回归}} = q_{\text{井灌}} \tag{4-19}$$

$$q = q_{\text{雨}} + q_{\text{渠系渗漏}} + q_{\text{灌溉入渗}} + q_{\text{井灌回归}} \tag{4-20}$$

式中，$q_{\text{灌}}$，$q_{\text{雨}}$，$q_{\text{井灌}}$ 分别为单位灌溉控制面积上的灌溉水量、降水入渗量和井灌回归量；$Q_{\text{灌}}$ 为渠道灌溉引水量；$Q_{\text{井灌}}$ 为井灌抽水量；S 为对应的灌溉控制面积；P 为临近气象站降水；α 为降水入渗系数；φ 为渠系水渗漏补给系数；$\eta_{\text{渠系}}$ 为渠系水有效利用系数；β 为灌溉入渗系数；θ 为井灌回归补给系数。

各系数取值参考《黄河内蒙古河套灌区续建配套与节水改造规划报告》和《内蒙古自治区巴彦淖尔市水资源综合规划报告》，具体见表 4-9。

表 4-9　内蒙古河套灌区各灌域现状年地下水补给系数取值表

灌域	渠系有效利用系数 $\eta_{\text{渠系}}$	渠道渗漏补给系数 φ	井灌回归补给系数
乌兰布和灌域	0.47	0.7	0.27
解放闸灌域	0.51	0.7	0.27
永济灌域	0.51	0.78	0.27
义长灌域	0.43	0.7	0.27
乌拉特灌域	0.36	0.72	0.27

灌溉入渗系数是田间灌溉用水的入渗量与灌溉量的比值，即 $\beta = Q_{\text{入渗}} / Q_{\text{灌溉}}$。灌溉入渗系数受灌溉方式、包气带岩性、水位埋深的影响。灌溉入渗系数的选取依据河套平原的灌溉方式、包气带岩性、水位埋深等因素进行确定（张志杰等，2011）。灌溉入渗系数见表 4-10。

表 4-10　河套平原灌溉入渗系数

灌溉方式	岩性	地下水埋深					
		<1 m	1~2 m	2~3 m	3~5 m	5~7 m	>7 m
引黄灌溉	黏土	0.325~0.387	0.226~0.325	0.153~0.226	0.132~0.153		
	亚黏土	0.432~0.542	0.328~0.432	0.256~0.328	0.229~0.256		
	亚砂土	0.523~0.647	0.301~0.523	0.202~0.301	0.202~0.252		
	粉砂	0.520~0.613	0.385~0.520	0.300~0.385	0.288~0.343		
井灌	黏土	0.306~0.387	0.276~0.306	0.190~0.276	0.152~0.190	0.150~0.170	0.125~0.170
	亚黏土	0.437~0.542	0.380~0.437	0.292~0.380	0.259~0.292	0.242~0.259	0.213~0.259
	亚砂土	0.585~0.647	0.412~0.585	0.252~0.412	0.208~0.252	0.214~0.238	0.202~0.223
	粉砂	0.517~0.613	0.453~0.517	0.343~0.453	0.316~0.343	0.256~0.316	0.223~0.256

《河套平原地下水资源及其环境问题调查评价》中，计算获得 2006~2010 年 5 年的井灌回归量 1.066 亿 m³/a，还有部分山前水库、截伏流等地表水利工程进行灌溉补给地下水的量为 0.836 亿 m³/a，将其处理成井灌回归补给量。

2）降水入渗

降水入渗也是乌梁素海流域内浅层含水层重要补给来源，主要受降水、地表岩性等地质条件、城市区地面建筑和地面硬化的影响，一般采用年降水入渗补给计算法计算。

$$Q_{降水} = \alpha \times P \times F \times 10^{-5} \tag{4-21}$$

式中，$Q_{降水}$ 为降水入渗补给量，10^8 m³/a；α 为降水入渗系数；P 为年降水量，mm；F 为计算区面积，km²。

由于 GMS MODFLOW 中每个网格只能输入一个入渗值，因此将降水入渗和灌溉入渗合并后一起输入。将整个流域按灌域分为 5 个部分，降水量的大小是根据附近的雨量站决定，其中乌兰布和灌域降水强度采用磴口县降水数据，解放闸灌域降水强度采用杭锦后旗站降水数据，永济灌域降水强度采用临河站降水数据，义长灌域降水强度采用五原站降水数据，乌拉特灌域降水强度采用乌拉特前旗站降水数据。

降水入渗系数指一定时期内降水对含水层的补给量与同期内降水量的比值。降水入渗系数受降水特征（降水强度、降水时间）、包气带入渗能力（包气带岩性、厚度、土壤初始含水率）、地表情况（地表坡度、植被覆盖情况）、潜水埋深等多种因素影响（李金柱，2009）。降水补给量与降水量的大小成正相关。

根据降水特征、包气带岩性及组合、地形地面植被特征，结合以往降水入渗数据，对流域的降水入渗系数进行了校正，校正后的降水入渗系数见表 4-11。

表 4-11　流域降水入渗系数系列值

沉积环境	岩性	地下水埋深					
		<1 m	1~2 m	2~3 m	3~5 m	5~7 m	>7 m
山前冲洪积平原地下水系统	亚砂土	0.40~0.58	0.22~0.4	0.12~0.22	0.11~0.21	0.10~0.20	0.05~0.10
	粉砂	0.47~0.68	0.30~0.47	0.24~0.30	0.21~0.24	0.20~0.26	0.11~0.20
	中砂粗砂	0.48~0.59	0.39~0.48	0.35~0.39	0.28~0.35	0.26~0.35	0.18~0.26
	卵砾石	0.47~0.57	0.4~0.47	0.35~0.4	0.32~0.35	0.3~0.35	0.24~0.3
黄河冲湖积平原地下水系统	黏土	0.18~0.32	0.09~0.18	0.04~0.09	0.03~0.04	0.03~0.04	0.02~0.03
	亚黏土	0.23~0.39	0.12~0.23	0.09~0.12	0.06~0.09	0.04~0.07	0.03~0.05
	亚砂土	0.37~0.58	0.20~0.37	0.11~0.20	0.10~0.20	0.09~0.20	0.03~0.09
	粉砂	0.42~0.65	0.27~0.42	0.22~0.27	0.19~0.22	0.15~0.22	0.07~0.15

5. 潜水蒸发

　　研究收集了模拟区内磴口、杭锦后旗、五原、临河、乌拉特前旗 5 个气象站的蒸发数据。蒸发输入时与入渗一样，采用面状分区输入，利用泰森多边形法进行分区，分区结果如图 4-17 所示。通常情况下，潜水蒸发量由自然水体蒸发量与潜水蒸发系数之积得到，本研究采用的蒸发数据为 20 cm 蒸发皿蒸发观测值，因此需要将 20 cm 蒸发皿的数据转化为自然水体蒸发量（水面蒸发量）。

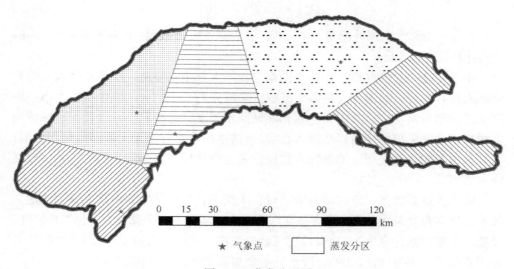

图 4-17　蒸发分区图

　　潜水蒸发系数为潜水蒸发量与相应计算时段水面蒸发量的比值，主要受气象、包气带岩性及地下水埋深的影响。潜水蒸发系数随地下水埋深增大而减小。不同岩性颗粒的大小，导致土壤负压和毛细上升高度不同，也会影响蒸发系数的大小（来剑斌等，2003；李金柱，2008；童菊秀等，2007；薛明霞和王立琴，2002）。此外，当地下水埋深达到 5 m 时，潜水蒸发量接近零，取极限埋深为 5 m。

综合考虑以往工作中获取的潜水蒸发系数，在充分考虑包气带岩性、地下水埋深等条件综合选取潜水蒸发系数。潜水蒸发系数见表 4-12。

表 4-12　流域潜水蒸发系数系列值

沉积环境	岩性	地下水埋深			
		<1 m	1~2 m	2~3 m	3~5 m
山前冲洪积平原地下水系统	亚砂土	0.146~0.185	0.099~0.146	0.036~0.099	<0.036
	粉砂	0.284~0.324	0.142~0.284	0.037~0.142	<0.037
	中砂、粗砂	0.048~0.075	0.028~0.048	0.012~0.028	<0.012
	卵砾石	0.036~0.055	0.017~0.036	0.007~0.017	<0.007
黄河冲湖积平原地下水系统	黏土	0.043~0.065	0.020~0.043	0.007~0.020	<0.007
	亚黏土	0.064~0.085	0.029~0.064	0.009~0.029	<0.009
	亚砂土	0.108~0.185	0.054~0.108	0.036~0.054	<0.036
	粉砂	0.172~0.324	0.067~0.172	0.023~0.037	<0.023

本次研究中，模型中利用阿维扬诺夫公式计算地下水蒸发量，不考虑冻融和非冻融时期的潜水蒸发。计算公式如下：

$$E_g = \begin{cases} 0 & d > d_0 \\ E_0 \left(1 - \dfrac{d}{d_0}\right)^n & 0 \leqslant d \leqslant d_0 \end{cases} \tag{4-22}$$

式中，E_g 为地下水蒸发强度，mm；E_0 为水面蒸发强度，mm；d_0 为地下水蒸发极限埋深，m，它与包气带的岩性有关，在本模型中，极限埋深为 5 m；d 为地下水水位埋深，m；n 为经验系数，在模型中 $n = 1$，模型计算中，采用 MODFLOW 程序中的蒸发子程序包通过地表高程、水位埋深以及蒸发极限埋深来调整蒸发量。

6. 排水沟设置

河套灌区内分布有密集的排水系统，由于模型区域较大，本研究只设置干沟级别的排水沟，排水沟参数依表 4-13 进行设置。通过查阅灌区农水渠系相关手册，结合实地考察，将总排干沟深设为 4 m，干沟深设为 2 m，排水沟水力传导系数是一个综合系数，它反映了排水沟与地下水系统之间的水力传导性质。

表 4-13　排水沟参数设置

级别	总干沟	干沟
沟深/m	4	2
导水系数/(m²/d)	500	300

7. 地下水开采

流域内地下水的开采主要集中于河套灌区，并且以开采浅层地下水为主，山前平原地下水量较大，狼山—色尔腾山冲洪积扇前平原的乌拉特中旗及后旗都是地下水开采强度较大的地区。根据开采模数分区图将区域分区，依据开采模数分区及其对应的主要旗县，设置每个分区的开采模数，并连同灌溉、降水共同写入 recharge 包运行。

4.2.3　模型率定结果与模型验证分析

模型的验证是模型进行预测分析前必须进行的重要环节，只有经过验证的模型才能用于水文预报。本研究利用 2011~2015 年实测资料进行模型验证，所有边界设置与率定期一致，并使用率定期获得的水文地质参数预测验证期区内的地下水位，并将预测值与观测值进行对比分析，进而评价水文参数质量以及模型建立是否正确，如果验证阶段计算结果与实际偏差超过规定范围，则需要重新对参数进行率定，对相应的边界条件进行修正，直到满足精度要求为止（王中根等，2007）。

地下水流模型评价识别的原则是：①计算的地下水流场应与实际地下水流场基本一致，即两者的地下水位等值线应基本吻合；②模拟期计算的地下水位应与实际地下水过程线变化趋势一致，即要求两者的水位动态过程基本吻合；③实际地下水补排差应接近于计算的含水层储量的变化量；④识别后的水文地质参数、含水层结构和边界条件符合实际水文地质条件。

1. 参数率定结果分析

本研究所建立的流域地下水流模型中，主要参数有渗透系数、给水度、潜水蒸发系数、渠系渗漏补给系数、降水入渗补给系数和田间入渗补给系数。其中降水入渗补给系数、渠系渗漏补给系数和田间入渗补给系数根据大量的试验研究成果作为已知项输入。

潜水蒸发利用蒸发包计算，因此不需要率定。流域的水文地质参数反映了全区的水文地质条件的复杂程度及其概化程度，本研究主要分析率定水文地质参数，包括给水度和渗透系数，分别如图 4-18 和图 4-19 所示。以往研究表明，流域的渗透系数和给水度由山前地带向内部平原由大变小的总体趋势，结合之前研究的参数率定结果，通过人工调参设置渗透系数变化范围为 0.05~150 m/d，给水度范围 0.02~0.26，主要集中在 0.06~0.12。其中给水度的调整集中在乌梁素海西部，给定值改为 0.08，此外山前补给区的给水度调整至 0.2 左右，整体参数调整范围较小。渗透系数的调整普遍调至该范围的最大值比较符合。

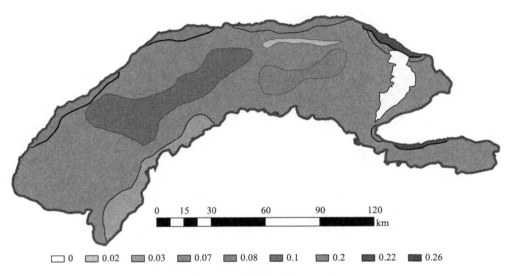

图 4-18　给水度 μ 参数识别

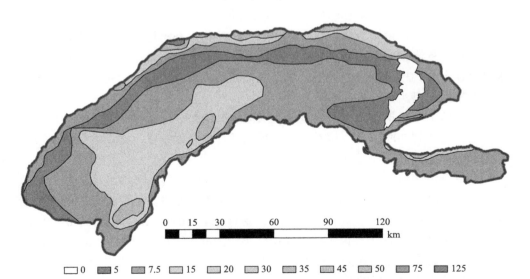

图 4-19　渗透系数 k（m/d）参数识别

2. 地下水位动态比较

本研究用 2011~2015 年的地下水资料进行验证，模拟时，设置 9 口代表性观测井，其中乌兰布和灌域设置 1 口监测井，其他灌域设置 2 口监测井，如图 4-20 所示。

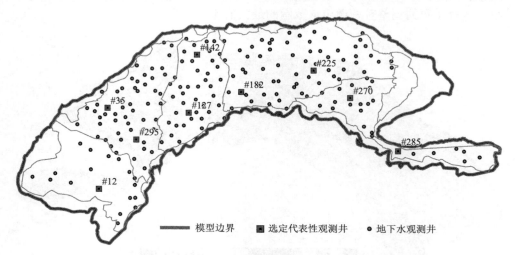

图 4-20　流域观测井分布以及代表性观测井位置示意图

如图 4-21 所示，用验证期内地下水位模拟值与实际值进行对比。整个流域地下水位的变化规律十分明显，即一年中两次上升两次下降，土壤冻结期间，由于温度梯度的作用，地下水逐渐向土壤冻层移动，地下水位呈现下降的趋势；土壤融解期，冻层土壤逐渐融化，在重力作用下，融化水补给地下水，地下水位呈现上升趋势；秋浇期间，灌溉水量大，时间集中，作物耗水量小，地下水得到补给水位迅速上升。模拟结果能够反应地下水位的动态变化规律，但是有些点位出现明显的模拟偏离实测较多的情况。

根据地下水模拟规范，原则上地下水位模拟结果中与实际偏差小于 0.5 m 的结点数量应占到 70%以上，但对于水文地质条件复杂的地区，地下水位和水质浓度要求均可适当降低（吴剑锋等，2000）。

为进一步评估模拟值与实测值的吻合程度，本研究引入平均绝对误差（$\bar{X}$）、标准差（RMSE）、相关系数（Cor）这些统计参数作为模型结果合理性的评价指标。统计参数如表 4-14 所示，验证期的平均绝对误差为 0.661 m，标准差为 0.790 m，相关系数达到了 0.98 上，说明模型模拟结果较为准确可信，可用于预测未来地下水位及水资源变化。考虑到模拟区域、水文地质条件、土地利用以及资料精度等条件，虽然本研究中模拟结果与实测值偏差小于 0.5 m 的点位数量仅占到 51.5%，但仍可视作优解。

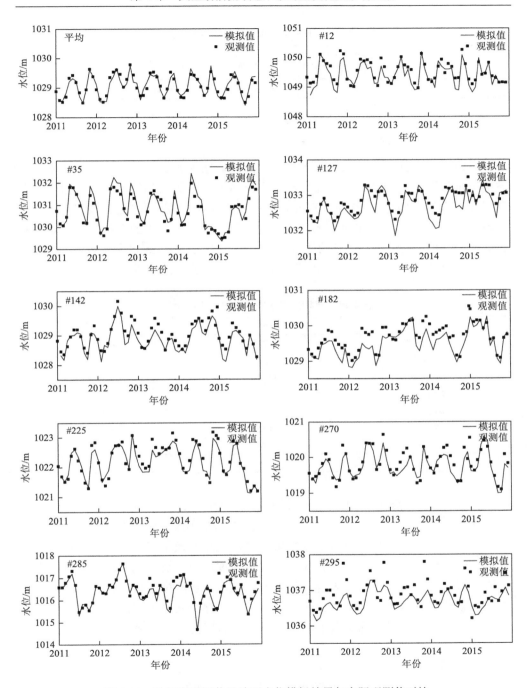

图 4-21　验证期观测井月地下水位模拟结果与实际观测值对比

表 4-14　地下水位模拟值与实测值误差标准

统计参数	平均绝对误差（$\bar{X}$）/m	标准差（RMSE）/m	相关系数（Cor）	全部观测井偏差小于 0.5 m 占比/%
验证期	0.661	0.790	0.985	51.5

3. 水量均衡分析

率定期和验证期各项水量的年水量均衡计算结果如表 4-15 所示。乌梁素海流域地下水储量波动较小，进入流域和排出流域的水量大致相等。率定期潜水蒸发所损失的水量平均每年 19.871 亿 m³，验证期为 18.444 亿 m³，是流域地下水最大的消耗项；灌溉、降水和地下水开采三者合量作为均衡分析的净补给，率定期和验证期平均每年向地下水净补给 17.055 亿 m³ 和 16.855 亿 m³，潜水蒸发与灌溉和降水入渗补给较为接近，是控制流域地下水位动态变化的主控因素。

表 4-15　年均水量水均衡分析（10^8 m³/a）

项目	率定期	验证期
储量变化量	0.225	−0.066
潜水蒸发	−19.871	−18.444
入渗补给	17.055	16.855
湖泊侧渗	0.23	−0.03
黄河侧渗	2.16	1.825
排水沟	−1.899	−1.811
山前侧渗	1.41	1.396
合计	−0.69	−0.275

此外，山前侧渗和黄河侧渗也是流域地下水补给源之一，率定期共计 3.57 亿 m³，验证期 3.221 亿 m³ 左右，黄河侧渗和山前侧渗变幅不大。乌梁素海接受河套灌区排水的同时，也直接与地下水进行水量交换，但是交换量较小。模型计算的各项水量总体均衡，模型较为可信。从地下水进出项均衡分析、地下水位对比、地下水流场拟合及误差分析情况来看，建立的流域地下水流模型符合模拟区实际的水文地质条件，且达到了一定的计算精度要求，能够反映地下水系统的动态特征，因此可利用此模型对不同情景下流域地下水位的变化进行趋势性预测。

4.3　气候变化和人类活动对典型湖泊地表水-地下水交互作用影响

流域地下水三维数值模型建立的目的在于预测未来变化情景下地下水特征及

变化情况，预估产生的各种影响，以实施不同的应对方案。影响流域水文循环的变化环境因素主要为降水、气温、引水量及地下水开采等。本次预测主要采用 CMIP6 的未来气候情景及引水灌溉量的变化进行情景设定，预测时间为 15 年，从 2016 年 1 月 1 日开始，至 2030 年 12 月 31 日，一个月为一个应力期，共 180 个应力期，其他边界条件及源汇项不变。

4.3.1　气候变化情景下流域水文循环演变

1. 气候变化情景的设定

1995 年发起的国际耦合模式比较计划（Coupled Model Intercomparison Project，CMIP）提供了历史时期以及不同碳排放情景下未来气候变化的模拟结果，为全球气候变化研究提供了大量的基础数据（成爱芳等，2015），其基础和雏形为大气模式比较计划（AMIP）（1989~1994 年)，由世界气候研究计划（WCRP）耦合模拟工作组（WGCM）于 1995 年发起和组织，随后 CMIP 逐渐发展成为以"推动模式发展和增进对地球气候系统的科学理解"为目标的庞大计划。为了实现其宏伟目标，CMIP 在设计气候模式试验标准、制定共享数据格式、制定向全球科学界共享气候模拟数据的机制等方面开展了卓有成效的工作。迄今为止，WGCM 先后组织了 6 次模式比较计划（CMIP1-6）（Eyring et al.，2016）。相比于 CMIP5，2019 年发布的 CMIP6 最大的特色在于其包含了 23 个由世界各国专家自行组织和设计的模式比较子计划（CMIP6-endorsed MIPs)，其中情景模式比较计划（ScenarioMIP）是 CMIP6 重要的子计划之一，该子计划延续了 CMIP5 的典型浓度路径（RCP）情景，在不同共享社会经济路径（shared so-cioeconomic pathways，SSPs）可能发生的能源结构所产生的人为排放及土地利用变化的基础上，设计了不同 SSP 与辐射强迫组合的新的情景预估试验，以此来预估在不同排放情景与不同政策措施控制下，未来全球气候所发生的不同变化（见表 4-16）。CMIP6 是 CMIP 计划实施 20 多年来参与的模式数量最多、设计的科学试验最为完善、所提供的模拟数据最为庞大的一次。无论从模式的改进，还是对未来情景的设计上，CMIP6 模拟结果更符合实际（杨晨辉等，2022）。

表 4-16　CMIP6 委员会批准的 MIPs

序号	模式比较计划	参与的模式组数
1	气溶胶和化学模式比较计划（AerChemMIP）	13
2	耦合气候碳循环模式比较计划（C4MIP）	19
3	二氧化碳移除模式比较计划（CDRMIP）	12

续表

序号	模式比较计划	参与的模式组数
4	云反馈模式比较计划（CFMIP）	19
5	检测归因模式比较计划（DAMIP）	14
6	年代际气候预测计划（DCPP）	19
7	通量距平强迫模式比较计划（FAFMIP）	10
8	地球工程模式比较计划（GeoMIP）	10
9	全球季风模式比较计划（GMMIP）	21
10	高分辨率模式比较计划（HighResMIP）	15
11	冰盖模式比较计划（ISMIP6）	11
12	陆面、雪和土壤湿度模式比较计划（LS3MIP）	13
13	土地利用模式比较计划（LUMIP）	13
14	海洋模式比较计划（OMIP）	21
15	极地放大模式比较计划（PAMIP）	10
16	古气候模式比较计划（PMIP）	14
17	辐射强迫模式比较计划（RFMIP）	11
18	情景模式比较计划（ScenarioMIP）	23
19	火山强迫的气候响应模拟比较计划（VolMIP）	11
20	协同区域气候降尺度试验（CORDEX）	13
21	平流层和对流层系统的动力学和变率（DynVarMIP）	13
22	海冰模式比较计划（SIMIP）	17
23	脆弱性、影响和气候服务咨询（VIACS AB）	4

其中，情景模式比较计划为不同实验场景设置不同 SSP（shared socioeconomic pathway，共享社会经济途径）与辐射强迫 RCP（representative concentration pathway，代表性浓度途径）的矩形组合。其设计目的是为未来气候变化机理研究以及气候变化减缓和适应研究提供关键的数据支持。核心实验 Tier-1 中的未来实验场景包括：①SSP126：在 SSP1（低强迫情景）基础上对 RCP2.6 情景的升级（辐射强迫在 2100 年达到 2.6 W/m²）；②SSP245：在 SSP2（中等强迫情景）基础上对 RCP4.5 情景的升级（辐射强迫在 2100 年达到 4.5 W/m²）；③SSP370：在 SSP3（中等强迫情景）基础上新增的 RCP7.0 排放路径（辐射强迫在 2100 年达到 7.0 W/m²）；④SSP585：在 SSP5（高强迫情景）基础上对 RCP8.5 情景的升级（SSP5 是唯一一个能使辐射强迫在 2100 年达到 8.5 W/m² 的 SSP 场景）（Zelinka et al.，2020）。

目前正在实施中的计划，包括中国（BCC_CM）、美国（CCSM3）、加拿大（CGCM3.1(T47)）、日本（MIROC3.2(hires)）、英国（PCM）等国家在内，有来自全球 20 多个研究组、40 余个气候系统模式和地球系统模参加。其模式和分辨率也各不相同。

　　MIROC 团队由大气与海洋研究所（AORI）、气候系统研究中心-国家环境研究所（CCSR-NIES）和大气与海洋研究所（AORI）组成。其研究的 MIROC6 模式，采用 Amon 频率，使用 rlilplfl 运行，全球数据时间频率为月，空间分辨率为 2.8125°×0.703125°。

　　本研究中，气候变化即采用该团队研究中的 SSP245 和 SSP585 的气候情景进行设定。通过下载源文件进行解析，发现研究区内主要有 4 组数据，其经纬度坐标分别为（118.125°E，42.72333°N）、（119.5313°E，42.72333°N）、（120.9375°E，42.72333°N）、（122.3438°E，42.72333°N），利用 python 提取 2016~2030 年的逐月蒸发和降水数据计算，加权得到两种气候情景下流域的蒸发和降水逐月变化情况如图 4-22 和图 4-23 所示。

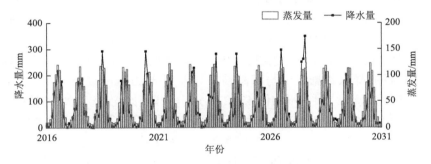

图 4-22　SSP245 流域降水量、蒸发量逐年变化

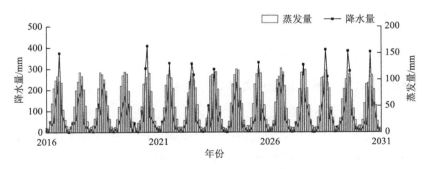

图 4-23　SSP585 流域降水量、蒸发量逐年变化

　　2016~2030 年，通过 SSP585 预测的流域年均降水量为 1010.53 mm，降水量最多为 2028 年的 1265.66 mm，最少为 2019 年的 759.50 mm，降水量呈现波动变化趋势。年内 7 月份降水最多为 287.94 mm，1 月份最少仅有 6.15 mm，两者相差

253.97 mm，12 月至次年 2 月降水不足全年的 5%，而 5~9 月降水量占全年的 81.38%，年内变化十分明显。相比于往年，预测年份的年均降水量是往年的 7~8 倍，且年内变化比往年更加剧烈。年均蒸发量的加权平均值计算为 668.62 mm，蒸发量最多年份为 2026 年，为 702.01 mm，最少年份为 2022 年，仅为 637.15 mm。流域内月均蒸发量为 55.72 mm，蒸发最多为 7 月份，达 111.02 mm，最低为 1 月份，仅为 8.95 mm，相比于往年，预测年份的年均蒸发量是往年的 1/6~1/5，且年内变化比往年更加剧烈。

2016~2030 年，通过 SSP245 预测的流域年均降水量为 884.20 mm，降水量最多为 2027 年的 1314.19 mm，最少为 2030 年的 670.77 mm，降水量呈现波动递减趋势。年内 7 月份降水最多为 198.44 mm，2 月份最少仅有 7.20 mm，两者相差 191.24 mm，相比于往年，预测年份的年均降水量是往年的 6~7 倍，年内变化无 SSP585 变化剧烈。年均蒸发量的加权平均值计算为 668.79 mm，蒸发量最多年份为 2023 年，为 703.19 mm，最少年份为 2019 年，仅为 626.71 mm。流域内月均蒸发量为 55.73 mm，蒸发最多为 7 月份，达 112.81 mm，最低为 1 月份，仅为 8.52 mm，相比于往年，预测年份的年均蒸发量是往年的 1/6~1/5，且 SSP585 的蒸发区别很小。

本研究中设置气候情景：①将 SSP585 极端气候中 2016 年 1 月 1 日至 2030 年 12 月 31 日的降水数据通过与灌溉叠加导入到 recharge 模块，灌溉数据采用 2000~2015 年灌溉引水量的平均值 45.32 亿 m³，按照月份灌溉引水比例加入设置，SSP585 的蒸发数据添加至 EVT 模块，其他源汇项包括地下水开采等均保持不变，将模型验证中的 2015 年 12 月 31 日水头值作为初始水头，进行模型预测。②将 SSP245 中变化情景气候中 2016 年 1 月 1 日至 2030 年 12 月 31 日的降水数据通过与灌溉叠加导入到 recharge 模块，灌溉数据采用 2000~2015 年灌溉引水量的平均值 45.32 亿 m³，按照月份灌溉引水比例加入设置，SSP245 的蒸发数据添加至 EVT 模块，其他源汇项包括地下水开采等均保持不变，将模型验证中的 2015 年 12 月 31 日水头值作为初始水头，进行模型预测。

2. SSP585 极端气候变化对水文循环的影响

1）地下水位动态模拟预测

选取前文设置的 9 口代表性观测井进行观测分析，利用所建立的地下水数值模拟模型，预测其在 2016~2030 年地下水位的变化情况，并结合 2006~2015 年的地下水位实测数据绘制地下水位动态变化如图 4-24 所示。可以看出在 2016~2030 年的预测中，大多数监测井均能表现出典型的地下水位变化情况，即一年中两次上升两次下降：土壤冻结期间，地下水位呈现下降的趋势；土壤融解期，地下水位呈现上升趋势；秋浇期间，地下水得到补给水位迅速上升。随着气候的变化（降水增多且变化剧烈），月平均地下水位呈现波动上升趋势，2006~2015 年平均地下水位为 1029.73 m，2016~2030 年的平均地下水位为 1030.08 m，相较 2006~2015 年的平均地下水位上升约 0.35 m。

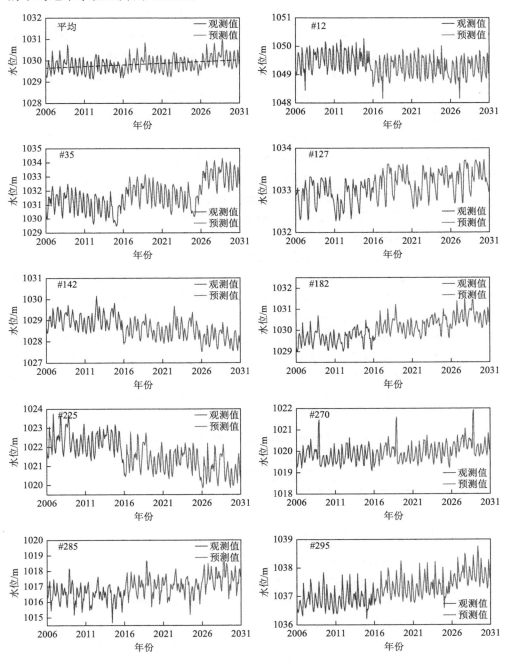

图 4-24 SSP585 地下水位预测值

　　由于地下水埋深的空间差异性过大, 有些观测井中的水位在 2016 年迅速变化, 然后呈现稳定的波动, 有些井水位持续变化; 大多数井呈现地下水位上升趋势, 但是也有表现出地下水位下降趋势的观测井。例如, 分别位于乌兰布和灌域、永济灌域和义长灌域的#12、#142 和#225, 2006~2015 年平均地下水位分别为 1049.50 m、1029.00 m 和 1022.28 m, 2016~2030 年的平均地下水位分别为 1049.24 m、1028.42 m 和 1021.17 m, 较之 2006~2015 年平均水位分别下降 0.26 m、0.58 m 和 1.11 m, 而且#12 呈现稳定的下降趋势, #142 和#225 分别在 2016 年和 2026 年两次呈现迅速下降变化。而#35、#295、#127、#182、#270 和#285, 2006~2015 年平均地下水位分别为 1031.00 m、1036.88 m、1032.90 m、1029.65 m、1019.81 m 和 1016.50 m, 2016~2030 年的平均地下水位分别为 1032.15 m、1037.46 m、1033.24 m、1030.36 m、1020.06 m 和 1017.20 m, 较之 2006~2015 年平均水位分别上升 1.15 m、0.57 m、0.33 m、0.71 m、0.25 m 和 0.71 m, 仅有位于解放闸灌域的#35 在 2026 年前后迅速上升变化, 其他监测井均呈现稳定上升趋势。

　　2) 地下水均衡分析

　　气候变化条件下, 年地下水量均衡计算结果如表 4-17 所示。整体来看流域地下水储量为正值, 波动较小, 并且进入流域的水量略多于排出流域的水量。潜水蒸发所损失的水量平均每年高达 32.736 亿 m^3, 灌溉和降水入渗补给扣除地下水开采后净补给为 36.039 亿 m^3。随着降水的增多, 地下水储量为正值, 进入水量多于排出的水量, 流域潜水蒸发和入渗补给都相应增加, 黄河侧渗有所减小, 排水沟排水增加, 分析可能是地下水位变化引起其他各均衡项的变动。另外, 假设每年地下水侧排入排水沟的排泄量即为地下水进入乌梁素海的量, 则有 3.916 亿 m^3 的地下水进入乌梁素海, 同时乌梁素海也会通过湖泊渗漏排出 1.802 亿 m^3。

表 4-17　SSP585 年均水量水均衡分析 (10^8 m^3/a)

储量变化量	山前侧渗	黄河侧渗	排水沟	净补给	潜水蒸发	湖泊侧渗	合计
0.111	1.403	1.364	−3.916	36.039	−32.736	−1.802	0.463

　　3. SSP245 中等强迫气候变化对水文循环的影响

　　1) 地下水位动态模拟预测

　　利用地下水数值模拟模型, 预测代表性观测井在 2016~2030 年地下水位的变化情况, 并结合 2006~2015 年的地下水位实测数据绘制地下水位动态变化如图 4-25 所示。可以看出在 2016~2030 年的预测中, 大多数监测井均能表现出一年中两次上升两次下降的典型地下水位变化情况, 并且月平均地下水位呈现波动上升趋势, 2016~2030 年的平均地下水位为 1029.95 m, 相较 2006~2015 年的平均地下水位上升约 0.23 m。并且由于地下水埋深的空间差异性过大，有些井在 2016 年迅速变化，然后呈现稳定的波动，有些井水位持续变化；大多数井呈现地下水位

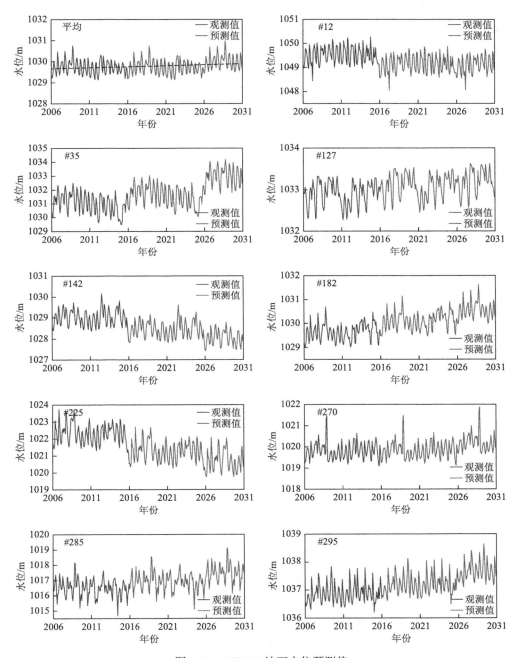

图 4-25　SSP245 地下水位预测值

上升趋势，但是也有表现出地下水位下降趋势的观测井。例如，在 SSP245 变化情景下，分别位于乌兰布和灌域、永济灌域和义长灌域的#12、#142 和#225，2016~2030 年的平均地下水位分别为 1049.14 m、1028.32 m 和 1021.07 m，较之 2006~2015 年平均水位分别下降 0.36 m、0.68 m 和 1.21 m，并且#12 的地下水位仅在 2016 年迅速下降随后基本无明显变化，#142 和#225 则呈现稳定的下降趋势。而#35、#295、#127、#182、#270 和#285，2016~2030 年的平均地下水位分别为 1032.05 m、1037.36 m、1033.13 m、1030.27 m、1019.96 m 和 1017.11 m，较之 2006~2015 年平均水位分别上升 1.05 m、0.47 m、0.23 m、0.62 m、0.15 m 和 0.61 m，位于解放闸灌域的#35 在 2026 年前后迅速上升变化，位于永济灌域的#127 和位于乌拉特灌域的#270 和#285 地下水位基本无明显变化，其他监测井呈现稳定上升趋势。

　　2）地下水均衡分析

　　气候变化条件下，年地下水量均衡计算结果如表 4-18 所示。流域地下水储量波动较小，为正值，进入流域的水量略多于排出流域的水量。潜水蒸发所损失的水量平均每年高达 30.821 亿 m^3，灌溉和降水入渗补给扣除地下水开采后净补给为 33.055 亿 m^3。随着降水的增多，地下水储量为正值，进入水量多于排出的水量，流域潜水蒸发和入渗补给都相应增加，黄河侧渗有所减小，排水沟排水增加，分析可能是地下水位变化引起其他各均衡项的变动。另外，假设每年地下水侧排入排水沟的排泄量即为地下水进入乌梁素海的量，则有 3.848 亿 m^3 的地下水进入乌梁素海，同时乌梁素海也会通过湖泊渗漏排出 1.005 亿 m^3。

表 4-18　SSP245 年均水量水均衡分析（10^8 m^3/a）

储量变化量	山前侧渗	黄河侧渗	排水沟	净补给	潜水蒸发	湖泊侧渗	合计
0.009	1.398	1.237	−3.848	33.055	−30.821	−1.005	0.025

4.3.2　人类活动影响下流域水文循环演变

1. 人类活动情景的设定

　　流域地下水主要接受渠系渗漏和灌溉入渗补给，因此，作为人类活动方式之一，引黄水量的多寡将对流域地下水位和地下水资源量产生重要的影响。根据河套灌区多年引黄水量统计资料，年均引黄水量为 45.32 亿 m^3。随着黄河水资源日益紧缺，对黄河水资源的高效利用提出了更大的挑战，相应地对河套灌区的水资源利用效率也提出了更高的要求。

依据引水量现状及目标，本研究中设置了 3 种引水量情景：40 亿 m³、45 亿 m³ 和 48 亿 m³。降水量和蒸发量数据采用 2000~2015 年的平均值，其他源汇项包括地下水开采等均保持不变，将模型验证中的 2015 年 12 月 31 日水头值作为初始水头，进行模型预测。

2. 引水量 40 亿 m³ 的人类活动对水文循环的影响

1）地下水位动态模拟预测

利用地下水数值模拟模型，预测代表性观测井在 2016~2030 年地下水位变化，并结合 2006~2015 年的地下水位实测数据绘制地下水位动态变化如图 4-26 所示。可以看出在 2016~2030 年预测大多数监测井均能表现出一年中两次上升两次下降的典型地下水位变化情况，并且月平均地下水位呈现波动下降趋势，2016~2030 年的平均地下水位为 1029.37 m，相较 2006~2015 年的平均地下水位下降约 0.35 m。并且由于地下水埋深的空间差异性过大，有些井在 2016 年迅速变化，然后呈现稳定的波动，有些井水位持续变化；大多数井呈现地下水位下降趋势，但是也有表现出地下水位上升趋势的观测井。例如，分别位于解放闸灌域、义长灌域和乌拉特灌域的#35、#182 和#285，2016~2030 年的平均地下水位分别为 1031.50 m、1029.72 m 和 1016.56 m，较之 2006~2015 年平均水位分别上升 0.50 m、0.07 m 和 0.07 m，并且#182 和#285 仅在 2016 年地下水位发生迅速变化，之后保持稳定，而#35 的地下水位则在 2026 年迅速变化。#12、#295、#127、#142、#225 和#270，2016~2030 年的平均地下水位分别为 1048.59 m、1036.80 m、1032.58 m、1027.77 m、1020.52 m 和 1019.41 m，较之 2006~2015 年平均水位分别下降 0.91 m、0.07 m、0.31 m、1.22 m、1.75 m 和 0.39 m，其中#12、#127 基本保持稳定，其他监测井呈现稳定下降趋势。

2）地下水均衡分析

引水量变小的情况下，年地下水量均衡计算结果如表 4-19 所示。流域地下水储量波动和之前相比有所减少，进入流域的水量略小于排出流域的水量。其中，潜水蒸发所损失的水量平均每年高达 12.713 亿 m³，灌溉和降水入渗补给扣除地下水开采后净补给为 11.476 亿 m³。随着引水量的减少，地下水储量为负值，进入水量少于排出的水量，流域入渗补给减少，地下水埋深增大，潜水蒸发减少，此外黄河侧渗和排水沟排水也相应地减小，分析可能是地下水位变化引起其他各均衡项的变动。另外，假设每年地下水侧排入排水沟的排泄量即为地下水进入乌梁素海的量，则有 1.541 亿 m³ 的地下水进入乌梁素海，同时乌梁素海也会通过湖泊渗漏排出 0.26 亿 m³。

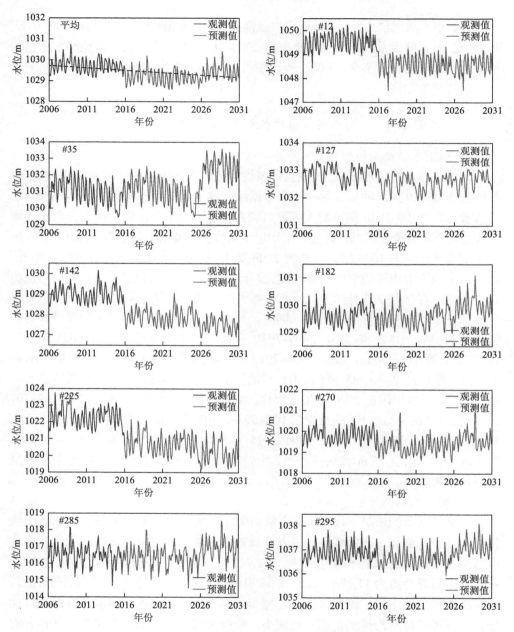

图 4-26　引水量 40 亿 m^3 地下水位预测值

表 4-19　引水量 40 亿 m^3 年均水量水均衡分析（$10^8 \, m^3$/a）

储量变化量	山前侧渗	黄河侧渗	排水沟	净补给	潜水蒸发	湖泊侧渗	合计
-0.164	0.658	1.89	-1.541	11.476	-12.713	-0.26	-0.654

3. 引水量 45 亿 m³ 的人类活动对水文循环的影响

1）地下水位动态模拟预测

利用地下水数值模拟模型，预测代表性观测井在 2016~2030 年地下水位变化，并结合 2006~2015 年地下水位实测数据绘制地下水位动态变化如图 4-27 所示。可以看出在 2016~2030 年的预测中，大多数监测井均能表现出一年中两次上升两次下降的典型地下水位变化情况，并且月平均地下水位呈现波动下降趋势，2016~2030 年的平均地下水位为 1029.40 m，相较 2006~2015 年的平均地下水位下降约 0.33 m。

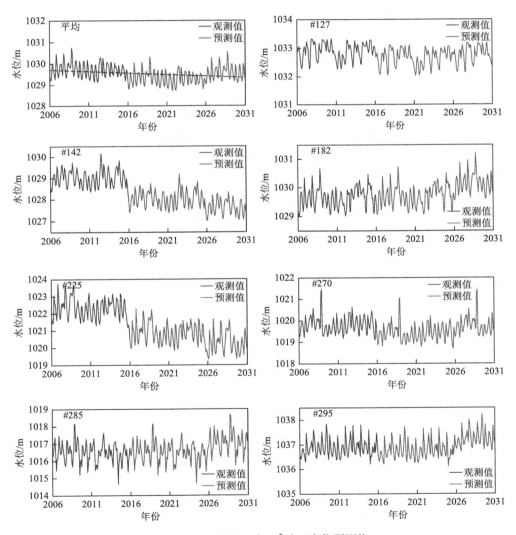

图 4-27　引水量 45 亿 m³ 地下水位预测值

　　并且由于地下水埋深的空间差异性过大,有些井在 2016 年迅速变化,然后呈现稳定的波动,有些井水位持续变化;大多数井呈现地下水位下降趋势,但是也有表现出地下水位上升趋势的观测井。例如,分别位于解放闸灌域、义长灌域和乌拉特灌域的#35、#295、#182 和#285,2016~2030 年的平均地下水位分别为 1031.64 m、1036.94 m、1029.85 m 和 1016.59 m,较之 2006~2015 年平均水位分别上升 0.64 m、0.06 m、0.20 m 和 0.20 m,并且#182、#285 和#295 的井水位仅在 2016 年迅速变化,之后保持稳定,#35 的地下水位则在 2026 年迅速变化。#12、#127、#142、#225 和#270,2016~2030 年的平均地下水位分别为 1048.72 m、1032.72 m、1027.90 m、1020.66 m 和 1019.54 m,较之 2006~2015 年平均水位分别下降 0.77 m、0.18 m、1.09 m、1.62 m 和 0.26 m,其中#12、#127 和#270 基本保持稳定,其他监测井呈现稳定下降趋势。

　　2)地下水均衡分析

　　引水量变小情况下,年水量均衡计算结果如表 4-20 所示。进入流域的水量略小于排出流域的水量。其中,潜水蒸发所损失的水量平均每年高达 16.986 亿 m^3,灌溉和降水入渗补给扣除地下水开采后净补给为 16.004 亿 m^3。随着引水量的减少,地下水储量为负值,进入水量少于排出的水量,流域入渗补给减少,地下水埋深增大,潜水蒸发减少,此外黄河侧渗和排水沟排水也相应地减小,分析可能是地下水位变化引起其他各均衡项变动。另外,假设每年地下水侧排入排水沟的排泄量即为地下水进入乌梁素海的量,则有 1.55 亿 m^3 的地下水进入乌梁素海,同时乌梁素海也会通过湖泊渗漏排出 0.331 亿 m^3。

表 4-20　引水量 45 亿 m^3 年均水量水均衡分析（$10^8 m^3/a$）

储量变化量	山前侧渗	黄河侧渗	排水沟	净补给	潜水蒸发	湖泊侧渗	合计
−0.002	0.632	1.99	−1.55	16.004	−16.986	−0.331	−0.243

　　4. 引水量 48 亿 m^3 的人类活动对水文循环的影响

　　1)地下水位动态模拟预测

　　利用地下水数值模拟模型,预测代表性观测井在 2016~2030 年地下水位变化,并结合 2006~2015 年的地下水位实测数据绘制地下水位动态变化如图 4-28 所示。可以看出在 2016~2030 年预测大多数监测井均能表现出一年中两次上升两次下降的典型地下水位变化情况,并且月平均地下水位呈现波动下降趋势,2016~2030 年的平均地下水位为 1029.52 m,相较 2006~2015 年的平均地下水位下降约 0.2 m。并且由于地下水埋深的空间差异性过大,有些井在 2016 年迅速变化,然后呈现稳定的波动,有些井水位持续变化;大多数井呈现地下水位下降趋势,但是也有表现出地下水位上升趋势的观测井。例如，分别位于解放闸灌域、义长灌域、乌拉特灌域的#35、#295、#182 和#285，2016~2030 年的平均地下水位分别为 1031.73 m、

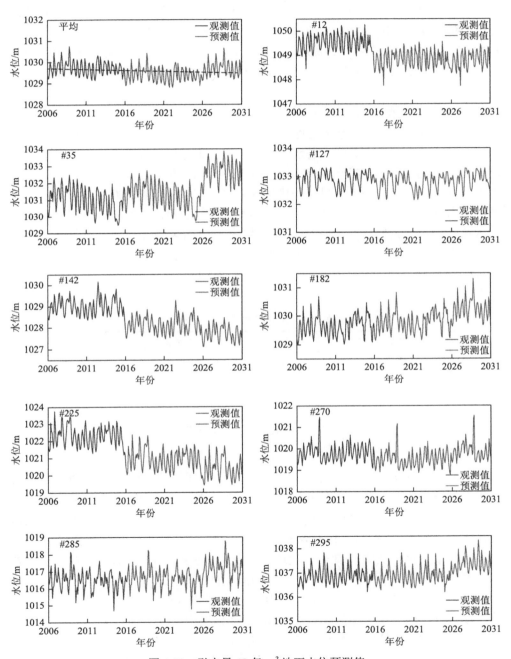

图 4-28　引水量 48 亿 m³ 地下水位预测值

1037.03 m、1029.94 m 和 1016.78 m，较之 2006~2015 年平均水位分别上升 0.73 m、0.15 m、0.30 m 和 0.29 m，并且#295、#182 和#285 的地下水位仅在 2016 年迅速变化，之后保持稳定，#35 的井水位则在 2026 年迅速变化。#12、#127、#142、#225 和#270，2016~2030 年的平均地下水位分别为 1048.82 m、1032.81 m、1028.00 m、1020.75 m 和 1019.63 m，较之 2006~2015 年平均水位分别下降 0.68 m、0.09 m、1.00 m、1.53 m 和 0.17 m，其中#12、#127 和#270 基本保持稳定，其他监测井呈现稳定下降趋势。

2）地下水均衡分析

引水量变小情况下，年水量均衡计算结果如表 4-21 所示。进入流域的水量略小于排出流域的水量。其中，潜水蒸发所损失的水量平均每年高达 17.801 亿 m³，灌溉和降水入渗补给扣除地下水开采后净补给为 16.80 亿 m³。随着引水量的减少，地下水储量为负值，进入水量少于排出的水量，流域入渗补给减少，地下水埋深增大，潜水蒸发减少，此外黄河侧渗和排水沟排水也相应地减小，分析可能是地下水位变化引起其他各均衡项的变动。另外，假设每年地下水侧排入排水沟的排泄量即为地下水进入乌梁素海的量，则有 1.74 亿 m³ 的地下水进入乌梁素海，同时乌梁素海也会通过湖泊渗漏排出 0.04 亿 m³。

表 4-21　引水量 48 亿 m³ 年均水量水均衡分析（10^8 m³/a）

储量变化量	山前侧渗	黄河侧渗	排水沟	净补给	潜水蒸发	湖泊侧渗	合计
−0.011	0.599	2.034	−1.74	16.80	−17.801	−0.04	−0.149

4.4　本章小结

（1）探索变化环境下流域的地下水循环特征，可以为解决地下水资源的持续利用提供科学依据。本章选取包括河套灌区在内的乌梁素海流域为研究对象，在分析流域地下水时空演化过程的基础上，明晰了影响流域地下水循环的主要变化环境因素，基于 GMS MODFLOW 构建了流域地下水模型，在综合考虑近 15 年关键环境因素变化特征的基础上，设定了两类变化环境情景输入模型，得到了气候和人类活动两类情景下的流域地下水位的演变特征。

（2）2000~2015 年河套灌区年平均地下水埋深在 1.6～2.2 m，呈现波动上升趋势，逐月平均地下水埋深在 0.8～2.8 m，波动幅度为 2 m 左右。利用 EOF 方法分析地下水时空变化特征，得到 206 对 EOF/EC 组合，前 4 个特征根通过 North 显著性检验，累积贡献率为 73.78%，前 4 种模式均表现出地下水空间变化的强变异性，时间变化的规律性和差异性，较好地解释了河套灌区月地下水埋深的四种分布类型。

（3）利用 GMS MODFLOW 软件，构建了乌梁素海流域三维地下水模型。根据气候变化环境因素——降水和蒸发设定变化环境情景，并输入构建的 MODFLOW 模型模拟发现，在极端气候条件下，随着当地湿度增加，蒸发量由 1888 mm 降至 668 mm，地下水的降水入渗补给系数达到 37%，流域地下水入渗和乌梁素海侧渗补给量不断增加，排水沟的排水对乌梁素海的地下水也在增加，地下水位的上升使潜水蒸发量不断增加。

（4）根据人类活动变化环境因素——黄河引水灌溉量设定变化环境情景，并输入构建的 MODFLOW 模型模拟发现，流域内灌区引水每减少 1 亿 m³，地下水位平均下降约 0.025 m，降幅较小，流域入渗补给减少，地下水埋深增大，潜水蒸发减少，此外黄河侧渗和排水沟排水也相应地减小，可认为通过排水沟排泄进入乌梁素海的地下水减小，乌梁素海侧渗补给地下水量变化不明显。

第5章 "一湖两海"地表水-地下水互馈关系及其贡献

内蒙古的"一湖两海"担负着内蒙古自治区重要的生态功能。对于自然地表水系补给源不足的"一湖两海"而言，地表水与地下水交互作用是维持流域水环境质量与生态系统稳定的关键（Tian et al., 2015）。由于地表水与地下水的相互转化会伴生一系列物理过程、化学过程和生物过程，这些过程对生态系统的功能与结构产生重要影响。通过水均衡方法以及稳定同位素等方法深刻理解这些过程，分析典型湖泊流域的地表水-地下水互馈机制及其补给贡献率，对于流域生态保护及水资源管理具有重要意义。

5.1 乌梁素海地表水-地下水交互关系解析

乌梁素海流域的湖泊变化剧烈、水资源补给不足、水污染问题凸显、水生态极度退化，面对众多水问题，首先要了解流域内部的水文循环规律，从而从根本上提出水资源的合理利用方法。地下水循环作为水文循环的重要部分，明晰流域地下水转化关系对于探明水文循环具有重要作用。为了有效利用有限的黄河水资源，改善黄河流域的脆弱生态，同时为了保障乌梁素海的长期有效发展，从社会经济与社会环境等方面对水资源管理进行研究，并且通过合理布局、完善灌排配套设施、合理开采和配置等一系列手段，最终形成一套适合乌梁素海流域的具有可持续性的地表、地下水联合利用模式，使得水资源开发利用与生态环境和社会经济协同发展，最终相得益彰，就显得尤为重要。

5.1.1 乌梁素海流域演化

1. 水量演化

1）降水量与蒸散发量

根据 1990~2016 年乌拉特前旗气象站数据统计乌梁素海年降水量与蒸散发量变化图（图 5-1），该区域的降水量总体上无上升或下降趋势，但近年来降水量变化波动较 2000 年以前大，例如 2005 年降水量仅有 0.21 亿 m³，而 2012 年降水量达 0.93 亿 m³，二者相差 0.7 亿 m³ 之多。降水作为乌梁素海重要的补给来源之一，降水量的多少与乌梁素海水位变化密切相关，1990~2016 年多年平均降水量为 0.58 亿 m³，其中有 16 年的降水量达到多年均值，11 年的降水量低于均值。

乌梁素海研究区内蒸散发量同样存在一定程度波动，2005 年蒸散发量最大，为 4.23 亿 m³，与年降水量数据一致，2005 年降水量为近几十年最低，说明降水量和蒸散发量与气候变化有很强关联性。蒸散发量总体上有上升趋势但不明显，蒸散发是乌梁素海流域主要的水分排泄途径，蒸散发量多少与乌梁素海水位变化密切相关，1990~2016 年多年平均蒸散发量为 3.71 亿 m³，其中有 12 年的蒸散发量达到多年均值，15 年的蒸散发量低于均值。

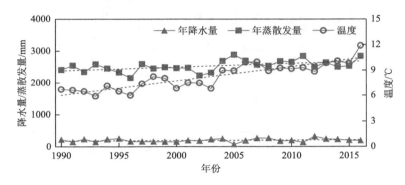

图 5-1   乌梁素海流域蒸散发量/降水量年变化

通过乌拉特前旗气象站数据统计 1990~2016 年气温变化，可以明显看出气温呈上升趋势，1990~1999 年，乌梁素海流域年平均气温为 6.9℃，而 2007~2016 年乌梁素海流域多年平均气温升至 9.7℃。气温变化趋势与蒸散发量变化趋势基本一致，可以确定，乌梁素海流域蒸散发量的增加在一定程度上受到气候变化的影响。

2）乌梁素海水位及库容变化

据统计，近 30 年乌梁素海多年平均运行水位为 1018.8 m，1996~2002 年间呈现下降趋势，从总体上来看，自 1990 年以来乌梁素海湖水水位呈上升趋势，2016 年乌梁素海湖水水位相比于 1990 年上升 0.74 m。此外，乌梁素海湖水库容量与水位变化基本一致，仅在 1996~2002 年间呈现下降趋势，总体上一直为上升趋势，2016 年乌梁素海湖水库容量达到 4.69 亿 m³。初步分析乌梁素海湖水库容量这一变化与乌梁素海流域生态补水有关（图 5-2）。

3）生态补水量变化

由于河套灌区降水量远低于蒸发量，在天然状态下，蒸发量和降水量很难构成乌梁素海的水量收支基本平衡。为了保持水位不降低和湖泊面积不缩小，需要有一定的水量输入乌梁素海，维持生态需水平衡，同时灌区农田排水带入盐分，水分蒸发会造成盐分在水体中的富集，要保持湖泊的盐分浓度不产生明显上升，需要输入一定量的低盐水体（黄河水）溶盐洗盐。通过图 5-3 分析可知，2013 年以前乌梁素海生态补水量相对较少且较为稳定，均值在 0.37 亿 m³ 左右，仅在 2001~2003 年以及 2009~2013 年出现一定程度的波动。随后，乌梁素海生态补水量自 2013 年开始大幅增加，最大年增幅达 1.53 亿 m³。随后在 2016~2017 年生态补水量有小幅度回落，稳定在 2.6 亿 m³ 左右。

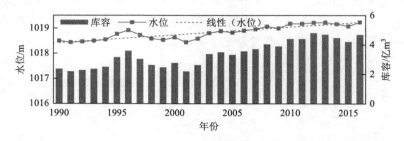

图 5-2　乌梁素海流域多年水位及库容变化

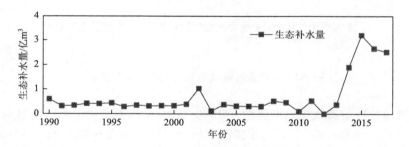

图 5-3　乌梁素海流域生态补水量历年变化

4）渠道排水与入黄退水

乌梁素海湖水的补给源主要来自乌梁素海流域的灌、排水。乌梁素海西岸自北至南有义和渠、总排干沟、通济渠、八排干沟、长济渠、九排干沟和塔布渠等主要灌排渠沟入湖。根据乌梁素海流域 1990~2016 年渠道排水量与入黄水量绘制乌梁素海补排水量历年变化图（图 5-4），乌梁素海作为流域排水唯一的承泄区，年均渠道排水量较大，多年平均渠道排水量为 5.49 亿 m³，且自 2000 年以来，渠道排水量有上升趋势。

乌梁素海湖水经乌毛计退水闸通过总排干沟出口段至三湖河口补入黄河。经图 5-4 分析可得，乌梁素海出湖水量在 1990~2016 年间存在先下降后上升的趋势，且近年来上升趋势较为明显。统计乌梁素海多年出湖水量为 1.86 亿 m³。

根据 1990~2016 年乌梁素海水位统计信息，乌梁素海水位呈现小幅度上升趋势，同时出湖水量和入湖水量在 2003 年之前呈现下降趋势，在 2003 年之后逐渐上升。

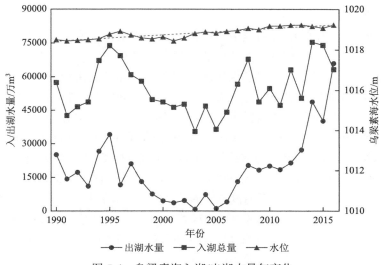

图 5-4　乌梁素海入湖/出湖水量年变化

2. 水质演化

通过"十二五""十三五"期间巴彦淖尔市乌梁素海流域水环境综合治理，区域内主要控制断面水质总体呈现改善趋势，乌梁素海逐渐满足 V 类及以上水质要求。2011~2017 年，乌梁素海湖区总体水质各指标呈现向好趋势，不同时期指标浓度略有变化，化学需氧量浓度丰水期>枯水期>平水期，均达到地表 V 类水标准，氨氮浓度枯水期>丰水期>平水期，总磷浓度枯水期>丰水期>平水期。2018~2020 年随着水环境综合治理工程的实施及运行，乌梁素海湖区水环境质量逐年改善，其中湖心区水质总体优于入水口和出水口区，出水口化学需氧量、总氯含量相对较高。

1）水质类型

由表 5-1 可知，根据《地表水环境质量标准》（GB 3838—2002），乌梁素海湖区水质类型在 2015 年全区均为 V 类水，自 2017 年以来，乌梁素海湖区入口区水质类型提升为 IV 类水质；2018 年乌梁素海湖心区水质类型为 III 类水质，且出口区水质达到 IV 类水质；自 2020 年以来，乌梁素海入口区及湖心区水质均达到 III 类水质。从总体上看，乌梁素海在实施水环境综合治理之后，水质类型有明显向好的趋势，从空间分布上来说，湖心区的水质相比于入口区和出口区更好。

表 5-1　乌梁素海近年来水质类型变化

类别	断面名称		2015 年	2017 年	2019 年	2020 年
		入口区	V	IV	IV	III
湖库	乌梁素海	湖心区	V	V	III	III
		出口区	V	V	IV	IV

2）水化学特征分析

作为天然水水化学组分的集中体现，水化学类型是水文地球化学特征研究的重要手段之一。天然水在与外界环境的物理、化学反应过程中，形成了一定的水化学特征，在一定程度上记载了水体的赋存条件，补给的来源以及流经途径等各方面的水循环信息，这就为探讨地表水、地下水之间的相互作用，地下水的补给来源和成因以及各种水力联系提供了依据。根据两次采样中各个水体的常规离子统计结果绘制成表 5-2 和表 5-3，乌梁素海湖水水样 pH 为 8.3~8.9，为弱碱性，宏量离子含量结果显示：阳离子中 Na^+ 含量最高，阴离子中 Cl^- 和 HCO_3^- 含量较高；TDS 在 1000~3000 mg/L，均值为 1853.90 mg/L；地下水中 pH 为 7.5~8.5，阳离子组分 Na^+ 含量最高，且远高于乌梁素海湖泊中 Na^+ 含量，阴离子中 Cl^- 和 HCO_3^- 含量较高，同时检测出大量硝酸盐，最大含量高达 224.22 mg/L，TDS 均值可达 5568 mg/L；渠道排水中 pH 为 8.2~8.7，同样含有浓度较高的 Na^+、Cl^- 和 HCO_3^-，TDS 均值 3492 mg/L，与河套灌区人类活动有着密切关系。

表 5-2　第一次采样水化学特征类型（2021 年 4 月）

指标		Ca^{2+}	Mg^{2+}	Na^+	K^+	HCO_3^-	SO_4^{2-}	Cl^-	NO_3^-
乌梁素海	最大值	94.20	113.31	566.69	7.92	523.96	357.76	818.63	6.15
	最小值	68.13	68.05	265.24	5.17	194.94	228.61	313.82	0.51
	平均值	77.36	83.50	359.20	6.53	427.56	283.88	485.90	1.53
	标准差	6.71	14.92	93.41	0.84	87.90	39.20	143.58	1.51
地下水	最大值	396.53	314.67	5488.12	35.30	3038.78	1981.54	6713.88	189.45
	最小值	22.31	38.83	120.80	2.92	320.97	180.81	148.49	0.30
	平均值	187.78	175.23	1432.37	12.89	1288.95	955.49	1617.04	47.76
	标准差	124.17	102.64	1520.65	9.25	867.14	564.09	1841.14	65.66
渠道排水	最大值	417.79	451.12	4490.63	13.73	1664.77	1461.17	6970.13	20.75
	最小值	58.83	31.97	78.24	2.39	281.51	115.36	72.61	0.76
	平均值	136.12	168.38	1036.16	6.35	766.08	519.08	1515.02	5.83
	标准差	106.84	134.69	1308.28	3.37	508.28	413.12	2040.08	5.81

表 5-3　第二次采样水化学特征类型（2021 年 10 月）

指标		Ca^{2+}	Mg^{2+}	Na^+	K^+	HCO_3^-	SO_4^{2-}	Cl^-	NO_3^-
乌梁素海	最大值	75.17	100.61	388.82	8.10	590.08	268.86	475.00	6.74
	最小值	40.88	28.48	91.59	3.86	139.35	123.37	117.07	0.09
	平均值	63.91	44.07	171.83	5.49	323.75	153.83	209.74	3.65
	标准差	11.18	23.16	89.30	1.26	117.43	47.26	109.86	2.37

续表

指标		Ca²⁺	Mg²⁺	Na⁺	K⁺	HCO₃⁻	SO₄²⁻	Cl⁻	NO₃⁻
地下水	最大值	542.88	376.13	6163.68	78.22	2578.00	2106.40	8161.04	224.22
	最小值	43.02	60.62	131.43	3.60	646.74	178.23	144.22	1.76
	平均值	183.23	185.65	1532.45	23.16	1501.57	979.59	1613.48	85.56
	标准差	156.31	118.10	1693.56	22.48	609.10	617.64	2296.15	77.38
渠道排水	最大值	1515.29	1131.17	5513.92	23.20	2972.60	1543.62	11689.4	11.88
	最小值	67.22	33.81	75.40	2.88	300.68	125.45	67.31	0.20
	平均值	253.53	202.15	898.09	7.33	870.00	418.89	1620.78	7.00
	标准差	447.46	334.55	1662.82	5.96	793.26	464.78	3584.72	2.97

注：常规离子单位为 mg/L

根据 2021 年春秋季各个水体的水化学特征绘制 Piper 三线图（图 5-5）。分析可知，春季（4 月份），渠道排水和湖水中阴离子均靠近 Cl⁻端，阳离子则主要靠近 Na⁺端，水化学类型以 Na-Cl 型为主；而在秋季（10 月份），渠道排水与湖水中 HCO₃⁻浓度显著上升，水化学类型也从 Na-Cl 型向 Na-HCO₃ 型转变，但 Cl⁻浓度仍在 35%以上。

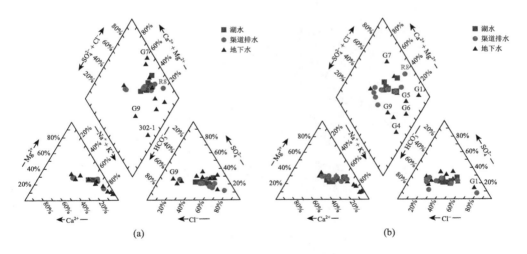

图 5-5　2021 年 4 月(a)和 2021 年 10 月(b)不同水体水化学特征

此外，从图中不同水体水化学特征进行对比，湖水、排水通道水和地下水中的水化学类型存在显著差异，水样中湖水与渠道排水的水化学类型较为接近，主要的水化学类型均为 Na-Cl 型和 Na-HCO₃ 型；而地下水中阳离子主要分布在

Na$^+$和 Ca^{2+}端，其中 Na$^+$浓度分布范围在 40%~90%，Ca^{2+}浓度分布在 5%~60%；阴离子主要由 Cl$^-$和 HCO$_3^-$控制，其中 Cl$^-$浓度较为分散，分布范围在 20%~80%，HCO$_3^-$主要分布范围在 35%~75%。结果表明，地下水样品与渠道排水和乌梁素海样品差异性较大，在一定程度上说明地下水与渠道水和乌梁素海湖水仅存在较弱联系。

通过整理分析乌梁素海湖区历年水化学数据，结合研究区实地采样分析结果绘制成水化学特征图（图 5-6）。从时间序列上看，2019 年以来的水化学特征与 2012 年以前水化学特征相比，湖水中的 Na$^+$、Mg^{2+}、Cl$^-$和 SO$_4^{2-}$浓度均有显著下降。与 2011 年春季相比，2021 年春季的 Na$^+$浓度下降 206.48 mg/L，Mg^{2+}浓度下降 33.80 mg/L，Cl$^-$浓度下降 352.07 mg/L，SO$_4^{2-}$浓度下降 285.39 mg/L；而湖水中 HCO$_3^-$浓度显著增加，2021 年与 2011 年相比，HCO$_3^-$浓度增加 264.10 mg/L。由此可见，乌梁素海在引进黄河水进行生态水量补给以来，湖水区各类水化学离子浓度有明显降低，可见生态补水工程对于乌梁素海水生态改善和水质提升具有重要意义。

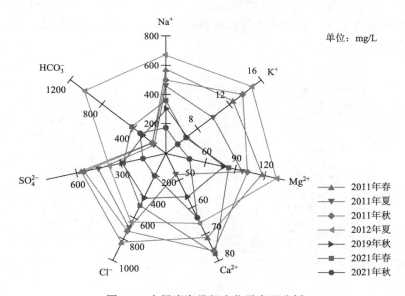

图 5-6　乌梁素海常规水化学离子分析

结合研究区实地采样，对渠道排水和地下水进行分析，绘制成水化学特征图（图 5-7、图 5-8）。从图中可以看出，渠道排水中各类水化学离子呈现出波动趋势，秋季相比于春季，部分离子如 K$^+$，Mg^{2+}，Ca^{2+}，Cl$^-$，HCO$_3^-$，均呈现上升趋势，其中 Ca^{2+}浓度上升幅度最大，升高 117.41 mg/L，上升幅度为 46.31%；SO$_4^{2-}$和 Na$^+$

浓度处于下降趋势，但变化幅度较小。受作物生长期灌溉淋盐的影响，秋季的地下水各类水化学离子浓度均大于春季，其中 K^+ 和 HCO_3^- 浓度最为明显。与春季相比，秋季 K^+ 浓度升高 10.27 mg/L，上升幅度为 44.34%；HCO_3^- 浓度升高 212.62 mg/L，上升幅度为 14.16%。

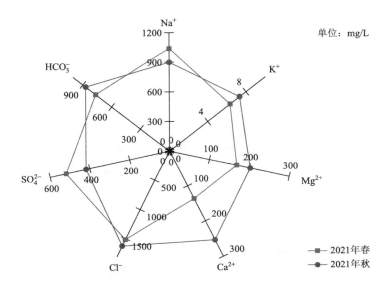

图 5-7 乌梁素海流域渠道排水常规水化学离子分析

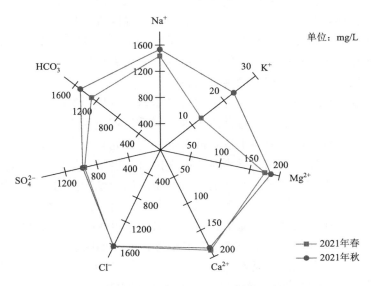

图 5-8 乌梁素海流域地下水常规水化学离子分析

通过对乌梁素海不同水体采样的水化学特征分析，地下水、湖水、渠道排水的水化学类型差异显著，湖水与渠道排水水化学类型较为接近，地下水水化学类型较为复杂，由此可知，湖水的补给主要受到渠道排水的影响。另一方面，根据水化学特征图分析，湖水的离子浓度变化主要受生态补水的影响。

3）乌梁素海流域水盐变化

天然状态下地下水中各组分经漫长地质演化而形成稳定的化学环境。地下水在渗流过程中同时也伴随着盐分的迁移，而且地下水中盐分的多少可以在一定程度上反映水文循环的特征，同时也影响着周边区域的生态环境。近年来，国内外学者在地下水水盐运移的研究过程中普遍认为，地下水中的盐分运移主要分为地下水盐横向运移和地下水盐垂向运移，地下水盐横向运移的演化过程主要受地下水流作用的控制（张义强等，2019）。

2012年至2016年期间，由河套灌区排入乌梁素海的盐量为676.39万t，由乌梁素海排入黄河的盐量为661.91万t，乌梁素海积盐14.48万t。2016年至2018年，由河套灌区排入乌梁素海的盐分约106万t，而乌梁素海平均每年排入黄河盐分约188万t。受益于生态补水的影响，乌梁素海2016~2018年处于脱盐状态（侯庆秋等，2021）。

4）乌梁素海总氮（TN）年内与年度变化

乌梁素海湖区是内蒙古河套平原地表水系的重要组成部分，是农业污水和城镇污水的唯一承泄渠道（王希欢，2021）。乌梁素海流域的非点源氮污染主要来自河套平原农业灌区的排干系统，绝大部分农业退水经总排干进入湖区上游，湖水再经下游西山咀镇排入黄河。乌梁素海承接河套灌区农业排水，灌区内农业活动密集，季节性生产活动差异显著，由于大量污染物未经处理排放，该流域水环境受到严重污染，通过多年的水污染防治措施，水生态环境得到明显的改善，但目前流域水体仍然处于一定程度的污染状态。

如图5-9所示，从年内变化上来看，乌梁素海流域总氮浓度呈现出由春夏季向秋冬季逐渐升高的特点。推测其原因为春夏季生物较为活跃，需要大量的营养物质，且雨水充沛，湖水库容上涨，故湖水中营养元素浓度下降。秋冬季由于秋浇之后大量的农田排水排入乌梁素海，而农田排水携带大量含氮营养盐，且秋季乌梁素海收纳附近进入产量高峰期的工业所排出的含氮量高的污水，加之冰封期排干断流，水体流动性较差，导致总氮大量积累。另一方面，由于秋季水体中氨化作用、反硝化作用较强，水体呈还原态，硝化作用使硝态氮浓度较大。

统计1999~2019年乌梁素海流域总氮浓度，结果如图5-10所示。可以看出，在2011年以前，乌梁素海总氮浓度有明显的波动，呈现出上升—下降—上升—下降的特点。根据《地表水环境质量标准》（GB 3838—2002），乌梁素海在1999~2013年总氮浓度属于劣Ⅴ类水质。而自2011年以来，乌梁素海水质得到较大改善，总氮浓度逐渐接近V类水质标准,有部分年份的水质甚至接近IV类水质标准,可见乌梁素海生态补水取得了一定的成效。

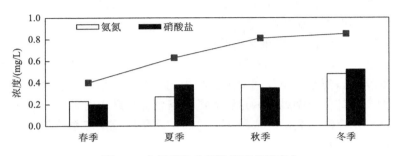

图 5-9 乌梁素海总氮浓度季节性变化

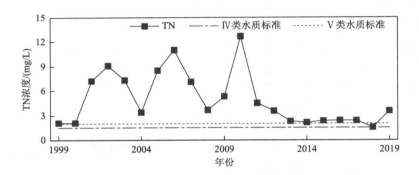

图 5-10 1999~2019 年乌梁素海总氮年变化

5)乌梁素海总磷(TP)年度变化

乌梁素海流域中,磷的积累主要是由于乌梁素海流域上游农业废水、工业废水、城市污水(洗涤剂里含有大量的磷酸盐)等水体的排入(孙鑫等,2019)。通过分析近 20 年来乌梁素海湖区总磷浓度的变化绘制成图 5-11,乌梁素海总磷浓度

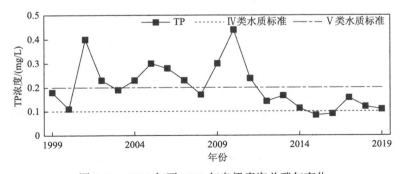

图 5-11 1999 年至 2019 年乌梁素海总磷年变化

变化趋势与总氮浓度变化趋势基本一致，在 2012 年以前乌梁素海水质基本属于 V
类水质类型，且年际存在较大幅度的波动。而在 2012 年之后，由于生态补水，乌
梁素海总磷浓度在 0.09~0.17 mg/L 之间变化，总体上总磷浓度小于 V 类水质，部
分年份水质达到 IV 类水质标准。

6）乌梁素海富营养化年变化分析

湖泊富营养化是一种氮、磷等植物营养物质含量过多所引起的水污染现象（杜
丹丹等，2019）。自然条件下随河流夹带冲积物和水生生物残骸在湖底的不断沉降
淤积，湖泊会从贫营养湖过渡为富营养湖。富营养化严重时发生"水华"和产生
的藻毒素，对水资源的利用造成破坏，给湖泊水环境及生态系统带来严重的不良
后果（巴达日夫，2019）。

现代富含氮、磷等营养物质的工业废水和生活废水，大量直接或间接排入湖
泊是造成富营养化的最主要原因。另外，湖面上航行的船只及湖区旅游活动等排
入湖泊的废弃物，水产养殖时投入的饵料，周围地区农田施用农药、化肥，经地
表径流流入湖泊等，都是导致水体富营养化的原因。当湖泊中富集了高浓度的营
养物质，某些浮游植物，特别是蓝藻、绿藻和各种硅藻就会大量繁殖，这时水面
会形成稠密的藻被层，即出现"水华"现象，这是水体富营养化严重的特征。这
将给湖泊水环境及其生态系统带来严重的危害。

根据中国环境监测总站制定的《湖泊（水库）富营养化评价方法及分级技术
规定》，湖泊（水库）富营养化状况评价方法采用综合营养状态指数法，湖泊（水
库）富营养化状况评价指标包括叶绿素 a（Chl a）、总磷（TP）、总氮（TN）、透
明度（SD）、高锰酸盐指数（COD$_{Mn}$）（雷宏军等，2012）。采用 0~100 的一系列
连续数字对湖泊（水库）营养状态进行分级见表 5-4。

表 5-4　湖泊（水库）营养状态分级

TLI	营养状态分级	TLI	营养状态分级
TLI（∑）<30	贫营养	50<TLI（∑）≤60	轻度富营养
30≤TLI（∑）≤50	中营养	60<TLI（∑）≤70	中度富营养
TLI（∑）>50	富营养	TLI（∑）>70	重度富营养

水体富营养化程度呈现缓慢改善，2016 年乌梁素海综合营养状态指数 TLI 为
54.5，总体上属于轻度富营养状态。2019 年乌梁素海综合营养状态指数为 48.6，
营养状态由轻度富营养化转为中营养，2020 年乌梁素海全年 TLI 指数均值为
48.44，稳定处于中营养状态，总体呈现缓慢改善情况（李畅游等，2005）。

通过收集乌梁素海湖区 2014~2020 年湖泊综合营养状态指数相关信息，绘制
成图 5-12，从图中可以看出，乌梁素海综合营养状态指数呈现出逐年下降趋势，

在 2014 年水体仍处于中度富营养状态,此后 2015~2018 年下降为轻度富营养状态,2019~2020 年下降并稳定在中营养状态。据此分析,由于贫营养状态的黄河水对乌梁素海进行持续的补给作用,乌梁素海富营养化现象得到了很大程度的缓解(甄小丽,2012)。

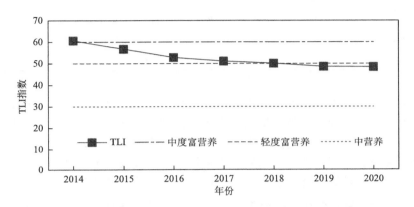

图 5-12　2014 年至 2020 年乌梁素海综合营养状态指数变化

7)重金属离子分布

随着社会经济的发展,人们不断地开发利用矿产资源,在获取资源的同时也造成了环境的污染,如采矿、冶炼、电镀、印染、化工等行业的发展,产生的高浓度重金属污水未经妥善处理便直接排到湖泊中,进入水体重金属不能被生物降解从而消除,只能从一种形态转化成另外一种形态,从高浓度转化为低浓度,并参与食物链的循环而在生物体内积累,破坏生物的正常代谢,最终对水生生物和人类健康造成危害(梁飘飘,2019)。

根据《地表水环境质量标准》(GB 3838—2002)中相关规定,重金属是指原子密度大于 5 g/cm,原子量介于 635~2006 之间的存在于自然界中的金属元素,其中主要包括铜、铅、锌、金、银、镍、镉、铬、汞等。而水体重金属污染主要是指对生物毒性显著的汞、镉、铅、铬,另外还包括具有毒性的锌、铜、镍、钴等。与其他污染物相比较,重金属有其独特性。水体中重金属不易被生物降解,会在生物体内逐步积累,产生重金属的富集作用,最终进入生物体内,对生物体造成毒害性和致癌性。

根据前人研究乌梁素海上覆水重金属离子含量绘制成表 5-5,其中各重金属离子 As、Cr、Cu、Ni、Mn、Pb 和 Zn 平均含量分别为 4.46 μg/L、0.24 μg/L、0.41 μg/L、0.80 μg/L、18.45 μg/L、1.44 μg/L 和 0.40 μg/L,Cd 未检出。根据《地表水环境质量标准》(GB 3838—2002),各重金属离子均未超过限值。

表 5-5　乌梁素海湖区重金属离子含量

	重金属离子含量/（μg/L）							
	As	Cd	Cr	Cu	Ni	Mn	Pb	Zn
最小值	0.75	ND	0.005	ND	ND	0.78	0.72	ND
最大值	8.06	ND	1.54	5.66	5.67	83.39	5.29	11.89
平均值	4.46	ND	0.24	0.41	0.80	18.45	1.44	0.40
Ⅲ类水标准	50	5	50	1000	—	—	50	1000
Ⅴ类水标准	100	10	100	1000	—	—	100	2000

　　与乌梁素海上覆水相比，乌梁素海底泥作为一种在环境中长时间稳定存在的固相沉积物，具有较强的吸附重金属离子的能力。从这一方面来讲，沉积物中的重金属离子污染来源能够更具代表性地反映湖泊重金属离子污染源。沉积物重金属含量不仅与自身理化性质和原生沉积环境有关，还会受到各种人为活动的强烈影响，例如，未经达标处理的工业、农业和生活废水，交通活动及金属矿产开采和冶炼等。将乌梁素海流域底泥重金属离子浓度分布绘制成图 5-13，其中大部分重金属离子浓度与河套平原土壤背景值基本一致，且大部分重金属离子小于国家土壤环境质量标准，只有 As 和 Pb 重金属离子浓度高于河套平原背景值及国家土壤环境质量标准。

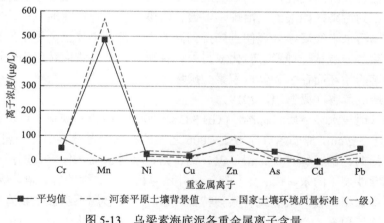

图 5-13　乌梁素海底泥各重金属离子含量

5.1.2　乌梁素海地表水-地下水交互作用

1. 水均衡分析

　　水均衡法是最为通用的一种估算地下水补给量的方法。该方法是一种间接方法，在水均衡方程中除了地下水补给为未知量外，其余各均衡项均为已知量，从而计算地下水的补给量。乌梁素海湖水的补给源主要来自乌梁素海流域的灌、排水。如图 5-14 所示，乌梁素海西岸自北至南有义和渠、总排干沟、通济渠、八排干沟、长济渠、九排干沟和塔布渠等主要灌排渠沟入湖。此外，还有大气降水、地下径流的补给。湖水的排泄途径以蒸发为主，其次是退水和渗漏。湖区南端之泄水闸将湖水泄入总退水渠，排向黄河。因此，乌梁素海流域的水均衡方程中，补给水量包括渠道排水、大气降水和地下水径流补给，排泄水量包括流域退水入黄、蒸散发以及东侧地下水渗漏。

$$G_1 = \Delta w - (P + R) + (E + O + G_2) \tag{5-1}$$

式中，Δw 为乌梁素海年蓄水量变化；P 为大气降水；R 为渠道排水；G_1 为西侧地下水径流补给；E 为蒸散发；O 为流域退水；G_2 为东侧地下水渗漏。

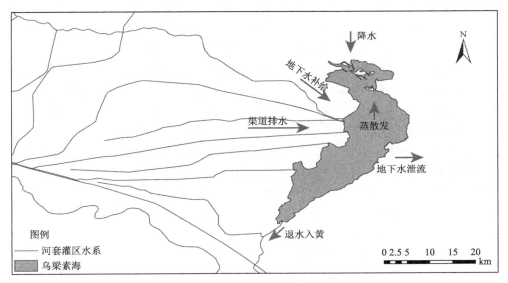

图 5-14 乌梁素海流域水均衡图示

研究区域降水量、气温、风速、太阳辐射、相对湿度等数据来自乌拉特前旗气象站长期观测资料，蒸发量的核算根据道尔顿定理，结合气象因子计算水面蒸发量：

$$E_w = 0.22 \times (e_s - e_a) \times \sqrt{1 + 0.32u^2} \tag{5-2}$$

式中，E_w 为水面蒸发量，mm；e_s 为水面温度下的饱和水汽压，hPa；e_a 为水面实际水汽压，hPa；u 为水面风速，m/s。

根据李军和赵乐（2021）研究结果，选择巴彦高勒蒸发实验站得出的冰期蒸发经验公式：

$$E_i = -36.82 \times (T^2 \times W^2 / U^2) + 56.75 \tag{5-3}$$

式中，E_i 为月蒸发量，mm；T 为月平均温度，℃；U 为月平均相对湿度，%；W 为月平均风速，m/s。

1）渠道排水量

乌梁素海补水渠道包括总排干、八排干、九排干、新安镇扬水站、塔布渠、长济渠、通济渠，统计 1990~2016 年补水量信息，得出多年平均补水量为 5.49 亿 m³，退水渠道选取西山咀断面观测数据，计算乌梁素海 1990~2016 年入黄水量，多年平均排水量为 1.86 亿 m³。

2）多年平均降水量

根据 1990~2016 年乌拉特前旗气象站数据统计，多年平均降水量为 199.0 mm，乌梁素海多年平均湖泊面积取 293 km²，因此，多年平均降水量为 0.58 亿 m³。

3）多年平均蒸散发量

蒸散发量的计算分为水面区和芦苇区两部分。水面区的蒸发量计算分别按照冰期与非冰期情况讨论，根据 1990~2016 年气象数据计算可得，非冰期水面区多年平均蒸发量为 997.9 mm。冰期采用巴彦高勒站利用气象因子推算自然水体蒸发的经验公式（李军和赵乐，2021），计算得冰期多年平均蒸发量为 219.8 mm。结合两部分数据，《巴彦淖尔市"十四五"乌梁素海水生态保护修复与污染防治规划》显示，乌梁素海芦苇区面积控制在 146.5 km²，因此水面区总蒸发量为 1.78 亿 m³。芦苇区的蒸散量计算分为两个部分，一是芦苇快速生长期，每年 4~10 月，二是冰期，每年 11 月至次年 3 月底。芦苇快速生长期蒸散发量根据扎龙湿地类比可知，蒸发量比水面蒸发多 10%左右，而冰期可以按照水面蒸发计算，因此芦苇快速生长期多年平均蒸散发量为 1.61 亿 m³，冰期芦苇区多年平均蒸散发量为 0.32 亿 m³，即芦苇区多年平均蒸发量为 1.93 亿 m³。综合上述数据得出，乌梁素海多年平均蒸散发量为 3.71 亿 m³。

4）地下水测渗排泄量及多年平均蓄变量

乌梁素海向地下水渗漏排泄量多年平均为 0.66 亿 m³。在 1990~2016 年间，乌梁素海多年平均蓄变量为 0.09 亿 m³（丁夏平，2022）。

根据以上数据和均衡方程计算可知，乌梁素海多年平均接受地下水补给量为 0.25 亿 m³，地下水对乌梁素海补给贡献率为 3.96%，具体分析结果见表 5-6。

表 5-6　乌梁素海水量平衡分析表

进水类型	进水量/亿 m³	排水类型	排水量/亿 m³
渠道排水	5.49	出湖退水	1.86
降水量	0.58	蒸散发量	3.71
地下水	0.25	渗漏量	0.66
合计	6.32	合计	6.23

根据 1990~2015 年各补给要素综合分析绘制成图 5-15，从图中可以看出，在补给乌梁素海的各类要素中，渠道排水占据绝对的主导地位，而降水量在乌梁素海补给贡献率中占比为 10%~20%，且年变化幅度不大。地下水对乌梁素海的补给贡献率很小，并且在年际变化上很不稳定，初步判定与乌梁素海湖区库容、气候变化等都有一定关系。

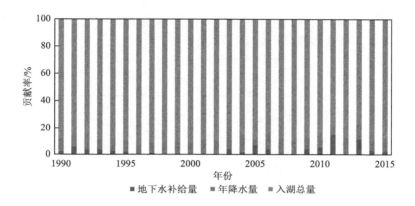

图 5-15   乌梁素海各进水要素贡献率年变化

2. 稳定同位素分析

同位素水文学是一门新兴学科，但是却在水文学各个科学研究领域发挥着极其重要的作用（喻生波和屈君霞，2021），20 世纪 50 年代发展至今，已经成为各科学领域不可取代的科学手段和方法。其中利用环境稳定同位素示踪技术研究水循环（包括地下水与江河湖海水的混合，各水层间的越流等，以及湖泊平衡的运用）是其中非常重要的应用方向。通过对乌梁素海流域不同水体类型（渠道排水、地下水、大气降水、湖水）进行采样并分析其稳定同位素特征，根据稳定同位素质量守恒原理计算不同水体对湖水补给的贡献率。

$$\delta_M = f_1(\delta_1 + \gamma_1) + f_2(\delta_2 + \gamma_i) + \cdots + f_n(\delta_n + \gamma_i) \tag{5-4}$$

式中，δ_M 为湖水水体稳定同位素值；δ_i 为不同补给水体稳定同位素值；f_i 是不同补给水体对混合物贡献比例；γ_i 为不同补给水体稳定同位素值与湖水间分馏值。

基于 $\delta_{^{18}O}$ 和 δ_D 双稳定同位素信息，采用基于贝叶斯理论的 MixSIAR 模型来分析不同水体对乌梁素海补给贡献率。根据补给水体类型划分为大气降水、渠道排水、地下水三种类型，其中大气降水部分双稳定同位素信息来自于国际原子能机构（IAEA）和世界气象组织（WMO）建立的全球降水同位素观测网（GNIP），渠道排水与地下水均来自于采样数据。混合水体数据（湖水）的 $\delta_{^{18}O}$ 和 δ_D 双稳定同位素值来自于采样数据。MixSIAR 模型的输入数据包括源（大气降水、渠道排水、地下水 $\delta_{^{18}O}$ 和 δ_D 双稳定同位素值）数据和混合物（湖水 $\delta_{^{18}O}$ 和 δ_D 双稳定同位素值）数据，马尔可夫链蒙特卡罗法（MCMC）运行步长为"long"，根据运算结果中每个补给水体相应的中值贡献比例视为该水体对乌梁素海补给的贡献率。GNIP 中包含中国 27 个监测点的大气降水 δ_D 和 $\delta_{^{18}O}$ 资料，其中根据地理位置关系，包头市监测资料与乌梁素海地区实际情况最为接近，包头地区大气降水的 δ_D 和 $\delta_{^{18}O}$ 的均值为–57.92‰和–8.31‰，乌梁素海地区近似当地大气降水线方程（LMWL）如图 5-16 所示，拟合曲线公式如下：

$$\delta_D = 6.45\delta_{^{18}O} - 4.26 \tag{5-5}$$

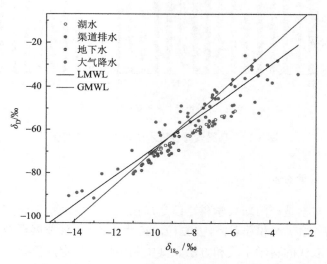

图 5-16　各水体 δ_D-$\delta_{^{18}O}$ 值与包头地区大气降水线

研究区内采样分为渠道排水、地下水、湖水，根据采样数据氢氧同位素分析绘制出表 5-7 和表 5-8，并结合图 5-17 可知，湖水和渠道排水 δ_D-$\delta_{^{18}O}$ 值分布与地下水 δ_D-$\delta_{^{18}O}$ 值分布存在差异，且湖水和渠道排水 δ_D-$\delta_{^{18}O}$ 拟合曲线更为接近，地下水 δ_D-$\delta_{^{18}O}$ 拟合曲线在斜率上更加陡峭，这表明地下水与湖水和渠道排水的稳定同位素特征相差较大，在交互关系上补给作用不明显。

表 5-7　2021 年 4 月采样各水体 δ_D-$\delta_{^{18}O}$ 值

项目		最大值	最小值	均值	变差系数
渠道排水	δ_D	−56.17	−74.14	−64.38	−11.31
	$\delta_{^{18}O}$	−6.92	−10.24	−8.28	−17.22

项目		最大值	最小值	均值	变差系数
地下水	δ_D	−55.90	−78.84	−69.23	−10.18
	δ_{18_O}	−7.13	−10.57	−9.26	−10.97
湖水	δ_D	−53.59	−62.89	−58.80	−5.19
	δ_{18_O}	−6.47	−8.21	−7.46	−7.76

表 5-8　2021 年 10 月采样各水体 δ_D-δ_{18_O} 值

项目		最大值	最小值	均值	变差系数
渠道排水	δ_D	−51.71	−70.93	−65.51	−22.15
	δ_{18_O}	−4.59	−10.15	−8.74	−11.38
地下水	δ_D	−43.66	−80.41	−67.70	−15.76
	δ_{18_O}	−6.96	−11.00	−9.32	−13.68
湖水	δ_D	−51.03	−69.76	−64.83	−9.55
	δ_{18_O}	−5.80	−9.89	−8.80	−15.30

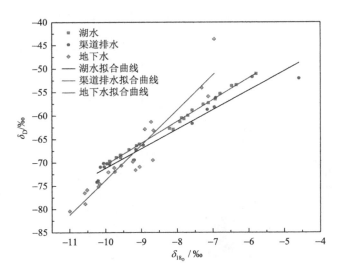

图 5-17　乌梁素海流域不同水体 δ_D-δ_{18_O} 的关系

利用基于贝叶斯理论的 MixSIAR 混合模型对各春秋两季的水体贡献率进行

分析，结果如图 5-18 和图 5-19 所示。春季，地下水、大气降水和渠道排水对乌梁素海补给贡献率分别为 4.9%、21.0% 和 74.1%；秋季，地下水、大气降水和渠道排水对乌梁素海补给贡献率分别为 4.2%，18.1% 和 77.7%。通过春秋两季数据模型分析可知，渠道排水是乌梁素海的主要补给来源，地下水补给贡献率在 5% 以下。

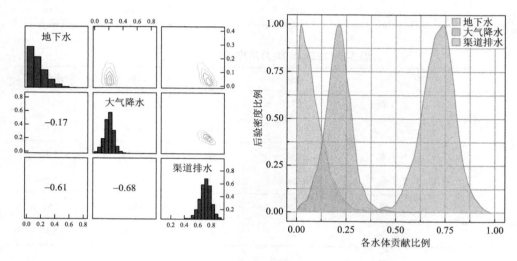

图 5-18　2021 年 4 月份采集水样同位素分析

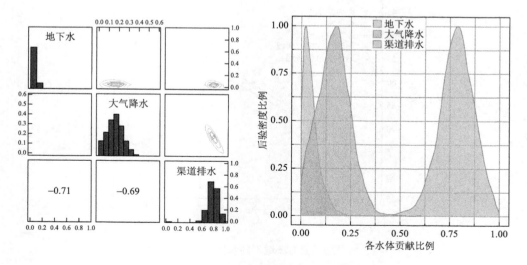

图 5-19　2021 年 10 月份采集水样同位素分析

5.1.3 乌梁素海水生态演替

从图 5-20 中可以看出，乌梁素海流域生态演替以 2012 年为分界线，2012 年之前，乌梁素海总氮浓度呈现出上升—下降—上升—下降的波动特点，最高点可达 12.67 mg/L，低值在 3.4 mg/L 以下。此时生态补水量占比很少，年均补给量在 0.3 亿 m³ 左右。自 2012 年之后，生态补水量上升，TN 浓度快速下降，2012~2016 年间，总氮浓度在 2.3 mg/L 左右变化，逐渐接近 V 类水质类型标准，有部分年份的水质接近Ⅳ类水质标准。该变化与流域内生态补水量的变化呈现负相关变化趋势，随着生态补水量的增加，乌梁素海水体富营养化现象得到一定程度的缓解。由此可见，乌梁素海流域生态补水取得了一定的成效。地下水在这段时间内无明显上升或下降趋势，对乌梁素海的补给量在 0.1 亿~0.8 亿 m³ 之间变化。总体来讲，地下水补给水量与乌梁素海水体富营养化指标之间相关性较弱，即地下水补给对于乌梁素海流域水体富营养化影响不明显。

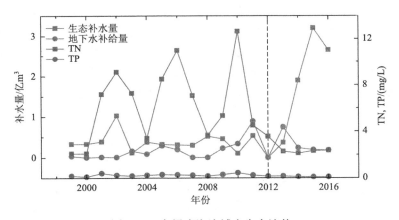

图 5-20　乌梁素海流域水生态演替

5.2　岱海地表水-地下水交互关系解析

岱海位于乌兰察布凉城县境内，是内蒙古的三大内陆湖之一，也被列为自治区级湖泊湿地自然保护区。它在调节区域生态环境和生物多样性保护等方面具有重要作用。然而，在人类活动和自然因素的双重作用下，岱海的面积自 20 世纪 70 年代以来快速萎缩，湖水位呈现出持续下降趋势。岱海的水质也明显恶化，常年为 V 类，甚至是劣 V 类，水体出现了富营养化。湖水的咸化程度也日益增大，生物多样性锐减，面临着严重的水生态退化问题。查明岱海的水量和水质演化特征、地表水和地下水的转化关系及其对水生态退化的贡献，理清水生态退化的原因，可为流域的环境管理工作提供科学依据，以遏制岱海的水生态退化趋势，并制定合理的措施恢复岱海的水生态环境。

5.2.1　岱海流域演化

1. 水量演化特征

1）湖面积

从第四纪以来，受构造运动和气候变化的影响，岱海已经发生了多次扩张和收缩。在岱海形成初期的早更新世初期至中更新世早期，水面面积大约维持在 760 km^2。到晚更新世中期，湖面缩小至 170 km^2。距今 2.2 万~1.8 万年时，面积已降至 120 km^2 左右。在进入全新世之后，湖面又经历了多次波动。自 19 世纪后半叶以来，岱海主要经历了两次扩展和两次收缩过程（图 5-21）（程玉琴等，2017）。在 19 世纪 80 年代到 20 世纪初为第一次扩张过程，之后又发生了湖面的收缩过程。30 年代到 70 年代湖面积急剧扩张，到 1970 年达到了 173 km^2，此后，受到人类活动和自然因素的综合作用，湖面积基本上一直处于萎缩状态，在 2000 年时，湖面积已经锐减小到了 88.5 km^2，到了 2018 年，岱海的面积仅为 51.55 km^2。根据遥感卫星影像数据绘制出岱海在不同时间点的轮廓（图 5-22），可以看出岱海面积在近 30 多年里剧烈减小，而且湖面萎缩主要发生在其西南部。

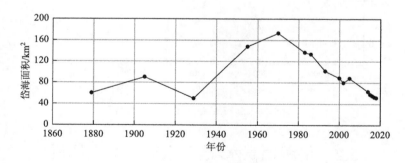

图 5-21　岱海面积演化特征

2）湖水位

岱海湖水位自 20 世纪 70 年代开始出现了剧烈地下降，近 50 年间仅有小幅度的波动回弹（图 5-23）。70 年代中期以后，除 2000~2005 年，湖水位发生了回升，其他时期湖水位的平均下降速度在增大（表 5-9），尤其在 2005 年以后，湖水位呈现出直线下降趋势，下降速率约为 0.44 m/a。

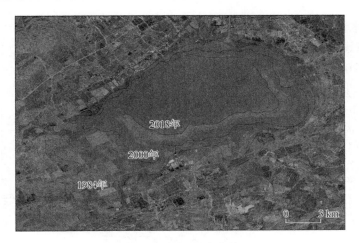

图 5-22 岱海湖面变化情况

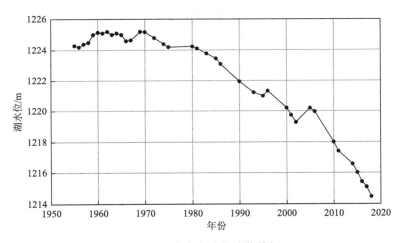

图 5-23 岱海湖水位演化特征

表 5-9 岱海湖水位变化特征统计表

时段	湖水位	
	平均/m	升降速度/(m/a)
1955~1964 年	1224.79	0.093
1965~1974 年	1224.87	−0.097
1975~1984 年	1224.11	−0.073
1985~1994 年	1222.18	−0.269
1995~2004 年	1220.42	−0.058
2005~2014 年	1218.30	−0.40
2015~2018 年	1215.26	−0.513

3）蓄水量

岱海的蓄水量自 1986 年以来，总体处于下降趋势（图 5-24），下降速度最快的是 2005~2014 年，平均下降速度达到了 2942 万 m³/a（表 5-10）。

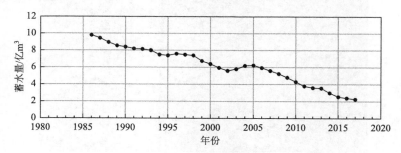

图 5-24　岱海蓄水量变化特征

表 5-10　岱海蓄水量变化特征统计表

时段	蓄水量	
	平均/亿 m³	增减速度/(万 m³/a)
1986~1994 年	8.57	−2577
1995~2004 年	6.63	−1100
2005~2014 年	5.10	−2942
2015~2017 年	2.40	−1500

2. 水质演化特征

岱海湖水的水质总体偏差，自 2000 年以来，只有 2004 年水质类别为Ⅳ类，其他年份均为Ⅴ类或劣Ⅴ类（表 5-11），湖水呈现富营养化状态。资料显示超标的水质指标主要为高锰酸盐指数、化学需氧量、总磷。

表 5-11　岱海水质类别变化特征

年份	水质类别	营养状态	年份	水质类别	营养状态
2000	劣Ⅴ类	—	2010	Ⅴ类	—
2001	劣Ⅴ类	—	2011	劣Ⅴ类	轻度富营养
2002	劣Ⅴ类	—	2012	劣Ⅴ类	轻度富营养
2004	Ⅳ类	—	2013	劣Ⅴ类	中度富营养
2007	劣Ⅴ类	—	2014	劣Ⅴ类	中度富营养
2008	Ⅴ类	—	2015	劣Ⅴ类	中度富营养
2009	Ⅴ类	—	2016	劣Ⅴ类	轻度富营养

数据来源：内蒙古生态环境公报

根据《凉城县岱海流域水污染防治实施方案》，2004~2015 年间，岱海湖水的高锰酸盐指数和化学需氧量远大于地表水环境质量标准中的Ⅳ类水标准限值（图 5-25），最大超标倍率分别为 67%和 7.2 倍。

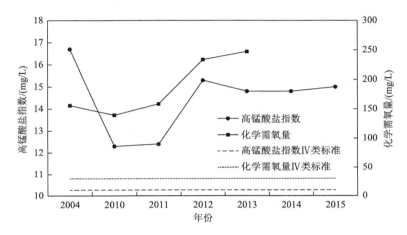

图 5-25 岱海湖水高锰酸盐指数和化学需氧量变化趋势

岱海湖水的总磷浓度在 2004~2011 年间满足地表水环境质量标准的Ⅳ类水标准（图 5-26）。但是 2011 年之后总磷浓度就快速升高，超出标准限值，在 2014 年达到最大值，超标倍数为 1.3，在 2015 年时开始下降，但仍不能满足标准。

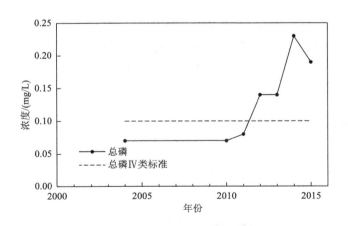

图 5-26 岱海湖水总磷变化趋势

自 2004 年以来，岱海湖的总氮和氨氮浓度均能达到地表水环境质量标准Ⅳ类水标准（图 5-27），在 2004~2010 年间，总氮含量呈现下降趋势，但是 2011 年之后，总氮和氨氮浓度都开始上升，2013 年之后下降，其变化趋势与高锰酸盐指数及化学需氧量的变化趋势相似，在一定程度上反映了人类活动对于湖水水质的影响。

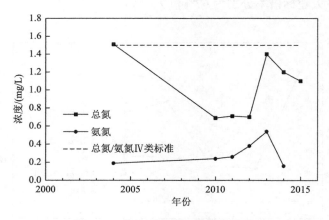

图 5-27　岱海总氮和氨氮变化趋势

在 20 世纪 60 年代以后，岱海的矿化度逐年上升，湖泊整体处于咸化状态（图 5-28）（王书航等，2019）。在 20 世纪 80 年代以前，湖水矿化度小于 3000 mg/L，在 2004 年时，矿化度达到了 4659 mg/L，已接近咸水湖标准（5000 mg/L）（表 5-12）。在 2004 年之后，岱海的矿化度快速上升，到 2014 年，矿化度高达 8048 mg/L，年增长速度约为 339 mg/L，2018 年时，矿化度已超过 11000 mg/L，达到了咸水湖标准。

湖水矿化度在空间上也分布不均，根据 2014 年对岱海的相关调查结果，湖西的矿化度相对较低，为 4134.97 mg/L。这是由于西侧有大量的入湖淡水补给，对湖水起到了稀释作用。湖中心和湖东侧的水流运动缓慢，矿化度较高，分别为 4796.89 mg/L 和 5043.79 mg/L。

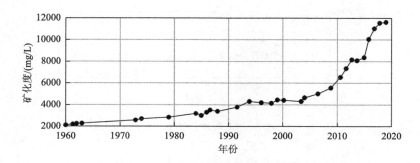

图 5-28　岱海矿化度变化趋势

表 5-12 岱海历年实测矿化度

年份	矿化度/(mg/L)	年份	矿化度/(mg/L)	年份	矿化度/(mg/L)
1962	2250	1987	3330	1996	4245
1963	2280	1988	3400	1998	4276
1974	2700	1989	3300	1999	4376
1984	3200	1990	3954	2000	4295
1985	3005	1992	3900	2003	4413
1986	3310	1994	4310	2004	4659

数据来源：乌兰察布市岱海生态水生态保护规划

岱海湖水中的离子以 Cl^- 和 Na^+ 为主，属于 Cl-Na-Ⅱ型水。1997~2003 年间，除 Ca^{2+}、K^+ 外，其余离子浓度都呈现上升趋势，其中 SO_4^{2-}、Mg^{2+} 上升幅度最大（表 5-13）（孙占东等，2005）。

表 5-13 岱海主要离子浓度变化（mg/L）

年份	HCO_3^-	CO_3^{2-}	Cl^-	SO_4^{2-}	Ca^{2+}	Mg^{2+}	K^+	Na^+
1997	493	77	2105	56	92	64	20	1338
2003	503	110	2199	383	38	178	6	1501

5.2.2 岱海地表水-地下水交互作用

1. 地表水-地下水转化关系

岱海流域地形总体特征为四面环山、中间为盆地。岱海湖盆是一个典型的地堑型断陷盆地，南北两侧由于断层活动强度和幅度的明显差异，使得盆地南北不对称，且地形坡度相差较大，呈现出北岸陡、南岸缓的特点。岱海位于岱海盆地中央，呈现出不规则的椭圆形。由于其特殊的构造和地质条件，使该区成为一个闭合盆地流域，地表水和地下水最终都会汇集于湖滨和岱海。岱海周围有 22 条大小河沟直接汇入岱海，其中较大的有 8 条，分别为索代沟、水草沟、大河沿河、天成河、步量河、土城子河、五号河和弓坝河。这些河流均为间歇性河流，近年来由于气候干旱，其中多数河流已经干涸（高兴东，2006）。

对比不同年份岱海 N-E 向剖面（图 5-29）和 E-S 向剖面（图 5-30）的地下水位和湖水位，明显可以看出岱海周围的地下水位高于湖水位，岱海接受地下水的补给。张胄（2020）也用氚氧同位素的方法验证了该结论。

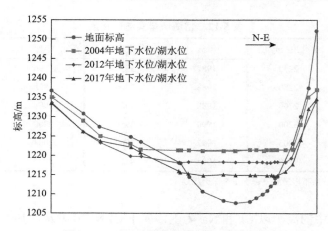

图 5-29　不同时间点岱海 N-E 向剖面图

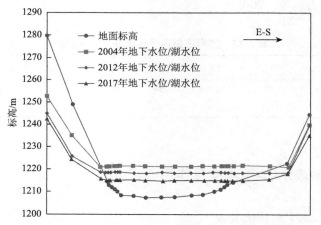

图 5-30　不同时间点岱海 E-S 向剖面图

数据来源：岱海流域退灌还水对岱海湖的影响分析研究报告

2. 水均衡分析

按照水量均衡理论，湖泊蓄水量的变化由其补给和排泄决定（Lei et al.，2013；Li et al.，2007）。岱海作为一个内陆封闭湖泊，它的补给项为湖面降水、地表径流入湖水量和地下水补给量，排泄项为湖面蒸发（周云凯等，2006）。在 2006 年以前，无人类大量取水的情况，湖泊用水量可忽略。

因此，地下水向岱海的排泄量可根据以下水均衡方程计算：

$$\Delta W = P + Q_S + Q_G - E \tag{5-6}$$

式中，ΔW 为岱海蓄变量，m^3/a；P 为湖面年降水量，m^3/a；Q_S 为地表水入湖水量，m^3/a；Q_G 为地下水向湖的排泄量，m^3/a；E 为湖面年蒸发量，m^3/a。

将 1955~2004 年划分为 5 个时间段计算,降水量、蒸发量、蓄变量均为实际观测资料,由于地表水入湖水量占比较小,采用多年平均值计算。2006 年之后,水均衡项改变,在此选择 2019 年为均衡期进行计算,相关参数见表 5-14。降水和地下水向湖排泄是岱海最主要的补给水源,在 1975 年之前,地下水是岱海最大的补给源,占总补给量的 60%左右(表 5-15)。但是,地下水补给量的占比在逐渐减小,从 1955~1964 年间的 62.72%下降到了 2019 年的 33.91%,这主要是由于人类对地下水的开采量逐渐增大。进入 20 世纪 60 年代以后,为了满足大规模的农业灌溉需求,流域内的机井数量不断增多,使得地下水位下降,且在郭家村—一头号村、麦胡图—四道咀、三苏木—东营子、岱海镇等局部地区产生了地下水降落漏斗,地下水超采率约为 8.2%。虽然湖面降水补给量由于湖面积的减小也在逐渐减少,但是其减小的速度远小于地下水补给量减少的速度,因此降水在总补给量中的占比总体呈现上升趋势,从 1955~1964 年间的 34.57%上升到了 2019 年的 52.37%。

表 5-14 水均衡分析计算参数

计算时段	降水量/mm	蒸发量/mm	平均湖面积/km²	降水量/万 m³	蒸发量/万 m³	蓄变量/(万 m³/a)	人类用水/(万 m³/a)	生态补水/(万 m³/a)	地表水多年平均入湖水量/万 m³	地下水向湖排泄量/万 m³
1955~1964 年	418.0	1115.0	160.93	6726.87	17943.70	1517				12205.82
1965~1974 年	395.8	1110.6	163.30	6463.41	18136.10	−1579				9565.68
1975~1984 年	444.6	1024.0	140.92	6265.30	14430.21	−1004	—	—	528.0	6632.90
1985~1994 年	389.7	917.4	113.75	4432.84	10435.43	−3098				2376.59
1995~2004 年	436.7	871.9	91.57	3998.86	7983.99	−529				2928.13
2019 年	393.4	977.2	56.00	2203.04	5472.32	−2212	946	350	227	1426.28

数据来源:《岱海水生态保护规划》、《岱海流域退灌还水对岱海湖的影响分析研究报告》和文献(王磊,2021)

表 5-15 岱海主要补给项变化情况

计算时段	总补给量/(万 m³/a)	地下水占比/%	降水占比/%
1955~1964 年	19460.69	62.72	34.57
1965~1974 年	16557.09	57.77	39.04
1975~1984 年	13426.20	49.40	46.66
1985~1994 年	7337.43	32.39	60.41
1995~2004 年	7454.99	39.28	53.64
2019 年	4206.32	33.91	52.37

5.2.3　岱海水生态退化原因分析

1. 水量

岱海湖水位下降、湖面积萎缩从本质上来说是由于岱海湖的水量处于负均衡状态，即补给量小于排泄量，因此可以从岱海的各个水均衡要素分析其变化原因，进而揭示自然和人类活动对其的影响程度。岱海湖的补给项为降水和入湖水量，排泄项为水面蒸发。降水和蒸发主要受气候影响，而在流域尺度上，能够维持多年水均衡状态，水资源量基本保持不变，因此入湖水量主要受取用水等人类活动影响。

1）气候因素

根据岱海雨量站的监测数据绘制岱海降水量和水面蒸发量的历年变化图（图 5-31），可以发现自 20 世纪 60 年代以来，岱海的水面蒸发量呈现出了下降趋势，并且，根据历史数据，2005~2014 年，岱海的平均水面蒸发量为 824.5 mm，远低于 1955~1964 年的 1115 mm，但是 2005 年之后，湖水面却发生了剧烈的下降，说明蒸发不是湖水位下降的主要因素。

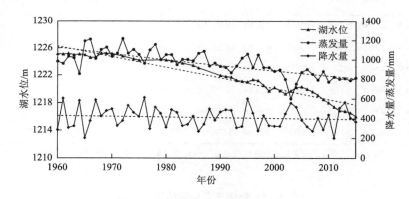

图 5-31　岱海降水量与蒸发量变化情况

虽然岱海近 50 多年来的湖面降水量变化幅度不大（图 5-31），但是整个岱海流域的降水量呈现出一种干湿交替的现象，1995~2004 年岱海流域的年均降水量达到了 60 年来的最大值 422.4 mm（表 5-16），但是湖水位依然呈现出下降趋势，可以看出降水量也不是岱海湖水位下降的控制性因素。在 2005~2014 年，年均降水量为 60 年来的最小值，为 360.5 mm，流域降水量减少，会使产流量减少，入湖水量下降，这在一定程度上加剧了水位下降的幅度。

表 5-16 岱海流域年降水量变化情况（mm）

1955~1964 年	1965~1974 年	1975~1984 年	1985~1994 年	1995~2004 年	2005~2014 年	多年平均
410.8	380.4	406.6	396.3	422.4	360.5	396.1

2）人类活动

根据上述分析，湖面降水和蒸发不是岱海湖面积萎缩的主要原因，可以确定入湖水量是湖面积萎缩的控制性因素。从历年的入湖水量和湖水位的变化情况中可以看出（图 5-32），入湖水量与湖水位有明显的正相关关系。在近 50 多年间，岱海的入湖水量明显减少，1955~1964 年的平均实际入湖水量为 12303 万 m³，2005~2014 年已经下降到了 528 万 m³（表 5-17）。

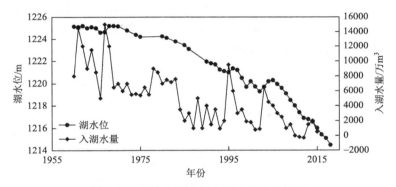

图 5-32 岱海入湖水量和湖水位变化情况

表 5-17 岱海流域水资源量变化情况（万 m³）

时间	实际入湖水量	社会经济耗水量	天然入湖水量	水库、塘坝蒸发量
1955~1964 年	12303	1476	13778	780
1965~1974 年	8009	3177	11186	714
1975~1984 年	6872	3626	10497	688
1985~1994 年	2499	3084	5400	529
1995~2004 年	3595	3094	5965	413
2005~2014 年	528	3699	3810	325
多年平均	5634	3026	8439	575

数据来源：乌兰察布市岱海水生态保护规划

1955~2015 年间，在流域降水量变化幅度不大且蒸发量略有减小的情况下，入湖水量的减少主要由人类活动造成。截止到 2014 年，岱海流域内共有 15 处地表水取水工程，包括 11 处蓄水工程，4 处引水工程，年总供水量 1374 万 m³，凉城县境内供水量为 1122 万 m³。蓄水工程均为水库，主要分布在六苏木镇和三义泉镇。4 处引水工程分别为弓坝河引洪工程、三义泉引水工程、中西矿业截伏流引水工程和岱海电厂引水工程。

　　地下水是流域内主要的供水水源,居民生活用水、工业用水和大部分农业灌溉用水均来自于地下水。据统计,流域内共有机电井 822 眼,集中供水工程 6 处,年开采地下水 802.19 万 m³。为保护岱海的水生态系统,对岱海湖周边平原区农业灌溉井、工业用水井等采取封停、禁采和压采措施,仅保留生活饮用水井和少量灌溉井。2016 年流域内完成退灌还水的农田 6 万亩,2017 年完成 10 万亩。

　　据相关统计数据,岱海流域 2014~2018 年农田灌溉用水量占总用水量的 63.2%,工业用水量占 25.9%,居民生活用水量占 4.9%,林牧渔畜用水量占 4.8%,城镇公共用水量占 0.7%,生态环境用水量占 0.5%。因此分别分析农业灌溉面积和工业用水量与湖水位的关系。

　　根据获取的数据分别绘制农业灌溉面积(图 5-33)和工业用水量(图 5-34)与湖水位随时间变化的关系图,可以看出 2000~2015 年间农业灌溉面积呈现出上升趋势,1990~2010 年工业用水量剧烈增加,都与湖水位呈现负相关关系。由于用水量的增加,导致了入湖水量的减少。

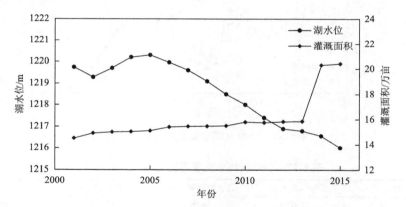

图 5-33　农业灌溉面积与湖水位变化情况

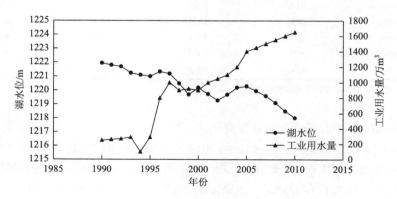

图 5-34　工业用水量与湖水位变化关系

利用 1960~2012 年的气象数据、水资源数据与岱海湖水位数据进行 Spearman
相关性分析（表 5-18），可以看出湖水位和湖面积与气温有显著的负相关关系，相
关系数分别为–0.720，–0.730。但是在气温升高的同时，水面蒸发量却呈现出下降
趋势，这与我国很多地区的观测结果相同（Shen et al.，2009；Su et al.，2015）。
气温一般是通过蒸发间接影响区域水量平衡。当全球平均气温升高时，通常会认
为空气将变得干燥，而且陆面水体的蒸发量也会增加。许多研究者认为造成这种
反常现象的主要原因是太阳辐射的减少和风速的影响（Liu，2004；郭军和任国玉，
2005）。这种现象也造成了水面蒸发量与湖水位、湖面积呈现显著正相关的假象，
即水面蒸发量下降，但是湖水位却呈现下降趋势、湖面积也逐渐变小。岱海湖的
补给与排泄项简单，只有水面蒸发的排泄方式，因此相关性分析结果可以从侧面
说明水面蒸发排泄不是岱海湖萎缩的主要影响因素。湖面降水是岱海的补给项之
一，但是降水量与湖水位和面积均没有显著的相关性，岱海流域多年降水量没有
发生明显变化，能够说明降水不是岱海水量变化的控制因素。因此，可以推测岱
海水量的变化主要受入湖水量影响，从分析结果可以看出，入湖水量与湖水位、
湖面积均呈现显著的正相关关系，相关系数分别为 0.810、0.815。

表 5-18 Spearman 相关性分析结果

		气温	水面蒸发量	降水量	入湖水量	灌溉面积	工业用水量
湖水位	相关系数	–0.720	0.840	0.126	0.810	–0.837	–0.888
	P 值	<0.001	<0.001	0.367	<0.001	<0.001	<0.001
湖面积	相关系数	–0.730	0.827	0.129	0.815	–0.876	–0.901
	P 值	<0.001	<0.001	0.358	<0.001	<0.001	<0.001

入湖水量受流域降水和人类活动的共同影响，由于流域降水量并未发生系
统性降低的情况，入湖水量主要受到人类取用水影响。因此，分析代表农业活
动和工业活动影响情况的农业灌溉面积和工业用水量与湖水位、湖面积的相关
性，可以发现二者均与湖水位和湖面积呈现显著的正相关关系，且相关程度很
高（表 5-18）。

由此说明，1955~2015 年间岱海湖泊萎缩的主要原因是随着社会经济的快
速增长，农业和工业用水量日益增加，挤占了本应补给到岱海的水量。同时，人
类活动会增加降水径流在流域上的滞留时间，大面积的灌溉人为地加大了蒸发作
用，部分蒸发的水汽会随环流流出区外，进一步减小了入湖水量（孙占东等，2006）。
在人类活动干扰程度日益增强的情况下，岱海得不到有效补给，常年保持负均衡
状态，湖水位下降、湖面积萎缩就成为其必然的外在表现形式，这与孙占东等
（2005）的研究结果一致。

2. 水质

1）岱海水质现状

根据 2004~2014 年乌兰察布市环境监测总站的调查，岱海的湖水透明度较低，平均值为 0.85 m，并且在空间上存在差异，自西向东湖水的透明度升高。湖水总体为碱性，pH 介于 8.59~8.91，平均值为 8.75，在空间上呈现出东北高、西南低的特点。湖水的 Ca^{2+}、Mg^{2+} 的平均浓度分别为 30.93 mg/L，137.9 mg/L，硬度为 664.37 mg/L。高锰酸盐指数和化学需氧量分别在 12.3~16.7 mg/L 和 139.6~247.3 mg/L，总磷浓度介于 0.07~0.24 mg/L 之间，都超过了地表水环境质量标准的IV类水质标准限值。总氮的年平均值在 0.7~1.4 mg/L。根据梁旭（2021）的研究结果，2019 年岱海湖水的 COD_{Mn}、TN、TP 分别达到了 12.5 mg/L、1.5 mg/L、0.78 mg/L，均达到了IV类水质标准限值。

在其他条件不变的情况下，湖泊水质的变化主要受补给水源水质和水量的影响，岱海的补给水源主要为地表径流、地下水和湖面降水。湖面降水水质通常变化不大，因此主要讨论入湖河水和地下水的质量对岱海水质的影响。

2）地下水

岱海流域的地下水包括基岩裂隙水、熔岩台地裂隙溶洞潜水、承压水和第四系孔隙潜水、承压水。基岩裂隙水主要分布在岱海盆地南北两侧的山区、是地下水的补给区、水质较好，矿化度小于 1 g/L，水化学类型为 HCO_3-Ca 型。熔岩台地裂隙溶洞潜水、承压水含水岩组在区内广泛分布，主要分布在东南部玄武岩台地地区，其孔隙、裂隙发育，矿化度也小于 1 g/L，水化学类型为 HCO_3-Ca 型。孔隙潜水分布在岱海北部和东部山前洪积扇的中上部，含水介质为卵砾石，水质较好，矿化度小于 1 g/L，水化学类型同样为 HCO_3-Ca 型。孔隙潜水承压水围绕岱海成弧状分布，主要分布在胡麦图镇南部及三苏木乡沿湖滨地带，地层是以粉质黏土为主夹砂层和砾石层的复合结构。地下水质一般，矿化度为 1~2 g/L，在弓坝河和五号河下游地带，水化学类型为 HCO_3·Cl-Ca 型，在小六苏木一带，水化学类型为 HCO_3·SO_4-Na·Mg·Ca 型。在南房子一带水化学类型为 HCO_3·Cl-Ca·Mg 型，是因为湖滨地带的水力坡度小，含水层介质颗粒细，地下水流速小，且潜水位埋深小，在 5 m 以上，蒸发浓缩作用强烈，使地下水矿化度增加。

有研究者于 2019 年对岱海周围 34 个地下水采样点的水质进行了分析，这些采样点环绕岱海一周，能够全面地应直接补给岱海湖的地下水质（表 5-19）（王磊，2021）。根据地下水样品分析结果，补给岱海的地下水水质整体较好。潜水和承压水中的化学需氧量平均值分别为 1.36 mg/L、1.46 mg/L，远小于湖水中的 13.44 mg/L。潜水和承压水中 TDS 的平均值分别为 390.97 mg/L 和 383.69 mg/L，而湖水的矿化度已经上升到了 11683.11 mg/L，达到了咸水湖的标准。总体来看，岱海流域地下水的水质远好于岱海的水质，岱海水质的恶化与补给其的地下水没有直接关系。

表 5-19 岱海湖水和地下水的水质状况

指标	岱海	潜水			承压水		
		最大值	最小值	平均值	最大值	最小值	平均值
pH	9.06	8.12	7.60	7.84	8.24	7.60	7.90
COD_{Cr}/(mg/L)	13.44	2.32	0.72	1.36	2.72	0.40	1.46
TDS/(mg/L)	11683.11	779.46	215.68	390.97	935.83	243.75	383.69
NO_3^-/(mg/L)	ND	157.50	7.07	32.30	52.09	ND	16.18
K^+/(mg/L)	6.60	2.00	0.40	1.00	3.50	0.40	1.12
Na^+/(mg/L)	4060.00	117.90	12.40	34.00	289.90	12.90	51.47
Ca^{2+}/(mg/L)	24.00	140.30	40.10	65.90	70.10	14000	54.80
Mg^{2+}/(mg/L)	264.90	63.20	7.30	24.50	40.10	9.70	20.51
HCO_3^-/(mg/L)	1281.20	347.70	183.00	268.80	488.10	213.50	277.02
SO_4^{2-}/(mg/L)	144.00	144.00	ND	40.70	153.60	ND	40.84
Cl^-/(mg/L)	6541.10	159.50	10.60	40.50	241.10	14.20	42.41
F^-/(mg/L)	3.96	4.08	0.29	0.82	14.78	0.28	1.34
总硬度/(mg/L)	1151.00	530.40	160.10	265.20	320.30	75.10	221.37

注：ND 代表未检出

3）河水

入湖河水的水质会对岱海湖水的质量产生影响。2019 年对索代沟、三道河、苜花河、天成河、步量河、弓坝河、大庙西沟这 7 条主要入湖河流的水质进行取样分析（表 5-20）（梁旭，2021），结果表明河水质量较差。COD_{Cr}、TN、TP 的平均浓度分别为 37.85 mg/L、3.5 mg/L、0.46 mg/L，均超过了地表水环境质量标准中的IV类水标准限值，COD_{Mn} 的平均浓度为 9.86 mg/L，接近于 IV 类水标准限值。其中，苜花河和大庙西沟的水质相对更差，COD_{Cr}、TN、TP 超过了 V 类水质标准限值。

表 5-20 岱海入湖河流水质状况（mg/L）

水质指标	COD_{Cr}	COD_{Mn}	TN	TP
IV类水标准限值	30	10	1.5	0.1
V类水标准限值	40	15	2.0	0.2
索代沟	28.38	9.78	2	0.85

水质指标	COD_{Cr}	COD_{Mn}	TN	TP
三道河	27.26	8.56	1.5	0.33
苜花河	76.4	7.68	6.5	0.26
天成河	16.45	5.77	5	0.65
步量河	28.2	10.25	2.8	0.43
弓坝河	8.16	9.2	3.2	0.28
大庙西沟	80.15	17.8	3.8	0.45
平均值	37.85	9.86	3.5	0.46

4）污染源

岱海流域的污染源可分为面源污染和点源污染。面源污染包括流域内的农业污染、生活污水排放、畜禽养殖污染等。点源污染主要为工业污染。岱海流域生产活动主要为农业，以施用农家肥为主，但也同时施用部分化肥。据 2000 年统计，流域内化肥的年施用量为 8600 t，化肥的利用率为 30%~60%，农药施用量约为13 t/a。大量施肥会使其中未被利用的氮磷等元素通过地表径流进入岱海，对湖泊富营养化起到重要作用。流域内村庄的生活污水、垃圾等的收集处理设施不足，生活污水通过居民自家的排水口排出，最终汇入岱海。畜禽养殖业也会对湖泊水质产生影响。根据 2019 年的调查数据，岱海流域有 3.35 万头牛、30.6 万头羊、1.71 万头猪和 25.7 万只家禽（梁旭，2021），其中凉城县规模化养殖场有 14 个，年排污量约为 6 万 t，污水直接或间接地汇入岱海。点源污染主要是工业污染，流域内企业数量较少，主要集中在凉城县城关镇周围。目前岱海的排污口共有四个，年排放污水量约 188 万 t，入湖污水主要来自城关镇污水处理厂，年排放量约为 100 万 t。

根据相关统计结果（表 5-21），农村污水对入湖 COD_{Cr} 和 NH_3-N 的贡献最大，占比分别为 56% 和 85%，畜禽养殖对入湖的 TN 贡献最大，占比为 83%，对入湖 TP 贡献最大的也是农村污水，占比为 92%。据统计，2000 年岱海 COD_{Cr}、TN、TP 和 NH_3-N 的入湖总量分别为 490.5 t、260.5 t、43.6 t 和 221.3 t。相较于 2014 年，各污染物入湖总量都发生了明显的增加，这与同时期岱海湖水中相应污染物含量的上升趋势一致，能够体现出社会经济发展给岱海的水质带来的不利影响。

表 5-21　2014 年岱海流域污染入湖量统计（t/a）

污染物种类			COD_{Cr}	TN	TP	NH_3-N
面源	农村面源	农村污水	667	82	155	454
		畜禽养殖	302	679	11	47
	农业面源	农田面源	46	22	0.45	11

续表

	污染物种类		COD_Cr	TN	TP	NH_3-N
点源	工业	工业废水	—	—	—	—
	生活	城镇污水	175.3	36.6	1.9	22.2
	合计		1190.3	819.6	168.3	534.2

数据来源：凉城县岱海流域水污染防治实施方案

　　此外，内源污染也是水质恶化的重要原因。岱海内源污染主要来自于底泥污染物的释放。郑天赋和门云云（2020）的研究结果显示，岱海底泥中 COD_{Cr}、TN、TP、NH_3-N 的释放速率分别为 211.10 mg/(m²·d)、18.23 mg/(m²·d)、1.89 mg/(m²·d)、18.23 mg/(m²·d)，年释放总量分别为 4160.80 t、359.39 t、37.25 t、359.39 t。此研究表明底泥释放是岱海湖水中高 COD_{Cr} 的最大贡献者，而人类活动是造成湖水氮磷超标的主要原因。

　　岱海湖水中 COD_{Cr}、TN、TP、NH_3-N 的浓度均存在明显的季节性变化。COD_{Cr}、TP、NH_3-N 呈现出夏季＞秋季＞冬季＞春季的变化趋势。这可能是由于夏季岱海周边的农田退水和生活用水随着强烈的地表径流进入湖泊，使水体中的污染物浓度明显增大。相对而言，地下水的水质比较稳定，湖水水质的季节性变化能够侧面反映地下水不是影响湖水水质的主要因素。此外，岱海中的这些水质指标在空间分布上也有差异。COD_{Cr} 高值区集中分布在西部水域、南部水域和东部水域。岱海西部靠近岱海旅游景区，且入湖河流大庙西沟接受了人类活动产生的污水，直接造成了岱海西部 COD_{Cr} 的升高。东部水域接受麦胡图镇、丰镇等地区的养殖业、农业产生的污水，这些污水通过苜花河汇入岱海。南部水域主要受到岱海电厂的影响（梁旭，2021）。

　　岱海的矿化度在逐年升高，影响湖水矿化度的主要因素是入湖盐分和湖泊水量的变化。自然状态下，封闭性内陆湖由淡水湖演变为咸水湖是一个十分缓慢的过程，但是人类活动可以大大加快这一进程。岱海流域地下水的矿化度较低，普遍低于 2 g/L，根据相关的研究结果（王磊，2021），2019 年地下水补给的盐量约占湖水含盐量的 0.16%，表明地下水并不是造成岱海咸化的原因。周云凯等（2008）根据盐量平衡的分析结果显示从 1955 年到 2002 年，岱海的入湖盐分总量为 141.37×10⁴ t，其引起的矿化度变化量仅占到岱海矿化度总变化量的 13.5%，而湖泊萎缩引起的变化量占 86.5%。从本质上来说，在 2019 年实行大规模压采之前，人类活动引起的入湖水量减小，加速导致了湖泊萎缩，盐分不断累积，并在蒸发作用下浓缩，使得水质矿化度持续升高，湖泊咸化。

　　总而言之，补给岱海的地下水水质良好，不会直接引起湖水的水质恶化，且地下水对岱海的补给量较大，在地下水水质好于湖水的情况下，地下水的补给能对湖水起到一定的稀释作用。而入湖河水的水质却很差，七条主要入湖河流的水质均达到了 V 类水标准，这些地表水体汇聚了大部分人类活动产生的污染物。工业、农业、畜牧业、生活污水等外源污染物的持续输入、内源污染物的释放使得岱海湖水中的污染物总量增加，湖泊水位下降、面积萎缩，使水体的自净能力下降，加之蒸发浓缩作用使水体污染物浓度增大，水质恶化，呈现富营养化的状态。

5.3　呼伦湖地表水-地下水交互关系解析

湖泊的时空演化主要反映在流域水文要素、湖泊基本要素在长时间序列上的变化特征。因此，通过对各个要素进行长时间序列的分析，可以整体了解湖泊的演化过程以及各要素的变化规律；结合当前的数学分析方法，能够进一步分析湖泊发生演化的原因，识别诱导湖泊发生演化的关键因素，并理清各要素之间的交互关系。根据 1963~2016 年呼伦湖现有资料记载，呼伦湖历年的库容、水位和湖面面积变化十分明显，整体呈现下降趋势。然而，造成湖泊发生变化的原因尚不明确。因此，有必要结合 1963~2016 年呼伦湖的水文、气象和湖泊资料，对呼伦湖时空演化的原因进行分析，并深入了解呼伦湖的时空演化过程。

5.3.1　呼伦湖流域演化

1. 流域水文要素分析

1）气温变化

呼伦湖附近有 3 个气象站，分别是呼伦湖北部的满洲里气象站、西南方向的新巴尔虎右旗和南部的新巴尔湖左旗气象站。通过计算 3 个气象站点的年平均气温数据的平均值，以及 1963~2016 年间各月气温数据的平均值，得到呼伦湖流域的年际气温和年内气温变化。计算结果如图 5-35 和图 5-36 所示。研究发现：呼伦湖流域年均气温多年来呈现波动上升趋势，总体以 0.036℃/a 的变化率上升，这与我国近年来气温逐年攀高的背景相似。流域的多年平均气温为 0.27℃，年均气温最高出现在 2007 年，为 2.66℃，这与乌梁素海流域的情况基本一致；年均气温最低出现在 1969 年，低至零下 1.86℃。对于年内变化，相对高温天气主要集中在 6~8 月份，低温天气集中在 1 月、2 月和 12 月，并且年内变化 7 月份气温最高，高达 20.86℃，1 月份气温最低，低至零下 23℃。

图 5-35 和图 5-36 表明，在呼伦湖周边的三个地区，满洲里的年际、年内气温均为最低，新巴尔虎右旗年际、年内气温均为最高；3 个地区年际和年内气温的平均值与新巴尔左旗气温变化情况基本一致。由此说明，新巴尔虎左旗的气温

变化和呼伦湖流域气温变化最为相似。因此,该气象站的气温数据基本可以代表呼伦湖流域整体的年内和年际气温变化。

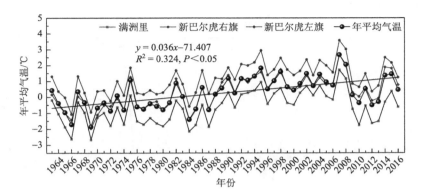

图 5-35 呼伦湖流域年际平均温度变化

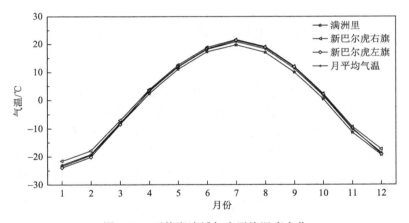

图 5-36 呼伦湖流域年内平均温度变化

2)降水量变化

本节对呼伦湖流域的年际降水进行统计分析,结果如图 5-37 所示。分析结果表明,呼伦湖流域年均降水量没有明显的逐年上升或减小的趋势。1963~2016 年间,年均降水量波动范围较大,最高降水量出现在 1998 年,高达 590.1 mm;最低平均降水量出现在 1986 年,仅为 141.7 mm。呼伦湖流域多年平均降水量为 262.12 mm,对于绝大部分年份,年平均降水量处于 200~300 mm 范围内。相较而言,在整个时间序列上,降水量最少的站点为位于流域附近西南方向的新巴尔虎右旗站,年均降水量为 236.66 mm;在 1963~1991 年间,降水量最多的站点为位于呼伦湖北部的满洲里气象站,多年平均降水量达 300.45 mm;1992~2016 年间,降水量最多的站点为呼伦湖南部的新巴尔虎左旗气象站，年均降水量达 281.41 mm。总体来说，在呼伦湖周边的 3 个气象站年均降水量平均值逐年变化趋势与新巴尔虎左旗的年均降水量变化最为相似。

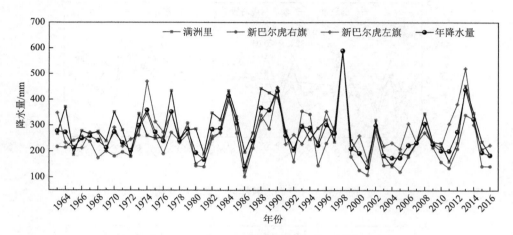

图 5-37　呼伦湖流域年际平均降水量变化

3）蒸发量变化

本节对呼伦湖流域的年际蒸发和年内蒸发进行统计分析，结果如图 5-38 和图 5-39 所示。从年际变化看，呼伦湖流域年均蒸发量多年来整体呈现不显著的下降趋势。经计算，呼伦湖流域的多年平均蒸发量为 1119.7 mm，年均蒸发量最高的年份是 2004 年，高达 1251.60 mm；最低的是 2013 年，该年年均蒸发量仅为854.13 mm。蒸发量最多的站点为新巴尔虎右旗气象站，其多年平均蒸发量高达

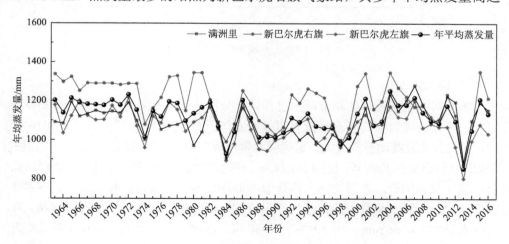

图 5-38　呼伦湖流域年际蒸发量变化

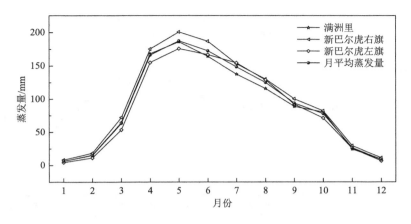

图 5-39 呼伦湖流域年内蒸发量变化

1198.27 mm，其他两个站的多年平均蒸发量差异不明显；但是，从 2014 年起，新巴尔左旗的年均蒸发量始终处于最低水平。同期，该地区的降水量均为最高，这可能与地区局部气候变化有关。

从年内变化来看，第二季度（4~6 月份）为一年中蒸发量最大的时段，在 1963~2016 年间该季度月平均蒸发量均大于 150 mm；其中，5 月的多年月平均蒸发量最高，高达 187.55 mm；其次是第三季度（7~8 月份），三月平均蒸发量为 122.47 mm。一年之中，这两个季度（第二、三季度）的蒸发量占全年总蒸发量的 80%以上。相比之下，每年 1 月、2 月、11 月和 12 月份为蒸发量最小的时段，月均蒸发量均不足 30 mm。与此同时，月均蒸发量从 1 月起一直呈增长趋势，在 5 月达到峰值；并在之后的月份，蒸发量逐月降低，直至降到次年 1 月。

2. 湖泊基本要素分析

1）水位多年变化

根据呼伦湖水位资料记载，呼伦湖在 1963~2016 年间的水位变化情况，如图 5-40 所示。总体而言，从长序列时间尺度来看，呼伦湖水位呈现逐年下降的趋势，每年约下降 0.058 m。同时，呼伦湖水位变化可以分为 6 个阶段。第一阶段，即 1963~1982 年间，呼伦湖的水位逐年缓慢降低，降至 542.92 m；第二阶段为 1982~1990 年，期间呼伦湖水位逐年缓慢回升，回升至 544.64 m，并且在此回升过程中经历过一次水位回落；第三阶段为 1990~2000 年间，这几年湖水水位没有明显的增减趋势；第四阶段，即 2000~2009 年，期间呼伦湖水位急剧下降，降至历年最低水位 540.50 m；第五阶段，即 2009~2012 年，期间基本保持此水位不变；第六阶段，即 2012~2016 年，期间湖水位迅速回升，且基本回升至 2000 年以前的水平。

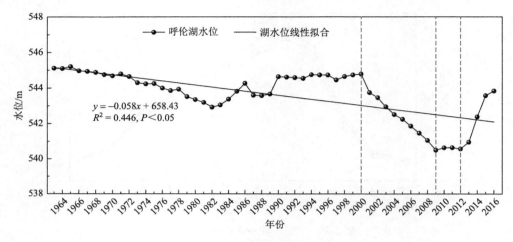

图 5-40　呼伦湖水位历年变化

2）湖面面积多年变化

　　呼伦湖在 1963~2016 年间的湖面面积变化，如图 5-41 所示。总体而言，从长序列时间尺度来看，呼伦湖湖面面积呈现逐年下降的趋势，每年约下降 3.883 km²。同时，呼伦湖湖面面积逐年变化情况与湖泊水位变化基本一致。在 1963~1982 年间，呼伦湖湖面面积逐年下降，到 1982 年降至 2022.37 km²；之后缓慢面积增加，1990 年湖面积增加至 2092.21 km²，随后 10 年，湖面测算面积基本保持稳定；在 2000~2009 年间，呼伦湖湖面面积急剧下降，到 2009 年，降至历年最小湖面积 1764.10 km²，随后 3 年，呼伦湖的湖面积也基本维持此低水平；在 2012~2016 年间，呼伦湖湖面面积迅速增加，到 2016 年基本恢复至 2000 年以前的水平。

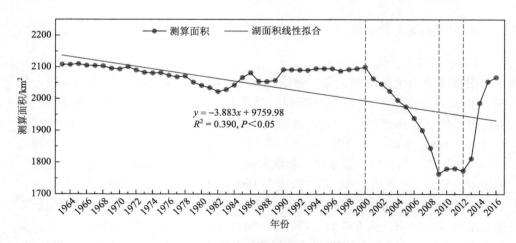

图 5-41　呼伦湖湖面面积逐年变化曲线

3）库容及蓄变量多年变化

呼伦湖库容逐年变化如图 5-42 所示。从长时间序列上看，1963~2016 年间，呼伦湖库容总体呈现逐年下降的趋势。呼伦湖库容的历年变化趋势与其水位、湖面积变化趋势基本一致，但相比之下，其变化更为明显。尤其是 2000~2009 年期间呼伦湖库容降低了 65.82%，而在 1964~1982 年间湖泊库容减少了 34.30%。从 2012 年到 2016 年，呼伦湖库容增加了 63.83 亿 m³。由图 5-42 可知，在这 54 年间，2014 年和 2015 年呼伦湖库容变化量最大，库容分别增加了 27.38 亿 m³ 和 24.28 亿 m³；其次是 1990 年，湖泊库容增加了 20.15 亿 m³。然而，在 2001 年和 1987 年，呼伦湖库容减小最为明显，湖泊库容分别减小了 21.65 亿 m³ 和 13.87 亿 m³。结合呼伦湖主要补给河流的历年流量数据分析，上述出现湖泊库容发生较大变化的原因，与呼伦湖逐年河流入湖总量密切相关。相关研究表明：呼伦湖水位等基本要素的变化取决于河流的径流量和降水量（王荔弘，2006）。

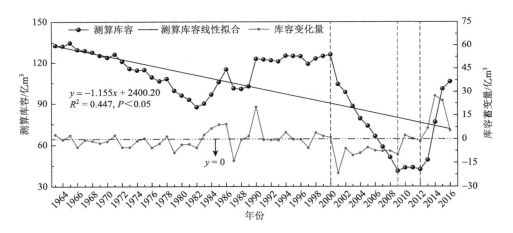

图 5-42　呼伦湖库容及蓄变量逐年变化曲线

4）水量演化分析

本研究基于呼伦湖 1963~2016 年历年河流入湖总量、湖面蒸发量、湖面降水量、湖泊库容和地下水交换水量等资料，进行 Pearson 相关性分析。各个变量之间的相关关系如表 5-22 所示。分析结果表明，呼伦湖库容的多年变化与河流入湖总量、湖面年降水量之间不存在明显的相关关系。尽管呼伦湖库容的多年变化与湖面平均蒸发量呈较为显著的线性相关，但这并不能说明呼伦湖库容变化主要受水面蒸发的影响。因为，在二者之中，呼伦湖库容决定了呼伦湖的湖面面积（$R^2 = 0.958$，$P<0.05$）；同时，呼伦湖的湖面面积很大程度上决定了湖面蒸发量。然而，呼伦湖库容与克鲁伦湖、乌尔逊河径流量呈较为显著的正相关关系。

"引河济湖工程"自 2010 年起对呼伦湖进行大量补给，造成河流入湖总量急剧上升。然而之前呼伦湖库容多年维持很低水平，加上流域强烈蒸发，造成湖周围的地下水位急剧下跌。因此，来自"引河济湖工程"的大量补给需先满足湖周的地下水补给，从而不能使呼伦湖库容随河流入湖总量的激增而急剧上升。

表 5-22　呼伦湖各要素之间的相关性分析

相关系数	克鲁伦河径流(亿 m³)	乌尔逊河径流(亿 m³)	引河济湖(亿 m³)	入湖总量(亿 m³)	湖面水位(m)	测算面积(km²)	测算库容(亿 m³)	年降水量(亿 m³)	湖面蒸发(亿 m³)	年平均气温(℃)	地下水交换量(亿 m³)
克鲁伦河径流	1	0.65*	-0.12	0.64*	0.47*	0.40*	0.48*	0.61*	-0.13	-0.16	-0.43*
乌尔逊河径流	0.65*	1	0.35*	0.92*	0.34*	0.34*	0.34*	0.49*	-0.21	0.06	-0.31*
引河济湖	-0.12	0.35*	1	0.61*	-0.43*	-0.45*	-0.43*	-0.01	-0.41*	0.08	-0.18
入湖总量	0.64*	0.92*	0.61*	1	0.14	0.11	0.14	0.47*	-0.35*	0.01	-0.40*
湖面水位	0.47*	0.34*	-0.43*	0.14	1	0.96*	1.00*	0.20	0.59*	-0.18	0.15
测算面积	0.40*	0.34*	-0.45*	0.11	0.96*	1	0.96*	0.18	0.61*	-0.13	0.16
测算库容	0.48*	0.34*	-0.43*	0.14	1.00*	0.96*	1	0.20	0.58*	-0.18	0.15
年降水量	0.61*	0.49*	-0.01	0.47*	0.20	0.18	0.20	1	-0.42*	0.01	-0.52*
湖面蒸发	-0.13	-0.21	-0.41*	-0.35*	0.59*	0.61*	0.58*	-0.42*	1.00	-0.07	0.62*
年平均气温	-0.16	0.06	0.08	0.01	-0.18	-0.13	-0.18	0.01	-0.07	1	0.05
地下水交换量	-0.43*	-0.31*	-0.18	-0.40*	0.15	0.16	0.15	-0.52*	0.62*	0.05	1

注：*表示 0.05 的置信水平

　　相关分析结果还表明，呼伦湖与地下水之间的交换水量，与河流入湖总量、湖面降水量之间存在较为显著的负相关关系，在 0.05 置信水平下，相关系数分别为 -0.40 和 -0.52；然而，地下水交换水量与湖面蒸发量呈显著正相关关系（$R^2 = 0.62$，$P<0.05$）。上述结果与实际情况相符，呼伦湖包括克鲁伦河、乌尔逊河等在内的河流入湖总量和湖面降水量等来水量，不利于呼伦湖接受湖周地下水的补给。相比之下，呼伦湖湖面强烈的水面蒸发使其库容减少，湖泊水位降低，从而促使湖周地下水补给呼伦湖。通常情况下，入湖总量增加会导致湖泊库容上

升,增加湖面面积,进而增加湖面蒸发量。因此,湖面蒸发和入湖总量之间理应呈现较为良好的正相关关系,然而分析结果显示二者呈现负相关的假象关系。由此说明,河流入湖总量对呼伦湖湖面蒸发量没有明显的影响。呼伦湖流域年平均气温与呼伦湖的其他因素(包括湖面蒸发、库容、面积等)均无显著相关关系,由此也说明流域气温变化对呼伦湖水量演化过程的作用和影响不明显。

5.3.2 呼伦湖地表水-地下水交互作用

1. 水均衡分析

1)水均衡模型的建立

某时段出、入湖泊水量之差与湖泊增(减)水的关系,可用水量平衡方程式表示(王志杰等,2012a):

$$\frac{\Delta V}{\Delta t} = A(h)(P-E) + Q_{\text{in}} - Q_{\text{out}} \tag{5-7}$$

式中,Δt 为计算时段(天、月、年);ΔV 为湖的库容变化量(m³),若时段末水量多于时段初时,ΔV 为正值,反之则为负值;$A(h)$ 为湖水面面积,m²;P 为湖面降水量,mm;E 为湖面蒸发量,mm;Q_{in} 为入湖总量,m³;Q_{out} 为出湖总量,m³。

呼伦湖湖水的补给源主要为西南部的克鲁伦河、东南部的乌尔逊河,还有大气降水。湖水的排泄途径以蒸发为主,其次为地下水渗漏。然而,呼伦湖处于国家自然保护区内,工矿企业较少,人口稀疏,因此,工、农业用水量忽略不计。与此同时,呼伦湖流域的年均降水量很小,且根据呼伦湖流域的季节性气候特征,降水主要集中在每年 6～9 月,仅此期间会有少部分降水形成坡面径流,汇入呼伦湖,并作为呼伦湖的补给量(王志杰等,2012a)。综上所述,呼伦湖的水均衡方程中,补给水量包括河道来水、大气降水,以及少部分坡面汇流;排泄水量包括蒸散发、河道排泄及地下水渗漏量。因此,结合呼伦湖的实际情况,可将其水量平衡方程(王志杰,2012a)表示为:

$$\frac{\Delta V}{\Delta t} = A(h)(P-E) + Q_{\text{R-in}} + Q_{\text{overland}} + Q_{\text{G-in}} - Q_{\text{R-out}} - Q_{\text{G-out}} \tag{5-8}$$

$$\frac{\Delta V}{\Delta t} = A(h)(P-E) + Q_{\text{R-in}} + Q_{\text{overland}} - Q_{\text{R-out}} + Q_{\text{other}} \tag{5-9}$$

式中,$Q_{\text{R-in}}$,$Q_{\text{R-out}}$ 为河流入、出呼伦湖的总水量;$Q_{\text{G-in}}$,$Q_{\text{G-out}}$ 为地下水入、出呼伦湖的总水量;Q_{overland} 为呼伦湖周区间坡面汇流;Q_{other} 为余项,其表示如下:

$$Q_{\text{other}} = \frac{\Delta V}{\Delta t} - A(h)(P-E) - Q_{\text{R-in}} + Q_{\text{R-out}} - Q_{\text{overland}} \tag{5-10}$$

$$Q_{\text{other}} = Q_{\text{G-in}} - Q_{\text{G-out}} \tag{5-11}$$

2）水均衡项分析

A. 逐年河流出入湖总量

与呼伦湖连通的河流共有 3 条，即克鲁伦河、乌尔逊河和新开河。其中，克鲁伦河、乌尔逊河是呼伦湖的主要补给河流。呼伦湖东北部有一个内陆型湖泊，即新开湖（韩向红和杨持，2002）；呼伦湖东北部的新开河是一条吞吐性河流，当海拉尔河水大时，河水顺着该河流入呼伦湖；当呼伦湖水量大时又顺此河流向额尔古纳河，水少时则成为内陆湖（顾润源等，2012）。新开河是 20 世纪 70 年代修建的一条人工河道，只有在湖泊高水位或海拉尔河高水位时，呼伦湖才会通过新开河与海拉尔河有一些水量交换。

计算过程中，当水位超过 544.8 m 时按新开河闸门设计过流能力泄流（李翀等，2006）。然而，据现有资料记载，在 1971~2016 年间，呼伦湖逐年水位均低于544.8 m，如图 5-40 所示。有报告资料显示，新开河由于水闸控制的原因，近年流入呼伦湖的水量很小，基本可以忽略不计。与此同时，呼伦湖和新开河的水量交换也无具体水文数据。然而，根据李翀等（2006）对呼伦湖水量平衡的研究，在 1961~2002 年间，新开河多年平均出流为 1.44 亿 m³，而且对呼伦湖出湖水量影响最大的是湖面蒸发量，其贡献率达到 94.2%。

综上所述，本研究将位于克鲁伦河上的坤都冷水文站和乌尔逊河上的阿拉坦额莫勒站两站来水量认为是呼伦湖区主要的地表径流，地表径流还包括2010~2016 年间通过"引河济湖工程"对呼伦湖的补给量。同时，将 1961~1971 年间呼伦湖通过新开河的排泄量设为 1.44 亿 m³，且不考虑 1971~2016 年间通过新开河的排泄量。呼伦湖逐年的各条河流的入湖水量和 3 条河流入湖总量如图 5-43 所示。

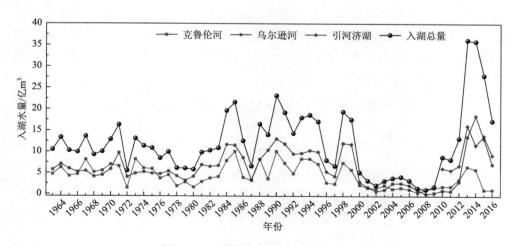

图 5-43　呼伦湖平均年入湖水量曲线

本研究基于 1963~2016 年坤都冷水文站和阿拉坦额莫勒站记录的径流数据，计算得到克鲁伦河和乌尔逊河多年平均径流量分别为 4.37 亿 m^3 和 6.25 亿 m^3。根据前人研究，呼伦湖在 2010~2016 年间接受"引河济湖"工程的径流补给，这七年的年均补给量为 9.85 亿 m^3，最高出现在 2013 年，补给量高达 16.07 亿 m^3，最低出现在 2011 年，补给量为 5.63 亿 m^3。总的来说，河川径流对呼伦湖的补给量波动范围很大。在 2001~2009 年间，河流年均补给量均不足 5 亿 m^3；其他年份的年均补给量大多处于 10 亿 m^3 以上，尤其是 2013~2015 年，受引河入湖工程的补给，呼伦湖来自河流的年均补给量均高于 27 亿 m^3。基于 3 条河流的径流数据，统计计算得到呼伦湖多年平均入湖总量为 11.90 亿 m^3。

B. 逐年湖面平均降水量

本研究基于 1963~2016 年呼伦湖附近满洲里、新巴尔右旗和新巴尔左旗 3 个气象站的降水量数据，计算 3 个站点降水量的平均值；并将其乘以呼伦湖的湖面面积，得到呼伦湖的湖面降水量。湖面年平均降水量计算结果如图 5-44 所示。

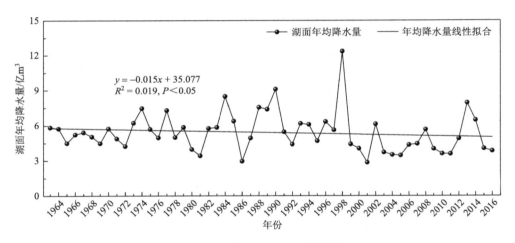

图 5-44　呼伦湖年均湖面降水量

呼伦湖多年平均降水量为 265.12 mm，呼伦湖多年平均湖泊面积取 2034.21 km^2。因此，经计算的湖面多年平均降水量为 5.40 亿 m^3。由图 5-44 可知，呼伦湖湖面年均降水量逐年波动范围较大，总体上呈现下降趋势；且 1998 年湖面降水量最高，高达 12.35 亿 m^3；其次是 1990 年和 1984 年，其湖面降水量分别为 9.08 亿 m^3 和 8.47 亿 m^3；降水量最低的年份为 1986 年和 2001 年，这两年的湖面年平均降水量均不足 3 亿 m^3。

C. 逐年湖面蒸发量

孙标（2010）基于湖边的达赉湖试验站观测数据，通过乘以折算系数 0.776

获得呼伦湖的水面蒸发，其方法是用湖周边的局部蒸发代替全湖面的蒸发。然而，本研究基于呼伦湖周边的满洲里、新巴尔虎右旗和新巴尔虎左旗 3 个气象站，1963~2016 年逐年的蒸发监测资料，计算 3 个气象站蒸发量的平均值，并将其作为呼伦湖的水面蒸发量。该方法考虑了区域小气候对呼伦湖流域的蒸发影响（王志杰等，2012a），该计算结果更逼近湖面实际蒸发量。本研究中，呼伦湖的湖面年平均蒸发量计算结果如图 5-45 所示。

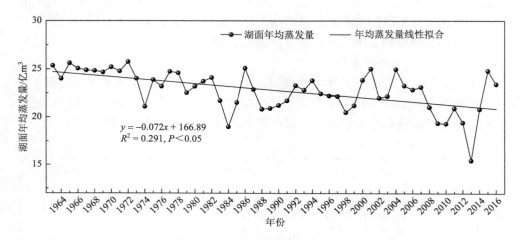

图 5-45　呼伦湖湖面年均蒸发量

　　如图 5-45 所示，呼伦湖湖面年均蒸发量存在一定程度的波动，1972 年蒸发量最大，高达 25.74 亿 m³，且蒸发量较高的年份相对集中地分布在 1963~1972 年间。最低出现在 2013 年，仅为 15.48 亿 m³。从长序列尺度看，呼伦湖湖面年平均蒸发量总体呈现逐年下降的趋势，湖面蒸发量年均下降约 0.072 亿 m³。

　　D. 逐年坡面汇流量

　　本研究所建立的水量平衡模型中，包括坡面汇流一项。然而，关于呼伦湖周边的坡面汇流，目前没有观测资料记载（王志杰等，2012a）。根据前人的研究，平均每年约有 0.94 亿 m³ 的入湖水量源自呼伦湖周边的坡面汇流。然而，相比每年的河流入湖总量，坡面汇流对每年呼伦湖入湖总量的贡献基本可以忽略不计（李孝荣和塔娜，2014）。为了相对准确地计算呼伦湖每年入、出湖的各部分水量，本研究将前人研究得到的多年平均坡面汇流量作为呼伦湖逐年的坡面汇流量。

　　E. 逐年库容变化量

　　根据呼伦湖在 1963~2016 年的水位等基本数据，计算得到呼伦湖多年平均水位 534.62 m，多年平均测算面积为 2034.21 km²，多年平均测算库容为 102.06 亿 m³，呼伦湖的多年平均库容变化量为–0.44 亿 m³。由此也说明，在这 54 年期间，呼伦湖的库容以 0.44 亿 m³/年的速度在持续不断地减小。

F. 余项

在本研究所建立的水均衡模型中，考虑了呼伦湖向地下水的补给量和排泄量两个部分，然而这两部分都是水均衡模型中的未知项；然而，这两项之和表示呼伦湖和地下水之间的水量交换。因此，本研究将这两项归为一个未知项，即余项（Q_{other}）。余项的正负能够表示呼伦湖与地下水之间的补给和排泄关系，数值表示二者之间水量交换的大小。余项大于零，表示地下水补给湖水，反之则表示湖水补给地下水。

2. 地表水与地下水转化关系

本研究基于水均衡模型计算得到 1963~2016 年间呼伦湖与地下水之间逐年的交换水量（Q_{other}），其结果如图 5-46 所示。从长序列时间尺度看，在这 54 年中的绝大多数年份，呼伦湖接受地下水的补给；而在少有年份，呼伦湖也会补给地下水。由 5-46 可知，2013 年呼伦湖湖水向地下水大量排泄，向地下水的排泄量异常高，甚至高达 22.7 亿 m³。经分析，该年份呼伦湖接受了大量来自克鲁伦河、乌尔逊河和引河济湖的补给，三条河流的入湖总量高达 36.09 亿 m³；同时，作为呼伦湖主要排泄项的湖面蒸发量较低，仅为 15.48 亿 m³；然而该年呼伦湖的库容仅仅增加了 6.81 亿 m³，从历年最低库容 42.20 亿 m³ 增加至 49.01 亿 m³。并且，在 2009~2012 年间，湖泊水位始终处于历年最低的水平，水面蒸发量也相对较大。因此，可能造成呼伦湖湖周土壤介质极度干旱，从而造成呼伦湖接受河流的大量补给之后向湖周和地下水排泄，使得呼伦湖库容增加较为缓慢。

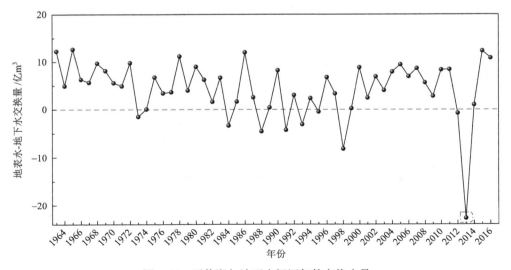

图 5-46 呼伦湖与地下水间逐年的交换水量

经计算可知，呼伦湖多年平均地下水补给量为 4.32 亿 m³，在这 54 年间，呼伦湖与地下水之间的水交换量波动较大，总体表现为呼伦湖接受地下水的补给，且补给量在 5 亿 m³ 上下范围内波动。整体并未表现出明显的地下水补给量增加或降低的趋势。

本研究基于 1963~2016 年呼伦湖逐年入湖水量的数据，计算了各入湖要素水量占比，其结果如表 5-23 所示。从多年平均补给量的角度来看，呼伦湖的补给量主要来自湖面年降水补给（24.85%），乌尔逊河的水量补给（24.76%）和地下水补给（23.43%），其次为克鲁伦河的水量补给（18.52%）。由此可见，这 54 年间，呼伦湖接受了大量的地下水补给，某些年份的地下水补给量比例甚至达到了 50% 以上。这也表明：呼伦湖与湖周地下水水量交换频繁，其湖泊库容、水位等要素受地下水的影响很大。

呼伦湖与湖周地下水的水量交换同时伴随着水中溶质的交换，自然对相互的水质产生影响。近年来，受上游河流和人类活动的影响，呼伦湖的水质不断恶化。因而，呼伦湖能够通过与地下水之间的水量交换对湖周地下水水质产生较大的影响。

表 5-23 呼伦湖各入湖要素水量占比

年份	地下水补给量占比/%	克鲁伦河入湖占比/%	乌尔逊河入湖占比/%	引河济湖入湖占比/%	年降水量占比/%	坡面汇流占比/%
1963	41.5	16.0	19.5	0.0	19.8	3.2
1964	19.9	25.1	28.3	0.0	23.0	3.8
1965	46.5	14.5	20.5	0.0	15.3	3.2
1966	24.8	21.9	24.4	0.0	24.5	4.4
1967	22.2	31.7	21.3	0.0	21.1	3.7
1968	38.9	20.7	16.4	0.0	20.2	3.8
1969	34.5	23.5	19.0	0.0	19.0	4.0
1970	22.3	27.8	23.3	0.0	22.8	3.7
1971	18.2	24.3	36.0	0.0	18.0	3.5
1972	47.8	7.2	19.8	0.0	20.6	4.6
1973	0.0	40.6	24.1	0.0	30.7	4.6
1974	0.5	30.8	26.4	0.0	37.6	4.7
1975	28.0	24.6	20.1	0.0	23.5	3.9
1976	19.3	20.9	26.6	0.0	27.9	5.3
1977	16.8	20.7	24.9	0.0	33.4	4.3
1978	54.0	7.2	16.2	0.0	19.0	3.6
1979	7.2	20.5	23.2	0.0	42.3	6.8
1980	45.7	8.3	21.2	0.0	20.1	4.8
1981	30.6	14.3	33.8	0.0	16.7	4.6

续表

年份	地下水补给量占比/%	克鲁伦河入湖占比/%	乌尔逊河入湖占比/%	引河济湖入湖占比/%	年降水量占比/%	坡面汇流占比/%
1982	8.7	20.2	35.1	0.0	30.9	5.0
1983	27.4	17.0	27.7	0.0	24.0	3.9
1984	0.0	27.2	40.4	0.0	29.2	3.2
1985	5.4	32.9	37.7	0.0	20.9	3.1
1986	52.3	11.4	25.1	0.0	8.6	2.7
1987	0.0	25.9	27.0	0.0	39.5	7.5
1988	0.0	33.1	32.9	0.0	30.3	3.8
1989	1.8	15.9	45.7	0.0	32.5	4.1
1990	19.9	24.4	31.5	0.0	21.9	2.3
1991	0.0	28.5	46.4	0.0	21.4	3.7
1992	13.3	21.3	41.9	0.0	19.3	4.1
1993	0.0	33.2	38.4	0.0	24.6	3.7
1994	8.4	29.7	36.8	0.0	21.8	3.4
1995	0.0	31.3	43.9	0.0	20.6	4.1
1996	30.7	12.2	24.0	0.0	28.8	4.3
1997	20.2	14.7	25.4	0.0	34.0	5.7
1998	0.0	22.6	36.7	0.0	37.8	2.9
1999	1.1	24.9	50.9	0.0	19.0	4.1
2000	59.6	8.8	11.7	0.0	16.2	3.8
2001	0.0	22.0	23.4	0.0	41.0	13.6
2002	43.0	8.4	4.5	0.0	38.2	5.9
2003	34.1	17.7	8.8	0.0	31.5	8.0
2004	49.1	7.6	15.8	0.0	21.7	5.8
2005	52.8	8.3	14.3	0.0	19.3	5.2
2006	45.1	7.3	13.4	0.0	28.1	6.1
2007	56.1	2.5	6.6	0.0	28.7	6.1
2008	42.3	7.9	0.4	0.0	42.4	7.0
2009	29.6	15.2	3.1	0.0	42.2	9.9
2010	38.6	8.4	4.0	28.0	16.7	4.3
2011	39.9	8.6	3.4	26.7	17.0	4.5
2012	0.0	18.1	15.6	35.5	25.8	5.0
2013	0.0	14.4	30.1	35.7	17.7	2.1
2014	10.4	12.1	38.2	24.0	13.4	2.0
2015	33.2	2.0	26.6	28.0	8.2	1.9
2016	23.7	3.5	24.4	31.8	13.3	3.3

5.3.3　呼伦湖水质演化分析

1. 湖水水质现状

呼伦湖属于内蒙古自治区的第一大湖泊,是我国内陆高纬度半干旱地区的第一大草原型湖泊,也是我国北方重要的生态屏障。近年来,由于气候条件变化和人类活动的影响,呼伦湖流域的生态环境遭到破坏,呼伦湖水质也发生着改变(梁丽娥等,2016a)。岳彩英等(2008)基于2004~2007年达赉湖的水质监测数据,对湖泊水质进行评价。其结果表明:2004~2007年间达赉湖均为劣V类水质,属重度污染,并且直接影响达赉湖的水质指标,包括pH、氟化物和高锰酸盐指数。多年来,达赉湖pH始终大于9.0,呈碱性,水体盐分比例为6‰,已达半咸水标准。因此,现阶段达赉湖已成为盐碱化湖泊,且水体营养状态指数均在60~70之间,属于中度富营养状态,并有逐年加重趋势(王俊等,2011;岳彩英等,2008)。近些年,呼伦湖流域气候呈现暖干化,降水量减少、蒸发量增大、水位逐年下降,水域面积不断减小,湿地萎缩,致使周边生态环境和湖水水质严重恶化,湖水总含盐量和pH逐年升高,渔业资源濒临枯竭和大量珍稀鸟类迁移(颜文博等,2006;赵慧颖等,2008),水质呈现中度富营养水平。2016年,梁丽娥等(2016b)基于2015年8月呼伦湖的水质数据,分析了呼伦湖水体的化学特征,结果表明:呼伦湖湖水的pH为9.06~9.23,属弱碱性水。次年,梁丽娥等(2017)基于2012~2014年呼伦湖3年的水质数据,对呼伦湖TN、TP浓度的时空分布进行研究,其结果表明,TN的浓度范围为1.70~2.31 mg/L,均值为1.94 mg/L;TP的浓度范围为0.15~0.25 mg/L,均值为0.19 mg/L,都分别超出《地表水环境质量标准》(GB 3838—2002)中III类标准,达到地表水环境质量IV、V类水体标准(王俊等,2011)。目前,呼伦湖的生态环境已经遭到破坏,水质出现严重恶化,呈现出中度-重度富营养化状态,甚至威胁周边牧民的生产生活。因此,采取相关措施解决呼伦湖的水质、水生态问题已经迫在眉睫。

2. 水质演化过程及分析

本研究从现有文献提取了1990~2018年呼伦湖逐年水质数据,包括总氮(TN)、总磷(TP)、溶解性总固体(TDS)和氟化物,各水质指标浓度历年变化趋势如图5-47所示。

由图5-47可知,在2008~2013年间,呼伦湖中总氮、总磷和氟化物浓度相比其他年份处于更高浓度水平。对于湖泊总氮,其浓度最高值出现在2008年,高达3.22 mg/L,其次是2011年,浓度为3.03 mg/L;对于湖泊的总磷含量,其浓度峰值出现在 2012~2013 年，两年的总磷浓度分别为 0.50 mg/L 和 0.51 mg/L；氟化物浓度峰值出现在 2009 年，浓度高达 5.8 mg/L。结合呼伦湖历年的库容变化，容易发现：在 2008~2013 年，呼伦湖库容始终处于历年最低水平。期间湖泊库容最高仅为 50.83 亿 m³，相比 2000 年，其库容减少了近 60%。由此说明，湖泊库容对呼伦湖水质变化起着至关重要的作用。然而，湖泊库容与河流入湖水量、与湖周地下水的交换量和年蒸发量密切相关。孙标等（2011）和王志杰（2012）同时指出 2000 年以来湖泊急速萎缩的主要原因是河流径流量的锐减。赵慧颖等（2008）和汪敬忠等（2015）的研究结果也表明气候因素是湖水面积萎缩、水量减少以及矿化度增加的主要原因。

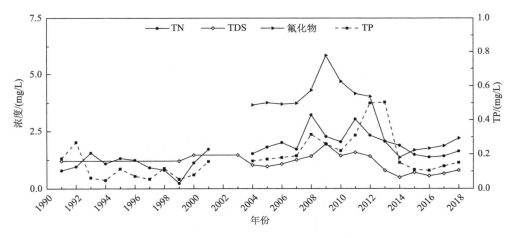

图 5-47　呼伦湖历年水质（TN、TP、TDS 和氟化物）变化情况

另外，在 2008~2013 年间，呼伦湖中溶解性总固体（TDS）浓度并未升高，反而呈现下降趋势。其 TDS 从 2009 年 1.95 g/L 下降到 2014 年的最低值 0.49 g/L，呼伦湖水质从微咸水向淡水转化。前人研究表明，克鲁伦河常年流入，其夏季水体入境前上游河段水质受污染严重，氮、磷含量较高（陈阿辉等，2015）。入境后克鲁伦河整体监测河段内受氮污染较为严重，TN 严重超标，TP 整体维持在《地表水环境质量标准》（GB 3838—2002）中的Ⅳ类水平。呼伦湖主要的两条补给河流——克鲁伦河和乌尔逊河，沿途畜牧业较为发达，在降雨较频繁的夏季，水土流失较严重，氮、磷等营养盐也会随之流失，部分营养盐随地表径流进入湖泊和河流（王俊等，2011；梁丽娥等，2016a）。综合上述分析，2008~2013 年间，上游入湖河流的水量和水质对呼伦湖的水质造成了严重影响。

2015~2018 年间，呼伦湖中各项水质指标（TN、TP、TDS 和氟化物）的浓度总体上呈现逐年增加的趋势。结合此期间呼伦湖的入湖总量、湖泊库容、湖面年降水量和蒸发量分析，2015~2018 年间，呼伦湖上游来水量大，湖泊库容迅速增加，且湖面蒸发量较大。因此，受湖泊上游人类活动（超载放牧等）（韩知明等，2018；梁丽娥等，2017）和自然因素（河水侵蚀等）（梁丽娥等，2017；王文华，2005）的影响，上游来水中大量的氮、磷和氟化物造成湖泊水质恶化；同时，由于呼伦湖流域强烈的蒸发作用，造成呼伦湖溶解性总固体（TDS）浓度逐年增加。由于大气补给、地表径流和大量的干草入湖，造成近年来呼伦湖水体中总氮和总磷的含量不断升高（王荔弘，2006），再加上蒸发量加大，水位连年下降，且湖水不能与其他水体进行有效流通，进而造成呼伦湖内营养物质、盐分、有机污染物不断浓缩，湖水富营养化程度不断加深（王俊等，2011）。

5.4　本章小结

（1）在 2011 年以前，乌梁素海总氮浓度呈现出明显波动，呈现出上升—下降—上升—下降的特点，最高点可达 12.67 mg/L，低值在 3.4 mg/L 以下；此时生态补水量占比很少，年均补给量在 0.3 亿 m³ 左右。自 2012 年之后，生态补水量上升，TN 浓度快速下降，2012~2016 年间，总氮浓度为 2.3 mg/L 左右变化，逐渐接近 V 类水质标准，部分年份水质接近Ⅳ类水质标准。该变化与流域生态补水量的变化呈现负相关变化趋势，随生态补水量的增加，乌梁素海水体富营养化现象得到一定程度的缓解。由此可见，乌梁素海流域生态补水取得了一定成效。地下水在这段时间内无明显上升或下降趋势，总体对乌梁素海的补给量在 0.1 亿~0.8 亿 m³ 间变化。地下水补给水量与乌梁素海水体富营养化指标之间无直接相关变化，即地下水补给对于乌梁素海流域水体富营养化影响不明显。

（2）自 20 世纪 60 年代以来，岱海的面积、水位、蓄水量都发生了持续性的下降趋势，水生态恶化，水体呈现富营养化状态，且水质多年都为劣 V 类，高锰酸盐指数、化学需氧量、总磷为主要超标指标。湖泊矿化度持续升高，在 2004 年时，矿化度达到了 4659 mg/L，此后，快速上升，2018 年时，矿化度已超过 11000 mg/L，达到了咸水湖标准。岱海湖水接受地表径流、地下水和降水的补给，主要通过水面蒸发排泄。降水和地下水是最主要的补给项，在人类活动的影响下，1955~2019 年间，岱海接受的地下水补给量下降，地下水补给量占总补给量的比例从 62.72%下降到了 33.91%。在此期间，岱海面积萎缩、蓄水量减少主要是人类活动引起。流域经济快速发展，耗水量增加，加上灌溉、蓄水工程等人类活动加大了蒸发作用，入湖水量持续减少，岱海的补给量小于排泄量，常年保持负均衡状态，造成了岱海面积萎缩。工农业污染、畜牧业、生活污水排放等外源污染物和湖泊内源污染物的释放是岱海水质恶化的直接原因，湖泊萎缩、水量减少和蒸发浓缩作用加剧了这一趋势。

（3）根据 1963~2016 年呼伦湖资料，呼伦湖的水位、湖面面积和库容逐年的变化趋势基本一致；但是，呼伦湖库容的逐年变化更为明显。相比 1963 年，呼伦湖在 1982 年的库容缩减了 34.30%，直到 1990 年恢复至之前的库容水平。结合呼伦湖主要补给河流的历年流量数据和皮尔逊相关性分析，结果表明：呼伦湖主要补给河流逐年入湖水量是造成湖泊库容发生较大变化的主要原因。呼伦湖多年平均地下水补给量占总补给量的 23.43%，某些年份的地下水补给量比例甚至达到了 50%以上；而在少数年份，呼伦湖也会补给地下水。由此表明，呼伦湖与湖周地下水水量交换频繁，其湖泊库容、水位等要素受地下水的影响很大。水量平衡模型计算结果表明：呼伦湖多年平均地下水补给量为 4.32 亿 m^3。另外，湖泊库容对呼伦湖水质变化起着至关重要的作用；然而，湖泊库容与河流入湖总量、与地下水的交换量及湖面蒸发量等水文要素密切相关，加之呼伦湖流域多年呈现出暖干化趋势，气温升高、降水量减少、蒸发量大，致使呼伦湖湖面面积萎缩，水位大幅度下降。因此，在这些水文要素和气候要素的综合作用下，呼伦湖水质逐年发生不同程度的恶化。与此同时，受呼伦湖入湖河流上游超载放牧等人类活动与河流、雨水侵蚀等自然因素的影响，上游来水中富含大量的氮、磷和氟化物造成呼伦湖水体富营养化程度不断加深。目前，呼伦湖的生态环境已经遭到了严重的破坏，水质出现严重恶化，已成为盐碱化湖泊，并呈现出中度-重度富营养化状态，甚至也威胁周边牧民的生产生活。因此，采取相关措施解决呼伦湖的水质、水生态问题，以及周边牧民生产、生活问题已经迫在眉睫。

第 6 章　流域气候变化和人类活动对水生态退化的影响和指示作用

气候变化和人类活动变化条件下，内蒙古"一湖两海"生态脆弱区湖泊变化剧烈、水资源补给不足、水污染问题凸显，水生态严重退化，湿地大面积锐减，草场退化、土地沙化等生态环境问题突出，区域生态安全受到严重威胁。气候变化和人类活动是影响流域下垫面条件和水循环过程的两大驱动因素（Barnett et al.，2008；Piao et al.，2010），研究内蒙古"一湖两海"流域水量-水质-水生态演变与气候变化和人类活动关系、流域生态退化机理对区域水环境保护具有重要意义。本章分析了气候变化和人类活动影响下"一湖两海"流域压力变化，甄别了气候变化和人类活动对湖泊水质水量变化及水生态演变的驱动作用，揭示了寒旱区湖泊生态退化机理，并指出了湖泊光学活性物质及沉积物溶解性有机质对水生态系统变化的指示作用，结果可为区域水环境综合管理提供依据，为"一湖两海"的水资源优化配置、水环境科学管理提供理论支撑。

6.1　气候变化和人类活动对湖泊流域压力变化影响及湖泊水质水量演变的驱动作用

全球三分之一的湖泊正承受着巨大的压力（Mammides，2020），威胁着湖泊的可持续发展，导致湖泊持续退化。例如，由工业发展、集约化农业和城市化等人为污染引起的水污染和过度用水，由人口密度增加等过度开发导致生物多样性下降等。同时，气候变化能改变流域下垫面和水循环过程，导致湖泊水位下降、面积缩减、水污染及水生态退化。"一湖两海"地区作为中国北方不可替代的重要生态屏障，因受区域大陆性气候影响，湖泊水生态系统更加敏感脆弱，气候和人类活动压力对水环境影响的叠加作用关系复杂。近年来，气候变化和人类活动压力下"一湖两海"水环境恶化严重，已成为制约区域社会-环境-经济协调发展的瓶颈问题。本节突破以往研究方法静态和单路径局限，建立了一种耦合水质、水量和水生态多驱动路径的湖泊流域压力评估方法，通过定量评估长时序和大空间尺度流域压力动态，揭示了气候变化与人类活动对内蒙古"一湖两海"流域压力变化影响及对湖泊水质水量演变的驱动作用，为湖泊流域管理提供决策依据。

6.1.1　模型与方法建立

1. 评估框架概述

本节主要评估气候变化和人类活动对流域水环境的损害程度。基于风险源(驱动力)-胁迫因子(压力)-受体(状态)-终点(响应)各因子之间具有累积叠加等复杂作用关系（Landis and Wiegers，1997），本节构建一种湖泊流域压力的定量动态评估方法。以每一年份作为压力评估单位，构建一个整体框架来展示气候变化和人类活动对湖泊水环境系统压力的评估程序（图 6-1）。主要步骤为：①驱动力识别；②压力因子识别；③压力暴露-响应分析；④响应终点识别；⑤流域压力特征分析与可持续管理。将气候变化和人类活动作为驱动力，湖泊流域不同土地利用类型作为具有生态系统功能的生境。压力增加引起的水质恶化、水量不足和水生态系统受损作为评估终点。其中，引起的水生态系统受损主要考虑生态系统服务和人类福祉的损失，主要集中在三个方面：①供应 SD（产品、生物多样性等）；②调节和维护 AD（包括气候调节、调洪蓄水、水质净化等）；③文化服务 CD（文化娱乐、科研教育、旅游等）。

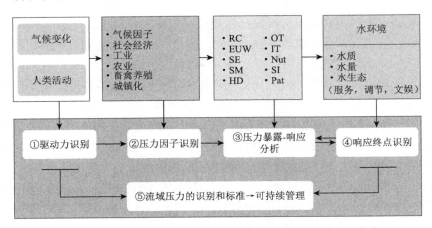

图 6-1　气候变化和人类干扰下的湖泊水环境系统压力评估框架

RC 代表径流变化；EUW 代表过度用水；SE 代表土壤侵蚀；SM 代表悬浮物；HD 代表生境破坏；
OT 代表有机污染物；IT 代表无机污染物；Nut 代表营养物质；SI 代表盐度升高；Pat 代表病原体

2. 驱动力-响应终点概念模型构建

1) 驱动力、压力因子、生境与响应终点

驱动力：自然和人为因素是湖泊水环境恶化的主要驱动力。气候驱动力（变干变暖）包括气温（air temperature，AT）、风速（wind velocity，WV）、降水量

（precipitation，PP）和蒸发量（evaporation，Evp）四类；人类活动驱动力包括人口（Pop）、工业（Ind）、农业（Agr）、畜牧业（Lvs）和城镇化（CST）五类。人类活动压力强度指标分别为人口（population，Pop）、工业产值（industrial output，IO）、农业耕地面积（cultivated area，CA）、畜产品产量（livestock product output，LPO）和施工房屋面积（construction housing area，CHA）。人类活动会对生态环境产生正面和负面影响。通常，工业和消费引起负面影响，但也存在着由政府和产业采取的保护和恢复措施形式的正面影响。由于压力可能会对生态系统服务产生潜在的负面影响，本节着重于研究人类活动的负面影响，即压力。

压力因子：压力因子是指驱动力释放出的可能损害生态终点的因子。依据驱动力可能的损害作用机制确定压力因子（Chen Q Y et al.，2012）。本节气候变化和人类活动产生的压力因子包括物理的径流变化（runoff changes，RC）、过度用水（excessive use of water，EUW）、土壤侵蚀（soil erosion，SE）、悬浮物（suspended matter，SM）、生境破坏（habitat destruction，HD），化学的有机污染物（organic toxicants，OT）、无机污染物（inorganic toxicants，IT）、营养物质（nutrients，Nut）、盐度升高（salinity increase，SI）和生物的病原体（pathogens，Pat）。

生境：生境即"受体"，也是压力承受者。选取的是对压力因子较为敏感或在生态系统中具有重要地位的生境。根据流域水环境压力研究的针对性，依据不同生物类群对生境的要求，将研究区景观类型归纳为耕地（cultivated land，CL）、林地（woodland，WL）、草地（grassland，GL）、水域（waters，WS）、建筑用地（construction land，CSL）五类。它们既是各种生物的栖息地，又具有不同的植物群落和水土环境，在人类开发利用方向和影响程度上也各不相同，将其作为压力受体进行评价。其中水域包括湖泊、河流、湿地等。

响应终点：驱动力可能释放压力因子，从而对终点产生特殊影响，并且终点可能对该生境中的驱动力敏感。水质好坏对于人类的生产、生活和健康至关重要。缺水是干旱地区社会经济发展和生态恢复的关键障碍（Zhang Y Y et al.，2021），因而水量在"一湖两海"也显得尤为重要。水生态系统（water ecosystem）是由水生生物群落与水环境共同构成的具有特定结构和功能的动态平衡系统，具有维持、调节和服务功能。我们根据利益相关者关注重点，选择水质、水量、水生态系统作为响应终点，评估水质（WQuality）、水量（WQuantity）和水生态系统（WEco）驱动路径传递的压力，并将三者总压力之和称为"流域压力"（watershed pressure，WP）。本节选择对流域水环境系统造成影响的相关指标，具体为水质恶化（water deterioration，WD）、水量不足（water shortage，WS）和水生态系统受损 SD、AD 和 CD 作为终点，可以反映湖泊流域压力状况。本节中，流域压力评估针对的生物终点是生物多样性或生物群落而不是生物个体。因此，假设生境的面积越小，其支持的生物群落也越小；而生物群落越小也越容易受到驱动力的影响，因而压力也就越大。

2）水环境响应分析与概念模型

本节的重点是气候变化和人类活动对湖泊流域水环境的影响。我们通过五步程序（图 6-1）分析压力对水质、水量以及水生态系统过程和功能的影响。生态系统提供服务（供应、调节和文娱）的能力取决于其内部的过程和功能（Haines-Young and Potschin，2018）。评估压力直接或间接对生态系统服务的影响。将气候变化和人类活动驱动力与水质、水量和水生态系统提供的服务联系起来。相互作用关系由暴露和效应途径定义。这种关系基于以下几个假设（Landis and Wiegers，1997）：①驱动力强度越高，则暴露于驱动力的可能性更大；②评估终点的类型是相对于可用的生境；③受体对压力因子的敏感性随生境的不同而不同；④影响的严重程度取决于生物存在的相对暴露和特征。通过辨析驱动力-压力因子-生境-终点关系（表 6-1），构建流域气候变化和人类活动对水环境系统的压力-响应的概念模型（图 6-2）。气候和人类活动两类压力影响了所有五个考虑的水环境状态。该模型显示了来自驱动力的 9 个压力组影响水质、水量和水生态系统的途径。

表 6-1 气候变化和人类活动对湖泊水环境的主要指示性影响

类别	驱动力	指标	损害影响	文献
气候变化	温度	气温（AT，℃）	升温可导致流域蒸发量增大，入河水量减少，水体中化学反应和生物降解速率加快，水体营养盐及有机质含量变化；升温可改变热力条件，减缓水生环境中捕食者的生长，对水生态系统造成影响	Rankinen et al.，2016；Griffiths et al.，2011；Guzzo et al.，2017；Schindler，2017；Sahoo et al.，2016
	风	风速（WV，m/s）	风速下降有利于藻类在某一特定区域内的大量堆积，并聚积于水面，促进藻华；风速增大，将加剧土壤侵蚀，使泥沙、畜禽粪便、残枝败叶等从陆地表层进入湖体	Whitehead et al.，2009
	雨	降水量（PP，mm）	降水减少可使湖泊水位下降，水面萎缩；降水也可使营养盐等污染物随径流进入水体	Tang et al.，2019
	蒸发	蒸发量（Evp，mm）	蒸发量增加会导致湖泊水位下降，面积缩小，水质环境发生变化，氯离子增加，矿化度（盐度）升高等	Whitehead et al.，2009
人类活动	社会经济	人口（Pop，万人）	人类住区的土地排水和开垦导致：①湖泊退化和栖息地丧失；②水文和其他过程的破坏（如营养循环）；③生态系统功能和服务丧失；④生物多样性减少；对水资源（例如鱼类）过度开发，导致生物多样性减少；用于家庭和商业排放造成的污染，取水导致水文和其他过程中断；引进非本地物种导致生物多样性丧失	Beeton，2002；Cui et al.，2016；Dudgeon et al.，2006；Porst et al.，2019；Mammides.，2020
	工业	工业产值（万元）	由重金属和其他有毒物质造成的污染导致：①水质下降；②生物多样性丧失（例如鸟类、鱼类、两栖动物、大型无脊椎动物和大型植物的丧失）；③湖泊退化和生境丧失	Dudgeon et al.，2006；Sievers et al.，2018
	农业	耕地面积（万平方米）	灌溉取用水导致水量减少；土地排水和农业复垦、农药和化肥养分丰富的径流造成水污染	Beeton，2002；Sievers et al.，2018
	畜牧业	畜产品产量（万吨）	粪便、饲料和病原菌养分丰富的径流造成的污染	Beeton，2002；Sievers et al.，2018
	城镇化	施工房屋面积（万平方米）	建筑施工的土地利用类型改变、水体流失、生境破坏等；土地排水，由于不透水的表面，雨水径流，悬浮物增加等造成的水污染	Reid et al.，2019

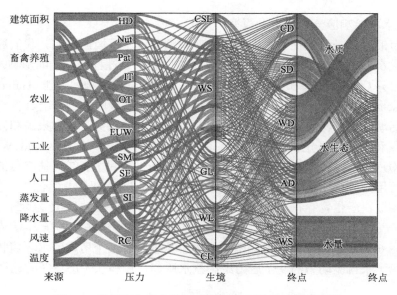

图 6-2　气候变化和人类活动压力-水环境响应概念模型

示意图显示了来自驱动力（左第一列）的 9 个压力组影响水环境（最右列）的途径。供应（SD）包括：a 水产品，b 水资源；调节（AD）包括：c 调洪蓄水，d 水质净化，e 气候调节；文娱（CD）包括：f 休闲娱乐，g 科研教育 CL 代表耕地，WL 代表林地，GL 代表草地，WS 代表水域，CSL 代表建设用地

3. 湖泊流域压力值的表征

通过分析压力-响应关系，建立整合累积压力和相应影响的综合压力评估方法，实现一定时空内压力的量化。在这里，我们将每个年份的驱动力强度除以多年平均值，以代表驱动力密度，再将驱动力密度添加到评估系统中，表征驱动力等级。这样做的考虑是使数据连续并归一化，以减少以往驱动力等级间差异造成的较大不确定性。这里，假设终点的多种压力能够在其相应的压力水平上累积。基于压力-水环境系统的暴露-响应模型（Landis，2005；Chen Q Y et al.，2012a），计算流域压力。采用暴露响应系数表征驱动力强度、生境特征以及压力因子对水环境系统的危害程度。通过生境暴露响应系数、驱动力密度和生境信息等，计算驱动力、压力因子、生境和终点的压力值（表 6-2）。

表 6-2　流域压力的表征方法与含义

参数	公式	序号
"驱动力-压力因子-生境"的暴露系数（DSH）	$\mathrm{DSH}_{ijl} = S_{ij} \times \mathrm{FH}_{jl}$	(1)
"终点-生境"的暴露系数（EH）	$\mathrm{EH}_{iel} = 1/H_{il} \times \mathrm{EH}_{el}$	(2)
生境的压力值 P_l	$P_l = \sum (S_{ij} \times 1/H_{il} \times \mathrm{DSH}_{ijl} \times \mathrm{EH}_{iel} \times \mathrm{FE})$	(3)

续表

参数	公式	序号
驱动力的压力值 P_j	$P_j = \sum (P_{CL} + P_{WL} + P_{GL} + P_{WS} + P_{CSL})$	(4)
终点的压力值 P_n	$P_n = \sum (S_{ij} \times 1/H_{il} \times DSH_{end} \times EH_{end} \times FE)$	(5)
水环境总压力值 P_{WE}	$P_{WE} = \sum P_n = P_{WQuality} + P_{WQuantity} + P_{WEco}$	(6)

注：i 为年份；j 为驱动力序列；l 为生境序列；S_{ij} 为驱动力强度；FH_{jl} 为压力因子-生境暴露系数；e 为响应终点序列；H_{il} 为生境等级；EH_{el} 为终点-生境暴露系数；P 为压力值；WE 为水环境；DSH_{ijl} 为驱动-压力因子-生境暴露系数；EH_{iel} 为生境-终点的暴露系数；FE 为压力因子-终点响应系数

这里，用 DSH 来表征湖泊的暴露和响应程度。其中，暴露系数为驱动力产生压力因子的可能性与生境受不同压力因子影响的概率。将每条完整的暴露途径分为两段进行，一段单纯考虑驱动力的暴露过程，研究"驱动力-压力因子-生境"的暴露，用 DSH 暴露系数表示；另一段研究终点对生境的密切程度，用 EH 暴露系数表示。响应关系研究压力因子和终点之间的响应，用"压力因子-终点"的响应系数（FE）表示。FE 基于"某一压力因子是否会影响到某一终点""是否导致终点超过规定标准"，根据概念模型中描述的路径，将暴露系数和响应系数量化为五级 0，0.25，0.5，0.75 和 1。0 表示暴露路径不存在，1 表示暴露路径存在且暴露量大，0.5 表示暴露路径存在但不经常发生或间接发生，0.25 表示发生概率较小，0.75 表示发生概率较大。终点-生境暴露系数 EH_{iel} 等于生境丰度（$1/H$）与 EH_{el} 的乘积。

6.1.2　流域压力演变过程

对于呼伦湖，驱动力产生的压力变化经历 1987~1996 年、1997~2004 年、2004~2018 三个变化阶段［图 6-3(a)］。岱海和乌梁素海 2005 年以前压力基本平稳，受气候和农业压力主导，而 2005~2014 年间显著升高，逐渐转为工业主导［图 6-3(b)(c)］。虽然相对于人类活动，气候变化的压力较低，但近年来岱海的降水、呼伦湖的降水和蒸发压力均出现升高趋势，岱海和乌梁素海气温压力也呈升高趋势。三湖流域压力驱动力从气候主导转为农业主导，最后转为工业主导。尤其是，2004 年后工业、畜牧业和城镇化产生的压力明显增加。空间上，呼伦湖、岱海和乌梁素海驱动力产生的压力值范围分别为 27.71~260.07、89.61~336.22 和 66.03~360.96。驱动力产生的压力总体呈现乌梁素海>岱海>呼伦湖的特征。

对于生境，三个湖泊流域水域生境承受的压力始终最大，其次是耕地。2005 年以前，岱海和乌梁素海生境压力相差不大，但均高于呼伦湖生境压力。2005 年后三个湖泊生境压力均升高，而近五年均处于稳中有降状态，并呈现乌梁素海>岱海>呼伦湖的特征［图 6-3(d)~(f)］。三十多年来，呼伦湖、岱海和乌梁素海总压力值范围分别为 155.65~580.28、297.52~650.05 和 284.30~792.08，分别升高了 270%、

90%和160%［图 6-3(g)~(i)］。这种升高变化呈现三个阶段，分别为 1987~1992 年、1993~2004 年和 2005~2018 年。其中，三个湖泊 LBP 在前两个阶段稳中略有升高，而第三阶段增幅显著。近年来压力均有所缓解。不同驱动路径传递的压力高低次序表现为水生态>水质>水量。在水生态驱动路径传递的压力中，生态系统的文娱服务压力(CD)>调节压力(AD)>供应压力(SD)。水质和水生态驱动路径传递的压力

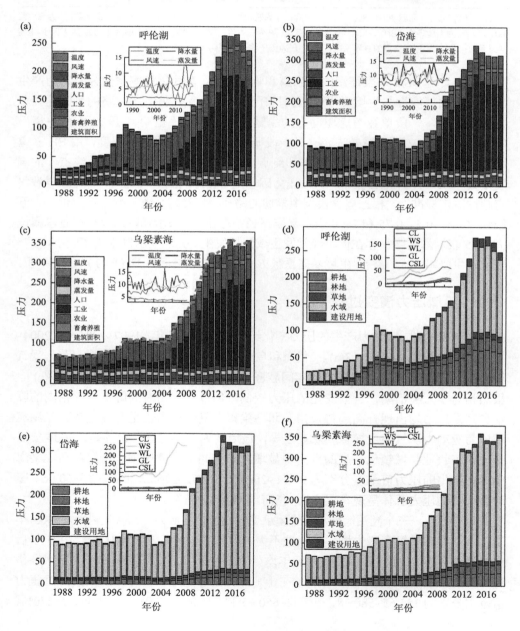

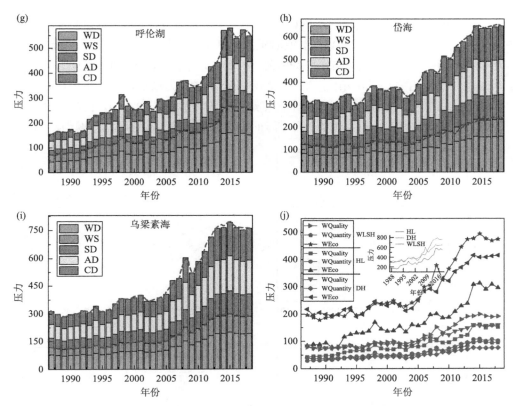

图 6-3　近 32 年 "一湖两海" 湖泊流域驱动力、生境和生态终点的压力变化

(a)~(c) 驱动力产生的压力；(d)~(f) 生境承受的压力；(g)~(i) 终点的压力，其中红色虚线内包括供应、
调节和文娱服务的总水生态压力；(j) 三个湖泊水质、水量和水生态压力总体变化

均表现为乌梁素海>岱海>呼伦湖，而三个湖泊水量驱动路径传递的压力在 2005 年前相差不大，2005 年后逐渐呈现呼伦湖>乌梁素海>岱海趋势 [图 6-3(j)]。

6.1.3　流域压力与湖泊水环境间响应关系

相对于耕地、林地、草地和建筑用地，水域生境承受的压力高于其他生境 [图 6-4(g)~(i)]。以氮、磷代表水质，水位代表水量，分析了流域压力与湖泊水环境的关系。研究发现，流域压力对呼伦湖水质、水量的驱动具有阶段性。当水质压力小于 120 时，呼伦湖 TN 和 TP 均与压力呈正相关 [图 6-4(a)(b)]，意味着压力的增加促进了水质恶化；当水质压力大于 120 时，虽然对 TN 对压力增加也表现出促进作用，但是 TN 浓度低于上一阶段（小于 120 时）；此时，水质压力与 TP 未呈现相关性 [图 6-4(b)]。同样，当水量压力小于 70 时，呼伦湖水量压力与湖泊水位呈显著负相关（$P<0.05$），而高于 70 后呈正相关（$P<0.05$）[图 6-4(g)]。然而，岱海水质

压力与 TP 浓度呈显著负相关（$P<0.05$）[图 6-4(d)]，而水量压力与湖泊水位也呈显著负相关（$P<0.01$）[图 6-4(h)]，说明压力的增加始终驱动水质恶化和水量不足。对于乌梁素海，水质压力与 TP 呈负相关（$P<0.05$）[图 6-4(f)]，而水量压力与湖泊水位呈显著正相关 [图 6-4(i)]，说明虽然水质、水量压力增加，但水质仍在好转和水量不足在缓解。总体上，虽然三十多年来三个湖泊流域压力增加，但呼伦湖和乌梁素海水质、水量问题有所改善，而岱海面临的水质恶化、水量不足问题仍在加剧。

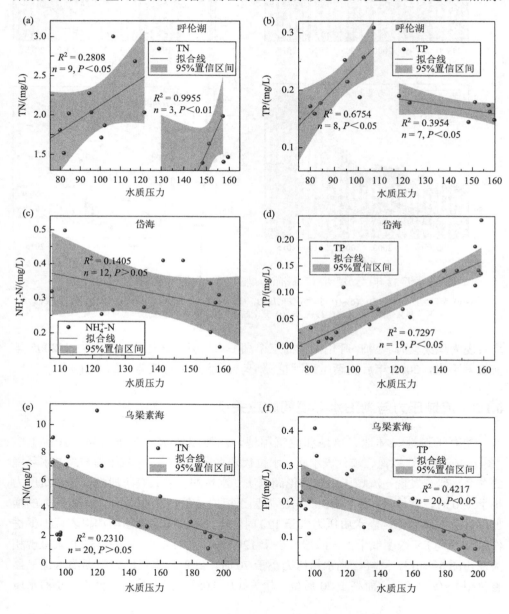

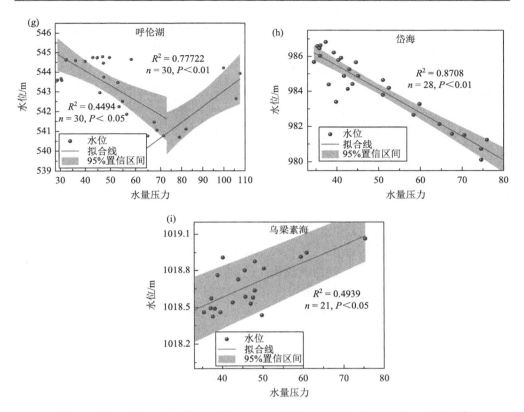

图 6-4　近 32 年"一湖两海"湖泊流域水环境终点压力与湖泊水质、水量关系

6.1.4　流域压力时空特征及驱动演变

利用建立的评估方法，我们捕获了流域压力变化趋势及关键拐点。过去三十多年，"一湖两海"流域压力均显著升高。三个湖泊流域压力变化过程呈阶段性特征，并由气候变化驱动逐渐转变为人类活动驱动。第一阶段为 1987~1992 年的稳定阶段：此阶段三个湖泊气候均呈暖化趋势［图 6-5(a)］，而三个湖泊降水量均呈下降趋势［图 6-5(b)(c)］。并且，除乌梁素海相对稳定外，呼伦湖和岱海蒸发量呈升高趋势。加上此阶段人口较少、经济发展较缓，流域压力主要受气温、降水量和蒸发量为主的气候驱动［图 6-5(a)~(c)］。第二阶段为 1993~2004 年的略有升高阶段：随着此阶段耕地面积增加，尤其是乌梁素海在 1997 年后大幅增加［图 6-5(g)］，由 1987 年的 10.54 万公顷急剧增长为 2018 年的 26.81 万公顷。灌溉用水增加，农业土地排水以及养分丰富的农药、化肥等径流加剧了湖泊水污染及水生态破坏（Beeton，2002；Sievers et al.，2018）。此阶段流域压力转为农业驱动为主。第三阶段为 2005~2018 年的显著升高阶段，此阶段流域工业快速

发展, 驱动力强度急剧升高 (图 6-6), 成为此阶段流域压力主要驱动力。工业产生的重金属和其他有毒物质会导致水质下降和生物多样性丧失, 湖泊退化和生境丧失 (Sievers et al., 2018)。根据调查发现, 三个湖泊流域仍存在工业污水直排入河湖情况。另一方面也与工业源的压力因子和暴露路径相对较多有关。所以, 不难理解工业由于强度升高, 影响途径多而产生较高的压力。有研究 (Shi et al., 2019b) 指出, 几乎所有东部沿海地区经济发展与流域压力都已经脱钩, 而中西部地区的脱钩状态却不稳定。显然, "一湖两海" 区域经济发展与流域压力仍处于未脱钩状态, 这与区域经济和环境政策有关 (Zhang X Y et al., 2021)。

然而, 除工业外, 过去三十多年城镇化驱动力强度和产生的压力增幅最大 [图 6-5(a)~(c)和图 6-6]。其中, 呼伦湖和乌梁素海流域 2018 年房屋施工面积是 2004 年的 14 倍 (岱海是 7 倍)。城镇化直接导致土地利用类型变化。同时, 建筑施工取用水、土地排水会导致径流改变、过度用水和生境破坏, 以及由于不透水表面雨水径流可能造成水污染 (Reid et al., 2019)。此外, 三个湖泊流域人口和畜产品产量也均呈增长趋势 (图 6-5(e)(h))。因此, 人类活动尤其是以工业和房屋建筑为代表的经济发展和城镇化进程加快激增了流域压力。

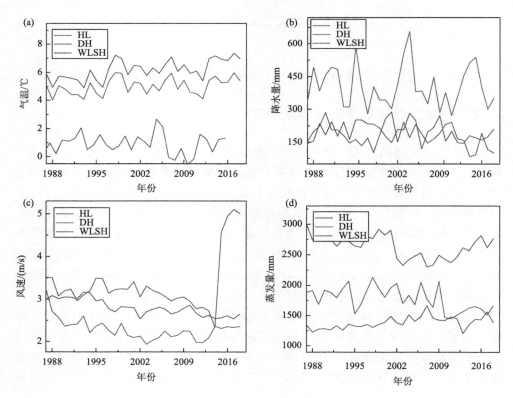

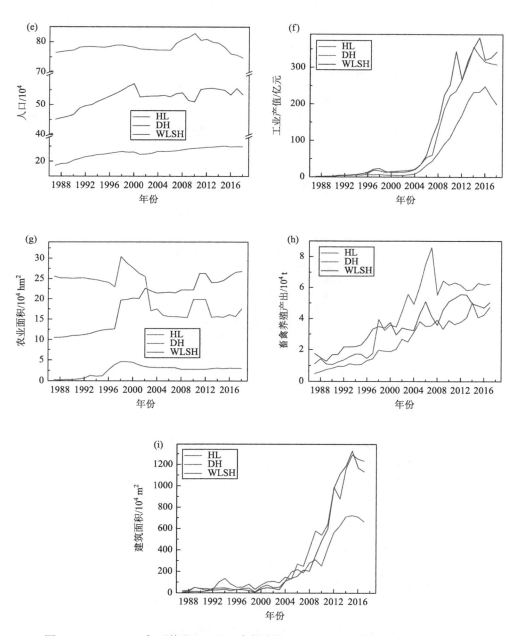

图 6-5　1987~2018 年呼伦湖（HL）、乌梁素海（WLSH）和岱海（DH）三湖流域
压力驱动强度变化

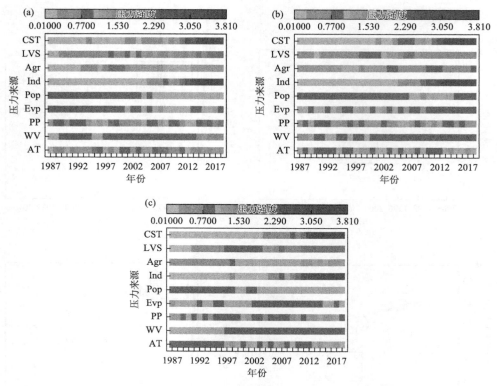

图 6-6　近 32 年"一湖两海"湖泊流域压力的驱动力强度变化

(a) 呼伦湖；(b) 岱海；(c) 乌梁素海

　　三个湖泊间流域压力也表现出空间差异性。从图 6-7(d)~(l)可以看出，除农业压力外，呼伦湖其余驱动因子产生的压力均低于岱海和乌梁素海，这是导致呼伦湖流域压力整体最低的主要原因。一方面呼伦湖驱动力强度较其他两湖相对低，另一方面也与呼伦湖水域面积（生境）较大和人口密度相对低有关（Mammides，2020）。但是，2005 年后呼伦湖由水量路径驱动的压力逐渐高于乌梁素海和岱海[图 6-4(j)]。这种差异可能与呼伦湖耕地扩增导致农业灌溉用水量增大有关。同时，干旱半干旱地区更容易受强风的侵蚀（Cao et al.，2011）。呼伦湖虽然多年来风速呈整体下降趋势，但近年来风速急剧增大，由 3.0 m/s 左右增至 5.0 m/s，这促使蒸发量增大，进一步增加了水量压力。乌梁素海和岱海也表现出不同阶段的区域差异。2005 年以前，乌梁素海和岱海流域压力相近，2005 年后乌梁素海高于岱海，尤其是水生态路径驱动压力增幅较大。从图 6-7(d)~(l)可以看出，2005 年后乌梁素海年均气温、人口、耕地面积和畜牧产量产生的压力高于岱海。气温升高可直接导致流域潜在蒸发量增大，入河水量减少，还可以改变热力条件（Griffiths et al.，2011），加速水体中化学反应，导致水体污染物发生变化（Rankinen et al.，2016；Sardans et al.，2008）。水温升高可以使顶级捕食者在栖息地间活动的热障加剧，降低摄食率，减缓捕食者的生长，从而影响水生态系统（Guzzo et al.，2017；Schindler，2017）。随着近年来区域政策变化，岱海流域农业规模得到一定控制，产生的压力低于乌梁素海，再加上 2006 年后岱海畜牧业驱动力强度下降，导致岱海流域压力低于乌梁素海。因此，不同的气候暖化程度、人口和农牧业发展强度驱动了三个湖泊流域压力的区域差异。

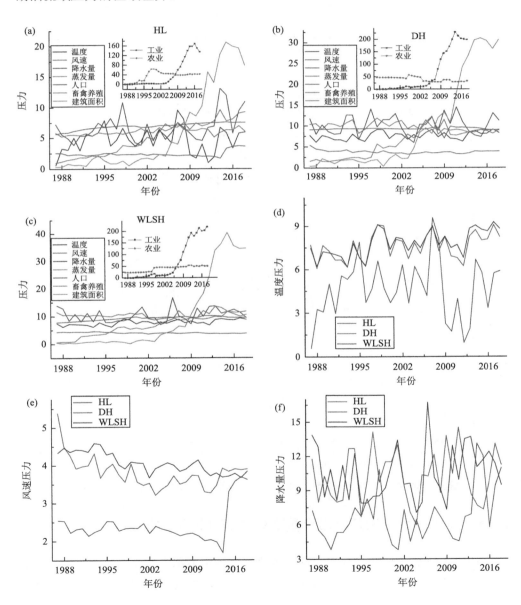

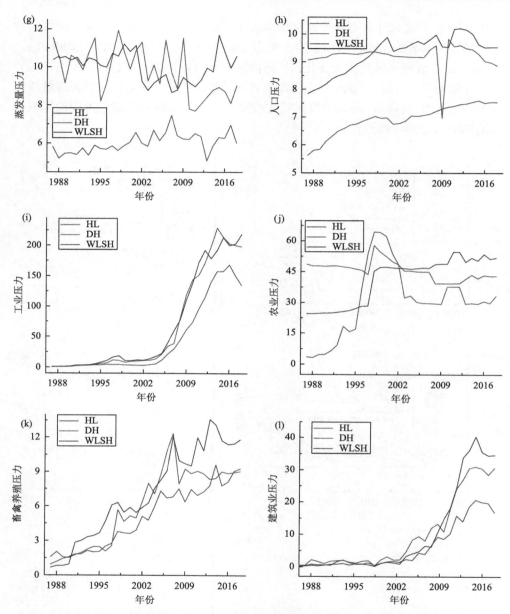

图 6-7　呼伦湖（HL）、岱海（DH）、乌梁素海（WLSH）驱动力产生的压力

6.1.5　流域压力对湖泊水质水量变化的驱动及管控策略

　　相对于耕地、林地、草地和建筑用地，水域生境承受的压力高于其他生境。以氮、磷代表水质，水位代表水量，分析了流域压力与湖泊水环境的关系。研究

发现，流域压力对呼伦湖水质、水量和水生态的驱动具有阶段性。当压力较低时（1987~2010 年），随压力增加，湖泊面积减少，水质恶化，生态破坏加剧。其中，呼伦湖水体 TN 由 1.5 mg/L 升高至 3.2 mg/L，湖泊面积萎缩了超过 500 km²，大型经济鱼占产量的比例由 20%~30%降至 5%左右（IPCMEEH, 2019）。但当压力较高时（2011~2018 年），压力的增加并未表现出促进水质恶化和水量不足。而这个转折时期是 2011 年，说明这种驱动特征可能与呼伦湖引河济湖工程生态补水措施有关。1987~2000 年间呼伦湖水位始终处于高位，而 2001~2010 年间水位直线下降，2010 年引河济湖工程后湖面面积又增大（IPCMEEH, 2019）。说明人为措施缓解了压力对湖泊水环境的影响。近年来，呼伦湖浮游植物种类下降，湖体处于富营养化状态，藻类生物量也有增加趋势（IPCMEEH, 2019）。说明生态补水可以一定程度缓解湖泊水质和水量问题，而对于水生态系统的退化短期内效果并不显著。在整个研究阶段中，岱海流域压力增加持续驱动湖泊水质恶化和水量不足。一方面由于缺乏配套的污水处理设施，岱海流域产生大量生活污水和工业废水大都直接沿河道排入岱海湖，造成湖泊富营养化加重；另一方面，随着社会经济发展尤其是岱海电厂建设，人类活动耗水量逐年增加，导致入湖水量减少，矿化度升高，加剧了岱海湖水生态环境恶化（QRWEIF, 2016）。而与之对应的湖泊治理力度不够，导致压力对水环境持续驱动。对于乌梁素海，虽然三十多年来流域压力增加，但水质仍在好转，水量不足也在缓解，增加的压力似乎未驱动水环境恶化。这可能由于乌梁素海本身水质很差，流域治理改善水环境的幅度超过了压力增加产生的负效应幅度，导致"无效驱动"现象。2013 年以前乌梁素海水质处于劣 V 类，而近年来实施一系列治理措施后，湖泊水质已提高至 V 类（中国环境科学研究院，2019）。1999~2017 年间实施了引黄工程和灌区节水工程，流域用水量下降，水位升高（中国环境科学研究院，2019）。2013 年以前，乌梁素海湖面被芦苇和篦齿眼子菜为主的沉水植物覆盖，已明显变为草型湖。而近几年黄苔暴发面积逐步减少，水生态退化好转。再次说明流域治理缓解了压力对水环境的影响。

　　流域是受各种自然、经济、人口和政治因素影响的复杂系统。基于流域的湖泊管理，不仅考虑物理特性，也要处理各种影响可持续发展的相互冲突（Malekian and Azarnivand et al., 2016; Azarnivand and Malekian et al., 2016）。由于特殊的自然地理环境和气候条件，内蒙古自治区湖泊湿地生态系统的脆弱性在全国范围内表现得尤为突出（Qin et al., 2002）。目前，呼伦湖、岱海和乌梁素海流域压力仍较高，正面临着严重的不安全水环境条件，湖泊水生态系统退化严重，这将进一步影响水功能。如果不是采取了引河济湖工程等补调水治理措施，水环境恶化会更加严重。呼伦湖和乌梁素海耕地扩增侵占了土地资源，相较于生态恢复速度的缓慢，显示了一种在环境上不可持续的趋势，水环境不安全状况将持续。同时，牧场也威胁着湖泊，对水体及其生物多样性产生一系列负面影响（Reid et al.,

2019）。畜禽粪便和饲料等可能携带抗生素、病原菌等，随径流进入水体，对水体及生物多样性产生负面影响，是湖泊生态系统的重大威胁（Beeton，2002；Sievers et al.，2018）。随着对畜产品需求的不断增加，需采取措施以防止污染入湖和草场对湖泊的侵蚀。此外，新的压力正在出现，如微塑料污染、药物、光和噪声、淡水盐碱化（Reid et al.，2019）。多种压力可以发生协同或拮抗作用（Schinegger et al.，2012），而气候变化可能会加剧其影响（Paerl et al.，2019）。在"一湖两海"地区气候暖干趋势下，湖泊保护管理一方面需要掌握湖泊所处阶段，提高环境治理效果，缓解压力带来的影响（Bruner et al.，2001；Lockwood，2010）。例如，对于持续响应压力的岱海，水环境的改善（或缓解）不能抵消压力（破坏力）负效应的增加，应采取人为措施提升环境改善效果。然而，相对于水质、水量驱动路径，流域压力通过水生态路径传递的压力最大。因此，流域压力对湖泊水生态尤其是服务功能的影响应给予更多关注。另一方面要减轻压力，解决驱动人类压力增加的社会经济因素。现阶段，"一湖两海"流域水资源短缺，而工业、城镇化为代表的经济发展和城市化进程加快将带来更大的流域压力。因此，有必要建立与土地利用变化等城市化相对应的水环境保护机制，这可能在减轻目前施加于湖泊的人类压力方面发挥重要作用。

6.1.6　方法的局限

通过构建压力-因子-生境-终点概念模型，揭示了来自驱动力压力组影响水质、水量和水生态系统的途径。在这里，我们考虑了多重压力累积传递和叠加作用，实现了时空尺度上的压力评估与比较。本节尝试将驱动力密度添加到评估系统中，并掌握压力状态的变化趋势。这样做的考虑是使数据连续并归一化，以减少以往驱动力等级间差异造成的较大不确定性。驱动力密度的使用可以在时间尺度上反映流域压力的累积性质和演变，且实现了不同湖泊间的比较。然而，在改进方法过程中仍存在局限。首先，作为压力传递路径分析的主要工具，概念模型可以传达各种假设和不确定性。在流域压力评估的过程中，选择不同的指标将导致不同的结果。我们基于区域气候特征以及和环境相关产业发生强度和概率等信息选择驱动力，最大限度减少不确定性。其次，生境等级也在靠近边界，例如，如果生境等级接近 2 或 4 的边界，它将产生不同的结果。与特定的生境特征相比，评估大范围生境提供生态系统服务的难度更大，并且往往会产生较低的置信度（Potts et al.，2014）。这种划分有助于追踪由于排放和污染而对水生态系统造成的压力（Borucke et al.，2013）。再次，人类活动对生态环境也可以产生正面影响。如由管理部门采取的建立保护区、生态调水等保护和恢复措施。本节只研究人类活动的负面影响，忽略了生态系统的自我调节能力和流域管理的正面影响。

实际上，一部分压力可以被正面影响所抵消。最后，研究数据分别来自区域内气象站、县市统计资料和流域土地利用类型资料，考虑到流域和行政区边界不完全吻合，所用数据也存在一定的局限性和误差。在很多情况下可能无法给出准确的测量结果和模型修正，进一步修正和不确定性分析仍有待发展。只要可以透明并清楚地传达信息，就不会削弱该方法的价值（Hooper et al.，2017）。虽然，评估系统诊断水环境恶化原因的能力仍是有限的，但识别压力的主要驱动力和影响在指导水环境管理中起着至关重要的作用（Poikane et al.，2020）。我们的案例研究说明本方法可以有效地纳入环境压力评估中，用于为流域管理提供行动优先级。

6.2　呼伦湖光学活性物质变化特征及对水生态退化的指示

目前水质反演研究是基于水对光学性质的分析，包括透明度（SD）、叶绿素 a（Chl a）、悬浮物（TSM）和有色溶解性有机物（CDOM）等变量，与传统水质监测方法相比，卫星可以在可见光和近红外光谱区获得湖泊水体的光谱特性，并通过长时间和大空间尺度对光学重要成分进行综合监测（Gholizadeh et al., 2016; Uudeberg et al., 2020）。湖泊水色要素参数主要包括 Chl a、CDOM 和 TSM，三者作为湖泊光学活性物质（OAC），直接影响了水下光环境和水下生态系统的光合作用过程，对湖泊生态系统初级生产力及养分循环具有重要的指示性意义（Xu et al., 2018），在湖泊生物地球化学循环上起着关键的作用。Shi 等（2019）使用光学活性组分的吸收系数，表征湖泊的营养状态指数，为水体营养状态遥感评价通用模型的构建提供了基础的理论依据。大多数现有关于湖泊光学活性物质和长时间序列变化驱动因素的研究仅限于湖泊光学活性物质中单个因子指标。另外，气候变化和人类活动对湖泊光学活性物质指标的影响并不是单一的，Chl a、CDOM、TSM 会发生协同变化，而且光学活性物质间各因素对气候和人类活动的响应不同，需要对湖泊光学活性物质间各要素进行协同分析，定量区分气象和人类活动的影响，并且明确各要素间的变化及驱动机制。因此，本研究的重点是基于长期 Landsat 系列卫星数据建立呼伦湖的 Chl a 浓度和 CDOM 估算反演模型，生成光学活性物质遥感估算数据集并分析 1986~2020 年光学活性物质的长期阶段性变化趋势；运用多种统计学手段分析阐明光学活性物质变化对气候变化和人类活动的响应关系；揭示光学活性物质对湖泊生态退化与恢复的指示意义，为湖泊生态系统状态的变化提供新的见解。

6.2.1　光学活性物质反演模型的建立与验证

1. 光学活性物质的光谱特性

本研究根据现场采集的反射光谱曲线，利用最小二乘法对呼伦湖反射率比值和 Chl a 及 CDOM 浓度进行迭代回归，确定光谱区间 350~900 nm 的反射率比值分别与 Chl a 和 CDOM 浓度相关系数，构造了线性相关系数的等电位图（图6-8）。为了避免波长相邻太近的波段比值组合出现，以及增强模型在现有多光谱遥感影像的应用潜力，将现场实测高光谱数据比值的两个波长间隔设置为大于 50 nm（Xu et al.，2018）。结果表明，根据实测光谱数据结合遥感数据的波段特征，对 Chl a 浓度敏感的光谱波长包括 520 nm 附近的波段和 550~600 nm 之间的波段，对于 $a_{CDOM}(355)$ 敏感的光谱波长包括 480~530 nm 之间的波段和 600 nm 附近的波段。因此，根据实测高光谱数据分析得出的敏感光谱波段，所对应的卫星传感器的模拟波段组合被选取构建卫星数据反演模型（徐健，2018）。

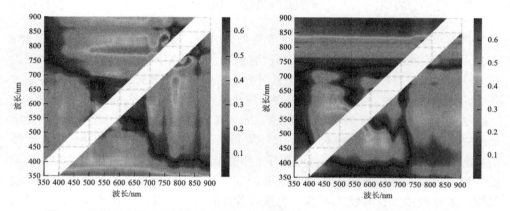

图 6-8　基于所有样本数据的波段反射率比值与 Chl a 和 $a_{CDOM}(355)$ 的相关性系数

y 轴波长对应波长反射率与 x 轴波长对应反射率之比

2. Chl a 模型的建立与验证

基于对现场光谱数据的分析，构建 Landsat 卫星经验模型来估算叶绿素 a 浓度，在建立遥感反演 Chl a 模型时，通过相关分析确定光谱指数在 Rrs(443)/Rrs(563) 和 Rrs(665)/Rrs(563) 处较为敏感，将选定 ETM + /OLI 波段的反射率值与现场数据相联系，计算了现场采样 Chl a 实测数据与 TM + 和 OLI 波段比值之间的相关性，构建了算法。因此，对于 Landsat 8 卫星的波段比值组合 B1/B3 和 B2/B3 是估算模型的最佳选择，对于 Landsat 7 卫星，B1/B2 则是最佳波段比值组合。建模数据集中利用 Landsat 数据反演叶绿素 a 浓度（$R^2 = 0.491$；RMSE = 0.215 mg/m^3；MAPE = 12.77%），模型的公式为：

$$lg(Chl\ a)(Landsat\ OLI) = 4.987(B1 / B3) - 1.872 \tag{6-1}$$

$$lg(Chl\ a)(Landsat\ ETM+) = 2.856(B1 / B2) - 1.076 \tag{6-2}$$

随后，利用选定的 Landsat 卫星图像进行模型的校准，通过验证数据集对建立的模型进行了评估，现场实测 Chl a 与根据该模型得到的叶绿素 a 吻合较好，拟合系数较高（$R^2 = 0.545$；RMSE $= 0.225$ mg/m^3；MAPE $= 15.23\%$）。现场测量和模型估计的叶绿素 a 浓度沿 1∶1 线均匀分布。模拟和验证的结果表明，基于 Landsat 卫星反射率叶绿素 a 浓度反演模型可在呼伦湖区域得到良好的应用。

3. CDOM 模型的建立与验证

基于模拟波段等效遥感反射率波段组合和现场采集水样的吸收系数的相关系数分析结果可知，$a_{CDOM}(355)$ 与 Rrs(776)/Rrs(826)波段比值对应的 R^2 为 0.538。前人的研究证实利用 Landsat 数据估算 CDOM 的算法中 655 nm 和 483 nm 波段得到了广泛的应用（Alcântara et al.，2016；Kuhn et al.，2019）。

因此，对于 Landsat 8 卫星的波段比值组合 B4/B2 是估算模型的最佳选择，对于 Landsat 7 卫星，B3/B1 则是最佳波段比值组合。建模数据中利用 Landsat 数据反演 $a_{CDOM}(355)R^2$ 为 0.454(RMSE $= 0.541$ mg/m^3, MAPE $= 5.41\%$)，模型的公式为：

$$\lg(a_{CDOM}(355))\text{Landsat OLI} = 0.9496(\text{B4}/\text{B2}) - 0.3622 \tag{6-3}$$

$$\lg(a_{CDOM}(355))(\text{Landsat ETM+}) = 0.6805(\text{B3}/\text{B1}) - 0.0309 \tag{6-4}$$

随后，通过利用验证数据集对建立的模型进行评估，验证数据集中现场实测数据与模型反演得到的 $a_{CDOM}(355)$吻合较好，拟合系数较高（$R^2 = 0.724$；RMSE $= 0.002$ mg/m^3；MAPE $= 4.95\%$），现场测量和模型估计的 $a_{CDOM}(355)$浓度沿 1∶1 线均匀分布［图 6-9(b)］。模拟和验证结果表明，基于 Landsat 卫星反射率波段比值的模型在呼伦湖区域性能良好，可获得该区域大范围长时间序列的 $a_{CDOM}(355)$ 浓度。

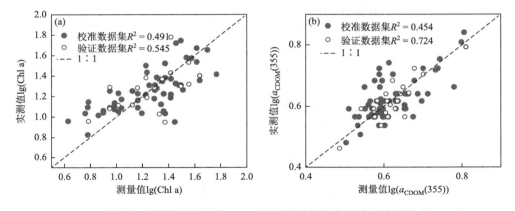

图 6-9　呼伦湖 Chl a 和 $a_{CDOM}(355)$模型的校准和验证结果图

4. TSM 模型的应用

在本研究中，我们没有开发新的 TSM 反演模型，而是采用前人在呼伦湖的研究中开发出的较为精确的 TSM 反演模型（Wang Q et al.，2021b），Landsat TM 和 ETM+ 的模型是 TSM = 4582.6$R_{\text{rs,NIR}}$−17.18，$R_{\text{rs,NIR}}$ 是 Landsat 7 第 4 波段（NIR，835 nm），模型的精度 R^2 是 0.80，RMSE 为 3.35 mg/L；Landsat OLI TSM 模型是 TSM = 1060.38$R_{\text{rs,NIR}}$−21.08，$R_{\text{rs,NIR}}$ 是 Landsat 8 第 5 波段（NIR，865 nm），模型的精度 R^2 是 0.89，RMSE 为 4.43 mg/L，利用以上模型反演得到 1986~2020 年 TSM 浓度的长时间变化情况。

6.2.2　光学活性物质的时空变化分布情况

本研究使用 6.2.1 小节中光学活性物质估计模型，对 1986~2020 年内呼伦湖非冰期（5~10 月）OLI、ETM+ 和 TM 的无云 Landsat 卫星图像进行了平均，并计算出呼伦湖非冰期光学活性物质的年际变化情况。呼伦湖的 Chl a 多年平均值为 (16.5±2.69) μg/L，全湖平均 Chl a 浓度在 1986~2000 年在较低水平波动；2000 年后迅速升高，2005 年逐渐稳定且达到较高水平，平均浓度为 18.73 μg/L；2006~2010 年期间 Chl a 浓度总体呈下降趋势，可能与当地政府实施水环境治理及水资源配置有关，2009 年 Chl a 平均浓度显著下降，相对变化率为 17.9%，2011 年 Chl a 浓度重新呈现升高趋势，并迅速在 2016 年达到最高值为 21.59 μg/L，在该时间段内，流入湖泊的径流进一步增加了养分的积累，因此导致 Chl a 升高。2017~2020 年，Chl a 浓度略有下降，这可能与呼伦湖流域实施湖泊生态保护，综合治理有关。从空间分布来看，高浓度 Chl a 主要分布在湖区北部、西部及南部区域。总体来说，呼伦湖 Chl a 的浓度湖区四周含量高于湖心含量（图 6-10），Chen 等（2021）研究结果发现湖泊周边人类活动的变化对藻华暴发的空间分布具有潜在的积极影响证实了这一现象。

由 Landsat 卫星估算的呼伦湖年平均 $a_{\text{CDOM}}(355)$ 结果表明，呼伦湖的 $a_{\text{CDOM}}(355)$ 年均值为 (5.02±0.46) m^{-1}，在 1986~2002 年，CDOM 含量保持在相对较低水平，从 2002~2015 年，CDOM 浓度显著上升，在 2009 年达到最高并持续保持了高水平状态。从 2016~2020 年呈现下降趋势（图 6-11）。在空间分布上，$a_{\text{CDOM}}(355)$ 浓度不同于 Chl a 和 TSM 的分布情况，东岸明显高于西岸，南部明显高于北部湖区，近岸水体 CDOM 浓度明显偏高，原因是乌尔逊河和克鲁伦河污染物输入以及湖泊东岸水域周边盐碱化严重，导致有机物浓度升高（Gao et al., 2017）。

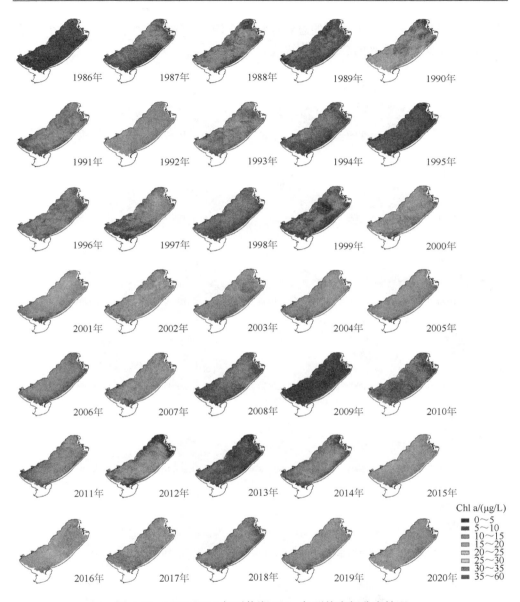

图 6-10　1986~2020 年呼伦湖 Chl a 年平均空间分布情况

由 Landsat 卫星反演获得的呼伦湖年平均 TSM 结果可知，呼伦湖的 TSM 年均值为(43.64±12.18) mg/L，1986~2020 年期间，TSM 呈显著先增加后降低趋势。从 1986~2011 年，呼伦湖 TSM 变化动态的年平均值总体呈现增长趋势，在 2011 年达到最高，平均浓度约为 71.44 mg/L，在 2012~2020 年期间，又呈现总体下降的趋势。空间分布上，湖泊北部的总悬浮物浓度较低，湖泊东岸由于水量减少湖泊萎缩严重，呈现出较高的总悬浮物浓度。

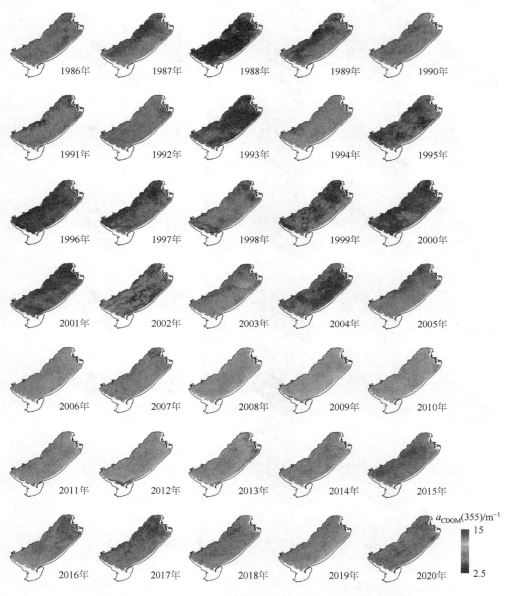

图 6-11　1986～2020 年呼伦湖 a_{CDOM}(355)年平均空间分布图

总体来说，根据反演结果，采用 Mann-Kendall 趋势检验对呼伦湖近 35 年光学活性物质变化进行阶段的划分，可发现光学活性物质具有明显的阶段性变化特征，大致经历了 3 个阶段（1986~1999 年、2000~2009 年、2010~2020 年）（$P<0.05$）。在 1986~1999 年光学活性物质稳定波动，在 2000~2009 年 TSM 和 CDOM 浓度显著增加，Chl a 先增加后降低，在 2010~2020 年间呈现 TSM 和 CDOM 浓度降低，Chl a 增加的趋势（图 6-12）。根据三种光学活性物质的年际变化情况，表明呼伦湖在一定时期出现高度浑浊以及藻类暴发的特点。

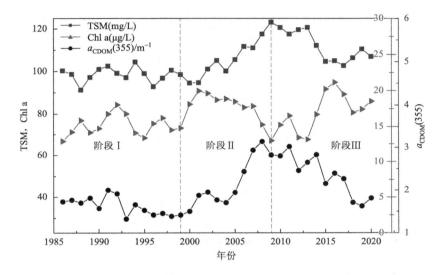

图 6-12　利用 Landsat 卫星反演 1986~2020 年光学活性物质阶段变化情况

6.2.3　光学活性物质变化影响因素分析

根据 Spearman 相关分析（表 6-3），在各阶段气候变化和人类活动对光学活性物质变化的影响不同，在 1986~1999 年间，气象指标与光学活性物质间没有发现显著相关关系（$P>0.05$）。在 2000~2009 年间。AT、EVA 和 EPD 都与 Chl a 呈显著正相关，与 CDOM 呈显著负相关关系（$P<0.05$）。在 2010~2020 年，P 和 Chl a、EVA 和 CDOM 与 TSM 都呈显著负相关关系。人类活动指标中，在第二阶段，除了畜牧产量（LPO）和耕地面积(CA)与 Chl a 以及 NDBI 与 OAC 关系不显著外，其他指标都与光学活性物质间有明显的相关关系（$P<0.05$）。第三阶段中，GDP 与 TSM 和 CDOM 呈负相关，但是与 Chl a 浓度没有相关性（$P>0.05$）。总体而言，在第二阶段中多个气候与人类活动指标与光学活性物质都具有显著的相关性（$P<0.05$），气象指标中 EVA 和 EPD 是呼伦湖中光学活性物质的主要影响因素，对于人类活动指标，Pop、GDP、LPO 和 CA 都是变化的主要影响因素。

表 6-3　气候变化与人类活动和 OAC 之间的 Spearman 相关系数

气候变化和人类活动		1986~1999 年			2000~2009 年			2010~2020 年		
		Chl a	CDOM	TSM	Chl a	CDOM	TSM	Chl a	CDOM	TSM
气象因子	降水量	−0.061	−0.018	−0.286	−0.395	0.536	0.661*	−0.533	0.373	0.105
	风速	−0.005	−0.036	0.004	0.524	−0.644	−0.528	0.506	−0.654*	0.339
	日照时长	−0.245	−0.128	0.190	0.537	−0.690*	−0.473	−0.323	0.303	0.355
	气温	0.370	−0.118	−0.143	0.553	−0.568	−0.058	0.264	−0.284	−0.602
	蒸发量	−0.006	−0.232	−0.011	0.606	−0.823**	−0.693*	0.701*	−0.764**	−0.525
	蒸发降雨量	0.026	−0.130	0.131	0.568	−0.771**	−0.716**	0.686*	−0.689**	−0.448
	太阳辐射	−0.324	−0.246	−0.344	−0.110	0.268	0.472	0.506	−0.559	−0.002
人类活动因子	人口	0.339	−0.294	−0.410	−0.824**	0.755*	0.659*	0.527	−0.783	−0.622
	农业耕地面积	0.103	−0.321	−0.414	0.626	−0.816**	−0.711*	0.361	−0.504	−0.204
	畜产品产量	0.109	−0.258	−0.388	−0.475	0.700*	0.693*	−0.014	0.050	0.596
	建筑面积	−0.185	0.176	−0.240	−0.950**	0.881**	0.817*	0.539	−0.746**	−0.431
	国民生产总值	0.270	−0.384	−0.444	−0.893**	0.889**	0.880**	0.511	−0.729**	−0.679**
	工业产值	0.028	−0.196	0.276	−0.679**	−0.675**	0.555*	−0.015	0.183	0.502
	归一化建筑指数	0.095	−0.294	−0.377	−0.412	0.393	−0.034	−0.30.84	−0.073	−0.430

注：*表示在 0.05 水平显著相关（双侧），**表示在 0.01 水平显著相关（双侧）

　　采用冗余分析（RDA）提取了 1986~2020 年光学活性物质主要影响因素（图6-13）。删除冗余参数后，解释五个气象因子（SH，WS，AT，Eva 和 P）对光学活性物质变化贡献。其中第一主轴占可解释变量的 78.49%，第二主轴占可解释部分的 20.93%，其中 P、Eva 和 AT 贡献较高，分别是 41.0%、27.2% 和 20.7%。对于人

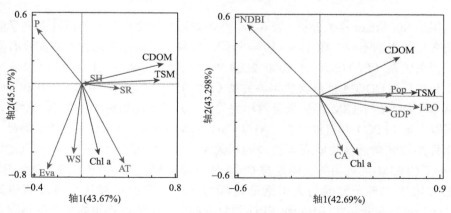

图 6-13　1986~2020 年间呼伦湖中光学活性物质的冗余分析（RDA）排序图

黑色箭头，光学活性物质；红色箭头，气象与人类活动参数

类活动要素，选取了 5 个人类活动要素（Pop，GDP，LPO，CA 和 NDBI）其中第一主轴占可解释变量的 51.8%，第二主轴占可解释部分的 45.18%。其中 LPO 与 OAC 呈显著正相关，人类活动指标中 LPO 贡献最大，为 50.8%，其次是 GDP 和 NDBI，贡献分别为 18.1%和 15.7%，Pop 和 CA 贡献均小于 10%。

　　另外，通过对水位指标的 GAM 分析（图 6-14），呼伦湖湖泊水位与 CDOM 有显著的线性关系，解释变化率达到 50.7%；TSM 的解释率也可以达到 48.0%；Chl a 的解释率最低，但也可以达到 23.1%。呼伦湖水位在（近二十年）波动变化幅度较大，在 1986~1999 年第一阶段内，水位波动较小，主要受自然因素影响。在 2000~2009 年第二阶段内，随着流域降水量减少蒸发量增加及入湖径流的减少，水位急剧下降（Li N et al.，2019），导致湖泊纳污能力下降，湖泊呈现封闭状态，延长了外源污染物在湖内的滞留时间（Chuai et al.，2012），因此导致水质严重恶化。在 2000~2009 年变化阶段内，分别对 Chl a 和 CDOM 与 TSM 进行线性相关分析，显示出来较强的负相关性特征（$R^2 = 0.78$，$R^2 = 0.44$，$P<0.05$），表明湖泊水位急剧下降，TSM 及 CDOM 的增加会在一定程度上限制藻类生长。在 2010~2020 年第三阶段内，水位恢复明显，原因是当地政府在 2011 年实施了引河济湖等生态补水工程，增加的水位使得水体中的污染物在稀释作用下浓度降低（Wang S et al.，2021a）。

　　TSM 与 CDOM 浓度显著降低，对藻类生长有利。以往的研究表明，当河流携带大量营养物输入，并且具有合适的光照和温度条件时，藻类会定期暴发（Strokal et al.，2016），因此，在恢复水位的同时，需要加强对营养盐浓度的控制（Coppens et al.，2020）。通过以上分析，可以得出水位变化是影响呼伦湖水质的重要途径之一，对湖泊水质的影响具有重要意义。因此，维持呼伦湖正常水位是呼伦湖保护的重要目标之一。

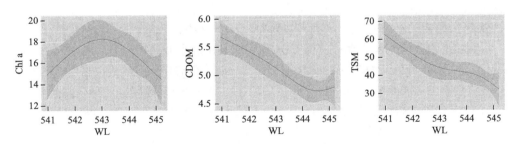

图 6-14　水位（WL）变化对于呼伦湖光学活性物质的 GAM 函数拟合曲线

6.2.4　湖泊光学活性物质变化对水生态退化的指示

　　太阳辐射是驱动生态过程的原动力，光学过程驱动了生态系统的演化，探究湖泊光学特性控制因素与生态效应对认知湖泊生态环境演化机制十分重要（Philips et al.，1997；Wang et al.，2015；Zou et al.，2020）。对于内陆浑浊（案例Ⅱ）水域，浮游植物，SPM 和 CDOM 独立且共同变化，对相关水域的光学性质起决定性作用。

由于湖泊悬浮物增加，导致水下弱光条件有利于上层浮游植物生长。浮游植物在水体表层聚集可增加光吸收，进一步降低了水下的光照，导致湖泊透明度降低、植被退化、浮游植物生长、藻类养分释放等，将加速湖泊营养状况的转变，最终湖泊退化形成以藻类为主的生态系统（Kolada，2014；Li N et al.，2019）。湖泊富营养化是湖泊生态退化的主要表现形式，由于高原湖泊生态系统相对脆弱，生态系统的稳定性差、自我修复能力弱，多年的水体富营养化导致生态系统退化（Xu X et al.，2020）。

近 35 年，呼伦湖水质发生了重大变化，即从水质严重恶化到目前的有所改善，从 2000 年左右呼伦湖的综合富营养指数大幅上升，达到了重度富营养水平，此后持续增长，在近几年略有下降。对综合富营养指数（TLI）与 Chl a、CDOM 和 TSM 浓度的线性回归结果表明，光学活性物质中 CDOM 和 TSM 分别与 TLI 均呈现正相关关系（$R^2 = 0.32$，$P<0.05$；$R^2 = 0.30$，$P<0.05$），与 Chl a 浓度变化并不显著（$P>0.05$）（图 6-15）。

进一步分析了呼伦湖湖泊营养状态指数与光学活性物质间的关系，利用 GAM 模型进行拟合发现（表 6-4），TSM 对 TLI 变化的解释率最高，可达到 44.1%，CDOM 对 TLI 变化的解释率次之，也可以达到 31.8%，但是发现 Chl a 对 TLI 变化的解释率很低，原因可能是基于水质理化指标（TN、TP、SD、COD$_{Mn}$ 和 Chl a）的评估结果与 Chl a 浓度出现了不匹配的现象，可能是由于 TP 和 COD 是 Chl a 的限制因子，降低了浮游植物对营养盐的响应（Salmaso and Zignin，2010），所以导致 TLI 评价结果与 Chl a 结果存在显著性差异。建立的 TLI 与光学活性物质之间的非线性关系，尝试利用三种光学组分拟合进入 TLI 非线性模型，由 OAC 共同决定了富营养化指数的动态变化，进而可以解释湖泊的状态。

GAM 的分析结果表明，使用 CDOM 和 TSM 两个变量可以解释 61.7%的 TLI 变化，以此可判断湖泊 TLI 的变化情况，当 $a_{CDOM}(355)$ 在 4.49~5.94 m^{-1} 范围内，以及 TSM 在 26.64~67.23 mg/L 范围内，TLI 均呈显著上升阶段，当 $a_{CDOM}(355)$ 大于 4.97 m^{-1} 和 TSM 大于 42.38 mg/L 时，TLI 达到 60 及以上，表示湖泊处于严重退化阶段。在 GAM 模型结果中没有引入 Chl a 作为变量的原因可能是营养水平不一定与藻类动态直接相关，同样的情况在洱海和滇池中也被发现（Chen et al.，2021），而 CDOM 和 TSM 代表的湖泊重要的水色参数，与养分密切相关（Zhang Y et al.，2018），前人关于湖泊营养状态的研究中，证实可以使用 TP 和 CDOM 对湖泊营养状态进行评估（Webster et al.，2008），而 TP 与 TSM 具有显著的相关关系（Xiong et al.，2019），成功地将 OAC 中的 TSM 和 CDOM 联系起来，回答了我们的统计和模型使用 CDOM 和 TSM 两个变量可以解释 TLI 变化的现象。

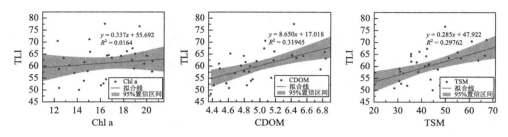

图 6-15　近 35 年呼伦湖综合富营养指数与湖泊光学活性物质关系图

表 6-4　呼伦湖 TLI 变化的 GAM 模型相关参数

解释变量	预测变量	Adj-R^2	解释偏差/%	误差
	Chl a	0.02	1.74%	0.020
	CDOM	0.296	31.8%	0.017
TLI	TSM	0.288	44.1%	0.016
	CDOM TSM	0.517	61.7%	0.013

　　TLI 提供了对营养程度的全面评估，并弥补了利用单因子营养物质和浮游植物生物量评价营养状态的不足，对了解泊湖泊生态系统的动态变化至关重要。此外，Wen 等（2019）的研究也证明了中国内陆水域的 OAC 吸收系数与营养状态指数（TSI）之间的关系，根据营养状态与内陆水域光学特征存在显著相关关系，由光学活性物质的变化情况可以掌握湖泊营养状态。本研究中所采取的方法能够以光学活性物质作为间接指标推算湖泊的 TLI，该方法能够通过光学活性物质较好地反映呼伦湖对流域变化的响应规律，指示湖泊营养状态的变化，根据中华人民共和国生态环境部于 2021 年提出的《全国生态状况调查评估技术规范——生态问题评估》（HJ 1174—2021）中富营养状况来评估生态系统退化情况，可以作为研究湖泊生态系统演变的一种有效手段（http://www.mee.gov.cn/ywgz/fgbz/bz/bzwb/stzl/202106/t20210615_839012.shtml）。

　　此外，藻华暴发是湖泊生态系统退化的显著问题（Shi K et al.，2019a；Zou et al.，2020），由于藻类的暴发和 TSM 浓度的增加，湖泊浮游植物和大型水生植物生长以及初级生产力对光的可利用性降低，使得水下变暗，对水生态系统产生了许多负面影响，例如可能会大大减少物种丰富度，破坏食物链，改变生态系统能量流动和物质循环路径（Zhang Y et al.，2021），因此导致湖泊生态系统的退化。在前人的研究中，利用遥感手段监测到呼伦湖藻类水华的频繁暴发（Fang et al.，2018），随着 Chl a 浓度（浮游生物生产力）的变化，进而可影响湖泊透明度变化，通过

2000~2014 年湖泊水色指数（FUI）变化分析，发现 FUI 在 13.38~14.75 间波动上升，表明湖泊透明程度下降严重，主要是藻类的暴发降低了水体的透明度，进而导致湖泊生态系统退化；而在 2015~2018 年间 FUI 逐渐下降到 13.99，表明湖泊透明度上升（Wang S et al.，2021b），可能是流域治理的加强及湖泊水位的恢复等原因。由以上分析可以得出，OAC 与生态系统退化之间存在响应和指示关系（图 6-16）。因此，掌握光学活性物质三要素的变化，对湖泊生态退化与恢复过程的指示具有一定的参考作用。基于卫星遥感产品，考虑湖泊光学活性物质三要素，在一定程度上可以较为充分地反演湖泊内各区域的水质变化情况，并可适用于更长时间序列的研究（Xue et al.，2019），有助于了解湖泊营养状态和长期动态演化趋势。

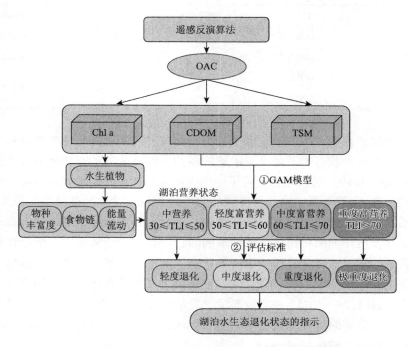

图 6-16　呼伦湖光学活性物质对湖泊生态退化的指示模式图

　　通过对比岱海及乌梁素海，以突出呼伦湖的特点，岱海和乌梁素海也位于中国北部内蒙古自治区。气候条件与呼伦湖相似，水质水量和藻华问题频发。岱海湖泊污染严重，水质较差，矿化度超标（Xu W et al.，2020）。乌梁素海为草型湖泊，富营养化不像呼伦湖和岱海那么严重，近年水质逐渐好转（范元元等，2018）。通过现场采样数据，比较三个湖泊的光学活性物质差异，如图 6-17 所示。显然呼伦湖富营养化最为严重，Chl a 浓度明显高于岱海及乌梁素海，CDOM 岱海的

$a_{\mathrm{CDOM}}(355)$明显高于呼伦湖和乌梁素海，其次呼伦湖平均值略高于乌梁素海；TSM情况呼伦湖高于岱海和乌梁素海，平均值在 50 mg/L 左右，主要是由于呼伦湖是典型的牧区草原型湖泊，外源及内源释放严重，而岱海和乌梁素海分别为典型的农牧区尾闾湖和牧区草原吞吐湖（Chen et al.，2021），岱海由于人类工农业的输入导致（Chun et al.，2020），有机物浓度高于其他两个湖泊，因此呼伦湖光学活性物质在"一湖两海"地区中属于较高水平，通过研究呼伦湖光学活性物质，进而掌握湖泊生态退化情况，对于富营养化防治和湖泊生态系统管理至关重要，可以帮助政府及管理部门了解湖泊生态系统的动态和发展，并有助于制定有效的湖泊管理计划。

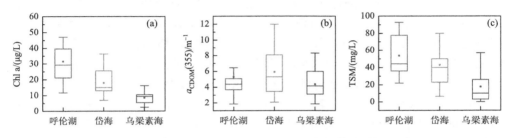

图 6-17　呼伦湖、岱海、乌梁素海湖泊光学活性物质箱型图

(a) Chl a；(b) CDOM；(c) TSM

6.3　湖泊沉积物溶解性有机质演变及对生态退化的指示作用

沉积物溶解有机质（dissolved organic matter，DOM）是湖泊沉积物基质中最活跃的组分，在水生态系统元素循环和能量循环中起着基础性的作用。一方面，湖泊沉积物 DOM 通过与水体的 DOM 交换影响湖泊 DOM 池，从而对湖泊生态系统的光热分布及食物链产生影响；另一方面湖泊沉积物 DOM 变化受多种因素影响，包括湖泊营养水平及动植物种类、人为影响和早期成岩作用等（Posch et al.，2012），而这些因素均与整个湖泊生态系统变化息息相关。因此，湖泊沉积物 DOM 演变与整个湖泊生态系统的演化可能存在一定程度的联系，研究这种联系可以加深对湖泊生物地球化学循环和生态系统变化的理解，在一定程度上揭示"一湖两海"生态系统退化机理。本节基于沉积记录追踪了"一湖两海"DOM 稳定性变化和生态系统演变，通过相关性分析和冗余分析等手段研究了 DOM 稳定性变化与生态系统演变间关系，通过结构方程模型揭示了 DOM 稳定性与生态系统演变相互影响的机制，并探讨了 DOM 稳定性变化对湖泊生态系统的指示作用，为深入认识"一湖两海"湖泊生态系统演变和生态系统保护提供理论依据。

6.3.1　沉积物稳定性特征及演变

图 6-18 重建了呼伦湖、岱海和乌梁素海在过去近五十年间的沉积物 DOM 特征尤其是稳定性相关特征变化。其中图 6-18 显示呼伦湖沉积物 DOC 含量范围在 11.74~25.27 mg/L，乌梁素海沉积物 DOC 含量相对较低，在 8.85~13.56 mg/L，岱海沉积物 DOC 含量则高达 30.34~44.12 mg/L。呼伦湖及乌梁素海沉积物 DOC 随时间无明显变化趋势，岱海 DOC 整体表现出升高趋势，相比于 20 世纪 70~90 年代增加了 30.59%。呼伦湖和乌梁素海 CDOM 随时间无明显变化趋势，岱海在 2008 年前处于下降趋势，2008 年后上升，总体相比较 20 世纪 70 年代增加了 50.00%。呼伦湖和乌梁素海沉积物 CDOM/DOC 比值均无显著变化，岱海比值先降低再升高，与 20 世纪 70 年代相比也无显著性变化。从溶解性有机质稳定性相关特征来看，呼伦湖、乌梁素海和岱海沉积物分子量指标 $S_{275~295}$ 及 $a_{(250)}/a_{(365)}$ 均呈波动变化趋势。呼伦湖和乌梁素海沉积物 SUVA$_{254}$ 及 SUVA$_{260}$ 未见显著性变化，岱海 SUVA$_{254}$ 及 SUVA$_{260}$ 表现出显著上升趋势（分别增加了 410.51% 和 175.68%），表明多年来岱海溶解性有机质腐殖化程度和疏水性物质有所增加。从结果可以看出岱海沉积物一方面具有更高的溶解性有机质含量，另一方面 DOM 含量及稳定性近50 年来均呈现显著增加趋势，与呼伦湖、乌梁素海差异显著。

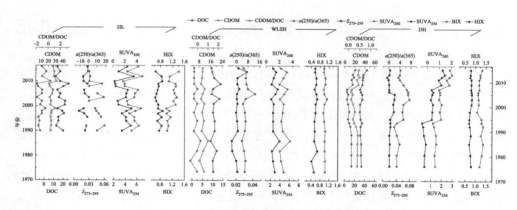

图 6-18　呼伦湖、岱海和乌梁素海湖泊沉积物 DOM 特征长时间尺度变化

进一步通过三维荧光光谱平行因子分析提取 DOM 主要荧光组分，通过不同组分含量的变化体现 DOM 稳定性特征变化。各主要组分在三个湖泊中的最大荧光强度所占的相对比例如图 6-19 所示。通过匹配 OpenFluor 数据库和前人文献确定了三个湖泊提取的主要成分对应的物质类别。其中 C1 为腐殖质类物质，主要

为受农业影响的海相腐殖质；C2 为腐殖质类物质；C3 为蛋白质类、色氨酸类有机质；C4 为蛋白质组分，可能与初级生产力有关。结果显示，呼伦湖两种腐殖质组分在 1990~2002 年间波动，经历了短暂低谷后在 2007~2011 年呈现上升趋势，2011 年后下降；乌梁素海腐殖质组分先总体呈增加趋势，在 2012 年后下降，C3 趋势相反。而岱海 C1 及 C1 + C2 组分比例均随时间增加，表明腐殖质类物质比例增加，结合

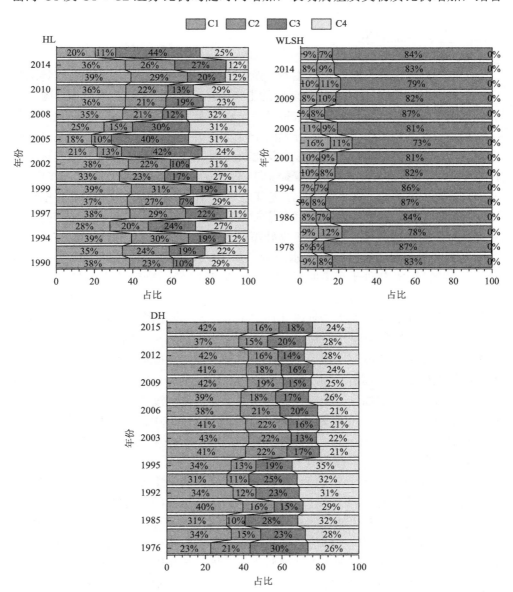

图 6-19　呼伦湖（HL）、岱海（DH）和乌梁素海（WLSH）沉积物不同深度的荧光组分特征

C1 为受农业影响的海相腐殖质,推测这种增加可能与区域盐度上升和农业发展有关。另外,腐殖质类物质比例的增加也印证了前述结果中岱海腐殖化程度的增加及其导致稳定性增加。综合光学指标和荧光组分变化可以看出,在过去的五十年中呼伦湖和乌梁素海沉积物 DOM 稳定性总体在波动中经历上升后下降,而岱海沉积物 DOM 稳定性处于上升趋势。

6.3.2　生态系统演变

沉积物硅藻能够反演历史水生态系统生产力、生物量、水生植物群落特征等(Yan et al.,2019),可作为水生态健康的生物指标,指示湖泊水生态健康。图 6-20 基于沉积记录中的硅藻群落变化来追踪"一湖两海"湖泊生态系统的演化。结果显示,呼伦湖生态系统演变大体分为两个阶段:1990~2010 年硅藻丰度和多样性均逐渐下降,耐污种大量出现,意味着此期间水质发生恶化;2010 年后硅藻丰度和多样性逐渐增加,并由浮游硅藻逐渐向底栖硅藻群落演替,贫中营养硅藻增多,表明呼伦湖生态系统开始向好演化。尤其是 2015 年后硅藻丰度有所降低,多样性进一步增加,贫中营养硅藻比例略有增加且富营养硅藻略有减少,标志着呼伦湖生态系统加速正向演化。这些沉积物硅藻记录揭示的生态系统变化可以被现代水质监测结果所支撑,如图 6-20 中水污染指数(WPI)的变化表明呼伦湖湖泊生态系统在 1990~2010 年处于污染加剧态势,2010~2019 年污染减轻且 2015 年后进一步好转。乌梁素海生态系统则经历了三个阶段:1982 年前硅藻丰度较低,但种类较多,生态系统良好;而第二阶段(1983~2012 年)硅藻多样性减少,丰度先上升后下降。耐污性的硅藻比例增加,底栖种、贫-中营养种比例大幅减少了,这是湖泊富营养化加速的体现。到了第三阶段(2012 年后)硅藻丰度和多样性逐渐增加,底栖类硅藻比例逐渐增加,指示着水生植物大量发育的水环境状态,同时贫中营养类硅藻比例增加且富营养化类硅藻减少,表现出湖泊富营养化程度有所改善,乌梁素海生态系统向好发展。这和 WPI 表现出的 2012 年后生态系统污染程度减轻是相对应的。而岱海生态系统在 1984 年前,硅藻丰度和多样性较高,群落结构健康;1984 年后,硅藻丰度和多样性先降低后升高,但浮游硅藻代替底栖硅藻成为主要优势种,富营养硅藻代替贫中营养硅藻成为主要优势种,标志着湖泊从草型向藻型的转变。近年来,岱海浮游硅藻和富营养硅藻持续增多,指示了藻型湖泊的特征及富营养化加重的态势。尽管由于潜在的泥沙混合和有限的分辨率,沉淀物记录无法捕捉到一些峰值,硅藻记录的变化还是和 WPI 的变化基本吻合,表现出岱海生态系统近二十年来持续恶化的趋势及近几年恶化加重的态势。

从以上结果可以看出,呼伦湖和乌梁素海生态系统都在恶化后向好演化,而岱海生态系统自 1984 年后始终处于退化状态,近年来还表现出退化加重态势。

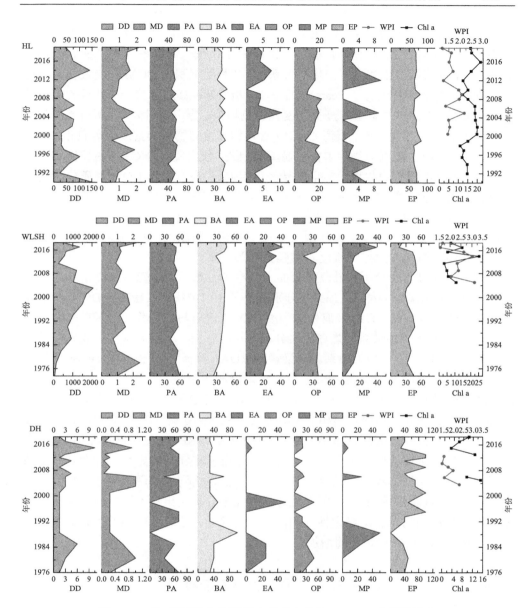

图 6-20　"一湖两海"沉积岩心硅藻丰度和 Margalef 多样性演变

6.3.3　沉积物 DOM 稳定性特征变化与湖泊水生态系统演化关系

从沉积物 DOM 历史变化结果和湖泊生态系统演化过程结果来看，生态系统持续恶化的岱海表现出高 DOC 范围和稳定性增加，而生态系统有所恶化又向好发展的呼伦湖和乌梁素海在低 DOC 范围且稳定性增加后又下降。这可能暗示着生态系统变化与沉积物 DOM 稳定性特征变化存在一定关系。为了探究沉积物 DOM 稳定性特征与生态系统演化的关系，本节利用沉积物 DOM 稳定性相关特征与硅藻群落相关指标进行了 Pearson 相关性分析（图 6-21）。研究结果中呼伦湖腐殖质组分 C2 所占比例与贫营养藻类丰度显著负相关，蛋白质组分 C3 所占比例与物种丰富度显著正相关；乌梁素海 CDOM 含量和占比与物种丰富度显著负相关，腐殖质组分 C2 所占比例与物种丰富度显著负相关，蛋白质组分 C3 所占比例和蛋白质组分 C4 所占比例均与物种丰富度显著正相关；岱海沉积物 DOM 腐殖化程度和疏水性与贫营养藻类显著负相关，与富营养藻类显著正相关，腐殖质组分 C1 和 C2 比例之和与浮游类硅藻和富营养藻类均呈显著正相关，与底栖类硅藻和贫营养藻类均显著负相关。这些结果体现了生态系统健康与湖泊沉积物稳定性特征尤其是腐殖化组分含量和腐殖化程度具有强负相关关系。

同时，通过冗余分析在硅藻属层面上考察了生态系统演变和 DOM 稳定性变化间关系。呼伦湖 RDA1 和 RDA2 分别解释了 39.10%和 15.19%的 DOM 特征变异，腐殖化组分 C1P、C2P 及腐殖化程度 HIX 表现出与富营养化指示硅藻舟形藻（Nav）的显著正相关关系，蛋白质组分 C3 相对含量与贫营养水体主要硅藻针杆藻（Syn）呈现显著正相关关系。乌梁素海 RDA1 解释了 45.30%的 DOM 特征变异，且与底栖类硅藻羽纹藻（Pin）及分子量指标 $S_{275\sim295}$ 正相关，RDA2 解释了 23.12%的变异且 C1P 正相关，同时与 C3P 负相关。在岱海中，RDA1 解释了 62.95%的 DOM 特征变异，与腐殖化相关指标 C1P、$SUVA_{254}$ 及 HIX 均表现出正相关关系，同时与富营养化硅藻舟形藻（Nav）关系密切，RDA2 则仅解释了 3.5%的变异。从结果中可以看出，三个湖泊硅藻属种分布和 DOM 稳定性指标尤其是腐殖化组分含量和腐殖化程度之间存在显著的相关性，这同样体现出生态系统变化与 DOM 的稳定性特征关系密切。相关性分析和冗余分析结果从不同层面表明了生态系统退化与沉积物 DOM 稳定性增加间的密切关系，这意味着湖泊生态退化可能造成了沉积物 DOM 稳定性的增加。

6.3.4　DOM 稳定性与生态系统演变相互影响机制

在 6.3.3 小节的结果中，生态系统退化与沉积物 DOM 的高稳定性特征表现出强相关关系，我们推测这可能是生态系统变化对沉积物 DOM 结构和组成等影响的结果。为了验证这一推论，我们将"DOM 稳定性"和"生态系统状态"作为潜变量，分别选取 DOM 结构组成特征和硅藻相关指标作为观测变量，构建结构方程模型来探索生态系统变化对沉积物 DOM 的影响作用和可能的机制。针对不同的指标组合构建了结构方程模型，并把拟合最好的一个展现了出来。展现的模型

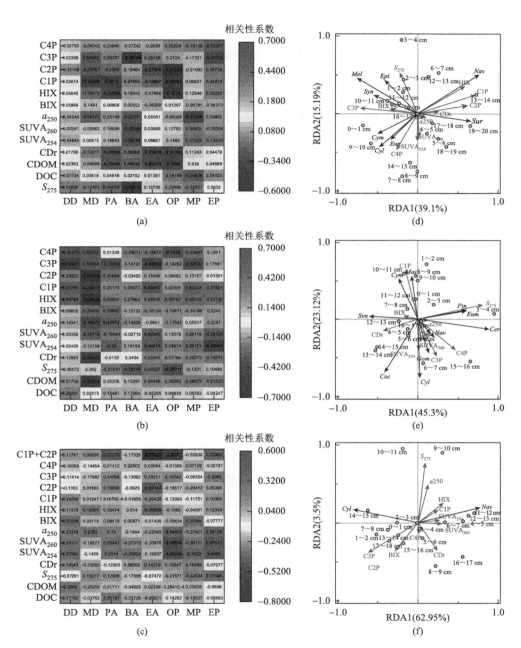

图 6-21　沉积物 DOM 稳定性相关指标与硅藻指标的相关性分析（a～c）及冗余分析（d～f）

为了在图上方便显示，用 a_{250} 代表 $a(250)/a(365)$，CDr 代表 CDOM/DOC，S_{275} 代表 $S_{275～295}$

能比较好地拟合数据，参数达到 $P = 0.052$，$df = 31$，$CFI = 0.859$，$RMR = 0.068$，$SRMR = 0.083$。从图 6-22 中可以看出，DD、PA、OP、EP 四项组成潜变量"生态系统状态"的观测变量中，PA 与生态系统状态间表现出显著负的路径系数，这与前述结果中浮游硅藻和富营养化硅藻增多表现出生态系统退化的事实是一致的。而与湖泊营养状态相关的 OP 和 EP 指标在结构方程模型中具有较高的路径系数，对 DOM 稳定性的影响权重分别为 1.01 和–0.81，表明了湖泊的富营养化状态可能对 DOM 稳定性产生较为重要的影响。观测变量 HIX、C1P、C2P 与潜变量"DOM 稳定性"间展现出较强的路径系数，说明了相比于其他 DOM 稳定性特征，生态系统状态变化对 DOM 的腐殖化程度和腐殖化组分含量影响更加显著，这与 6.3.3 小节结果也是相对应的。

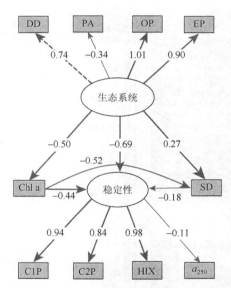

图 6-22　"一湖两海"湖泊生态系统变化对 DOM 稳定性影响的结构方程模型

a_{250} 代表 a_{250}/a_{365}；实线代表显著的影响，虚线代表统计上不显著的影响，线的宽度与影响的强度成比例

　　模型结果显示生态系统主要通过三条路径对沉积物 DOM 稳定性产生影响，其中生态系统状态通过叶绿素和透明度对 DOM 稳定性的间接影响效应分别为 0.27 和 0.05，生态系统对 DOM 稳定性的直接影响效应为 0.69，体现出经由叶绿素的间接途径和直接影响两条途径是生态系统影响沉积物 DOM 稳定性的主要驱动力。在湖泊中，富营养化的发生代表了生态系统状态的重要转变，也预示着浮游藻类的大量增加（Carpenter et al.，1995）。藻类是水中重要的有机质来源，不但其生长过程会向水中分泌多糖、蛋白质等有机质（Chen et al.，2018；Pivokonsky et al.，2006），其本身腐解也会释放大量蛋白质及腐殖质类等有机质（Lehmann et al.，

2020；Liu S et al.，2019）。虽然藻源性有机质相比陆源有机质具有更低的稳定性和腐殖化程度，但研究表明藻类腐解还是会产生超过 20%的腐殖质（Koch et al.，2014；Leloup et al.，2013；Senga et al.，2018），在陆源有机质不减少的情况下藻源性有机质的增加还是会增加湖泊中腐殖质类物质的含量，这些增加的蛋白质和腐殖质类等有机质沉降到湖泊沉积物中，在沉积环境中经历许多物理、化学和/或生物的相互作用和转变（Chen and Hur，2015），在长期地球化学过程中稳定性高的腐殖质类和少量蛋白质类溶解性有机质逃脱再矿化被保留到沉积物中（Hansell and Carlson，2014），这就解释了生态系统由草型向藻型的转变过程中如何通过增加浮游藻类的间接途径影响沉积物 DOM 腐殖化程度和稳定性的。

　　一些生态系统的变化也通过作用于湖泊 DOM 池从而直接影响沉积物 DOM 稳定性特征。首先，陆源有机质是湖泊 DOM 的重要来源，其进入湖泊中含量的多少会在湖泊生态系统健康状态上有所体现（Pham et al.，2008；Adrian et al.，2009）。作为一类较稳定的 DOM，湖泊生态系统中陆源有机质的含量变化会影响湖泊 DOM 组成和稳定性特征，进而直接影响进入湖泊沉积物的 DOM 稳定性特征。已有研究报道岱海近五十年来沉积记录显示出陆地来源有机质的增加（Lü et al.，2008），因此岱海生态系统 DOM 变化可能直接作用于了岱海沉积物 DOM 稳定组分及稳定性的增加。其次，湖泊生态系统的盐度由于影响 DOM 微生物降解和光降解等原因与湖泊 DOM 结构和组成等特征密切相关（Zhang et al.，2020），盐度高的湖泊其 DOM 池倾向于更稳定（Zhang et al.，2020），因此湖泊盐度的变化可能影响湖泊 DOM 池并直接作用于沉积物 DOM 稳定性特征。研究表明"一湖两海"生态系统盐度近年来变化明显（Zhang et al.，2020），其中岱海盐度更是表现出显著的升高，这与岱海中海相腐殖质 C1 比例的上升及 DOM 整体稳定性的增加是对应的，印证了"一湖两海"生态系统盐度变化可能是湖泊 DOM 稳定性变化的直接原因之一。此外，基于金属离子和新型污染物等能引起 DOM 结构改变和聚集物的形成（Scott et al.，2005），湖泊生态系统本身金属离子及新型污染物等物质含量的变化会影响 DOM 稳定性特征并进一步影响沉积物 DOM 稳定性特征，也可能成为生态系统变化对沉积物 DOM 稳定性影响的直接原因之一。

　　同时，虽然影响效应不突出，结构方程模型结果中还表现了湖泊通过引起透明度变化影响沉积物 DOM。湖泊生态系统健康的变化引起透明度的变化，透明度显著下降会使得投射湖泊的太阳辐射减少，导致主要依靠光降解被消耗的芳香类腐殖质含量上升（Hansen et al.，2016；He et al.，2021），引起水体中及附着在颗粒物上的溶解性有机质稳定性增加，从而可能影响沉积物 DOM 稳定性。此外，生态系统的退化常伴随着水生植物的衰亡及动植物残体降解等过程使得水中溶解氧含量过低（Jeppesen et al.，2005；Dong et al.，2012），基于好氧降解是 DOM 微生物降解的主要途径（Chen et al.，2011），溶解氧的降低会影响湖泊微生物对 DOM 的分解，从而可能造成沉积物 DOM 稳定性的升高和腐殖质类物质的增加，但本节结果中生态系统通过溶解氧影响 DOM 稳定性的路径没有出现在最优模型中，表明生态系统通过溶解氧对沉积物 DOM 稳定性造成的间接影响并不显著。

此外，生态系统退化引起湖泊中 DOM 稳定性增加后这种增加实际上还可能促进生态系统进一步退化，即生态系统退化与湖泊 DOM 稳定性增加间可能存在正反馈效应。DOM 通常被认为从影响光热分布和食物网两个方面影响湖泊生态系统（Wang et al.，2013；Ziegelgruber et al.，2013）。一方面，DOM 是湖泊透明度的主要调节器能够调节投射湖泊的短波辐射，而稳定性高的 DOM 更容易吸收太阳辐射使得光热更快消耗（Fu et al.，2006），从而限制初级生产者的光可利用性和改变视觉捕食者和猎物之间的相互作用（Solomon et al.，2015；Williamson et al.，1996），以及将改变溶解氧和其他化学物质的垂直梯度（MacIntyre et al.，2006；Wüest and Lorke，2003），从而影响生物地球化学反应速率和好氧生物的栖息地适宜性（Solomon et al.，2015）。因此，DOM 稳定性的增加将影响基本的生态相互作用，并影响淡水生态系统的整体结构、功能和生产力（Ziegelgruber et al.，2013；Wang et al.，2013）。另一方面，基于低分子量、稳定性低的 DOM 更易被异养细菌、浮游动物降解消耗（Burdige and Komada，2014），更顽固的、高分子量的 DOM 只有在停留时间充足时才被消耗降解（Aitkenhead-Peterson et al.，2003；Young et al.，2005），湖泊 DOM 稳定性上升意味着食物网的可利用性能量输入被限制，从而对整个湖泊生态系统产生影响。

6.3.5　沉积物 DOM 稳定性变化对水生态系统演变指示

基于前文内容，本节得出了湖泊生态系统演变与沉积物 DOM 变化的联系以及生态系统对沉积物 DOM 稳定性变化的影响，这些都暗示了沉积物 DOM 稳定性变化可能有指示生态系统变化的潜力。为了考察沉积物 DOM 对生态系统的指示性作用，我们将沉积物 DOM 稳定性特征指标作为预测变量，将硅藻群落指标作为响应变量/结果变量，建立 GAM 模型得出了沉积物 DOM 稳定性变化对生态系统变化的解释率。结果显示沉积物 DOM 稳定性特征对硅藻丰度、硅藻多样性两项生态系统生物指标的解释率分别达 80.60% 和 69.50%，表明沉积物 DOM 稳定性特征指标对生态系统变化有一定的指示作用，沉积物 DOM 稳定性变化可以在一定程度上反映生态系统演化特征和阶段。

本章 6.1 节结果中指出，三个湖泊流域压力在过去三十几年升高了 90%～270%，并且相对于水质、水量驱动路径，流域压力通过水生态路径传递的压力最大（Chen et al.，2021）。其中呼伦湖在 1990~2010 年间受流域工农业发展等人类活动驱动流域压力大幅增加，2010 年左右流域压力持续升高但人为湖泊治理措施介入强度增加（2010 年实施了引河济湖工程），2015 年后流域压力通过人为措施缓解，这些对应着本节结果中显示的呼伦湖生态系统在 1990~2010 年间出现恶化及 2015 年后向好发展。在这个过程中一些 DOM 稳定性相关的指标如腐殖质组分随之变化。乌梁素海则从 1982 年起受气温、人口、农业和畜牧业影响流域压力持续增加，2013 年后经人为措施控制流域压力增加减缓甚至开始下降，这些也表现在了生态系统的变化上：1982 年前生态系统良好，1982 年后湖泊生态系统开始恶化并逐渐富营养化，2013 年后湖泊浮游类硅藻和富营养硅藻明显减少（图 6-23），湖面被芦苇和篦齿眼子菜为主的沉水植物覆盖，湖泊表现出草型湖特征。而生态系统的这些变化，也在 DOM 稳定性的一些指标上有所体现，如腐殖质组分 C2 总体有先增加再减少的趋势。岱海则不同，在人类生活和工业活动导致流域压力增加的背景下，生态系统由草型湖向藻型湖转变，但在人为控制使得流域压力升高减缓后，近年来依旧呈现藻型湖泊特征和富营养化态势，表现出严重生态退化。这可能和岱海电厂使得入湖水量大幅减少，湖泊矿化度升高加剧生态退化有关。岱海的这种显著退化体现在了沉积物 DOM 稳定性特征的显著增加上，不仅腐殖质组分比例显著升高，沉积物 DOM 的各种分子量和芳香性特征也抵消了矿化作用带来的影响表现出升高趋势。因此，沉积

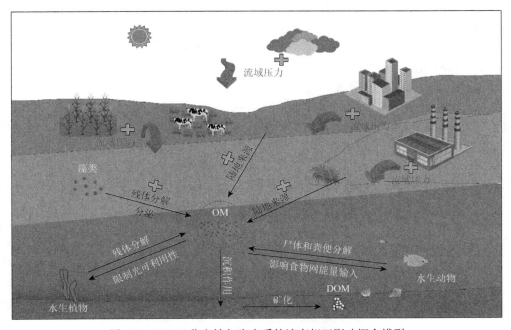

图 6-23　DOM 稳定性与生态系统演变相互影响概念模型

物 DOM 部分腐殖质组分相关的稳定性特征变化指示了湖泊生态系统健康状态变化，而 DOM 稳定性显著升高可能暗示了生态系统的退化。基于湖泊 DOM 和生态系统的正反馈关系，生态系统退化引起了湖泊 DOM 稳定性升高，这种 DOM 稳定性的变化可能反过来影响生态系统，也就是说生态退化如果不采取有效措施人为介入缓解，可能通过 DOM 影响进一步加速这种退化。

6.4　本章小结

本章综合考虑了湖泊水量-水质-水生态变化及其协同过程，定量识别了气候变化、人类活动等条件影响下 "一湖两海" 水量-水质-水生态传递的流域压力，分析了气候变化和人类活动对水质-水量-水生态变化的驱动作用，以光学活性物质和溶解性有机质为切入点揭示了水质对水生态退化的指示作用。"一湖两海" 水量-水质-水生态传递的流域压力方面，在过去三十多年呼伦湖、岱海和乌梁素海流域压力升高了 90%~270%，并经历了由气候驱动为主的稳定阶段（1987~1992 年），到农业驱动为主的略有升高阶段（1993~2004 年），再到工业驱动为主的显著升高（2005~2018 年）三个阶段。流域压力在三个湖泊间整体呈现乌梁素海>岱海>呼伦湖的特征，主要受不同的气候暖化程度、人口和农牧业发展强度驱动。以工业和建筑面积为代表的经济发展和城市化进程加快是流域压力激增的主要因素。流域治理措施缓解了对水环境影响，使呼伦湖、岱海和乌梁素海水环境对压力的增加分别呈阶段响应、持续响应和无响应特征。相对于水质、水量驱动路径，流域压力通过水生态路径传递的压力最大。因此，该区域湖泊保护治理一方面要识别湖泊水环境对压力影响，采取人为措施缓解压力对水环境尤其是水生态的影响；一方面要建立与土地利用等城市化相对应的水环境保护机制，以实现湖泊流域水资源可持续发展。

以光学活性物质为切入点研究了气候变化和人类活动对呼伦湖水量水质的驱动作用及水质变化对水生态退化的指示作用。结果表明 1986~2020 年呼伦湖的光学活性物质总体呈现三个阶段，在 1986~1999 年总体呈现小范围波动，2000~2009 年，TSM 和 CDOM 浓度增加，Chl a 浓度减小；2010~2020 年 TSM 与 CDOM 浓度减小，Chl a 浓度增加。气候变化和人类活动对呼伦湖光学活性物质变化的驱动是一个多因素综合影响的过程。通过 Eva 的增加和 P 的减少改变水位是导致光学活性物质变化的主要原因，SR 和 AT 通过影响水体温度促进藻类生长也影响了光学活性物质变化。另外，人类活动改变湖泊水文循环，以及通过营养物入湖的增加引起光学活性物质变化。利用 CDOM 和 TSM 建立 TLI 拟合模型评价湖泊生态系统退化程度，当 $a_{CDOM}(355)$ 大于 4.97 m^{-1} 和 TSM 大于 42.38 mg/L 时，TLI 达到 60 及以上，表示湖泊处于严重退化阶段。

　　以湖泊溶解性有机质为切入点研究了"一湖两海"水质与水生态间的相互作用关系。生态系统显著退化的岱海表现出沉积物 DOM 稳定性的升高,而生态系统轻微恶化后向好发展的呼伦湖和乌梁素海沉积物 DOM 没有明显变化趋势。三个湖泊沉积物 DOM 稳定性变化(主要是腐殖质组分相关指标)均与生态系统健康状态呈现显著负相关,说明了生态系统退化与 DOM 稳定性的升高密切相关。湖泊 DOM 组成变化及藻类大量繁殖引起的腐殖质等难降解 DOM 增加可能是生态系统变化作用于 DOM 稳定性的重要机制,同时湖泊 DOM 稳定性升高也可能促进生态系统退化,表明如果不采取措施缓解生态系统退化,湖泊 DOM 稳定性变化和生态系统变化的正反馈作用会使得生态系统退化加剧。

第7章 气候变化和人类活动对水质水量变化的影响及耦合驱动机制

　　湖泊水体环境的快速变化改变了湖泊生态结构功能及相关的生态系统服务。湖泊是全球受威胁最严重的生态系统之一（Lind and Dávalos-Lind，2002），水质与水量是水生态退化与恢复问题的两个制约性因素，基于水质、水量和水生态一体的流域水环境管理是改善河湖生态健康问题重要机制保障。因此，研究水质水量变化过程及其耦合驱动机制是揭示水生态退化机理的必要条件。本章突破以往单纯考虑水资源或水质演变，构建寒旱区湖泊"水动力-水质-水生态"耦合模型，分析了湖泊水质、水量变化过程及其对气候变化和人类活动响应，探讨"一湖两海"水质水量耦合作用及水生态系统对水量、水质变化动态响应过程，揭示了"一湖两海"生态退化机理。对于科学评价流域水资源禀赋条件、探索水资源全面节约、合理配置、高效利用、保障水生态安全具有重要科学价值。

7.1 流域水文气象与人类活动对呼伦湖水质水量变化影响及耦合驱动机制

　　流域水文气象与人类活动对湖泊水质水量变化产生较大影响，加之人类活动用水及污染物入湖等影响，共同导致区域水循环和水质发生变化。湖泊水量的变化主要体现在出入湖水量和水位变化，流域入湖径流量是导致湖泊水位变化的重要原因，主要由于流域产汇流变化的制约，Ye 等（2013）通过定量研究发现过去五十年中气候变化的影响逐渐减弱和人类活动的加剧是导致鄱阳湖流域洪水和干旱的原因。另外，有研究表明气候变化和水利工程实施不仅可以直接影响湖泊水文情势变化，还可以直接或间接影响湖泊水质变化，进而影响水体的营养状态（Xia et al.，2001）。目前，由于湖泊的水文气象和人类活动条件对水量水质影响程度和驱动因素不同，明确湖泊水质水量在各阶段的响应机制是呼伦湖水资源管理和水质改善亟须解决的关键问题。

　　基于此，本章节构建呼伦湖入湖径流量（SWAT 模型），建立呼伦湖入湖径流量与流域气候变化和土地利用变化之间的响应关系，通过划分不同阶段，模拟分析不同时间段气候变化和土地利用对呼伦湖入湖径流量的影响，对比乌尔逊河流域和克鲁伦河流域两个子流域对于气候变化和人类活动的响应；同时并利用多元统计分析方法探究气候变化和人类活动对呼伦湖水质变化的影响，最后以光学活性物质代表水质水位变化代表水量，系统解析呼伦湖水质水量变化的耦合驱动机制。对湖泊水环境污染控制与治理及水资源调度具有重要意义。

7.1.1　基于 SWAT 模型的呼伦湖流域入湖径流量模拟

本节主要介绍呼伦湖流域入湖径流量 SWAT 模型的构建，其中包括研究区域的划分、初始条件以及通过 SWAT-CUP 对模型进行参数的敏感性分析和参数率定工作，最后利用 SWAT 模型，计算输出了 1961~2020 年呼伦湖流域克鲁伦河和乌尔逊河入湖径流量变化，并利用 M-K 检验和滑动 T 检验以及小波分析的方法对于径流变化突变年份及周期性进行分析，为呼伦湖入湖径流量的影响及驱动机制分析奠定基础。

1. 呼伦湖流域 SWAT 模型数据库的构建

首先根据 SWAT 模型的输入，准备并计算模型基本参数的数据库，如土壤数据库、土地利用数据库、气象数据，将部分数据库导入至 SWAT 安装文件根目录下的 SWAT2009.mdb 中。所有输入 SWAT 模型中的数据需要具有相同的投影坐标系，因此本研究中使用的投影坐标系为 WGS_1984_UTM。

1）数字高程模型数据（DEM）

研究区域的高程数据由地理空间数据云（http://www.gscloud.cn）下载，为 SRTM 数据，分辨率是 30 m×30 m，在 ArcGIS 10.2 软件中运用拼接、剪裁工具处理后如图 7-1 所示。

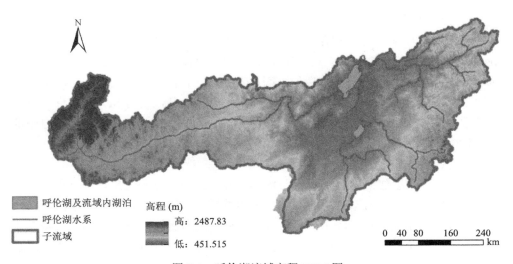

图例说明：
- 呼伦湖及流域内湖泊
- 呼伦湖水系
- 子流域
- 高程 (m)　高：2487.83　低：451.515
- 0　40　80　160　240 km

图 7-1　呼伦湖流域高程 DEM 图

2）土地利用数据

SWAT 土地利用数据经过重分类按照 SWAT 土地利用分类标准，将呼伦湖流域土地利用划分为耕地（AGRL）、林地（FRST）、草地（PAST）、城镇用地（URHD）、水体（WATR）、湿地（WETL）和裸地（BARR）七大类（图 7-2）。本研究共选取了三期的土地利用数据代表 1961~1999 年、2000~2012 年、2013~2020 年三个阶段的不同土地利用/覆被状态。土地利用数据获取自欧洲航天局全球陆地覆盖数据（ESA GlobCover）。

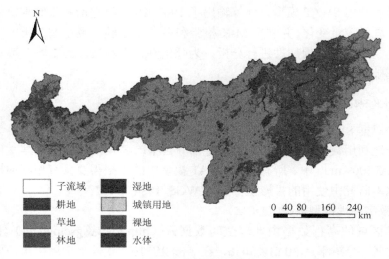

图 7-2　呼伦湖流域土地利用图

3）土壤数据

土壤数据参考了联合国粮农组织（FAO）和国际应用系统研究所（International Institute of Applied Systems of Vienna）中的 HWSD（Harmonized World Soil Database）数据。土壤数据库参数由美国农业部与华盛顿州立大学开发的土壤水特性软件 SPAW（soil-plant-atmosphere-water）计算得到，使用 SPAW 软件计算部分参数，按 ArcSWAT 输入输出手册要求格式整理，更新到 SWAT 模型自带的 SWAT2009.mdb 土壤数据库中，呼伦湖流域土壤分布情况见图 7-3。

4）气象数据

在 SWAT 模型建立中在 Weather Data Definition 中进行预先整理的气象数据包括降水、气温、日照时数、相对湿度和风速数据，气象数据使用呼伦湖流域内九个国家级气象站点的逐日降雨、气温气象数据，相对湿度、辐射、风速等数据来自中国气象科学数据共享服务网（http://data.cma.cn/），各气象站地理位置信息见表 7-1。

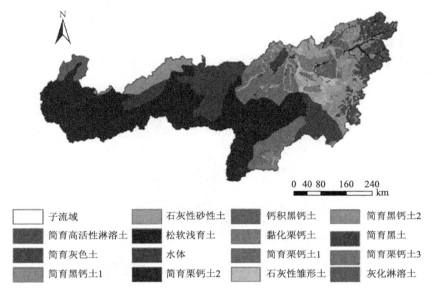

图 7-3　呼伦湖流域土壤分布图

子流域　　　石灰性砂性土　　　钙积黑钙土　　　简育黑钙土2
简育高活性淋溶土　　松软浅育土　　　黏化栗钙土　　　简育黑土
简育灰色土　　　水体　　　简育栗钙土1　　　简育栗钙土3
简育黑钙土1　　　简育栗钙土2　　　石灰性雏形土　　　灰化淋溶土

表 7-1　气象站地理位置信息表

站点编号	站名	纬度(°N)	经度(°E)	气压传感器海拔/m
50425	额尔古纳市	50.15	120.11	582.3
50434	图里河	50.29	121.41	733.7
50514	满洲里	49.35	117.19	662.7
50527	海拉尔	49.15	119.42	650.4
50603	新巴尔虎右旗	48.4	116.49	556
50618	新巴尔虎左旗	48.13	118.16	644.6
50639	扎兰屯	48	122.44	308.5
50727	阿尔山	47.1	119.56	997.7
50834	索伦	46.36	121.13	501

2. 呼伦湖流域 SWAT 模型的运行

1）基于 DEM 的水系提取和子流域划分

在本研究中分别对呼伦湖流域的克鲁伦河和乌尔逊河建立 SWAT 模型，首先对研究区的流域 DEM 数据进行导入，进行 DEM 划分水系校正；确定流域范围内出口，划分子流域，考虑流域的均质性，为不增加无必要的计算量，获得合适的子流域划分数目，模型采用最小河道集水阈值的取值为 100000 hm²，乌尔逊河子流域划分个数为 51 个（图 7-4），流域出口位于 1 号子流域，用于径流模拟率定与验证的水文站位于 16 号子流域；克鲁伦河子流域划分个数为 57 个（图 7-5），流域出口位于 1 号子流域，用于径流模拟率定与验证的水文站位于 16 号子流域。

图 7-4　乌尔逊河流域子流域划分结果图

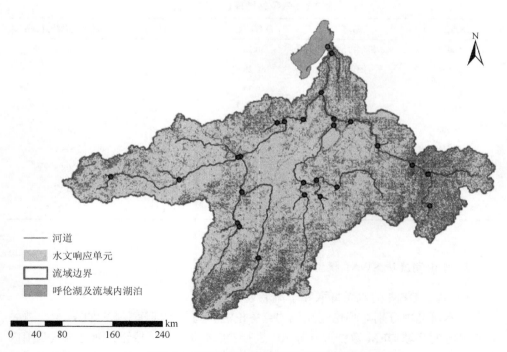

图 7-5　克鲁伦河流域子流域划分结果图

2）水文响应单元（HRUs）划分

通过对乌尔逊河和克鲁伦河流域已预处理的土地利用类型和土壤类型数据以及坡度等级进行重分类，采用多个水文单元法进行 HRUs 划分。

3）径流模拟运行

通过将基础数据写入模型数据库中，手动选择研究时间及研究尺度，完成设定后，即可开始运行 SWAT 模型。

4）模型参数的率定及验证

通过查阅文献选取个常用敏感性参数在 SWAT-CUP 给定的参数的范围内进行率定，首先进行敏感性分析，最终在选取 10 个敏感性参数最终参与率定（见表 7-2）。

表 7-2　SWAT 模型所用参数及初始范围

单元	参数	参数意义	最小值	最大值
地表径流	CN2$^{\&}$	径流曲线数	−0.5	0.1
地下水	ALPHA_BF*	基流 alpha 因子（d）	0	0.28
	GW_DELAY*	地下补给水延迟时间（d）	300	500
	GWQMN*	浅层地下水回流阈值（mm）	1000	3000
壤中流	SOL_AWC$^{\&}$	土壤有效含水量（mm）	0	0.4
	SOL_BD$^{\&}$	土壤湿密度（mg/cm^3）	−0.44	0
	SOL_Z$^{\&}$	土壤层底层表层的深度（m）	0	0.8
	SOL_K$^{\&}$	土壤饱和导水率（mm/h）	2	3.8
河道	CH_K2*	河道冲积层的有效导水率（mm/h）	20	70
水文响应单元	ESCO*	土壤蒸发补偿系数	0.45	0.8

注："*"表示将现有参数值替换为给定值，"&"表示现有参数值乘以"1 + 给定值"

根据乌尔逊河水文站 2010~2017 年的实测月径流数据，将 2007~2010 年设为模型的预热期，并分别以 2010~2014 年和 2015~2017 年为率定期和验证期，依次进行率定和验证模拟，SWAT-CUP(SUFI-2)用于校准和验证 SWAT 参数，经过对参数的不断调整，昆都冷和阿拉坦额莫勒水文站模拟月径流与测量结果拟合度较高（图 7-6），结果表明，率定期内 R^2 分别为 0.81 和 0.67，验证期 R^2 分别为 0.88 和 0.70；NSE 在率定期为 0.79 和 0.66，验证期为 0.88 和 0.69，R^2 和 NSE 均大于 0.6，说明模型估算结果比较准确。

3. 呼伦湖流域入湖径流量变化

1961~2020 年克鲁伦河和乌尔逊河入湖径流量变化如图 7-7 所示，60 年间两流域径流量呈现下降趋势，相比而言，克鲁伦河流域较乌尔逊河流域径流量减少更加剧烈，变化率分别为-0.026×10^8 m³/a（$R^2 = 0.013$）和-0.075×10^8 m³/a（$R^2 = 0.023$）。其中 2000~2010 年，克鲁伦河和乌尔逊河流域径流量下降幅度较大，其中两个流域的平均入湖径流量在 1.5×10^8 m³/a 左右，在 2010~2020 年间两个流域入湖径流量逐渐恢复，呈现波动上升状态。

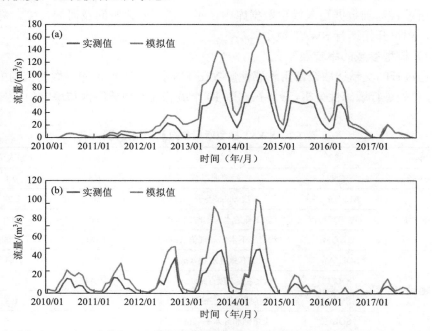

图 7-6 乌尔逊河(a)和克鲁伦河(b)模拟与实测入湖径流量对比图

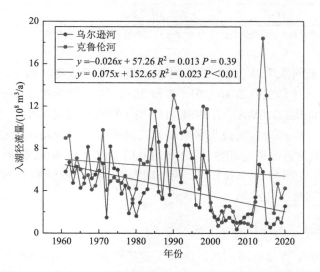

图 7-7 1961~2020 年期间克鲁伦河和乌尔逊河的入湖径流量

采用 M-K 方法和滑动 T 检验，研究流域 SWAT 模拟径流随时间的变化和突变。首先，采用 M-K 法对 1961~2020 年呼伦湖流域不同子流域的入湖径流进行分析，确定流域径流时间序列的变化点（图 7-8）。采用滑动 T 检验来确定径流在时间序列中发生突变的时间。识别入湖径流量突变年份时，使用两种方法增加结果的可信度。克鲁伦河年际径流量在 1975 年之前，统计曲线 UF 平稳波动，表示径流量变化不大，在 1975~1999 年期间，统计曲线 UF 呈现先迅速下降后上升趋势。2000~2020 年间，呈明显下降趋势，表明径流量呈现急剧减少状态。1999 年两条统计曲线 UF、UB 相交，且交点在临界线之内，证明年径流量开始发生突变。乌尔逊河在 1966~1981 年间 UF 曲线下降至显著性水平的临界线下，表明径流量具有明显减少趋势。1980~1995 年统计曲线 UF 呈现明显上升趋势，在 1995 年呈现剧烈下降趋势，与克鲁伦河变化趋势一致。两条统计曲线 UF、UB 分别在 1963 年、1970 年、1982 年、1999 年和 2012 年相交。通过上述分析得出，呼伦湖入湖年径流量在研究时段内发生 5 次突变，乌尔逊河较克鲁伦河径流量变化更为剧烈。从 20 世纪 60 年代到 21 世纪初，克鲁伦河和乌尔逊河为呼伦湖主要水量来源，因此对入湖径流量变化影响较大。

通过分析图 7-8(c)可得，克鲁伦河入湖径流量呈先上升后下降的趋势，1992 年和 2012 年，克鲁伦河入湖径流量突变。由图 7-8(d)可以得到，在研究时间范围内乌尔逊河入湖径流量变化十分剧烈，共有 8 次变化突破临界值，在 M-K 检验结果

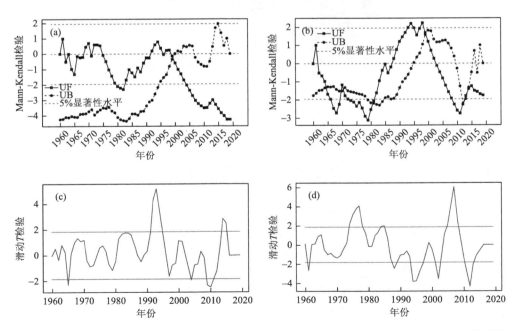

图 7-8　1961~2020 年间克鲁伦河(a, c)和乌尔逊河(b, d)的入湖径流量 M-K 检验图和滑动 T 检验图

中也发现了一致的突变点，由二者联合分析可得，在 1999 年和 2012 年乌尔逊河径流量共发生了两次明显的突变。

运用小波分析方法分析了长序列特征下流域水文要素变化的周期特征。克鲁伦河和乌尔逊河的小波系数变化周期基本一致，在 95%的置信水平上有统计学意义上显著的区域，呈现多个时间和周期范围内的年际波动，而两者均在 1990~2000 年左右有一个较为显著的变化区域，图 7-9 所显示出年径流量周期变化特征存在 3 年左右（1985~1992 年）和 5 年左右（1995~2000 年）的周期变化情况。

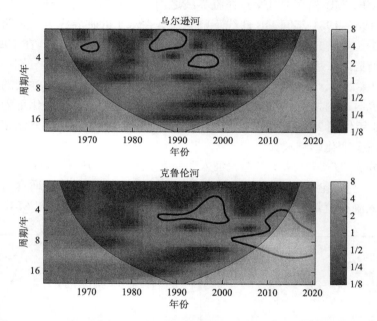

图 7-9　1961~2020 年期间克鲁伦河和乌尔逊河的入湖径流量小波分析谱图

粗黑色轮廓表示 95%的置信区间，圆锥体显示边缘效应的边界

7.1.2　气候和土地利用变化对入湖径流量变化影响

通过以上对径流量变化的分析，发现各子流域径流量存在不同的周期性变化差异，通过 1961~1999 年、2000~2012 年、2013~2020 年的阶段性变化特征，分析气象要素及土地利用变化对入湖径流量变化的影响，得出在三个阶段中，降水与入湖径流量变化相关性最高，但在第二阶段中明显降低。蒸发在第三阶段与入湖径流量呈现明显的负线性相关关系，分别在克鲁伦河和乌尔逊河相关系数为 0.47 和 0.49，同样水汽压在第三阶段与入湖径流量均呈现明显的正相关关系（$R = 0.53$，$P<0.05$），其中由不同阶段流域径流变化影响因素分析可见，在各气象要素中，

降水在各阶段对呼伦湖流域径流的影响最大，具有较强的线性相关性（图 7-10），因此判断呼伦湖流域入湖径流的变化主要受降雨的影响。

　　通过应用 SWAT 水文模型来定量区分气候变化和人类活动对径流的贡献率，利用径流模拟计算出在人类活动影响时间段去除人类影响天然径流值，采用情景

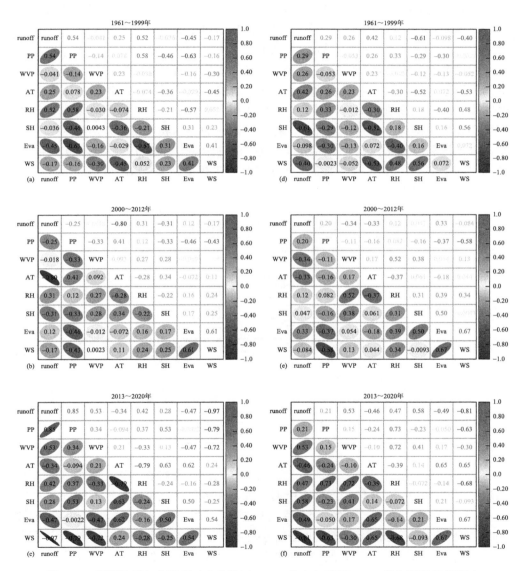

图 7-10　不同阶段气象要素对克鲁伦河(a, b, c)和乌尔逊河(d, e, f)的入湖径流量影响相关性分析（显著性水平 0.05）

runoff：径流；PP：降水；WVP：蒸气压；AT：气温；RH：相对湿度；SH：日照时长；Eva：蒸发量；WS：风速

分析法，分析各阶段气象因素土地利用发生改变时，定量气候和人类活动变化对径流的贡献率。以突变点分析将入湖径流变化分为三个阶段，其中，1961~1999 年为天然径流阶段，相应的 1999 后是受人类活动的径流阶段，以天然径流阶段作为基准期，其相应的实测径流值作为基准值。气候变化对应径流值定义为受人类活动阶段的气象变化引致的径流，与天然径流阶段气象变化引致的径流值二者之间的差值比较，人类活动对应的径流值定义为突变时间点后的土地覆被引致的径流变化，与突变时间点之前的土地覆被引致的径流变化二者之间的差值进行比较（董煜，2016）。

通过前文确定流域径流量发生突变的时间点后，将突变时间点之前的年份定义为径流的天然时间段，假设此时间段为没有受到人类活动影响的径流值，突变时间点之后的径流值定义为同时受气候变化和人类活动影响。在其他条件（土壤因子和高程数据等）不变的情况下，将三个阶段的土地利用变化分别输入模型模拟，以土地利用变化代表人类活动对入湖径流的影响。即将 1990 年、2010 年和 2020 年三期土地利用数据分别输入建立的 SWAT 模型，模拟输出得到三个阶段土地利用条件下的平均入湖径流量（表 7-3）。

表 7-3　气候变化与人类活动对径流变化的阶段性贡献

入湖径流	时间阶段	实测径流量 /(m³/s)	模拟径流量 /(m³/s)	气候变化影响		人类活动影响	
				m³/s	%	m³/s	%
克鲁伦河径流量	1961~1999 年	17.35	16.429				
	2000~2012 年	5.13	2.25	15.10	83.98	2.88	16.02
	2013~2020 年	7.85	3.77	13.58	76.90	4.08	23.10
	2000~2020 年	6.08	2.78	14.57	81.53	3.30	18.47
乌尔逊河径流量	1961~1999 年	23.13	20.87				
	2000~2012 年	5.12	9.83	13.3	73.85	4.71	26.15
	2013~2020 年	26.25	29.44	6.31	66.42	3.19	33.58
	2000~2020 年	12.52	16.69	6.44	60.70	4.17	39.30

2000~2020 年阶段内，呼伦湖流域入湖径流量的实测值与基准值相比，除了乌尔逊河在 2013~2020 年径流量有所增加外，在多年变化中都呈现不同程度的减少趋势，2000~2013 年间的入湖径流量减少剧烈，克鲁伦河和乌尔逊河在2000~2012 年入湖径流量与基准期相比分别减少了 70.43%和 77.86%，入湖水量减少量呈剧烈下降趋势，而在 2013~2020 年又呈现明显增加趋势。气候变化对克鲁伦河流域入湖径流量的影响在 2000~2012 年和 2013~2020 年分别为 83.98%和76.90%，对乌尔逊河流域影响分别为 73.85%和 66.42%。人类活动在 2000~2020 年间，在克鲁伦河和乌尔逊河各年代对入湖径流量变化的贡献率分别为 16.02%、

23.10%、26.15%和 33.58%，呈现增加趋势。总的来说，从 2000 年开始，气候变化对入湖径流量变化的贡献率一直保持在 60%以上，2000~2020 年气候变化和人类活动对入湖径流量的影响分别为 81.53%、18.47%和 60.70%、39.30%。在呼伦湖流域各子流域区域中，通过对比可以发现气候变化对于克鲁伦河较乌尔逊河的影响要相对较大，在 2000~2012 年阶段中较为明显，在人类活动整体影响的阶段内克鲁伦河流域气候变化对于入湖径流量的影响大约是人类活动影响的 4 倍，乌尔逊河流域气候变化对于入湖径流量的影响大约是人类活动影响的 1.5 倍，表明乌尔逊河流域人类活动对径流量的影响更加明显。前人在关于呼伦湖水位变化影响的研究中，证实了乌尔逊河流域如工农业用水的急剧增加，对入湖径流产生了明显的影响（Li S et al.，2019b；Zheng et al.，2016）。

7.1.3　气候和人类活动变化对呼伦湖水质变化影响

为了定量解释气候与人类因素对水质的影响，采用多元统计学方法进行影响要素的分析，根据影响因素识别气候变化和人类活动对水质变化的贡献及驱动作用。

1. 气候变化对湖泊水质变化的影响

气候变化可改变水环境的物理化学特性，主要反映在水温上升、径流量变化以及水中营养物质的变化（Cao et al.，2021；Chen et al.，2020）。气象资料显示，呼伦湖地区的年平均温度和太阳辐射逐年增长，流域呈现暖干化趋势，年平均降雨量减少。温度升高会促进浮游植物的代谢率和细胞分裂能力并提高生产力，太阳辐射导致热量在上层水体积聚，从而促进浮游植物的生长和生物量的长期积累（Liu S et al.，2019）。同时，太阳辐射的改变不仅将影响水温的变化，还会利于湖泊中初级生产者进行光合作用（Kirk，1994；Liu et al.，2015），参与湖泊生态系统的物质和能量循环，进而可能导致湖泊水质的变化。以水质参数中的光学活性物质为例，在 2000~2009 年第二阶段中，SH 与 $a_{CDOM}(355)$ 呈显著负相关关系（$R = 0.645$, $P > 0.05$），这是因为太阳光照时数也是描述太阳辐射的重要气象要素指标，而 CDOM 是一类光化学降解物质，在太阳光紫外辐射下会发生一系列光化学反应（Bracchini et al.，2006），由于高原湖泊日照强烈，CDOM 降解为小分子物质，归因于气候变化引起的湖泊光学活性物质的变化（Zhang et al.，2007）。此外，通过计算呼伦湖流域蒸发-降水差（EPD）可以清楚地发现 EPD 值均为正值。也就是说，该地区的蒸发量一直大于降水量，湖泊水量处于持续消耗状态，这将导致水环境特征的变化。研究发现，从 2000 年开始到 2011 年，呼伦湖流域的降雨量比自 1960 年到 20 世纪末的平均降雨量约减少了 26.5%，蒸发量却增加了 7.1%（王鹏飞等，2021），表示着气候变暖背景下，蒸发量大，降水入湖补充减少，水位下降，水循环能力减弱，对于湖泊中的光学活性物质的增加起着关键的驱动作用。通过分析得出在 2000 年之后的各阶段内，蒸发和降雨均与光学活性物质呈现显著相关关系（表 6-3）。其中，P 对于 CDOM 的影响可能有两个机制支持：首先，P 的影响增加可能与外源污染物入湖有关，该湖两条河流的输入，只有北部一个出口，当降水增加时，地表径流携带大量土壤中的有机质进入湖泊（Chen X et al.，2012）；其次，空气中的污染物通过降水沉降入湖（Reichwaldt and Ghadouani，2012），这两种机制都会增加湖中污染物浓度，影响化学和生物过程，并为藻类的生长和繁殖提供物质基础。蒸发和降雨与 TSM 在第二阶段呈显著相关，可能是由于气候暖干化导致湖泊萎缩严重，TSM 浓度迅速升高，而在调水工程实施后逐年降低，与气象要素的变化规律没有显著关联。GAM 模型的结果显示，气象要素中，Eva 对于 CDOM 和 TSM 的解释率最高，分别可以达到 19.1% 和 5.52%（表 7-4），对于 Chl a，Eva 的影响仅次于 AT，解释率达到了 17.8%，表明 Eva 的增加对于呼伦湖光学活性物质变化起着关键驱动作用，前人的研究结果发现，湖泊蒸发是呼伦湖水循环的重要组成部分，作为影响湖泊水位多年变化的因素之一（Cao et al.，2021），可以推测蒸发导致水文要素的变化进而湖泊光学活性物质发生了变化。另外，GAM 模型中发现 Eva 和 SR 可以共同解释 36.1% 的 Chl a 浓度变化（表 7-5），间接地证明了 SR 也是影响 Chl a 变化的关键因素。与此同时前人发现因为蒸发量超过降水量可能会增加湖泊盐度，使水位降低，从而导致水温升高（Gao et al.，2017），因此 AT 是气象要素中影响光学活性物质发生变化的另一重要因素。其他水质指标中，TN 和 TP 分别与 P、Eva 和 AT 的 GAM 模型拟合效果结果不显著，这可能是因为降雨是通过径流变化进而影响水质，另外内源沉积物释放也是对 TN 和 TP 的重要影响因素（王雯雯等，2021）。

表 7-4　呼伦湖水质指标与单因子气象要素 GAM 模型参数结果

响应变量	解释变量	edf	F	P	解释率/%	模型	R^2
Chl a	Eva	1.00	6.71	0.0144	17.8	$g(y) \sim s_0 + s\,(\text{Eva}) + \varepsilon$	0.152
Chl a	AT	1.00	9.81	0.0038	24.0	$g(y) \sim s_0 + s\,(\text{AT}) + \varepsilon$	0.216
Chl a	P	1.201	2.858	0.0669	13.8	$g(y) \sim s_0 + s\,(\text{P}) + \varepsilon$	0.104
CDOM	Eva	1.00	7.322	0.0011	19.1	$g(y) \sim s_0 + s\,(\text{Eva}) + \varepsilon$	0.165
CDOM	AT	1.24	0.296	0.795	2.23	$g(y) \sim s_0 + s\,(\text{AT}) + \varepsilon$	0.017
CDOM	P	1.00	0.195	0.662	0.63	$g(y) \sim s_0 + s\,(\text{P}) + \varepsilon$	0.026
TSM	Eva	1.00	1.811	0.188	5.52	$g(y) \sim s_0 + s\,(\text{Eva}) + \varepsilon$	0.025
TSM	AT	1.00	1.605	0.215	4.92	$g(y) \sim s_0 + s\,(\text{AT}) + \varepsilon$	0.017
TSM	P	1.00	2.515	0.0012	7.50	$g(y) \sim s_0 + s\,(\text{P}) + \varepsilon$	0.045
TP	Eva	1.00	0.378	0.55	3.06	$g(y) \sim s_0 + s\,(\text{Eva}) + \varepsilon$	0.00

响应变量	解释变量	edf	F	P	解释率/%	模型	R^2
TP	AT	1.00	0.694	0.421	5.46	$g(y) \sim s_0 + s\,(AT) + \varepsilon$	0.00
TP	P	2.44	0.644	0.619	21.3	$g(y) \sim s_0 + s\,(P) + \varepsilon$	0.031
TP	WS	3.52	0.954	0.0676	59.2	$g(y) \sim s_0 + s\,(WS) + \varepsilon$	0.440
TN	Eva	1.47	1.735	0.158	29.3	$g(y) \sim s_0 + s\,(Eva) + \varepsilon$	0.202
TN	AT	1.18	0.29	0.784	4.66	$g(y) \sim s_0 + s\,(AT) + \varepsilon$	0.00
TN	P	1.00	1.479	0.247	11.0	$g(y) \sim s_0 + s\,(P) + \varepsilon$	0.035
TN	WS	1.00	28.87	0.000	70.6	$g(y) \sim s_0 + s\,(WS) + \varepsilon$	0.682
COD	Eva	3.28	2.077	0.146	50.2	$g(y) \sim s_0 + s\,(Eva) + \varepsilon$	0.334
COD	AT	1.00	0.248	0.628	2.02	$g(y) \sim s_0 + s\,(AT) + \varepsilon$	0.00
COD	P	1.00	0.144	0.742	0.94	$g(y) \sim s_0 + s\,(P) + \varepsilon$	0.00
COD	WS	1.00	1.463	0.250	10.9	$g(y) \sim s_0 + s\,(WS) + \varepsilon$	0.034

表 7-5　呼伦湖 OAC 的多因子气象要素 GAM 模型参数结果

响应变量	解释变量	edf	F	P	解释率/%	模型	R^2
Chl a	Eva + SR	1.00 1.00	26.21 15.76	0.0227 0.0024	36.1	$g(y) \sim s_0 + s\,(Eva) + s(SR) + \varepsilon$	0.319
CDOM	Eva + P	1.00 1.00	26.21 15.76	1.69×10^{-5} 0.00042	47.0	$g(y) \sim s_0 + s\,(AT) + s(WS) + \varepsilon$	0.434
TSM	Eva + P	1.00 1.00	17.84 18.86	0.000207 0.000148	42.0	$g(y) \sim s_0 + s\,(Eva) + s(P) + \varepsilon$	0.381

　　但研究发现风速对于 TP 的解释率可以达到 59.2%，对于 TN 的解释率可以达到 70.6%，这是由于湖泊流域风滚草现象严重，大气沉降和干草残叶等污染物在风力的驱动下进入呼伦湖水体内（于海峰等，2021），造成氮磷污染物的增加。COD 与气象指标的 GAM 模型拟合效果结果均不显著，主要的原因是呼伦湖 COD 主要以入湖河流和内源释放的方式占绝对优势，属于草原沙化、盐碱化及自然本底导致的 COD 偏高。

　　总的来说，气候变化对呼伦湖湖泊水质变化的影响主要受三方面的影响，分别是受降雨和蒸发因素导致水循环的改变，另外结合风速等条件改变外源输入的污染负荷，还有通过太阳辐射改变水体温度的方式共同对湖泊水质变化产生影响。

2. 人类活动对湖泊水质变化的影响

　　随着流域的营养负荷显著增加，湖泊生态系统受到人类活动（如施肥、城市化、土壤和农业）的强烈影响，水体富营养化程度日趋严重。通过研究发现，人类活动要素中 Pop 和 GDP 是影响湖泊光学活性物质的重要因素。流域资料显示，自 2005 年，呼伦贝尔市 GDP 显著增加，在第二阶段中 Pop 和 GDP 都与光学活性物质呈显著相关关系（$P<0.05$）（表 6-3）。近 35 年中，从 GAM 曲线中可以获取人类活动关键要素与湖泊光学活性物质响应关系及关键拐点。Pop 可分别解释 Chl a、CDOM 和 TSM 变化的 13.0%、67.0% 和 48.9%，在 Pop 大于 24.5 万人时，光学活性物质出现了明显的下降趋势。同样 GDP 也可以较好地表征人类活动对呼伦湖光学活性物质的影响，分别解释 Chl a、CDOM 和 TSM 变化的 54.9%、72.0% 和 7.1%，人类活动影响大致以 GDP 为 600 亿（2010 年左右）为拐点（图 7-11），表明人口增长和经济发展到一定水平之后，随着环保意识增强、流域治理力度增加，人类活动对湖泊光学活性物质的影响逐渐减小。值得注意的是，与 TSM 和 CDOM 不同，人类活动对 Chl a 的影响更复杂，并且呈现出一定的迟滞性，当 GDP 大于 1000 亿时，人类活动对 Chl a 的影响才呈现出逐渐下降趋势。研究发现，呼伦湖流域近 20 年来畜产品产量显著增加，不规则的放牧行为直接导致水体生态系统中污染物急剧增加，为湖泊富营养化提供了条件（Chen et al., 2021）。研究表明化学肥料的增加可能导致径流输入有机物负荷的增加，克鲁伦和乌尔逊河沿岸农田施用化肥也是影响流域污染入湖的重要因素（Bao et al., 2021），因此，对于 CA 和 LPO，也是导致 OAC 变化的重要因素。

对于其他水质参数，CA 和 LPO 对 TP 的解释率分别达到 69.3% 和 32.3%，对 TN 的解释率分别达到 65.5% 和 70.0% 证明耕地和畜牧业产量对于湖泊氮磷变化的影响是主导因素，另外，GDP 对于 TP 和 TN 的解释率为 60.6% 和 38.5% 证实了人类活动对于湖泊氮磷营养盐的影响大于气候变化的影响。对于 COD，除了 GDP 的解释率可以达到 80% 外，CA 和 NDBI 的解释率也可以达到 67.8% 和 71.4%，这是由于在过去 20 多年间，耕地面积和建筑面积迅速增加，流入入湖污染物负荷增加（表 7-6）。

表 7-6　呼伦湖水质与人类活动要素的 GAM 模型参数结果

响应变量	解释变量	edf	F	P	解释率/%	模型	R^2
Chl a	Eva	1.00	6.71	0.0144	17.8	$g(y) \sim s_0 + s\,(Eva) + \varepsilon$	0.152
Chl a	AT	1.00	9.81	0.0038	24.0	$g(y) \sim s_0 + s\,(AT) + \varepsilon$	0.216
Chl a	P	1.201	2.858	0.0669	13.8	$g(y) \sim s_0 + s\,(P) + \varepsilon$	0.104
CDOM	Eva	1.00	7.322	0.0011	19.1	$g(y) \sim s_0 + s\,(Eva) + \varepsilon$	0.165
CDOM	AT	1.24	0.296	0.795	2.23	$g(y) \sim s_0 + s\,(AT) + \varepsilon$	0.017
CDOM	P	1.00	0.195	0.662	0.63	$g(y) \sim s_0 + s\,(P) + \varepsilon$	0.026
TSM	Eva	1.00	1.811	0.188	5.52	$g(y) \sim s_0 + s\,(Eva) + \varepsilon$	0.025
TSM	AT	1.00	1.605	0.215	4.92	$g(y) \sim s_0 + s\,(AT) + \varepsilon$	0.017
TSM	P	1.00	2.515	0.0012	7.50	$g(y) \sim s_0 + s\,(P) + \varepsilon$	0.045
TP	Eva	1.00	0.378	0.55	3.06	$g(y) \sim s_0 + s\,(Eva) + \varepsilon$	0.00
TP	AT	1.00	0.694	0.421	5.46	$g(y) \sim s_0 + s\,(AT) + \varepsilon$	0.00
TP	P	2.44	0.644	0.619	21.3	$g(y) \sim s_0 + s\,(P) + \varepsilon$	0.031

续表

响应变量	解释变量	edf	F	P	解释率/%	模型	R^2
TP	WS	3.52	0.954	0.0676	59.2	$g(y) \sim s_0 + s\,(WS) + \varepsilon$	0.440
TN	Eva	1.47	1.735	0.158	29.3	$g(y) \sim s_0 + s\,(Eva) + \varepsilon$	0.202
TN	AT	1.18	0.29	0.784	4.66	$g(y) \sim s_0 + s\,(AT) + \varepsilon$	0.00
TN	P	1.00	1.479	0.247	11.0	$g(y) \sim s_0 + s\,(P) + \varepsilon$	0.035
TN	WS	1.00	28.87	0.000	70.6	$g(y) \sim s_0 + s\,(WS) + \varepsilon$	0.682
COD	Eva	3.28	2.077	0.146	50.2	$g(y) \sim s_0 + s\,(Eva) + \varepsilon$	0.334
COD	AT	1.00	0.248	0.628	2.02	$g(y) \sim s_0 + s\,(AT) + \varepsilon$	0.00
COD	P	1.00	0.144	0.742	0.94	$g(y) \sim s_0 + s\,(P) + \varepsilon$	0.00
COD	WS	1.00	1.463	0.250	10.9	$g(y) \sim s_0 + s\,(WS) + \varepsilon$	0.034

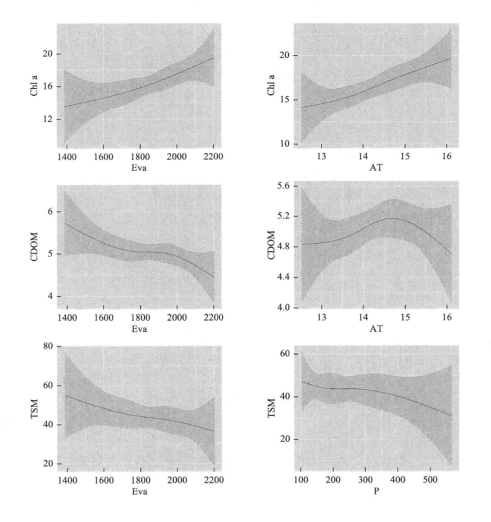

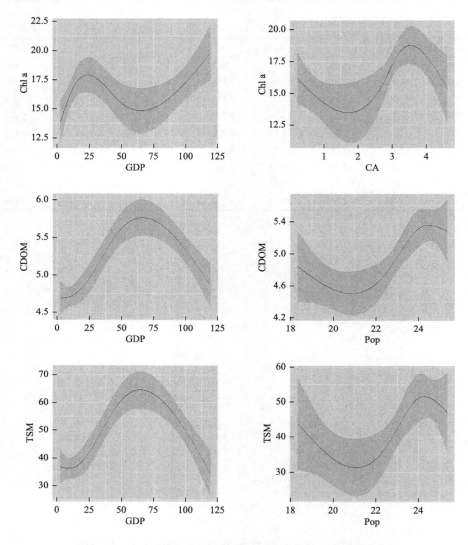

图 7-11　对于呼伦湖光学活性物质预测变量的 GAM 分析结果

　　另外通过计算呼伦湖流域多年土地利用变化情况, 由图 7-12 可以看出, 四个时段土地利用变化主要发生在草地、林地和裸地、耕地、水体之间。先前的研究已经发现, 在土地利用类型中, 建设用地、耕地对中国湖泊和水库水质变化的影响高于其他土地利用类型 (Wei et al., 2020)。不同的 LULC 影响地表反照率, 从而影响区域气候和水文循环过程。其中, 近 40 年间研究区裸地主要来自草地退化, 相对变化率达到了 80.19%; 耕地面积的增长主要来自于草地, 水体面积持续减少, 在 2010~2018 年变化最为剧烈, 通过 GAM 模型分析发现, 耕地变化作为人类活动中的指标，对光学活性物质的变化具有较强的解释率，分别为 37.0%，47.3% 和 44.6%。近几十年来化肥和农药的使用有所增加，流域农业活动产生的有机或无机物质通过地表径流等方式进入水体，因此湖泊污染物水平迅速升高（Chen et al.，2021）。另外放牧活动不仅导致草地面积减少，而且过度放牧导致牧场退化（Wang W et al.，2020），在夏季降水量丰富时土壤侵蚀严重，土壤中的有机质通过降雨冲刷进入河流、湖泊（Chen X et al.，2012）。退化土地对湖泊水质的不利影响也归因于建设用地的影响，GAM 模型的结果显示，流域 NDBI 指数可以解释湖泊 12.8%的 TSM 变化，建设用地是与城市功能相关的污染源，由于工业和生活污水的排放，建设用地可能对下游湖泊的水质产生不利影响（Wilson and Weng，2010）。

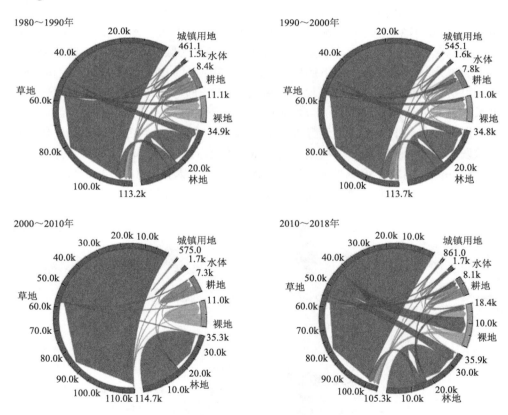

图 7-12　不同类型土地利用的年度变化情况（km^2）

7.1.4　流域变化对水质水量变化的耦合驱动机制

流域变化对于湖泊水量的驱动主要通过对入湖径流量的改变，由于在呼伦湖流域入湖径流来自两个相对原始的河流流域的地下和地表径流，前人通过水平衡模型证实了气候变化是对两个河流流域内水文循环的影响是驱动呼伦湖水量变化的关键影响因素（王志杰等，2012）。为了识别流域气候变化和人类活动耦合作用下对入湖径流量变化过程驱动影响，通过 SWAT 定量结果显示入湖径流受气候变化驱动明显高于人类活动影响，克鲁伦河和乌尔逊河流域对流域入湖径流量气候变化的影响在 2000~2020 年分别大于 80% 和 60%，具有一定的差异性。通过对比 1961~2020 年呼伦湖流域降雨（PRE）和潜在蒸散发（ETP）的年平均值及其变化趋势的空间分布（图 7-13），可以看出呼伦湖流域内三条河流的多年降水量均值分为克鲁伦河流域大约是 23.8 mm，乌尔逊河流域大约是 23.5 mm，新开河流域大约是 30.9 mm，最大值分布在呼伦湖中游即乌尔逊河上游，达到 40 mm/a，沿克鲁伦河上游即肯特山脉东南岸减少，最小为 20 mm/a。降水主要集中在呼伦湖流域下游，达到每年 30 mm，在中游减少至每年 24 mm 左右，在上游增加至每年 34 mm。

除乌尔逊河流域上游降水呈增加趋势，大部分区域降水呈明显下降趋势，流域上游降水减少幅度大于中下游地区。流域中部地区的 ETP 增幅大于上游和下游，达到 0.055 mm/a，水气压在呼伦湖流域整体呈上升趋势，在呼伦湖上游水气压的增长趋势明显达到 0.007 mm/a，增长趋势在中下游逐渐下降，而在最下游（新开河上游）水气压上升明显，达到 0.006 mm/a。呼伦湖流域内三条河流的多年潜在蒸散发均值分为克鲁伦河大约是 67.0 mm 乌尔逊河大约是 68.6 mm，新开河大约是 58.1 mm。温度在流域整体呈现增长的趋势，值得注意的是，在肯特山脉和呼伦湖流域中部温度上升幅度较大，达到 0.036℃/a。与西部的肯特山脉和东部的兴

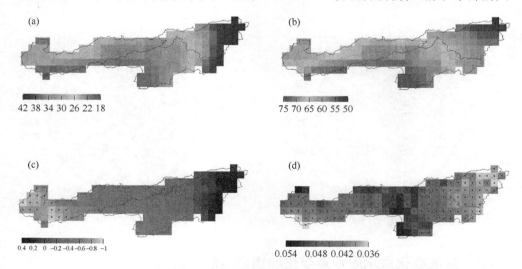

图 7-13　1961~2020 年期间呼伦湖流域年均气象要素变化空间分布图

(a) 降水量(mm)；(b) 蒸发量(mm)；(c) 温度(℃)；(d) 蒸汽压(hPa)

安岭相比，呼伦湖流域中部地区年均温度最高，大约在–5~2℃范围内。流域水气压的年均值分布与气温类似，呈现中间高两边低的趋势。采用 Sen 和 Mann-Kendall 显著性检验，分析呼伦湖流域降雨和蒸发的多年时空的变化趋势，在克鲁伦河受降雨减小蒸发变大的影响更为剧烈，而乌尔逊河气候变化条件相对而言较为稳定，因此解释了在 SWAT 模型输出结果中气候变化对于入湖径流量的影响存在区域性差异，比较了入湖径流量变化的机制差异。

同时，前人研究证明多年土地利用变化的情景对蒸散量、地下水流量和产水量均有影响（Hu et al.，2020）。总体而言，研究期间呼伦湖周边土地利用在多年尺度下发生了巨大的变化（图 7-14），土地利用和土地覆被的变化对流域尺度的径流模式有显著影响，特别是自然植被和裸露土地发生了很大变化，在 20 世纪 90 年代末，草地开垦和畜牧业的增加使得草地覆盖度降低最严重，其次为土地盐碱化加剧；同时，由于水环境系统的变化，湖泊周围的湿地和湖泊不断缩小和消失，变成了荒漠化的土地；盐沼随着地下水排放的变化而出现。通过 SWAT 模型定量贡献可知，在 1999~2012 年和 2013~2020 年两个阶段，乌尔逊河流域人类活动的影响要显著高于克鲁伦河流域人类活动的影响，一部分原因是乌尔逊河流域在 2000 年前后，农田迅速扩大，地下水开采量增加，导致径流变化剧烈（Li et al.，2020），而克鲁伦河流域虽受到自然因素及人为放牧的影响呈现出区域荒漠化的趋势（邢茜茜等，2011），但径流量始终保持在较低范围内。

由于数据限制，本研究通过光学活性物质变化代表水质长时间变化，湖泊水位变化代表水量变化，进而探究水质水量变化的耦合驱动机制。气候变化和人类活动对湖泊水质水量的影响是一个多因素综合驱动的动态变化过程，即驱动因素对湖泊水质水量变化的影响是多向波动的过程，主要呈阶段性变化特征，并由气候变化驱动逐渐转变为人类活动驱动。第一阶段为 1986~1999 年的稳定阶段，此阶段气候呈现暖干化趋势，人口较少，经济发展较缓，主要受降雨和蒸发量变化为主的气候驱动。第二阶段为 2000~2009 年的显著升高阶段，受到气候变化和人类活动双重驱动的影响，气候变化中降雨和蒸发均出现升高趋势，人类活动中工农业，畜牧业和城镇化明显增加。第三个阶段为 2010~2020 年，受到引河济湖等补调水等治理措施影响，湖泊水质水量问题得到缓解，湖泊光学活性物质大致呈下降趋势。

通过气候变化和人类活动影响进行分析，初步判断各因素可能的影响方向，根据冗余分析和 GAM 模型的结果可知，人类直接活动对于光学活性物质变化的贡献（贡献率在 37.0%~71.8%之间）大于气候变化（贡献率在 17.8%~47.0%之间）。根据我们的结果，绘制了流域变化下光学活性物质与相关因素长期变化的机制图（图 7-14）。从图中可以看出，在多年变化过程中主要是通过水位变化、营养物输入、水生植物生长、底泥悬浮和太阳辐射五个方面不同程度影响湖泊 OAC 的变化。气象要素中 Eva 是影响湖泊光学活性物质的重要因素,平均解释率可以达到 10.8%,主要通过改变湖泊水循环从而导致 OAC 发生明显变化。相比之下,人类活动影响的主要形式为增加入湖污染负荷、增大流域用水量、侵占导致湖水面积和湖岸湿地缩小,其中后两者同样为人类活动改变湖泊水循环的原因(Boulay et al.,2013),进而导致湖泊 OAC 变化。在本研究中,湖泊水位的变化对 OAC 有显著的影响,平均解释率高达到 40.6%。大量研究表明,水位被认为是营养物质和浮游植物生物量的关键驱动因素,这是因为水位的上升和下降会稀释或增加湖泊的营养物质,对湖泊富营养化程度有较大的影响(Miao et al.,2020;Wang S et al.,2021b)。此外,通过实验室模拟实验表明,水位变化导致湖泊沉积物的养分释放,从而对湖泊生态系统功能产生较大影响(Steinman et al.,2012)。研究还发现,AT 是驱动 OAC 变化的另一最重要气象因素,其平均解释率可以达到 10.4%,原因是太阳辐射增加导致水温上升,促进藻类生长,从而普遍增加水生系统的初级生产力,在藻华暴发或藻华分解期间可导致降解的藻细胞释放产生悬浮颗粒物及可溶解性有机质(Chen et al.,2018),因此提高了 OAC 的水平。另外,藻华改变了水生生物地球化学条件的显著变化,进而可能会引发沉积物中的正反馈机制,导致更多的营养物释放(Shi et al.,2020)。总的来说,流域气候逐渐呈暖干化的

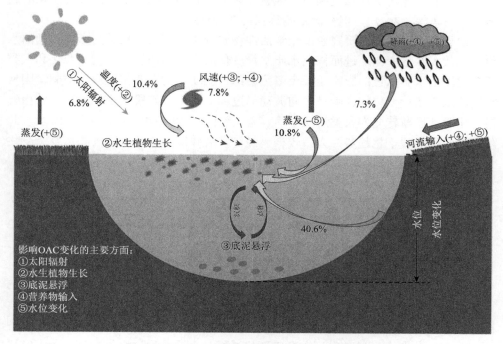

图 7-14　水文气象和人类活动指标对光学活性物质变化的解释率及对 OAC 变化
影响路径的驱动机制示意图

趋势与人类活动的强度加剧双重耦合作用下，最终导致湖泊光学活性物质的改变，人类影响下的湖泊较气候变化因素的影响更加强烈。光活性物质的变化特征可以在一定程度上反映湖泊水质对流域变化的响应规律，通过对光学活性物质和水位变化控制因素及潜在机制的探讨，有利于认识流域变化对水质水量的耦合驱动机制，尤其是对于缺乏长期水质观测数据的湖泊十分重要。

7.2　呼伦湖水质水量的耦合作用及对水生态退化影响

水资源是湖泊生态系统重要的环境因素，同时水质的富营养化加剧也会导致湖泊生态退化，湖泊生态系统结构与功能的改变又会对湖泊水质水量起着显著的反馈作用，另外湖泊生态系统具有非线性变化以及水质水量恢复过程中生态系统存在的迟滞效应等特征。目前，研究湖泊生态系统的退化与恢复状态主要通过对浮游动物、水生植物和鱼类等生态因子的变化，进而开展湖泊水生态的研究，另外，大多数关于湖泊水量和水质的研究将其视为两个独立变量，没有综合考虑水量变化对水质的影响，更忽视了水质水量共同作用下对于水生态的影响，探求湖泊水质水量耦合作用变化下水生态的退化与恢复过程科学合理确定湖泊管理策略的关键所在。由此可见，综合考虑水质水量的响应关系对于探究湖泊水生态保护策略可提供有效的支撑。

因此本节选择 Copula 函数模拟研究呼伦湖水质水量变化的响应关系，探究水量对湖泊水质影响，系统解析水生态变化特征及影响因素，并利用结构方程模型探究水质水量耦合作用下对于水生态的影响规律，提出适用于呼伦湖的水生态管理建议，以期为呼伦湖水资源水环境及水生态管理及保护治理供科学支撑。

7.2.1　呼伦湖水质水量变化响应关系

湖泊的水质与水量是相互联系、相互影响的，为反映水量变化影响下的水质变化特征，本节采用 Copula 函数构建呼伦湖流域水量水质的二维联合分布，描述二者之间的相关性结构，计算联合概率值，明晰水质与水量的响应关系，在水量的选择中选取 TN、TP 和 COD 来表示湖泊水质变化情况。为了进一步分析以确定水质和水量的分布类型，并筛选出合适的 Copula 函数，利用非参数法近似来估计总体的分布类型，首先通过水质水量关系的频率直方图难以界定样本总体的分布，并试用 edcf 函数和 ksdensity 函数分别求出样本经验分布函数和核分布估计方法界定总体的分布情况（鲁帆等，2016），可以看出经验分布函数和核分布估计呈现相同的变化趋势（图 7-15），由此可以确定经验分布函数和核分布函数以估计各自的边缘分布情况。

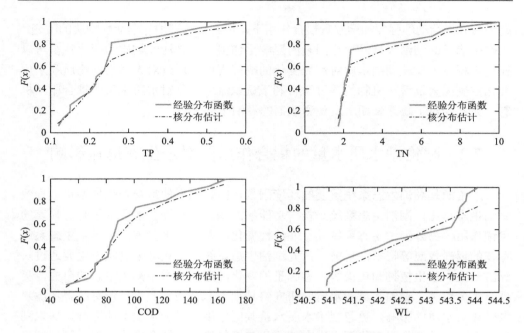

图 7-15　呼伦湖水质水量经验分布函数图和核分布估计图

通过分析二者频数和频率分布（图 7-16），可以清晰地看出 TN、TP 和 COD 分别与水位的频数频率直方图均是不相对称的，而 Copula 函数可与秩相关系数结合进而简化计算，通过计算输出 Kendall 秩相关系数和 Spearman 秩相关系数及欧氏距离来选取最优的 Copula 函数拟合水质水量响应特性，建立相应的水质参数和水量的概率密度函数和二者之间的联合概率分布函数，结果如表 7-7 所示。

通过计算平方欧氏距离可以看出（表 7-7），对于 TN 和 COD，Gaussian-Copula 型函数距离分别为 0.017 和 0.0227；Gumbel-Copula 距离为 0.0182 和 0.0803；Frank-Copula 距离为 0.0218 和 0.0284，Gaussian-Copula 函数的欧式距离最小，在 TN 与 COD 和水量的联合分布中可选用 Gaussian-Copula 函数，对于 TP，Gumbel-Copula 型函数距离为 0.0099，在所有类型的 Copula 函数距离最小。该函数可以更好地展现二者之间的关系。Copula 函数的密度函数图和分布函数图如图 7-17 所示：通过呼伦湖水质水量最佳 Copula 概率密度函数和分布函数图可以得出，TN 和 TP 有非对称尾部，曲线呈 J 形，说明选取的 Gaussian-Copula 和 Gumbel-Copula 函数对于水质水量二元结构的上尾部变化较为敏感，能更好地描述下尾低和上尾高的尾部相关性；而对于 COD 和水量的 Gaussian-Copula 型密度函数图表现出相对对称的上下尾结构的特性，说明对应函数能很好地拟合上尾和下尾数据的变化。

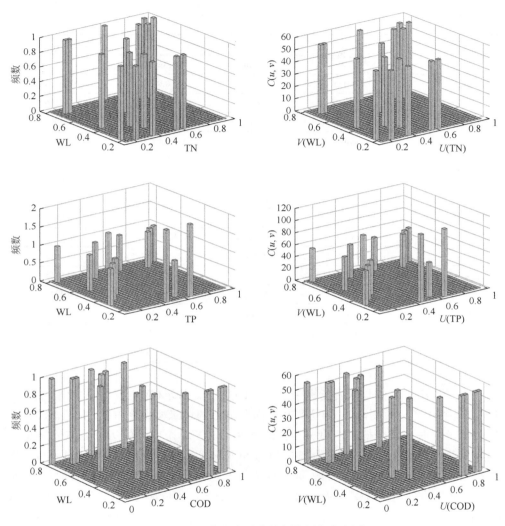

图 7-16　呼伦湖水质水量频数频率直方图

表 7-7　Copula 函数秩相关系数和欧氏距离

量	Copula 函数	秩相关系数		欧氏距离
		Spearman	Kendall	
	Gaussian	0.8068	0.9090	0.0170
	T	0.6094	0.8023	0.0835
TN-WL	Gumbel	0.5378	0.3803	0.0182
	Clayton	0.5498	0.3886	0.0316
	Frank	0.5281	0.3659	0.0218

量	Copula 函数	秩相关系数		欧氏距离
		Spearman	Kendall	
TP-WL	Gaussian	0.9418	0.9737	0.0109
	T	0.8276	0.9194	0.0626
	Gumbel	0.3427	0.2350	0.0099
	Clayton	0.2550	0.1721	0.0117
	Frank	0.2644	0.1778	0.0114
COD-WL	Gaussian	0.4399	0.6937	0.0227
	T	0.3161	0.5982	0.4432
	Gumbel	2.0510e-06	1.3575e-06	0.0803
	Clayton	1.0922e-06	7.2543e-07	0.0803
	Frank	−0.5961	−0.7972	0.0284
Chl a-WL	Gaussian	0.9867	0.9941	0.0515
	T	0.9510	0.9768	0.4274
	Gumbel	2.0510e-06	1.3575e-06	0.0619
	Clayton	0.0018	0.0012	0.0620
	Frank	−0.2063	−0.1383	0.0462

　　根据呼伦湖水位与水质指标中各参数的联合概率分布可以看出，对于 TN 和 TP 的概率密度函数图，当 TN 及 TP 分别和 WL 的边缘概率密度值均小于 0.2，或者大于 0.8 时，联合概率密度分布比较紧密，其随单个变量的边缘概率值的变化较为显著，在其他部分，联合概率密度分布变化较为分散均匀，说明 TN 和 TP 分别和 WL 具有较好的正相关性，并表现为在水位在历史高水位和低水位时期，TN 和 TP 对其的变化更敏感。从 COD 和 Chl a 的概率密度函数图可以看出 COD 和 Chl a 分别和 WL 分布呈相似的对称结构，二者具有一定的负相关性，在 COD 和 Chl a 边缘概率密度值为 0~0.2 的部位，水位的边缘概率值达到最高，在水位较低的时候，COD 和 Chl a 边缘概率变化敏感，随着 COD 和 Chl a 和 WL 累计分布值增大，其联合分布函数值也增大，并在两边缘分布值取 1 和 0 时联合分布值达到最大和最小。从累计函数分布图中可以看出当选取的水质指标边缘概率值较小时，水质指标和水位的累积概率值也相应较小，累积概率变化密集，说明在累积概率较小时（<0.2），水质水量二者的变化响应关系明显，随着变量的边缘概率分布值的增加，联合概率分布等高线逐渐变得稀疏，当联合概率函数大于 0.8 时，响应关系变化逐渐变得不显著。前人的研究结果也发现类似的结论，如郭金燕（2016）利用灰色理论模型发现呼伦湖在入湖水量增加的情况下，盐分逐渐减轻，但是

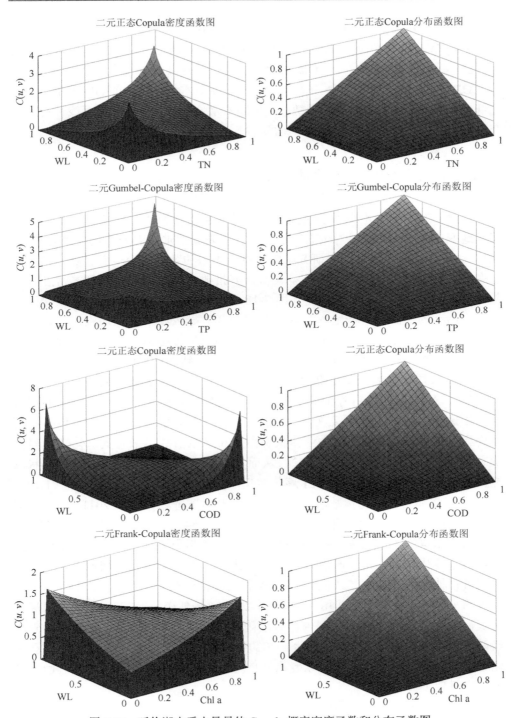

图 7-17 呼伦湖水质水量最佳 Copula 概率密度函数和分布函数图

氮磷等营养盐污染继续恶化。研究发现近五年内呼伦湖入湖的 TN 主要来源于牲畜（Wang W et al.，2020），TP 主要影响因素来源于水量变化，入湖河流输入和底泥再悬浮（张博等，2021），COD 浓度变化主要受持续浓缩效应和呼伦湖上游来水 COD 浓度较高的共同影响所导致，证实了水质水量非线性的响应关系，表现为低水位时期水质水量响应关系敏感，但随着水位的恢复，水质指标线性变化，在高水位时期响应关系变化又变得剧烈。

7.2.2 呼伦湖水生态变化规律研究

目前，对于湖泊水生态的研究，主要针对包括浮游水生群落，鸟类和鱼类栖息地变化的研究，通过对生态因子的研究代表湖泊水生态的变化（张运林等，2019）。本研究收集处理前人研究中呼伦湖水生态的数据，为全面、综合表现水生态的变化规律，采用鱼类捕获量、富营养指数、水色指数、藻类丰富度和硅藻密度来描述湖泊水生态的变化（图 7-18）。20 世纪 80 年代至今，气候暖干化和人类活动的加剧，外源输入与内源营养盐释放导致湖泊生态加剧退化。鱼类是水域生态系统重要组成部分，其种群结构和数量等指标能在很大程度上反映水生态状态，相关研究表明，鱼类种类由 1980 年到 2020 年，大约下降了原来的 35%，大型鱼类渔获量由 20 世纪末约为 900 吨，而小型鱼类渔获量逐渐上升超过 1 万吨/年，已占呼伦湖总渔获量的 90%，随后大型和小型鱼类的捕获量逐年递减，随着人们环保意识的增加，呼伦湖开展禁渔休渔活动，鱼类群落结构和多样性得到恢复；综合营养状态指数和水色指数用来对其水体富营养化状态进行评价（于海峰等，2021），从而反映出水生态的状态，综合营养状态指数表明，从 1990 年之后，TLI 逐年增长，在 2008 年达到最高，达到 71.19，2000 年后水体富营养化指数波动，呈现先上升后下降趋势，由 2011 年的 61.84 上升到 2016 年的 71.82，再下降到 2020 年的 61.54，水色指数呈现出与综合富营养指数相似的变化规律（$R = 0.531$），通过水色指数表现湖泊水体的水体清洁度及富营养化状态，可反映在大范围、高频率、连续且客观的湖泊水生态的变化的可行性（张兵等，2021）；浮游藻类作为湖泊的初级生产者，在维持水生态系统的平衡方面起着重要作用（李星醇，2020；杨朝霞，2020），藻类丰富度和硅藻密度能够在一定空间范围内相对准确地识别出反映环境因子的变化，判断当前湖泊生态环境条件（冯秋园等，2020），藻类丰富度和硅藻密度呈现波动变化趋势，近年来随着湖泊水位恢复水质向好，硅藻密度呈现下降趋势，而藻类丰富度呈现上升趋势。

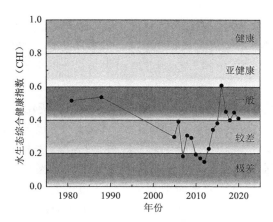

图 7-18　呼伦湖多年水生态指标变化情况

本研究根据前人在呼伦湖建立的生态系统健康评价体系，结合文献数据的收集并进行归一化处理（王志杰等，2009），对 2005~2020 年呼伦湖的生态系统健康状况进行了计算和评估，定性和定量湖泊水生态历史变化，如图 7-19 所示，湖泊

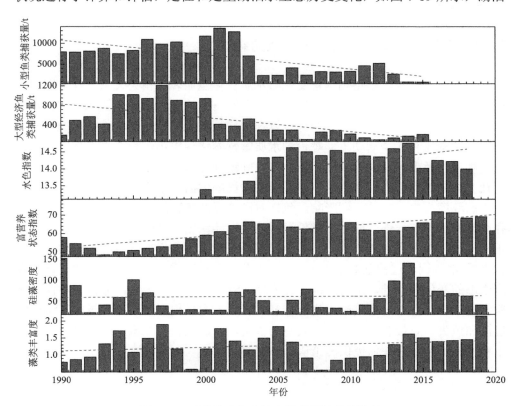

图 7-19　呼伦湖水生态综合健康指数变化情况

生态系统健康水平总体呈现下降趋势，处于一般和较差的健康水平状态，在 2010 年前后出现极差的状态，在 2012 年水生态综合健康指数达到最低，仅有 0.15，随后水生态状况逐渐好转，在 2016 年达到亚健康水平，近年来始终在一般状态和较差状态间波动。

综合来看，呼伦湖水生态健康指数明显呈两个明显变化的阶段，从 1980 年到 2012 年，呈现持续下降的趋势，健康状态由一般降到了极差状态，2012 年后，水生态指数逐渐恢复，呈现逐步上升的趋势，并保持在较差和一般水平，主要与入湖径流量变化导致水位持续下降，引起呼伦湖水质快速恶化，后期呼伦湖实施水环境综合治理以来，水位恢复水质得到了一定程度改善，但由于入湖污染负荷严重并未完全解决呼伦湖水体富营养化的趋势，从湖泊水生态健康评价各指标来看，水位和水生态综合健康指数的相关性 R^2 高达 0.76 是水生态关键评价因子，对于水生态健康的状态起着至关重要作用，证明了水位对于水生态健康的影响占据主导地位。类似的研究发现，在五大湖水位变化进而导致水质指数（WQI）、湿地大型植物指数（WMI）和湿地鱼类指数（WFI）共同发生变化（Montocchio and Chow-Fraser，2021），证实了水位的增加与生态的恢复间有显著影响关系。

7.2.3　水量水质耦合作用对水生态的影响

前人研究发现，呼伦湖水量变化与水质变化呈显著负相关关系。呼伦湖的水质恶化主要来自内源与外源污染物的双重影响。在 2010 年后呼伦湖水位因引水工程的影响而水位恢复，水量的增加可以在一定程度上降低水体营养物质的浓度，但在气候变化和人类活动下，呼伦湖水质富营养化现象仍较为严重，目前水位难以继续提升及现有污染输入负荷条件下，呼伦湖的水环境不仅在一定程度上阻碍了社会经济的可持续发展，影响了湖周围居民的生活、生产、供水和航运活动，对生态环境产生一定的不利影响，包括对湖泊浮游植物的影响，影响了鱼类的生存空间和种群多样性，同时，呼伦湖周边湿地滩涂出现盐碱化，影响湿地植被的正常生长，减少候鸟栖息地，对湿地生态系统和生物多样性产生不利影响。为解析水量-水质耦合过程下对水生态影响，本节主要利用浮游植被和鱼类捕获量代表水生态的变化为基础，采用结构方程模型（SEM）等统计方法，分析了呼伦湖水质水量耦合过程下对于湖泊水生态特征的影响，定量揭示了水质水量对浮游动物群落和鱼类的直接和间接影响及其驱动机制。本研究将为揭示水质水量耦合作用下水生态长期演变评估提供理论认识和支撑。

1. 水量水质对浮游植物的影响

浮游植物作为水生态系统的主要组成部分，对维持水生态系统的物质代谢和能量循环起着十分重要的作用（傅侃等，2021）。通过文献资料的数据收集，获取呼伦湖不同年份的浮游植物组成，显示随时间变化浮游植物生物量呈现下降趋势，浮游植物生物量在 1982 年为最高值（8.58 mg/L）（傅侃等，2021），2016 年左右，浮游植物生物量出现显著下降趋势，这与引水工程后呼伦湖的水位迅速抬升，蓄水量的增加稀释了浮游藻类的密度，水量变化引起沉水植物的死亡分解会引起水体环境的巨大改变，如大量释放有机碳和氮磷等植物营养素，进而影响水质发生变化，可能引起浮游植物群落结构变化，因为浮游植物的生长受到碳氮磷等元素限制，不同营养状态水质和浮游植物的响应关系存在差异（Huang et al.，2019；Shi K et al.，2019b）。同样，浮游植物能够对水质条件也有显著的改善效果，主要表现为通过对营养盐的同化吸收、根际效应和吸附作用（周婕和曾诚，2008）。

　　本研究通过收集呼伦湖长时间序列藻类密度和硅藻丰富度数据，通过结构方程探究水质水量耦合路径作用下对于浮游植物的影响。研究表明，如图 7-20 所示，SEM 模型显示了对于硅藻丰富度和藻类密度变化的多元关系及其驱动因素。箭头的厚度与每个箭头上显示的标准化路径系数成正比。绿线表示统计上的正路径，而红线表示统计上的负路径。所选择结构方程模型可以解释藻类密度变化的 89.9%，可以解释硅藻丰富度变化的 70.1%，主要解释因子包含了水质参数中的 TN、TP、COD、Chl a 以及水位变化情况，该模型整体拟合效果较好（chisq = 11.389，df = 6.00，P = 0.077，cfi = 0.929，rmsea = 0.253）。模型结果表明，水位具有显著的直接影响（效应系数为 0.691，P = 0.023），对于硅藻丰富度变化，四个水质指标均表现出负向影响，其中 COD 的负向影响最大，为–0.422，TN、Chl a 和 TP 的负向影响均不显著，说明在一定范围内，污染物浓度越高，硅藻丰富度越低。Fox 等提出的中度干扰假说发现过高的和过低的 COD 水平都不利于硅藻群落的稳定和完整，中等水平的 COD 浓度才是维持硅藻生物多样性和群落稳定性的关键（Fox，2013；闫文武等，2016），但在呼伦湖入湖污染负荷量占绝对优势，COD 常年处于劣 V 类水平的浅水湖泊中，COD 过高对于硅藻密度及水生态会造成严重影响。另外研究还发现水位对藻类密度变化呈现出不显著的影响，但是水位通过正向影响 TP（效应系数为 0.590，P = 0.006），进而 TP 通过正向间接影响藻类密度变化（效应系数为 0.723，P<0.000），反映了水质水量耦合作用对于藻类密度的影响作用，Peng 等（2021）的研究证实了这一观点，研究发现湖泊水位对浮游植物生物量的直接影响较小，当使用湖泊面积和水位作为自变量来解释细胞密度的变化时，其显著性降低，但湖泊面积和水位可能通过与水质理化参数并耦合土地利用变化作为间接影响浮游植物生物量变化的重要原因。另外，COD、TN 和 Chl a 对于藻类密度的负向影响（效应系数分别为–0.67、–0.38 和–0.30），同样的情况在滇池也发现藻类密度与 TP 呈显著正相关，与总氮呈负相关关系，而在太湖和巢湖研究结果发现 TN 和 TP 浓度对于藻类密度是呈现显著正相关关系（于

洋等，2017），说明水质参数中的氮磷比对于藻类密度具有重要的影响，同时伴随水位变化及氮磷负荷的增加与减少通过正反馈作用使得湖泊浮游植物结构发生改变，进而导致湖泊水生态发生稳态转化的发生（赵磊等，2014）。

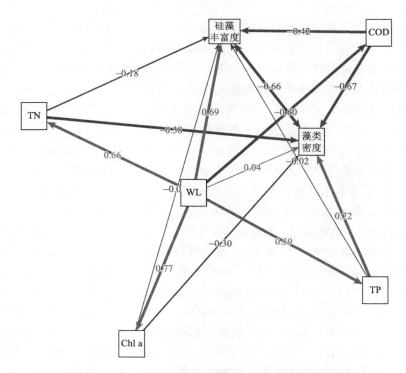

图 7-20　呼伦湖藻类密度和硅藻丰富度变化结构方程模型

2. 水量水质对鱼类的影响

湖泊水质水量是影响鱼类群落繁殖的重要影响因素，而鱼类是湖泊生态系统食物链结构的顶级消费者，其生物群落结构与湖泊营养物质水平等因素密切相关，如水体中营养盐的浓度过高、藻类毒素的毒害作用、溶解氧降低等，会影响鱼类的繁殖与生长。呼伦湖近年来随着营养盐内源释放和外源输入的累积，水质富营养化严重，湖泊水位从 2000 年左右的急剧下降到目前通过引水工程水位基本保持稳定，通过文献数据显示大型鱼类资源呈现严重退化状态，群落单一和小型化的鱼类资源呈增长的趋势（图 7-21），2012 年大型鱼类渔获量整体急剧降低，下降至平均 355 吨/年，小型鱼类渔获量也下降至平均 6745 吨/年（毛志刚等，2016），近年来，呼伦湖水生态系统进入重建阶段，大型鱼类渔获量出现缓慢上升，小型鱼类渔获量下降，直到 2016 年呼伦湖采取禁渔等措施，进一步加强对于鱼类资源保护。研究表明，湖泊部分鱼类对于浮游动物种群的摄食作用，使浮游动物种群及数量发生改变，而对浮游植物的生长繁殖自然而然地失去了控制，造成蓝藻暴发，也是导致湖泊水质恶化的主要原因之一（杨群兴和严晖，2021）。Kann等研究发现湖泊不同季节的水位与 pH 值、氨离子和溶解氧等有关并对鱼类造成具有压力的水质条件，导致鱼类物种的濒危和对种群恢复困难的影响（Kann and Walker，2020）。

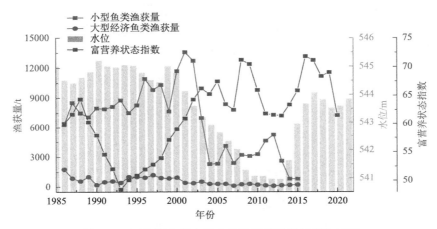

图 7-21　呼伦湖水质水量和鱼类捕获量指标变化情况

　　由于湖泊水位在历史阶段的急剧下降及后期的水位的恢复，水质及鱼类资源多年变化差异主要受到水量的影响，因此，采用结构方程模型（SEM）的统计方法，分析呼伦湖水质水量耦合过程对于鱼类资源的影响，定量揭示了水量和水质环境对鱼类捕获量的直接和间接影响。研究表明，如图 7-22 所示 SEM 模型显示了对于鱼类捕获量变化的多元关系及其驱动因素。所选择结构方程模型可以解释小型鱼类捕获量变化的 80.8%，可以解释大型鱼类捕获量变化的 82.8%，主要解释因子包含了数值参数中的 TN、TP、COD、Chl a 以及水位，该模型整体拟合效果较好（chisq = 3.675，df = 6.00，P = 0.721，cfi = 1.00，rmsea = 0.00）。模型结果表明，水位具有显著的直接影响对于大型鱼类捕获量（效应系数为-1.031，$P<0.001$）和小型鱼类捕获量（效应系数为 1.391，$P<0.001$），主要可能是由于高水位时期鱼类生存环境良好，鱼类种群大量繁殖，水位降低后湖水更新周期变长，水体流动减弱和自净能力不断下降（Montocchio and Chow-Fraser，2021；王朝等，2019），不利于鱼类的生长和繁殖，类似的情况在全世界多个典型湖泊都发现此类现象。结构模型的结果还显示出，COD 浓度对于大型鱼类捕获量的变化也具有十分显著的正向关系（效应系数为 1.122，$P<0.001$）。在结构方程模型中，Chl a 对于大型鱼类捕获量变化呈现显著的负向关系，效应系数为-0.362，TP 变化对于大

型鱼类捕获量变化也呈现显著的负向关系,效应系数为–0.425,而 TP 变化对于小型鱼类捕获量变化的效应系数为–0.331（$P = 0.02$）；其他的水质指标对鱼类捕获量均无显著影响（$P > 0.05$）。

水质水量耦合路径中,研究发现水位通过影响 COD,进而影响鱼类捕获量,其次是水位通过正路径影响 Chl a,进而通过正路径和负路径对小型和大型鱼类产生影响。究其原因是湖泊富营养化严重,引起水华暴发,造成水体缺氧进而在厌氧条件水体中有机物质分解产生的有害气体和一些浮游生物产生的生物毒素会对鱼类种群造成威胁（Wen et al.，2019）；另一方面,富营养化水平也会通过食物网关系影响浮游植物群落来间接影响鱼类群落,对鱼类的生长和繁殖过程产生影响。

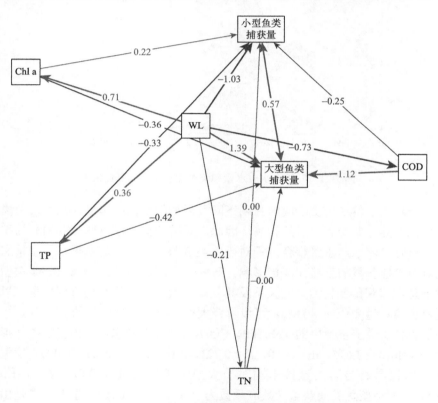

图 7-22　呼伦湖鱼类捕获量变化结构方程模型

7.2.4　呼伦湖水生态系统管理的启示和建议

1. 呼伦湖水质水量管理启示

水质水量的管理问题是改善推进湖泊"良好"的生态状况的基础,管理水质水量可以有效防止湖泊富营养化加剧及生态退化并对相关的社会经济发展产生不良影响（Bennett et al.，2001）。因此，根据水质水量之间的定量关系广泛用于制定多控制目标。本研究中从 2005 年到 2020 年量化的关系的结果显示，研究期间水质各参数变化对低水位的响应更加敏感，因此，可以根据 2005 年至 2020 年对水质水量响应关系（Copula 模型）并结合 GAM 模型，合理制定水质水量管理目标。相关研究报告指出，呼伦湖目前靠海拉尔河引水工程的实施，勉强维持水位在 543 m 左右。通过对光学活性物质中 Chl a 的分析发现，543 m 是 Chl a 变化的拐点，另外对于 CDOM 而言，543 m 前后 CDOM 变化的斜率逐渐变大，说明维持水位在 543 m 以上对湖泊污染物及藻类浓度有着较好的稀释作用。在 TN 和 TP 与水位的非线性关系图中可以看出水位在 542~543 m 区间内 TN 和 TP 呈现微弱的下降趋势（图 7-23），这是由于引水导致水质得到缓解，在后期随着水位的不断增大，流域污染物负荷增大，导致在水位较高时，氮磷污染物和 COD 浓度仍较高，因此建议在保持水位的同时，应加强流域外源输入和沉积物内源释放的控制。

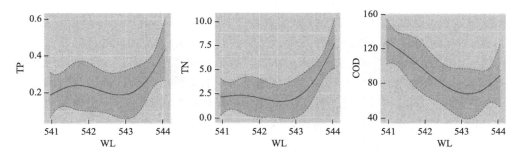

图 7-23　呼伦湖关键水质参数与水位变化的 GAM 函数拟合曲线

目前研究发现在干旱和半干旱地区的许多湖泊仍出现水位显著下降和水量减少的现象（Luo et al.，2022），与此同时湖泊富营养化与藻类加剧，其中水位变化的驱动作用是影响水质的重要因素，Peng 等（2021）的研究结果观察到，在亚热带多个浅水湖泊的水位下降显著改善了浮游植物的"光生态位"，促进了 Chl a 对营养物质的反应状态。另外，气候变暖对藻华的刺激作用是一个关键方面。在呼伦湖，冰期的显著缩短可能会支持更高浓度的越冬浮游植物细胞，导致春季出现更长、更严重的藻华。同时，当前水质参数之间的相互响应关系也是影响水质变化的另一影响因素，Chl a 还受到多种水质因子的限制，这可能归因于对于营养盐的利用效率及响应曲线不同。因此，未来的研究在管理水质方面，应同时考虑气候变化，水文及生物等多种因素综合影响，而湖泊水质变化与湖泊水量变化具有明显的对应关系，在建立湖泊综合管理目标，应当从水质水量协同动态平衡理念出发，为恢复水生态可持续发展提供保障。研究的管理启示：①水质水量响应变化表现在低水位和高水位时期,应合理调控水位变化,避免水位过低和过高,应维持在 543 m 以上;②通过引水等工程措施可能在前期水位升高降低了湖泊氮磷营养盐及 COD 的浓度,但在后期需要防止营养负荷的输入带来的湖泊水质进一步恶化;③减少养分控制水华可能是长期的变化过程,因为藻类生物量可能对水位的增长和营养负荷减少表现出滞后性的非线性响应关系,因此对于藻类的控制应关注养分等限制因素的变化或利用效率等,科学制定水质水量管控目标。

2. 呼伦湖水生态管理建议

在湖泊水生态管理启示和建议方面,呼伦湖作为我国北方干旱半干旱区特大型浅水湖泊湿地生态系统,周边湿地、草原、沙地、冻土等地貌景观交织,受气候变化影响强烈,具有干旱区温带湖泊湿地的代表性与典型性(吴时强等,2018)。其次,需要结合水生植物以及鱼类等物种群落对于水位波动的响应,促进湖泊生态系统水生态的恢复。"十四五"期间,呼伦湖的治理应遵循流域水质目标管理的思路(施晔和段海妮,2016),统筹推进水资源、水环境、水生态,加快环境基础设施建设,强化流域水体置换,恢复和维护湖泊生态系统功能。具体的建议为:①水质水量对于水生态的耦合作用下,发现水量与 COD 和 TP 是对水生态指标变化重要影响因素,科学制定具体水质水量目标,促进水生态恢复。强化引河济湖等引水工程的稳定性,提升呼伦湖流域水资源配置。同时,推进流域入湖河流污水处理厂处理效能和资源化利用工程,提高处理标准和处理能力,实现入湖污染负荷得到有效削减,可以快速有效地改善湖泊水质。②加强流域污染入湖溯源及精准管控研究,关注流域风滚草及畜牧养殖等带来的污染,加快开展采取草地生态修复治理和面源污染治理措施,削减面源污染负荷。③针对呼伦湖水生态退化现象,开展流域湿地修复、底泥污染物负荷释放控制修复等关键技术的研究,以呼伦湖生态修复为目标,推进生态示范性工程的建设与实施。④完善体制机制,压实湖长主河长责任制,严格考核督查,改变传统的粗放型管理方式,形成推进网格化生态河湖的治理制度。

本研究有助于对呼伦湖未来的水生态管理提供一个更清晰的思路,即通过水质水量耦合作用对水生态环境变化的影响进行研究,可以实现对水生态环境目标的调控,从而帮助决策者根据未来的环境变化做出精确决策,例如,前人通过设置生态需水量为 102.01 亿立方米(郭金燕,2016),则可以对水质改善和抑制藻华的暴发起到良好的效果。随着湖泊变暖,内部养分负荷会加剧,仅靠湖水位管理可能并不一定能使得水质向好或促进水生态的恢复,因此需要对外源输入和内源释放采取政策管理措施,并强调湖泊恢复生态过程中湖泊变暖、富营养化和内部养分负荷之间的潜在相互作用(刘永等,2021)。通过研究分析结果针对具体水质水位阈值制定有效的管理措施,对富营养化湖泊的生态恢复进行更多战略上的调整。另外，呼伦湖作为有冰期的湖泊，冬季水位变化对于湖泊水生态中水生植被的影响具有一定扰动作用（刘永等，2006），建议调节年内水位波动幅度，考虑增加沉水植物资源量以促进渔业发展（袁赛波等，2019），促进水生态种群的恢复。

7.3　湖泊水量水质动态耦合及生态退化机理解析

受持续暖干化气候和人类活动等因素的影响，内蒙古"一湖两海"生态环境问题突出，湖泊水生态系统退化给区域生态安全带来严重威胁，进而导致湖泊水情变化，给浮游植物的生长和初级生产力产生不利影响。水生态退化是中国湖泊面临的主要挑战，尤其是北方寒旱区湖泊。在全球气候变化和环境污染日益严重的背景下，水量水质耦合驱动作用下"一湖两海"水生态退化的驱动机制仍不清晰，水生态对变化环境各驱动因子的响应及敏感性有待研究。养分、叶绿素 a（Chl a）水平与水量的经验关系被广泛用作湖泊水体营养状况和生态系统管理的理论基础。然而，这些关系在很大程度上受水文形态条件和生物地球化学过程的影响。因此，需要建立对这些交互的特定类型的理解。针对这一问题，本节提出了一种基于 Copula 的贝叶斯网络（CBN）方法，研究各指标与水生态的相互作用，评估与识别生态退化关键影响因子，利用多个环境气候指标对"一湖两海"水生态退化风险及敏感性进行具体评价，以期为管理者和科学家提供宝贵的决策支持工具，仅通过输入监测数据就可以提供生态退化的早期响应预报。

7.3.1　基于 CBN 的"一湖两海"水生态响应模型的建立

利用岭回归模型，构建了三个湖泊 Chl a 浓度对水环境（WT，pH，SD，COND，DO，TN，TP，NPr）和气候条件（AT，P，WND，SUN）的响应关系，模型结果良好，其中呼伦湖 $\lambda = 0.22$，dev $= 71.4\%$，乌梁素海 $\lambda = 0.19$，dev $= 68.3\%$，岱海 $\lambda = 0.24$，dev $= 83.2\%$。如表 7-8 所示，总的来说，水环境因素，尤其是 TP 对三个湖泊 Chl a 浓度的影响大于气候条件。对每个模型，我们剔除回归系数最弱的三个变量，即呼伦湖 SDD 和 NPr，乌梁素海 WT，COND，SUN，岱海 SDD，COND，P。

表 7-8　岭回归模型的计算结果

参数	呼伦湖	乌梁素海	岱海
WT	−0.121	−0.005	−0.027
pH	3.186	−8.783	3.548
SD	0.022	−0.0283	−0.004

续表

参数	呼伦湖	乌梁素海	岱海
COND	−0.031	0.006	0.001
DO	0.197	0.765	−0.408
TN	−0.534	2.72	−1.457
TP	57.623	−32.550	−5.276
NPr	0.045	−0.011	−0.019
AT	0.528	0.119	0.045
P	−0.08	0.02	−0.008
WND	1.01	0.462	0.016
SUN	−0.105	−0.005	0.013

注：WT：水温，pH：酸碱度，SD：透明度，COND：电导率，DO：溶解氧，TN：总氮，TP：总磷，NPr：氮磷比，AT：气温，P：降水量，WND：风速，SUN：最大光照时

一般来说，构建 BN 的步骤包括网络目标确定、节点和结构定义、条件概率表的定义和模型评估，而建立 CBN 模型的关键是将 Copula 函数引入 BN（Pan et al., 2021）。简而言之，CBN 模型不仅能充分利用 BN 的拓扑性，还能基于 Copula 函数准确地度量现有数据集变量之间的依赖关系。而 Copula 可以分别从两个方面确定：一个是拟合变量的边际分布，另一个是拟合依赖结构的 Copula 函数族，最后需要对所选边缘分布和 Copula 函数的合理性进行验证。整个流程如图 7-24 所示。

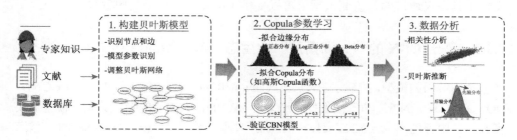

图 7-24 基于 CBN 的"一湖两海"生态响应模型流程图

根据上述方法，我们分别对呼伦湖，乌梁素海和岱海构建了 CBN。首先，根据岭回归模型系数大小，每个湖泊考虑前 6 个环境/气候指标，我们从不同分布类型中选取最适合这些指标的分布，以适应 CBN 模型的构建。因此，我们认为每个指标的概率遵循表 7-9 中的分布，而不是基于确定性点的概率。表显示了不同变量的最佳拟合分布类型。为了确定每个湖泊构建的 BN 是否可靠，采用贝叶斯信息准则（Bayesian Information Criterion，BIC）评分作为模型构建的评分标准。通过 Hill-climbing greedy search（HC）算法捕捉 Chl a 与水环境及气候条件之间复杂

的相互作用后，利用专家知识对所开发的结构进行改进。最后构建好的 CBN 如图 7-25 所示。呼伦湖，乌梁素海和岱海的 BIC 分别为 –727.73，–715.0，–849.28。其中呼伦湖 SUN 取代 pH（BIC = –741.2）和 DO（BIC = –733.54），乌梁素海 SDD 取代 WND（BIC = –725.49）。

表 7-9　水环境和天气指标的最佳拟合分布

参数	Marginal 分布		
	呼伦湖	乌梁素海	岱海
Chl a	Gamma	Weibull	Weibull
TN	Weibull	Lognormal	Weibull
TP	Beta	Lognormal	Beta
AT	Uniform	Beta	Beta
WT	Uniform		Uniform
DO		Lognormal	Beta
pH		Lognormal	Weibull
SDD		Uniform	
SUN	Uniform		
WND	Beta		

如图 7-25 所示，从三个湖泊的 CBN 中，可以直接发现水环境指标和气候指标之间有明确的因果关系。呼伦湖 Chl a 更多受水质和天气条件影响，而乌梁素海和岱海 Chl a 则受水质和水物理指标影响。TN，TP 和 AT 对三个湖泊 Chl a 都产生直接/间接影响，通过观察外部环境节点与内部环境节点之间的因果关系，可以清楚地发现外部环境指标直接影响内部环境指标，水质由内部环境指标决定。

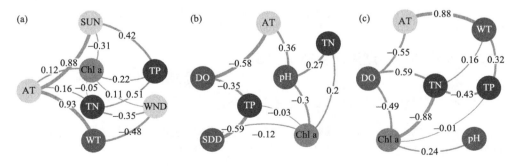

图 7-25　基于 Copula 的贝叶斯网络

(a) 呼伦湖；(b) 乌梁素海；(c) 岱海。蓝色节点代表水质指标，红色节点代表水物理指标，黄色节点代表天气指标，绿色节点是 Chl a 指标，边的强度用 Spearman 偏相关表示

7.3.2　变化环境下湖泊水生态退化关键指标的识别

在建立好 CBN 模型后，我们采用蒙特卡罗方法，对每个湖泊的 CBN 随机抽取 10000 个样本，用于不同湖泊 Chl a 主要影响因子的识别。为了从多种不确定性水环境和天气特征中识别影响 Chl a 浓度的关键指标，本研究采用百分位蜘蛛网图直接显示各个指标之间的依赖关系。指标以垂线表示，每个样本是一条连接各变量的锯齿线（Yu and Zhang，2021）。我们突出显示了 Chl a 浓度的高低概率值（>0.8，<0.2），以便对多变量分布进行可视化分析。条件百分位数蛛网图提供了一种易于理解的工具，用于调查与评价指标依赖度最高的指标。当被评价指标具有高（或低）概率值时，如果有某个指标保持高（或低）概率值，则可将其识别为关键指标。从蜘蛛网图可以看出，呼伦湖和乌梁素海的 Chl a 出现极值的概率与其他各变量出现极值的概率无明显关联，而岱海 Chl a 的高（低）概率值与 TN，DO 低（高）概率有关，与 TP 高（低）概率有关。这种差异可能是受三个湖泊 Chl a 浓度数据的分布性质的影响，如图 7-26 所示呼伦湖和乌梁素海 Chl a 浓度整体波动变化，而岱海 Chl a 呈现下降趋势，因此蛛网图可以更好地捕捉岱海 Chl a 极值与其他变量的依赖关系。

由于在 CBN 模型中使用了二元正态 Copula 来模拟依赖性，因此可以利用线性相关来判断变量间的依赖关系（Pan et al.，2019）。这里我们假设变量间两两是线性相关的，他们的关系可以表示为：$y = ax + b$。为三个湖泊构建以 Chl a 为目标变量的线性回归模型，如图所示，蓝点代表 10000 个样本，红线为拟合关系直线。根据 Chl a 与各变量 Pearson 相关系数大小，可以看出，与呼伦湖 Chl a 变化最相关的因子依次为 TP，AT，WND，WT，TN，SUN，乌梁素海为 pH，SD，AT，TN，DO，TP，岱海 TN，DO，TP，AT，WT，pH。根据拟合的线性方程，我们可以从数学上粗略估计每个湖泊在不同自变量的情况下 Chl a 的浓度。

7.3.3　变化环境下湖泊水生态退化研究

1. 冰封期和非冰封期 Chl a 浓度差异性分析

"一湖两海"受地域气候影响，每年都会经历长短不一的冰封期，由于冰层的覆盖，水动力条件改变，湖体与外界物质交换几乎停止，加上污染物浓缩效应和底泥释放等因素协同作用，使其具有独特的水环境特征（Chen et al.，2021）。为评价冰封期和非冰封期"一湖两海"Chl a 浓度变化及差异，采用正向风险分析：贝叶斯定理中的先验概率可以解释为输入指标处于特定状态的可能性，因此

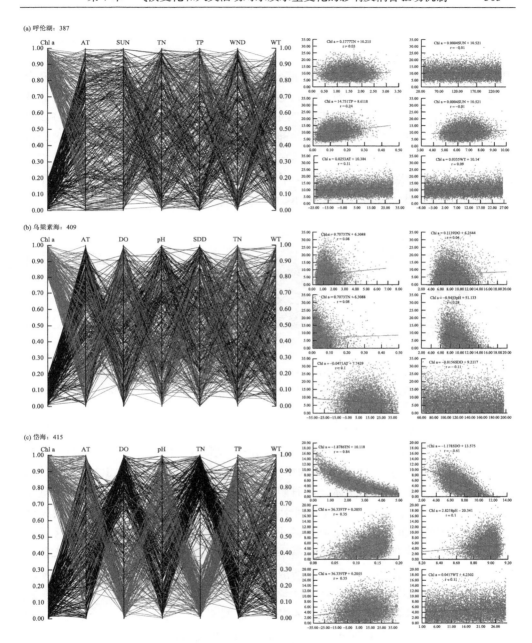

图 7-26　左边的百分位蜘蛛网图显示了呼伦湖(a)、乌梁素海(b)和岱海(c) Chl a 高/低概率值（0.8~1.0，红线；0~0.2，黑线）。当 Chl a 具有高（或低）概率值时，如果有某个指标保持高（或低）值，则可以将其识别为关键指标。右边的散点图是 Chl a 与各变量的线性回归，r 反映了变量间的 Pearson 相关性

将气温条件输入到已建立的 CBN 模型中，通过正向推断即可得到 Chl a 的概率分布。本研究采用冰封期和非冰封期平均气温作为气候条件。CBN 模型通过改变气温条件来实现基于样本的调节。对于每个条件化后的 CBN 模型，我们生成 10000 个样本，得到不同气温条件下的 Chl a 概率分布如图 7-27 所示。观察冰封期与非冰封期不同水环境条件下"一湖两海"Chl a 浓度分布，可以看出呼伦湖和岱海冰封期 Chl a 浓度比非冰封期 Chl a 低，而乌梁素海相反。呼伦湖冰封期 Chl a 均值 6.85 μg/L，非冰封期 6.98 μg/L，全年平均 6.80 μg/L。乌梁素海冰封期 Chl a 均值 8.29 μg/L，非冰封期 7.01 μg/L，全年平均 7.25 μg/L。岱海冰封期均值 4.21 μg/L，非冰封期 5.18 μg/L，全年平均 4.91 μg/L。

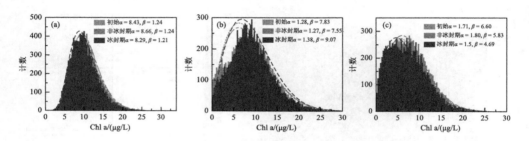

图 7-27　呼伦湖(a)、乌梁素海(b)、岱海(c)在冰封期和非冰封期的 Chl a 浓度概率分布

其中呼伦湖 Chl a 服从 Gamma 分布，乌梁素海和岱海 Chl a 服从 Weibull 分布，σ 为形状参数，β 为尺度参数

　　根据上节分析可知，TP 可以作为呼伦湖 Chl a 浓度的关键指示指标。呼伦湖非冰封期 TN 平均浓度为 0.175 mg/L，约为冰封期的 1.7 倍。由于呼伦湖地处高纬度地区，冰封期为每年 10 月底至次年 4 月底，湖冰最大厚度可达 1.3 m，长时间的冰封期有利于 P 富存于冰体，同时阻断了营养盐的大气沉降。而当呼伦湖融冰过程，冰体中 P 逐渐释放，从而利于非冰封期藻类的生长。非冰封期平均风速（3.9 m/s）较冰封期（4.1 m/s）有所减小，风速下降有利于藻类在某一特定区域内的大量堆积，并聚积于水面，促进藻华；此外，通过正态曲线可以观察到非冰封期风速存在较大的极值，强风容易造成湖面强烈的风浪，使得底泥悬浮物交换较为剧大；而呼伦湖周围草场牧畜活动频繁，强风还将加剧土壤侵蚀，使泥沙、畜禽粪便、残枝败叶等从陆地表层进入湖体，加剧营养盐的外源输入，这些都有利于非冰封期藻类的生长（Cai et al., 2016）。作为内陆尾闾湖，岱海在每年非冰封期，约有(14.26~23.32)×10^6 m^3 的地下水补给量，地下水的 TN 含量在 0.98~3.83 mg/L，平均浓度为(2.41±0.81) mg/L。TP 含量在 0.03~0.42 mg/L，平均浓度为(0.13±0.12) mg/L，尽管地下水中的 TN、TP 含量并不高，但补给水量较大，使地下水端元的氮、磷成为湖水 TN、TP 的主要来源，为非冰期藻类生长提供了大量营养盐（图 7-28）。

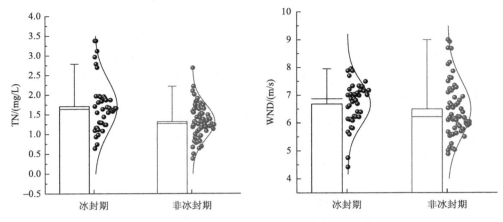

图 7-28　呼伦湖冰封期和非冰封期 TN 和 WND 分布及均值

乌梁素海 Chl a 浓度在冰封期要大于非冰封期，这与呼伦湖和岱海及其他南方湖泊研究有所差异。这主要是由于河套灌区气候特征、湖水自身水质、植物生长周期以及非冰封期农田浇灌退水等综合因素导致。春夏秋三季分别是浮游植物的生长期、旺盛期和成熟衰亡期，Chl a 含量的变动大致遵循其生长周期规律。河套灌区春浇的农田退水虽携带大量氮磷等营养元素进入湖体，但因浮游植物处于生长适应期，对营养元素的需求利用处于较低水平，故表征藻类数量的 Chl a 含量低；而在秋季，随着温度的降低，浮游植物进入成熟期开始衰亡，数量减少。冬季冰封期乌梁素海 Chl a 含量高于其他时期，主要是由于秋季浮游植物的衰老引起对养分吸收的滞后，与此同时，大型水生植物的枯萎凋亡加剧了冬季水体中的氮磷等营养盐含量的升高。此外，随着次年春季天气回暖，冰体逐渐解冻消融，其融水会对营养盐及 Chl a 含量起到一定的稀释作用，使冬季 Chl a 含量仍处于较高水平（Sun et al.，2021）。

2. Chl a 对不同水质条件响应的敏感性分析

研究表明环境驱动因素相对重要性在不同地点往往显示出巨大差异性（Zou et al.，2020）。例如，对美国超过 1000 个湖泊进行线性回归模型测试的结果表明，营养水平比温度更能预测藻华。相反，一项采用贝叶斯网络模型的研究表明，在全球分布的 20 个湖泊中，浮游植物波动对水温的变化比总磷浓度的变化更敏感（Rigosi et al.，2015）。营养盐水平、温度、水文条件、太阳辐射和其他驱动因素的相对作用取决于空间和时间分辨。对小面积湖泊例如城市湖泊，小型水库等，养分水平对 Chl a 浓度的影响将超过其他因素，而对于大型湖泊，温度和风速（有利于湍流和养分混合）可能是重要的（Liu et al.，2019）。因此，为了探究"一湖两海"水环境因子对各自 Chl a 浓度影响变化规律，并找到其对 Chl a 影响的阈值，以湖泊不同水环境指标为条件，利用 CBN 的正向推导，这样做既考虑到每个湖自身水环境的特点，又克服了"一湖两海"空间异质性问题。对每个湖泊水环境条件，我们以每个指标的中位数，上下四分位数及最大最小值作为 CBN 的输入，从而探究同一水环境指标不同取值对 Chl a 分布的变化规律及湖泊 Chl a 对不同水环境指标响应的敏感性。

　　由图 7-29 可以看出，对于呼伦湖，随着 TN，TP 和 WT 的升高，Chl a 浓度均值也随之增加。当 TP 处于极值（0.02 mg/L 与 0.34 mg/L）时，其对 Chl a 浓度分布的改变最大，Chl a 平均浓度较之前分别上升/下降了 26.7% 和 21.5%。值得注意的是在 TP 取值介于中位数（0.12）和上四分位数（0.158）之间时，随着 TP 浓度的增加，Chl a 均值分布出现下降趋势。WT 对 Chl a 的影响当取最大值时（26.5）较为显著，Chl a 浓度均值上升 11.7%。而 TN 对 Chl a 的影响几乎不受其浓度的变化。对于乌梁素海，Chl a 平均浓度随着 TN，TP，DO 的增加而升高，TN 取极值时（0.61，3.91）对 Chl a 浓度分布的改变最大，且是单调递增的，分别使 Chl a 平均浓度增加/下降了 21.5% 和 9.78%。DO 在极小值（6.4）时对 Chl a 均值分布的影响最大，浓度下降为 11.8%。TP 对 Chl a 的影响几乎不受其浓度的变化。与 TN，TP 和 DO 不同，Chl a 分布均值随着 SD 的增加而减少，且 Chl a 浓度分布均值对其响应最为显著，极值影响为 23.8% 和 14.6%。对于岱海，其 Chl a 浓度对水环境的响应高于呼伦湖和乌梁素海，具体而言，Chl a 平均浓度随着 WT，TP 的增加而升高，Chl a 对 WT 和 TP 极值的响应分别为 22.8% 与 12%，52% 与 59.3%。而 Chl a 平均浓度随着 TN，DO 的增加而降低，Chl a 对 TN 和 DO 极值的响应更为明显，分别达到 78.3% 与 70.1%，112% 与 78.5%。通过对比三个湖泊 Chl a 分布均值，我们发现 TN 和 TP 水平的增加对呼伦湖和乌梁素海 Chl a 浓度起到促进作用，呼伦湖 Chl a 受 TP 影响更大，而乌梁素海 Chl a 则受 TN 影响更大，但在岱海，TP 对 Chl a 依旧起促进作用，而 TN 的升高反而使岱海 Chl a 降低。

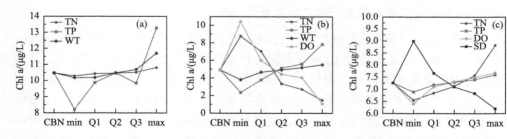

图 7-29　呼伦湖(a)、乌梁素海(b)、岱海(c)在不同水环境指标取值下的 Chl a 浓度均值的变化

对于每个水环境指标，我们抽样生成 10000 个样本，Chl a 均值是样本均值而非概率分布的期望，由于 pH 中位数及上下四分位数相差较小，暂不考虑其对 Chl a 的影响

7.3.4　水量水质耦合作用下湖泊水生态退化机理

　　1987~1988 年间，呼伦湖流域共检出浮游植物 181 种属，浮游植物生物量约为 8.1 μg/L，蓝藻和绿藻占绝对优势，秋季生物量最高，而 2009 年对呼伦湖浮游植物调查结果显示，浮游植物种类和生物量都有下降，有浮游植物种属 142 个，生物量约为 6.995 μg/L；2017~2019 年相关调查检出浮游植物共计 110 种，生物量介于 5.525~7.557 μg/L 之间，相比仍呈下降趋势，浮游植物生物量在春季和秋季略有升高，但整体并未显著改变，同时浮游植物群落组成一直以蓝绿藻占据优势地位。藻类浓度除与水体营养盐水平相关外，还受气候和水文影响。研究表明，2012 年实施的引河挤湖工程有效阻止了呼伦湖水位下降 0.5 m，每年平均输水量为 7.5 亿 m³，水量的增加可以在一定程度上降低水体营养物质的浓度，但在气候变化和人类活动下，呼伦湖水质富营养化现象仍较为严重。而根据耦合水量水质的呼伦湖生态退化 SEM 结果表明，水位对于硅藻丰富度的变化具有显著的直接影响（$r = 0.691$），COD 对硅藻丰富度变化的负向影响最大（$r = -0.422$），TN、Chl a 和 TP 的负向影响均不显著，这说明在一定范围内，污染物浓度越高，硅藻丰富度越低。在呼伦湖入湖污染负荷量占绝对优势，COD 常年处于劣 V 类水平的浅水湖泊中，COD 过高对于硅藻密度及水生态会造成严重影响。另外，COD、TN 和 Chl a 对于藻类密度的负向影响（$r = -0.67$、-0.38 和-0.30），也表明水质参数中的氮磷比对于藻类密度具有重要的影响，同时伴随水位变化及氮磷负荷的增加与减少通过正反馈作用使得湖泊浮游植物结构发生改变，进而导致湖泊水生态发生稳态转化的发生。

　　2004~2005 年在乌梁素海共检测出浮游植物 7 门 58 属，春夏季生物量介于 37.94~56.42 μg/L，绿藻和硅藻占据属类优势，浮游动物四大类 62 种，生物量约为 3.624 μg/L；2012 年采集水样检测出浮游植物 99 属 222 种，绿藻和硅藻仍是优势属类，春夏季生物量介于 4.57~89.54 μg/L，浮游动物共有 48 种，生物量为 2.52 μg/L；2016 年浮游植物共检出 57 属 161 种，2019 年浮游植物共鉴定浮游植物 96 属 344 种，生物量平均值在 0.25 μg/L（春季）~1.01 μg/L（冬季）之间，浮游动物 90 种，总生物量均值为 0.32 μg/L。综上看出，乌梁素海浮游植和动物种类有明显增加，但浮游动物生物量呈下降趋势。乌梁素海自 20 世纪 60 年代围湖造田、黄河入湖水量减少等原因，湖面大面积萎缩，至 70 年代末缩减至 293 km² 并稳定至今。该时期湖泊水质受人为因素影响较小，湖泊中的有机质除在 1950 年左右有小幅上升外，基本处于稳定在较低的水平。从 1975 年开始，修筑了乌梁素海的主要输水渠道，湖泊面积稳定。1988~2005 年，人为污染逐步影响湖泊水质。80 年代，乌梁素海周围湿地开始人工种植芦苇，随着种植面积的增大和湖泊周围农作物化肥使用量的增加，导致湖泊富营养化逐步加重，湖泊中 TOC 和 TN 含量逐渐增加，在 2000~2005 年间达到富营养化的最严重状态。在该时期干渠补水逐步增加，湖泊面积有小幅增长，维持在 300~340 km²。当地政府从 2005 年起对乌梁素海实施生态补水工程，并于 2006 年开始全力推进污水处理厂建设，关停排污严重的造纸厂、调味厂等污染严重工厂，使得湖泊水质逐步改善，藻类丰度和密度开始逐年上升。

岱海历史上共采集到浮游植物 93 种，最高当年采集 53 种；2011 年夏季在岱海进行浮游植物群落调查，在四个站点仅采集到 16 中浮游植物，绿藻为优势种群，远低于同期呼伦湖、乌梁素海调查结果。历史上岱海浮游动物种类也低于内蒙古其他湖泊，生物量却高于同期其他地区。2011 年岱海浮游动物共有 29 种，其中桡足类最多，其次为原生动物，总生物量为 4.4 μg/L。岱海流域内有多条河流沟谷，均发源于流域周边山区与台地，早期天然条件下全部汇入岱海。20 世纪 70 年代开始入湖水量呈波动下降趋势。自 20 世纪 60 年代起，岱海流域兴建了双古城水库、石门水库、五号河水库等，集水面积达到 840 km²，拦截了大量地表径流，成为岱海萎缩的重要因素之一，也成为湖水盐化的主要驱动因素。先前岱海水量平衡分析表明 2016~2019 年岱海湖面仍在持续萎缩，蓄变量为负数，总补给量小于总排泄量。入湖地下水补给量为$(1691.92\sim2332.37)\times10^4\ m^3/a$，平均值为$2035.13\times10^4\ m^3/a$；入湖径流量为$(179.16\sim584.16)\times10^4\ m^3/a$，平均值为$347.33\times10^4\ m^3/a$；湖面降雨补给量变化范围$(1849.66\sim2520.47)\times10^4\ m^3/a$，平均值为$2153.26\times10^4\ m^3/a$。地下水、地表径流、大气降雨补给占比分别为 44.87%、7.66%、47.47%，可见，地下水补给对岱海水量平衡十分重要。而对岱海入湖的 TN、TP 来源进行了物质平衡分析可得 2016~2019 年多年平均入湖径流补给 TN 含量为 12.16 t，占总量的 20%，地下水补给 TN 为 49.05 t，占总量的 80%；多年平均入湖径流补给 TP 含量为 1.60 t，占总量的 38%，地下水补给 TP 含量为 2.58 t，占总量的 62%。地下水补给的氮、磷是湖水 TN、TP 的主要来源。随着岱海水位持续走低，生态系统稳定性不断恶化，逐渐由内陆型淡水湖向高盐尾闾湖演化。

7.4 本 章 小 结

本章基于寒旱区"水动力-水质-生态"耦合模型探讨了"一湖两海"水生态系统对水量、水质变化的动态响应过程，分析了气候变化、人类活动等条件变化下湖泊水质水量变化过程和水生态典型指标变化，甄别了其主要驱动因素，揭示了寒旱区湖泊生态退化机理。呼伦湖水量和水质驱动因素方面，结果表明乌尔逊河和克鲁伦河入湖径流量存在不同的周期性变化差异，确定总体呈现 1961~1999 年、2000~2012 年、2013~2020 年的阶段性变化特征，并发现降雨的影响大于人类活动对入湖径流量的影响，且人类活动的影响随时间逐渐增大，空间范围上乌尔逊河子流域径流量受人类活动影响大于克鲁伦河子流域。通过 GAM 模型可以发现，人类活动要素对呼伦湖水质的影响大于气候变化的影响，气象因子中蒸发和降雨通过水位变化是水质变化的重要影响因素，贡献率在 20% 左右；人类活动中 GDP 对于水质变化的解释率可达 60%，流域畜牧业和耕地面积变化也是影响水质变化的重要驱动因素。解析了流域变化对水质水量变化的耦合驱动机制，发现水位变化解释了光学活性物质变化的 40.6%，人类活动对于光学活性物质变化的贡献（贡献率在 37.0%~71.8%）大于气候变化（贡献率在 17.8%~47.0%）。

利用 Copula 函数建立了呼伦湖水质水量响应模型，发现对于 TN 和 COD，Gaussian-Copula 型函数距离分别为 0.017 和 0.0227，Gaussian-Copula 函数的欧式距离最小，在 TN 与 COD 和水量的联合分布中可选用 Gaussian-Copula 函数，对于 TP，Gumbel-Copula 型函数距离为 0.0099，在所有类型的 Copula 函数距离最小。可以利用 Gumbel-Copula 函数可以更好地展现二者之间的关系。概率密度函数图可以看出，在水位在历史高水位和低水位时期，TN 和 TP 对其的变化更敏感。在水位较低的时候，COD 和 Chl a 边缘概率变化敏感。通过构建水质水量结构方程模型，发现水质水量解释藻类密度变化的 89.9%，可以解释硅藻丰富度变化的 70.1%，可以解释小型鱼类捕获量变化的 80.8%，可以解释大型鱼类捕获量变化的 82.8%，主要解释因子包含了水质参数中的 TN、TP、COD、Chl a 以及水位，说明水质水量对区域水生态变化具有重要影响。

基于 CBN 建立了变化环境下"一湖两海"水生态响应模型，结果表明在所有水环境因子中，呼伦湖，乌梁素海和岱海 Chl a 浓度与 TP，PH 和 TN 的相关性最佳，呼伦湖和岱海冰封期 Chl a 浓度比非冰封期 Chl a 低，而乌梁素海相反。呼伦湖非冰封期 P 的释放为藻类生长提供了营养盐，平均风速的下降则更有利于藻类聚集，岱海地下水补给的 N 和 P 则成为非冰封期 Chl a 的主要营养盐来源，大型水生植物的枯萎凋亡加剧了冬季水体中的 N，P 等营养盐含量的升高则是乌梁素海冰封期 Chl a 浓度较高的原因。对"一湖两海"Chl a 响应的敏感性分析可知，呼伦湖 Chl a 对 TP 的响应最大，分布均值的变化为 48.2%，乌梁素海 Chl a 对 SD 响应最为敏感，均值变化率为 38.4%，其次是 TN，Chl a 均值变化率为 31.28%，岱海 Chl a 对 TN，TP，DO 的响应都十分敏感，其中 DO 的影响最大，均值变化率为 190.5%。

第 8 章 水资源-水环境-水生态协同承载力

寒旱区"一湖两海"表现为水资源量不足，影响水环境、水资源和水环境进而影响水生态的联动状态，仅采用单一的水资源承载力、水环境承载力和水生态承载力已无法全面、综合、科学、准确地划定承载力红线，对区域经济建设、社会建设和生态文明建设产生不利影响。本章提出了新的承载力理论实践体系，使其既能体现目前水问题的复杂性，又能体现社会经济发展对水需求的多元性，以划出合理、科学、准确的承载力红线，解决水资源、水环境及水生态三大失衡问题。

8.1 协同承载力理论体系

基于系统论思想，结合水资源、水环境和水生态的内在联系，本部分内容提出流域湖泊水资源、水环境和水生态三者协同承载力的概念，分析了流域湖泊的组成及相互关系、特征、功能和承载机理；在此基础上，提出流域湖泊协同承载力的概念，并分析了流域湖泊协同承载力的特点和影响因素；最后，给出了流域湖泊协同承载力研究的框架，以作为开展流域湖泊协同承载力研究的理论基础。

8.1.1 流域湖泊承载力概念内涵及特征

1. 流域湖泊承载力概念及内涵

"承载力"是一个大的复杂系统，其研究主要目的是在保证生态环境良好基础上，以水资源、水环境、水生态相互间的联系作为限定因素，使承载力能够表征该区域取用水的安全，因此，承载力研究需要综合考虑水资源、水环境和水生态等多个系统的耦合互馈机制。流域是指流域内的水体及涉水环境，水体包括各种形式的水，涉水环境指流域内各种直接或者间接影响水体的环境，包括产水环境、陆域孕水环境及水域环境。

2. 水资源-水环境-水生态互馈关系

水资源、水环境和水生态作为水系统主要功能，共同支撑着生态系统和社会经济系统的发展，相互之间既相互影响，又相互制约，主要体现在以下几个方面：水资源和水环境表现出双向正反馈作用，即水资源的增加可以促进水环境的优化提升，反之亦然；水环境和水资源对水生态表现出单向正作用，即水资源增加和水环境优化有利于水生态的发展，水资源短缺和水环境恶化会导致水生态系统退化。然而，水生态对水资源和水环境的作用表现比较复杂，既有正向的支撑作用，又有负向的约束作用，存在最适阈值范围，具体表现在：①健康的生态系统通过植被、土壤涵蓄水源、削弱洪峰、调节径流等，增加流域水资源量，同时通过植被吸收、土壤净化、微生物分解、水土保持等净化水质，从而提升水环境质量；②当生态系统超限发展时，过量消耗水资源，减少流域径流量，对水资源产生负影响，在内陆干旱地区影响尤其显著，同时水体生态系统非健康发展时，会加剧水环境恶化速度（如蓝藻暴发等）。

8.1.2　水资源-水环境-水生态协同承载力

1. 水资源、水环境、水生态承载力区别与联系

"承载力"最早出现在生态学相关的研究中，1921 年美国学者帕克（Park）和伯吉斯（Burgesses）首次在相关研究中提出了承载力的概念。水资源承载力是应用于水资源领域的承载力概念，力求解决日益短缺的水资源与日益增长的水需求之间的矛盾，后基于侧重目标的不同，又发展出水环境承载力和水生态承载力。三者既有联系又有区别，联系表现在三者均为满足一定约束条件下所能支撑的社会经济规模。其水资源承载力约束条件为满足经济社会发展需求，水环境承载力为满足一定水体功能，水生态承载力为满足生态需水需求。随着水问题的日渐复杂化、水需求日益多元化，水管理日益综合化，迫使人们探索出一套新的理论体系来解决三大失衡问题。

2. 水资源-水环境-水生态协同承载力

对于水资源承载力、水环境承载力、水生态承载力中的其一或者其二，研究大多基于系统动力学法对系统进行仿真和模拟，或者基于多目标优化法协调水资源、水环境、水生态的关系。流域湖泊涉及的水资源-水环境-水生态协同承载力测控涉及要素多、时空跨度大、互馈关系复杂，需要庞大的测度方法体系对基础的数据体系进行收集整编，同时，由于在水系统内部关系还未理清，需要相对简单的模型对水资源-水环境-水生态间的非线性关系进行研究。流域湖泊三水协同承载力是指流域水系统功能正常发挥的前提下，支撑其他系统发展的最大规模。

1）协同承载力具有明确的承载主体和客体

在协同承载力的研究中，主体是流域自然水系统，客体是水系统支撑的生态系统和人工系统。流域水系统的承载能力满足客体对主体的需求或压力，也就是

流域自然水系统对人类社会和经济发展的支撑规模。在以往的研究中，大多是从资源要素的角度，把水资源作为系统输入的物质对待，这些研究有较大的缺陷，研究角度过于单一、方法过于简单。

2）协同承载力具有明显的时空属性

协同承载力的空间属性是指针对某一流域来说的，因为不同流域的水资源量、水资源可利用量、需水量以及社会发展水平、经济结构与条件、生态与环境问题等方面可能不同，协同承载力也可能不同，在协同承载力计算时，首先要确定研究区域范围。协同承载力的时间属性是指，某一流域协同承载力在不同时段内，因社会发展水平、水资源利用率、污水处理率、用水定额等的需求量的不同而有所不同。因此，在研究流域湖泊协同承载力时，必须注意不同阶段的协同承载力的变化。

3）协同承载力包括资源、环境、生态、文化、安全等多个方面的属性

水资源、水环境与水生态之间相互依赖、相互影响。既要提供单方面的功能，各个功能间还可互相转换。因此，要综合研究流域湖泊承载力，不能孤立地分析某一个或两个子系统的支撑作用，寻求满足流域湖泊可承载条件的最大发展规模。

3. 生态系统对水系统协同承载力的促进与约束

根据水资源、水环境、水生态相互作用关系分析发现，水资源和水环境对水生态均是正向的作用，但是生态系统的对水资源、水环境有正向作用也有负向作用，对水资源承载力和水环境承载力就会表现出正向和负向的作用。

针对水资源承载力，对于水资源禀赋高的地区，生态系统的发展，如较大的植被覆盖，将会促进水源涵养、洪峰调控、径流调控等，提高水资源供给量进而提升水资源承载力，此时水生态承载力增加水资源承载力进而增加水资源-水环境-水生态协同承载力；但是对于水资源禀赋较低的地区，生态系统的发展将会通过蒸散发增加水分耗散，从而减少径流量和地下水存储量，降低水资源承载力，此时，水生态承载力增加导致水资源承载力降低，从而可能导致水资源-水生态协同承载力降低。

针对水环境承载力，对于生态系统发展较弱地区，生态系统发展可减少水土流失、净化水质，促进水环境承载力提升，此时，水生态承载力增加水环境承载力进而增加水资源-水环境-水生态协同承载力；但是，对于生态系统发展饱和的区域，如果生态系统爆发式发展乃至崩溃，将急剧降低水环境承载力，从而降低水生态-水环境协同承载力。

所以生态变化是水资源-水环境-水生态协同承载力变化的关键。考虑我国大部分地区的特点，本研究中将生态系统的作用对于水资源-水环境-水生态协同承载力支撑能力作为重要因子考虑到后续测控及提升工作中。

4. 基于生态支撑的水系统协同承载力

生态系统的规模影响着水资源承载力和水环境承载力,在生态系统规模较小时,对水资源承载力和水环境承载力分别呈现出负作用和正作用,但作用力较小;当生态系统在适度规模的时候,对水资源和水环境承载力均是正向作用,且影响作用较大;当生态系统规模超过一定阈值时,对水资源承载力和水环境承载力都是负向作用,所以要结合区域水资源、水环境和水生态三者间作用,使生态系统规模达到适度规模使水资源、水环境和水生态承载力协同并达到高值(图 8-1)。

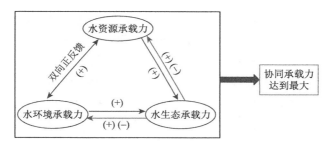

图 8-1 水资源-水环境-水生态协同互馈关系示意图

8.1.3 水资源-水环境-水生态协同承载力演进机理

1. 演进动力

1)物质承载子系统内部要素的竞争与协同

探讨协同承载力,首先要有承载的载体,而对于流域承载力而言,承载的载体无疑是流域水系。水具有局部的有限性、供给的稀缺性等特点,那么水要素的稀缺性使得物质承载子系统各要素之间的竞争很大程度上表现为对水资源量的竞争。

2)生态承载子系统内部要素的竞争与协同

在河流、湖泊、湿地等水资源作为物质载体的基础上,流域协同承载力离不开生物圈的影响。协同承载力离不开水资源、水环境和水生态间各子系统彼此作用,各子系统又彼此制约,最终达到协同发展。

3)人类承载子系统内部要素的竞争与协同

人类活动对流域水系协同承载的利用、规划、调控有主体影响。人类活动又通过社会和经济两方面影响承载。社会、经济机制共同作用,通过不同的社会主体,呈现不同的效应,在竞争—协同—反馈—再竞争—再协同的过程中不断发展。

4）流域协同承载力系统物质、生物、人类子系统之间的竞争与协同

除了各个子系统自身的要素竞争与协同外，子系统之间同样存在竞争与协同。如人类活动对物质子系统中水资源量的影响；子系统之间相互损耗，如通过人类活动，损耗土地资源、水资源、能源资源、环境资源等；子系统之间相互干扰。协同承载力是多目标、多层次的复杂巨系统，由于竞争使得系统具有持续的动力，从而不断演化和发展，而竞争之后的协同，又使得系统具有整体性，达到结构、功能的互补，最终达到系统利益最大化和系统最优化。

2. 演进形态

1）消亡型

协同承载力系统当到达稳定期时，系统内部的熵增达到临界点，系统的无序状态不断增强，这时应由外部向内部不断引入足够量的负熵，能够充分抵消系统内部的熵增，否则，系统将走向消亡。如当生物承载子系统中资源枯竭、环境恶化时，系统的熵增达到临界点，这时，人类需要采取各种措施进行规划和调控，可持续利用资源、保护环境，否则，系统的熵持续增加，将导致其他子系统的变化，如人口迁移、产业链断裂、经济下行、失业率增加、各种投资撤离，系统将逐渐萎缩，直到瓦解消亡。

2）停滞型

土地综合承载力系统当到达稳定期时，人类进行了及时调控，引入熵减，但熵减与熵增只能抵消，也就是说人类调控积极影响与系统消极涨落等同，系统只能维持现有的平衡，处于停滞状态。系统并没有明显的提升，只能在低水平中维持稳定，调整系统结构和系统要素的关系不足，使得系统不能向高层级发展，是比较保守的人工调控手段。

3）循环型

系统较为波动和不稳定。当资源枯竭、环境恶化等问题出现时，人类活动采取积极的调控政策，系统内部结构或条件被改变，旧的限制因素消失，新的利导因子出现同时出现新的限制因素。系统出现了表面的良性发展，但由于本质问题没有得到解决，系统只能在原状态上下循环往返。

4）持续发展型

系统达到稳定期后，通过及时引入负熵，进行各种良性调控，使得系统内部结构和功能得到有效的改进，提升到新的阶段，实现了可持续发展，其演化轨迹并不是直线上升，通常也是曲线波浪式前进。

由以上四种类型可知，协同承载力系统受到自组织和他组织双重作用，且呈现复杂性和多样性。子系统间相互交叉，深层次耦合是系统可持续发展的持续推动力。

8.2　协同承载力测度方法

协同承载力的研究涉及整个水系统（涵盖了社会经济系统和自然生态系统），并受到社会经济发展水平、水环境功能要求、环境保护、管理目标等多种因素的影响，这些影响因素都是随时间变化的动态变量，且各因素之间存在相互依赖相互制约的关系。

8.2.1　协同承载力测度框架

水资源开发利用和社会经济发展表现为既相互依存，又相互制约关系。社会经济发展的过程就是将资源环境转化为财富的过程，也是社会经济子系统与水生态，水环境以及水资源系统进行物质、能量和信息交流与转换的过程。一方面，经济增长和社会发展带来了理念转变、科技进步、政策调控以及投资增加对水系统的改变，有利于提高水资源的开发和利用效率，从而提高了水资源的承载能力。

另一方面，经济增长和社会发展也对天然的水资源状况进行了人工干预，改变了天然水循环的状况，导致水生态，水环境以及水资源状况的变化，当水系统的改变超过了其承载能力后，就对社会经济的发展形成了制约和控制。水生态、水环境、水资源与社会经济系统之间的相互依存和制约作用将成为水-社会经济复合水系统。在这一复合系统中，水是连接社会经济系统中各方面要素的纽带，水的开发、利用、保护和配置过程即水生态、水环境、水资源以及社会经济交叉互动的过程。

本研究主要将整个水系统划分为水资源子系统、水环境子系统、水生态子系统三个部分，以各子系统为基本出发点，通过选择各子系统的参数，并找出它们之间的因果关系，以此解决了系统边界内各因素的相互作用关系。在此基础上，使用测度理论体系以描述和表达不同变量的性质、特点及相互之间的数量关系，反映出整个系统内子系统之间的传递方向以及系统的反馈回路，可以正确辨析出每个子系统内部构成要素及其自身相互作用关系和各主要因素之间反馈关系，进而得出整个水系统的协同承载力（图 8-2）。

8.2.2　系统要素选取及测度方法

1. 测度要素选取

协同承载力兼具自然属性和社会属性，受环境条件、资源禀赋、技术水平和管理等方面的影响。特定区域的自然地理条件决定了其水系统拥有的承载潜力，其潜力不仅与水系统的自然禀赋和属性有关，还与人类活动强度、经济发展速度、资源供给能力、管理水平等多种因素有关。区域水系统包括水资源、水环境和水生态子系统，各子系统内部包含多方面的影响测度的要素，构成一个多要素复杂系统。如何测度水系统各子系统的承载力，并将子系统承载力进行协同耦合，建立一套科学、合理的测度指标体系。测度要素的选取时尽量遵循科学性、可操作性、动态性和完整性基本原则。同时，为使测度指标体系能够准确、全面、真实地反映研究区域水系统可持续承载的水平，所选的测度要素通常需满足以下功能：①反映某时间尺度内水系统的子系统承载的可持续水平或状况，反映各个方面对各个子系统（水环境、水生态、水资源和社会经济）可持续承载相对贡献的大小，能协助各个子系统（水环境、水生态、水资源和社会经济）综合规划与合理利用决策规划的制定；②可评价某时间尺度内各指标的相对发展速度，评判各个子系统（水环境、水生态、水资源和社会经济）的发展态势。

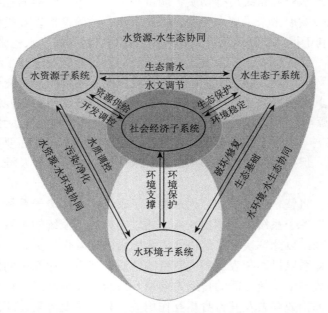

图 8-2　流域水系统资源-环境-生态协同承载力互馈关系示意图

分析了水系统主要影响因素及其作用关系，包括子系统承载力的概念与组成要素，在明确测度要素评价对象、评价目标以及选取原则的前提下，对测度要素的筛选过程包括以下步骤：①基于文献的要素频度统计。对高被引文献中指标进行频度统计，筛选出使用频度较高、具有代表性的指标作为原始要素数据库。②基于国家/地方相关标准的要素频度统计。主要对照国家和地方已颁布实行的水系统资源-环境-生态承载力相关评价导则，重点统计其中涉及水资源、水环境和水生态的指标，与上述文献频度分析得到的原始数据库进行比对，筛选重叠度高的指标。③专家咨询。将初步筛选的指标体系，形成水系统资源-环境-生态承载力测度要素指标体系。通过召开多轮专家咨询论证会，对选取的测度要素指标体系进行多次修改与完善，最终确定能充分合理反映水系统资源-环境-生态协同承载力的测度指标，初步建立协同承载力测度要素评价指标体系。

1）基于文献的要素频度统计

频度分析法是对目前有关水系统资源/环境/生态承载力评价研究的高被引期刊和论文进行统计，并进行初步同类合并，建立指标原始数据库，统计确定出一些使用频度较高、内涵丰富的指标，各指标的频度统计如表 8-1 至表 8-3 所示。

表 8-1　水资源相关指标频度统计

指标类型	序号	指标	次数	频率
	1	单位工业增加值/万元 GDP 取/用/耗水量（单位水资源工业产值、单位耗水量的生产总值、万元产值耗水量、工业产值/工业取水量等）	16	19.51%
	2	农业灌溉有效利用系数（农业灌溉用水效率、农灌用水系数、农业节水灌溉面积百分比、农田灌溉定额、单位水资源灌溉面积、农业有效灌溉面积、耕地灌溉率、农田灌溉年用水量、农灌亩均用水量、单位水资源消耗量的农灌面积（每亩浇灌地用水量）、单位水资源的农灌面积等）	16	19.51%
	3	城市（污水）再生水利用率（工业重复用水率、工业用/废水重复利用率、中水回用率、污水回用率、再生水用水量占比、回用水量与废水量之比等）	15	18.29%
水资源	4	城市用水总量与可采水资源量之比（供水量/地下水资源总量、水资源供需比、地表水供水率、可供水量与总用水量之比、城市（可采）水资源的总量与用水总量之比、城市供水量与需水量之比、水资源可供给承载率等）	11	13.41%
	5	人均水资源量（人均供水量）	9	10.98%
	6	水资源开发利用率（地表水/地下水开发利用强度）	7	8.53%
	7	生态环境需水保证率	3	3.66%
	8	人均日生活用水量	3	3.66%
	9	人均水域面积	2	2.44%
合计			82	

表 8-2　水环境相关指标频度统计

指标类型	序号	指标	次数	频率
	1	城市污水（集中）处理率	16	22.86%
	2	工业废水排放达标率	10	14.29%
水环境	3	水污染物排放强度（单位国内生产总值 COD_{Cr}/NH_3-N 排放量、单位工业增加值 COD_{Cr}/NH_3-N 排放量、单位 GDP 的 COD 排放强度、工业万元增加值 COD 排放量、点源 COD_{Cr}/NH_3-N 入河总量、单位标准污染物 COD 排放量的工业产值、单位 GDP 的 BOD 排放量）	13	18.57%

续表

指标类型	序号	指标	次数	频率
水环境	4	单位工业增加值废水排放量（工业万元产值废水排放量、单位工业废水排放量的工业产值、万元产值排污量）	9	12.86%
	5	水环境功能区水质达标率（地表水水质超标率、地表水劣V类断面比例、劣V类水质标准的河道长度占比、功能区COD浓度与标准浓度之比）	7	10.00%
	6	人均废水排污量	3	4.29%
	7	农用化肥施用强度（折纯）（耕地化肥施用强度、农药施用强度（折纯））	3	4.29%
	8	地下水综合污染指数（地下水污染面积比、符合三类水质标准的监测井占比）	3	4.29%
	9	规模化畜禽养殖 COD_{Cr}/NH_3-N 排放总量	2	2.86%
	10	水体富营养化指数	2	2.86%
	11	排污量与纳污量比率（水体环境容量与污染排放量之比）	2	2.86%
合计			70	

表 8-3 水生态相关指标频度统计

指标类型	序号	指标	次数	频率
水生态	1	滨岸带土地利用类型	11	15.28%
	2	Shannon-Weaver 多样性指数(H)	8	11.11%
	3	生物完整性指数	8	11.11%
	4	产流能力	7	9.72%
	5	蜿蜒度	6	8.33%
	6	耐污种指数	5	6.94%
	7	叶绿素 a	4	5.56%
	8	生物量比	4	5.56%
	9	珍稀水生动物存活指数	4	5.56%
	10	河流纵向连通度	4	5.56%
	11	河道基质硬化比例	4	5.56%
	12	生态堤岸/硬质堤岸比例	3	4.17%
	13	沉水植物覆盖率	2	2.78%
	14	水体透明度	1	1.39%
	15	单位面积河岸带长度	1	1.39%
合计			72	

2）基于国家/地方标准的要素频度统计

国家和地方为了促进城市和区域环境状况的改善，开展了多项相关考核评比活动，并相应地颁布了一系列考核评价标准。这些已颁布施行的标准中，涉及水资源、水环境、水生态和土地利用的指标，对于本项目选取具有可操作性和规范性的指标有很好的参考价值。为此，本项目梳理了近年来国家和地方发布的相关标准，尤其是与水资源、水环境和水生态相关的评价标准，具体如下所示：

生态环境状况评价技术规范（试行）（HJ 192—2015）；

水生态文明城市建设评价导则（SL/Z 738—2016）；

节水型社会评价指标体系和评价方法（GB/T 28284—2012）；

国家环境保护模范城市考核指标及其实施细则（第六阶段）（环办〔2011〕3 号）；

《水污染防治行动计划实施情况考核规定（试行）》（环水体〔2016〕179 号）；

《国家园林城市标准》（建城〔2010〕125 号）；

《国家生态文明先行示范区建设方案（试行）》（发改环资〔2013〕2420 号）；

《国家生态文明建设示范县、市指标（试行）》（环生态〔2016〕4 号）；

《国家卫生城市标准（2014 版）》（全爱卫发〔2014〕3 号）；

《生态县、生态市、生态省建设指标（修订稿）》（环发〔2007〕195 号）；

《全国文明城市测评体系》（2015~2017 版）等。

通过梳理统计以上标准，得到相关指标共计 151 个，其中涉及水资源的指标 40 个，涉及水环境的指标 47 个，涉及水生态的指标 24 个，涉及土地利用的指标 40 个，进一步合并重复和同类指标后，得到水资源和水环境指标，分别为 11 个、8 个、13 个和 6 个，并进行指标频度统计，具体见表 8-4 至表 8-6。

表 8-4　基于标准统计的水资源指标频度表

指标类型	序号	指标	次数	频度
水资源	1	万元工业增加值用水量（万元 GDP 用水量、万元工业增加值取水量、单位 GDP 用水量、规模以上工业万元增加值取水量）	8	20.00%
	2	水资源开发利用率（取水总量控制度、非常规水源利用替代水源比例、非常规水源供水量占城市总供水量）	7	17.50%
	3	农业灌溉水有效利用系数（节水灌溉工程控制面积比例）	5	12.50%
	4	生活节水器具普及率（节水器具普及率）	4	10.00%
	5	工业用水重复利用率（城市污水处理回用率）	4	10.00%
	6	公共供水管网漏损率（城镇供水管网漏损率、供水管网漏损率）	3	7.50%
	7	平原区地下水超采面积（地下水超采程度）	3	7.50%
	8	生态环境需水保证率	2	5.00%
	9	人均日生活用水量（城镇人均生活用水量）	2	5.00%
	10	主要河流年水消耗量	1	2.50%
	11	水域（河流、湖泊、湿地）面积	1	2.50%
合计			40	

表 8-5 基于标准统计的水环境指标频度表

指标类型	序号	指标	次数	频度
水环境	1	水功能区水质达标率 (地表水水功能区水质达标率、城市水环境功能区水质达标率、水功能区限制纳污控制率、III类水质以上河长比例、水质达标率、水域水质、地表水水质优良比例、地表水劣 V 类水体控制比例)	15	31.91%
	2	集中式饮用水源地水质达标率 (集中式饮用水源地安全保障达标率、水源地保护、地级及以上城市集中式饮用水水源水质达到或优于III类比例)	8	17.02%
	3	城镇污水集中处理率 (城市生活污水集中处理率)	8	17.02%
	4	主要污染物 (COD/NH$_3$-N) 排放强度 (万元工业增加值主要污染物排放强度)	5	10.64%
	5	工业废水达标排放率 (污染源排放达标率、城镇废污水达标处理率)	4	8.51%
	6	地下水水质达标率 (III类以上地下水比例、地下水质量极差控制比例)	3	6.38%
	7	地级及以上城市建成区黑臭水体控制比例	3	6.38%
	8	近岸海域水质状况	1	2.13%
合计			47	

表 8-6 基于标准统计的水生态指标频度表

指标类型	序号	指标	次数	频度
水生态	1	物种多样性指数	3	12.50%
	2	岸坡稳定性	3	12.50%
	3	河床稳定性	3	12.50%
	4	生态需水量/生态基流	2	8.33%
	5	水源涵养指数	2	8.33%
	6	滨岸带植被覆盖率	2	8.33%
	7	纵向连通性	2	8.33%
	8	自然岸线保有率	2	8.33%
	9	水域 (河流、湖泊、湿地) 面积	1	4.17%
	10	本地物种受保护程度	1	4.17%
	11	浮游植物生物量	1	4.17%
	12	河湖生态护岸比例	1	4.17%
合计			23	

3) 基于文献与标准的要素比对

通过分析水系统资源/环境/生态承载力相关文献,以及国家公开发布的相关标准,进行高频度指标的统计分析。按照水资源、水环境、水生态和土地利用指标,分别进行文献与颁布标准中高频度指标的比对,具体如表 8-7 所示。

表 8-7　基于文献与标准的指标比对表

频度降序	水资源		水环境		水生态	
	文献	标准	文献	标准	文献	标准
1	单位工业增加值/万元GDP取/用/耗水量	万元工业增加值用水量	城市污水（集中）处理率	水功能区水质达标率	滨岸带土地利用类型	物种多样性指数
2	农业灌溉有效利用系数	水资源开发利用率	工业废水排放达标率	集中式饮用水源地水质达标率	着生藻类 Shannon-Weaver 多样性指数(H)	岸坡稳定性
3	城市（污水）再生水利用率	农业灌溉水有效利用系数	水污染物排放强度	城镇污水集中处理率	生物完整性指数	河床稳定性
4	城市用水总量与可采水资源量之比	生活节水器具普及率	单位工业增加值废水排放量	主要污染物（COD/NH₃-N）排放强度	产流能力	生态需水量/生态基流
5	人均水资源	工业用水重复利用率	水环境功能区水质达标率	工业废水达标排放率	蜿蜒度	弯曲率
6	水资源开发利用率	公共供水管网漏损率	人均废水排污量	地下水水质达标率	耐污种指数	滨岸带植被覆盖率
7	生态环境需水保证率	平原区地下水超采面积	农用化肥施用强度（折纯）	地级及以上城市建成区黑臭水体控制比例	水体叶绿素 a	纵向连通性
8	人均日生活用水量	生态环境需水保证率	地下水综合污染指数	近岸海域水质状况	生物量比	自然岸线保有率
9	人均水域面积	人均日生活用水量	规模化畜禽养殖 CODₒ/NH₃-N 排放总量		珍稀水生动物存活指数	外来物种威胁程度
10		主要河流年水消耗量	水体富营养化指数		河流纵向连通度	水域（河流、湖泊、湿地）面积
11		水域（河流、湖泊、湿地）面积	排污量与纳污量比率		河道基质	本地物种受保护程度
12					生态堤岸/硬质堤岸比例	浮游植物生物量
13					沉水植物覆盖率	河湖生态护岸比例
14					水体透明度	

通过上述比对，得到文献与标准中共同的高频度指标，其中，水资源、水环境、水生态指标分别有 6 个、6 个和 5 个；同时考虑到标准的规范和可操作性，将标准中非共同的指标作为主要备选指标，供借鉴参考，水资源、水环境和水生态的指标分别有 3 个、3 个、2 个，得到的指标筛选情况如表 8-8 所示。

表 8-8　基于文献与标准比对的指标筛选结果表

维度	个数	文献频度	标准频度	共同指标	参考指标
水资源	1	19.51%	20.00%	万元工业增加值用水量	公共供水管网漏损率
	2	8.53%	17.50%	水资源开发利用率	生活节水器具普及率

续表

维度	个数	文献频度	标准频度	共同指标	参考指标
水资源	3	19.51%	12.50%	农业灌溉水有效利用系数	
	4	18.29%	10.00%	工业用水重复利用率	
	5	3.66%	5.00%	生态环境需水保证率	平原区地下水超采面积
	6	3.66%	5.00%	人均日生活用水量	
	7	2.44%	2.50%	(人均)水域面积	
水环境	1	10.00%	31.91%	水功能区水质达标率	饮用水源地水质达标率
	2	22.86%	17.02%	城镇污水集中处理率	黑臭水体控制比例
	3	18.57%	10.64%	主要污染物排放强度	近岸海域水质状况
	4	14.29%	8.51%	工业废水达标排放率	
水生态	1	11.11%	12.50%	物种多样性指数	
	2	8.33%	8.33%	水源涵养指数	
	3	5.56%	8.33%	纵向连通性	水体透明度
	4	4.17%	8.33%	自然岸线保有率	
	5	2.78%	4.17%	沉水植物覆盖率	

4)基于专家咨询的"一湖两海"测度要素

通过多次专家讨论与咨询,指标体系融入寒区湖泊特有的冰封期相关参数,为区域水安全优化配置提供科学技术和方法,对指导寒区湖泊有一定意义。对上述指标体系进一步进行优选,得到考虑测度要素的科学性、易获取性、可操作性等要素,最终保留 25 个评估指标,优选的水系统资源-环境-生态承载力评价指标体系见表 8-9。

表 8-9 水系统资源-环境-生态承载力评价指标体系

专项指标	评价指标
水资源承载力（A）	水资源开发利用率（A1）
	人均水资源量（A2）
	万元工业增加值用水量（A3）
	生态环境用水率（A4）
	人均水域面积（A5）
	农业灌溉有效利用系数（A6）
水环境承载力（B）	废水排放强度（B1）
	工业污染排放强度（B2）

续表

专项指标	评价指标
水环境承载力（B）	农业污染排放强度（B3）
	城镇污染排放强度（B4）
	湖区水质达标率（B5）
	湖体冰封期污染物分配比（B6）
水生态承载力（C）	沉水植物覆盖率（C1）
	水域富营养化指数（C2）
	水域冰封期时长（C3）
	水域涵养指数（C4）
	生物多样性指数（C5）

2. 单要素测度方法

1）水资源承载力指数（A）

水资源指数专项指标包含 6 个评价指标，包括水资源开发利用率指标、生态环境用水效率指标、人均水域面积等。各指标计算见表 8-10。

表 8-10　水资源承载力指数要素计算方法

指标名称	计算方法	数据来源
水资源开发利用率（A1）	流域用水总量（吨）/流域多年平均水资源总量（吨）	
人均水资源量（A2）	水资源总量（立方米）/总人口（人）	
万元工业增加值用水量（A3）	工业用水（吨）/工业生产总值（万元）	地区统计年鉴和水资源公报
生态环境用水率（A4）	生态环境用水量（亿 m^3）/总用水量（亿 m^3）	
人均水域面积（A5）	区域水域面积（km^2）/区域常住人口（人）	
农业灌溉有效利用系数（A6）	农田间净灌溉总用水量（亿 m^3）/毛灌溉总用水量（亿 m^3）	

2）水环境承载力指数（B）

水环境指数指标包含 6 个评价指标，分别为废水排放强度（B1）、工业污染排放强度（B2）、农业污染排放强度（B3）、城镇污染排放强度（B4）、湖区水质达标率（B5）、湖体冰封期污染物分配比（B6），各指标计算见表 8-11。

表 8-11　水环境承载力指数要素计算方法

指标名称	计算方法	数据来源
废水排放强度（B1）	废水排放总量（t）/GDP（万元）	
工业污染排放强度（B2）	工业污染指标排放量（kg）/工业生产总值（万元）	
农业污染排放强度（B3）	农业污染指标排放量（kg）/农业生产总值（万元）	地区统计年鉴、水资源公报，环保局提供
城镇污染排放强度（B4）	城镇污水指标污染排放量（kg）/第三产业生产总值（万元）	
湖区水质达标率（B5）	湖体内所有断面达标个数/湖体断面总个数	
湖体冰封期污染物分配比（B6）	冰体污染物浓度/冰水污染物浓度	

3）水生态承载力指数（C）

水资源指数专项指标包含 5 个评价指标，分别为沉水植物覆盖率（C1）、水域富营养化指数（C2）、水域冰封期时长（C3）、水域涵养指数（C4）、生物多样性指数（C5），各指标计算见表 8-12。

表 8-12　水生态承载力指数要素计算方法

指标名称	计算方法	数据来源
沉水植物覆盖率（C1）	沉水植物面积（km²）/湖体面积（km²）	
水域富营养化指数（C2）	$TLI(\Sigma) = \sum_{j=1}^{m} W_j TLI(j)$ W_j 为第 j 种参数的营养状态指数的相关权重，$TLI(j)$ 代表第 j 种参数的营养状态指数	
水域冰封期时长（C3）	冰封时长（天）	地区统计年鉴，利用近 3 年的遥感影像，实验站监测
水域涵养指数（C4）	$\dfrac{0.35S_{林} + 0.20 \times S_{草} + 0.45S_{水}}{区域面积（km²）}$	
生物多样性指数(C5)	$H = \sum s_i = P_i \ln(P_i)$ 式中：$P_i = N_i/N$ S 为种类数，N 为个体总数，N_i 为第 i 种的个体数，P_i 为属于种 i 的个体在全部个体中的比例	

8.2.3　内蒙古"一湖两海"协同承载力体系

1. 指标筛选以及关系量化测度

构建水系统资源-环境-生态协同承载力评价指标体系基础上，通过水系统资源-环境-生态协同承载力概念的理论分析，构建基于水系统协同承载力的结构方程理论模型和研究假设。运用结构方程模型分析方法，建立协同承载力各子系统要素间的关联，通过模型拟合与修正得到各评价指标的因子载荷和路径系数，实现对测度要素间关系量化，进而识别出协同承载力的关键影响因素，并进行测度要素评价指标权重的计算。

2. 协同承载力指标体系的构建

承载力是以水资源、水环境、水生态相互之间的联系作为限定因素，使承载力能够表征该区域取用水的安全。承载力研究需要综合考虑水资源、水环境和水生态等多个系统耦合互馈机制，指标选取在遵循筛选的科学性原则、可操作性原则、协调性原则、区域性原则上（Jacquin et al，2009），对各项指标进行主成分分析，然后利用方差最大正交旋转法对因子载荷矩阵进行旋转，将旋转后载荷值大于 0.6 的作为承载力评价指标（吴易雯等，2017），共选取了 17 个具体指标协同承载力评价体系指标，见表 8-13。

表 8-13　协同承载力评价体系指标

专项指标	评价指标	性质
水资源承载力（A）	水资源开发利用率（A1）	压力型
	人均水资源量（A2）	支持型
	万元工业增加值用水量（A3）	压力型
	生态环境用水率（A4）	压力型
	人均水域面积（A5）	支持型
	农业灌溉有效利用系数（A6）	支持型
水环境承载力（B）	废水排放强度（B1）	压力型
	工业污染排放强度（B2）	压力型
	农业污染排放强度（B3）	压力型
	城镇污染排放强度（B4）	压力型
	湖区水质达标率（B5）	支持型
	湖体冰封期污染物分配比（B6）	压力型
水生态承载力（C）	沉水植物覆盖率（C1）	支持型
	水域富营养化指数（C2）	压力型
	水域冰封期时长（C3）	支持型
	水域涵养指数（C4）	支持型
	生物多样性指数(C5)	支持型

3. 流域协同承载力模型的构建

分析协同承载力时空变化趋势，根据指标选取及系统动力学原理建立了系统动力学模型（袁一星，2013），模型主要由 9 个状态变量和 71 个模型参数构成，模型有水平变量，辅助变量和常数变量，模型涉及的变量较多，主要参数方程见表 8-14。采用 2018~2020 年的数据对模型进行准确性验真，之后模拟仿真预测 2021~2050 年乌梁素海承载力在现状延续型、发展延续型、节约延续型和综合延续型等 5 种情景下的变化趋势。模型划分为三个子系统，每个子系统由多个变量和方程组成，各个子系统之间由协同理论建立关联，通过这些变量、方程与子系统模块来研究这个大体系复杂变化，该模型如图 8-3 所示。

表 8-14　主要参数方程

主要参数方程	
城镇人口＝总人口数量×城镇化率	供水总量＝再生水量＋地下水供应量＋地表水供应量
农村人口＝总人口数量–城镇人口	生活污水排放量＝生活用水总量×生活污水排放系数
城镇生活用水量＝城镇人口×城镇人均用水定额	工业污水排放量＝工业用水量×工业污水排放系数
农村生活用水量＝农村人口×农村人均用水定额	工业用水量变化量＝工业用水量×工业用水变化率
总用水量＝农业用水量＋工业用水量＋生活用水总量＋生态环境用水量	万元工业增加值用水量＝总用水量/工业生产总值
农田灌溉用水量＝农田灌溉定额×有效灌溉面积	区域生产总值＝第一产业值＋第三产业值＋第二产业值
有效灌溉面积变化量＝有效灌溉面积×有效灌溉面积变化率	第一产业增加值＝第一产业生产值×第一产业增长速率
农业用水量＝农田灌溉用水量＋林牧渔畜用水量	第二产业增加值＝第二产业生产值×第二产业增长速率
人均水资源量＝水资源总量/总人口数量	第三产业增加值＝第三产业生产值×第三产业增长速率
人均生活用水量＝总用水量/总人口数量	城镇污染物排放强度＝(城镇 COD、NH_3-N 排放量)/第三产业值
水资源利用开发率＝供水总量/水资源总量	农业污染物排放强度＝(农业 COD、NH_3-N 排放量)/第一产业值
污水排放总量＝工业污水排放量＋生活污水排放量	工业污染物排放强度＝(工业 COD、NH_3-N 排放量)/工业产业值
污水处理量＝污水处理率×污水排放总量	废水排放强度＝污水排放总量/区域生产总值
水资源总量＝地下水资源量＋地表水资源量	

水资源承载力＝万元工业增加值用水量承载力＋人均水域面积承载力＋人均水资源量承载力＋农业灌溉有效利用系数承载力＋水资源利用开发率承载力＋生态环境用水率承载力

水环境承载力＝农业污染物排放强度承载力＋城镇污染物排放强度承载力＋工业污染物排放强度承载力＋废水排放强度承载力＋湖体冰封期污染物分配比承载力＋湖区水质达标率承载力

水生态承载力＝水域冰封期时长承载力＋水域富营养化指数承载力＋水源涵养指数承载力＋沉水植物覆盖率承载力＋生物多样性指数承载力

$$协同承载力 = [(0.4126×水资源承载力)^2 + (0.3275×水环境承载力)^2 + (0.2599×水生态承载力)^2]^{1/2}$$

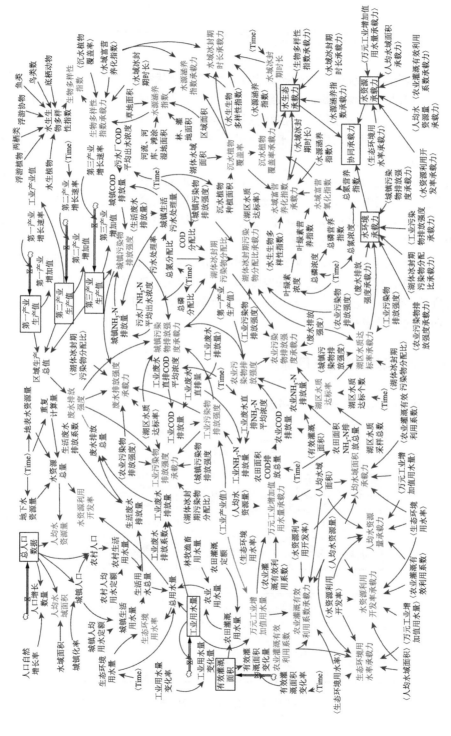

图 8-3　系统动力学总流程图

8.3 协同承载力动态调控方法

调控是根据系统运行的状态、水平、阶段等现状特征，采用各种手段和方法，按照系统运动的客观规律，对系统进行有计划、有目的地影响和干预，使之走向有序、合理、稳定的过程，调控往往是人为主观干预系统的过程。水系统是一个复杂系统，一方面，水资源、水环境子系统之间相互作用关系，表现为系统内部自组织关系；另一方面，政策、制度和环境等外界因素也影响水系统。因此，可以通过对水系统资源取用、环境治理、生态保护的时空耦合过程施加一定的外部条件和进行适当的干预，使各区域的水系统各功能配置朝着更符合人们愿望的方向发展。由于水系统的资源-环境-生态子系统要素复杂、多重反馈，水系统协同承载力的调控是一个动态过程。

水系统协同承载力动态调控是针对不同区域禀赋现状、发展需求以及协同承载力制约因素，制定不同的协同发展模式，构建相应的调控体系与对策，对水系统的资源-环境-生态功能的发挥进行合理配置、协同、控制的过程，实现区域水系统功能的高效发挥。

8.3.1 动态调控框架及目标

1. 调控技术路线图（图 8-4）

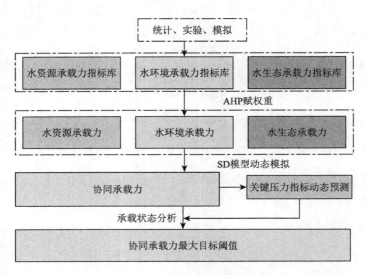

图 8-4 水系统水资源-水环境-水生态协同承载力动态调控框架

2. 调控原则

为确保水系统利用运行、有序、平稳以及与社会、经济关系协调，从水系统可持续发展角度，提出水系统协同承载力调控管理基本原则。

1）持续性原则

水系统协同承载力调控应通过各种调控方法与手段应用，以保证区域发展规模在水系统协同承载力阈值范围内，以保证水系统发展的动态可持续性。

2）协同性原则

由于水系统内资源-环境-生态互馈作用存在复杂、非线性的多重反馈关系，对水系统协同承载力的调控过程本身就是一个系统工程。因而，必须遵循系统协同性原则，即构成各个子系统之间和各要素之间，以及系统与外界之间形成一种相互促进和协同发展的机制，以确保系统协调持续发展目标。

3）阶段性原则

由于社会发展不同阶段，水系统的资源-环境-生态的需求和影响都是不同的，使得水系统功能对社会经济反馈也具有阶段性特征。在初期，以水资源功能为主；在中期，以水环境和水生态影响为主；在后期，以流域综合效益的和谐可持续发展才是重点。

4）综合性原则

在水系统协同承载阈值范围内，实施水系统资源-环境-生态承载力协同调控优化，必须区域发展的自然规律和社会规律，强调水系统调控的综合效益。

8.3.2　调控优化设计

针对不同区域水系统协同承载力主导功能和限制功能侧重点不同，水系统协同承载力的框架内，构制以不同功能为主导以及均衡的发展模式，针对不同功能来分析水系统协同承载力的变化情况，从而找出关键性因素及主要改进方向，为提高水系统协同承载力的相关政策制定提供理论依据。下面对这 5 种模式进行简要介绍，并给出初始假定：

本研究设定了 5 种情形方案，5 种情景模式主要是通过模拟不同情景在 2021~2050 年的承载力，找出现有社会经济发展条件下，协同承载力的变化趋势。

1）现状延续型

假设在预期期内，地区发展战略和产业结构不进行大调整，相对于 2018~2020 年的数据，在该情景中，人口自然增长率、城镇化率、农田灌溉面积、农村人均生活用水量、城镇人均用水量、污水处理率、再生水利用率、生活污水排放系数、工业污水排放系数基本不变或按照现状趋势变化。

2）发展延续型

假定其他参数与现状型一样的前体下，增大城镇化率、生活污水排放系数和工业排放系数，这虽然保证了经济的发展，但是污水排放量逐渐增长，各种产业用水量也增加，这加大了生态环境的压力，影响社会稳定发展以及人均水资源量降低。

3）节约延续型

假定地区发展政策从节约资源出发，在此情景下，以现状延续型参数为基础，适当降低人口增长率、城镇化率、农村人均用水量、城镇人均用水量、有效灌溉面积、生活污水排放系数和工业排放系数，污水处理率参考《内蒙古水资源综合利用规划》适当增大。

4）综合延续型

结合上面 3 种情景分析，是发展延续型和节约延续型相结合的方案，将其分为综合型一和综合型二。

8.4　乌梁素海协同承载力分析研究

基于建立的内蒙古"一湖两海"协同承载力体系，开展乌梁素海协同承载力计算及系统动力学（SD）模拟研究，分析乌梁素海地区协同承载力存在的问题。

8.4.1　指标权重确定及协同承载力计算

1. 指标权重确定

本研究选取层次分析法进行权重赋值，层次分析法（AHP）是美国运筹学家、匹兹堡大学教授萨蒂（Saaty）在 20 世纪 70 年代初提出的，层次分析法有利于问题简便化，以层次结构形式直观呈现，主要步骤如下：

（1）构造判断矩阵 $A = (a_{ij})_{m \times n}$，$a_{ij}$ 的取值常用 1~9 自然数或倒数的标度法，参考标度进行评分见表 8-15。

表 8-15　标度含义表

标度	含义
1	表示两个因素相比，具有同样重要性
3	表示两个因素相比，一个因素比另一个因素稍微重要
5	表示两个因素相比，一个因素比另一个因素明显重要
7	表示两个因素相比，一个因素比另一个因素强烈重要

续表

标度	含义
9	表示两个因素相比，一个因素比另一个因素极端重要
2, 4, 6, 8	上述两相邻判断的中值
倒数	因 i 与 j 比较的判断 a_{ij}，则因素 j 与 i 比较的判断 $a_{ji} = 1/a_{ij}$

（2）单排序及一致性检验，层次单排序主要是计算最大特征值和特征向量来确定各指标的权重，特征方程为：

$$Aw = \lambda_{\max} w \tag{8-1}$$

式中，$\lambda_{\max}$ 为 A 的最大特征值；w 为对应 $\lambda_{\max}$ 的特征向量。

根值法求特征向量 w：

$$w = \frac{\sqrt[n]{\prod_{j=1}^{n} a_{ij}}}{\sum_{i=1}^{n} \sqrt[n]{\prod_{j=1}^{n} a_{ij}}}, \quad i = 1, 2, \cdots, n \tag{8-2}$$

对特征向量 w 进行归一化，得到权重向量 $w' = (w_1, w_2, \cdots, w_n)^{\mathrm{T}}$，最大特征值 $\lambda_{\max}$ 可由下列公式计算：

$$\lambda_{\max} = \frac{1}{n} \sum_{i=1}^{n} \frac{(Aw)_i}{w_i} \tag{8-3}$$

式中，w_i 为特征向量的第 i 个分量；$(Aw)_i$ 为 Aw 的第 i 个分量。

为度量不同判断矩阵的一致性，先计算判断矩阵的一致性比率，然后对 CR 进行判断，当 CR＜0.1 时，则认为该判断矩阵具有完全一致性，否则不满足。计算公式如下：

$$CR = \frac{CI}{RI} \tag{8-4}$$

式中，CI 为决策者给出判断矩阵一致性指标，计算公式如下：

$$CI = \frac{\lambda_{\max} - n}{n - 1} \tag{8-5}$$

式中，n 为判断矩阵维数；RI 值参考文献（郭鹏和郑唯唯，1995），见表 8-16。

表 8-16　RI 参考值表

判断矩阵一致性检验表									
维数	1	2	3	4	5	6	7	8	9
RI	0	0	0.58	0.9	1.12	1.24	1.32	1.41	1.45

（3）总排序及一致性检验。

a_i 为准则层相对于目标层的权重，b_{ij} 为指标层相对于准则层的权重，指标层相对于目标层的权重计算公式为：

$$z_j = \sum_{i=1}^{m} a_i b_{ij} , \quad j = 1, 2, \cdots, n \tag{8-6}$$

一致性检验公式为：

$$CR = \frac{\sum_{i=1}^{m} a_i z_j}{\sum_{i=1}^{m} a_i CI_i} \tag{8-7}$$

当 CR＜0.1 时，通过检验。

2. 承载力计算及状态级别判定

本研究采用层次分析方法对指标进行权重，具体步骤参考（杨谦等，2019）的方法，得到权重 w_i，且承载力的计算如下：

（1）数据标准化。

本研究采用 z-score 方法对原始数据进行标准化，具体步骤如下：

①求出各指标的期望 $\bar{X}$ 和标准差 S：

$$\bar{X} = \frac{\sum_{i=1}^{n} X_i}{n} \tag{8-8}$$

$$S = \sqrt{\frac{\sum_{i=1}^{n} (X_i - \bar{X})^2}{n-1}} \tag{8-9}$$

②进行标准处理：

$$E_i = (X_i - \bar{X}) / S \tag{8-10}$$

式中，E_i 为标准化后的数值；X_i 为实际数值。

（2）确定子系统分承载力：

$$E_j = \sum_{i=1}^{m} w_i \cdot E_i \tag{8-11}$$

式中，E_j 为水资源、水生态、水环境分承载力值；E_i 为第 i 个指标的标准化值；w_i 为第 i 个指标的权重；m 为指标的数目。

（3）建立协同承载力计算模型，确定承载力：

$$E = \left[\sum_{1}^{3} (w_j E_j)^2 \right]^{1/2} \tag{8-12}$$

式中，E 为协同承载力值；w_j 为第 j 个分承载力的权重；E_j 为第 j 个分承载力的数值。

（4）由文献（丁相毅等，2021；李艳等，2021）可设定判定承载力级别及状态见表 8-17。

表 8-17 承载力级别及状态判断表

承载力值	0~0.2	0.2~0.35	0.35~0.5	0.5~0.8	0.8~1
承载力级别	极差	差	一般	较好	好
状态	崩溃	脆弱	一般	良好	弹性好

3. 计算结果

基于层析分析法计算各子系统各指标权重和组合权重结果见表 8-18，由式(8-8)至式(8-10)标准化后的数值见表 8-19，由式(8-11)和式(8-12)计算的各系统承载力结果见表 8-20。

表 8-18 各系统承载力值

目标层	准则层	准则层权重	指标层	指标层权重	组合权重
承载力	水资源承载力 A	0.4126	水资源开发利用率（A1）	0.199	0.082
			人均水资源量（A2）	0.240	0.099
			万元工业增加值用水量（A3）	0.213	0.088
			生态环境用水率（A4）	0.105	0.043
			人均水域面积（A5）	0.126	0.052
			农业灌溉有效利用系数（A6）	0.117	0.048
	水环境承载力 B	0.3275	废水排放强度（B1）	0.117	0.038
			工业污染排放强度（B2）	0.199	0.065
			农业污染排放强度（B3）	0.240	0.078
			城镇污染排放强度（B4）	0.213	0.070
			湖区水质达标率（B5）	0.126	0.041
			湖体冰封期污染物分配比（B6）	0.105	0.034
	水生态承载力 C	0.2599	沉水植物覆盖率（C1）	0.237	0.062
			水域富营养化指数（C2）	0.133	0.035
			水域冰封期时长（C3）	0.133	0.035
			水域涵养指数（C4）	0.295	0.077
			生物多样性指数(C5)	0.202	0.052

表 8-19 标准化数据

指标	2018 年	2019 年	2020 年
A1	0.241191	0.241209	0.241161433
A2	−0.39199	−0.39105	−0.393395956
A3	0.041174	0.204117	0.204118522
A4	−0.41243	−0.41268	−0.412060485
A5	0.412422	0.412675	0.412055363
A6	0.412424	0.412677	0.412059082
B1	0.021917	0.04124	0.041101827
B2	0.249923	0.240898	0.241415392
B3	0.208404	0.406724	0.394503863
B4	0.273305	0.406887	0.393688827
B5	−0.4839	−0.40905	−0.418869157
B6	0.557077	0.409599	0.419886056
C1	−0.69108	−0.70042	−0.704003636
C2	−0.7142	−0.7293	−0.731888066
C3	0.143135	0.13244	0.139038229
C4	−0.45797	−0.63355	−0.518683436
C5	−0.48405	−0.52823	−0.473174027

表 8-20 各系统承载力值

年份	水资源承载力	水环境承载力	水生态承载力	协同承载力
2018	0.547038	0.602513	0.682036	0.348284
2019	0.546694	0.603616	0.732789	0.355290
2020	0.547127	0.609570	0.697740	0.351709

8.4.2 系统动力学（SD）模拟分析

1. 模型有效性检验

本研究将 2018~2020 年作为模型有效性检验段，将模型模拟值与实际值进行比较，认为误差在±10%以内模型是有效的（何仁伟等，2011；陈威和周铖，2014），故可以用来预测 2021~2050 年乌梁素海承载力状况，本研究主要选取 3 个子系统承载力进行验证，其验证结果和误差见表 8-21。由此表看出，3 个子系统模拟值与实际值得相对误差均在±10%以内，这表明模型的可用度较高，能进一步用于仿真预测分析。

表 8-21　2018~2020 年乌梁素海承载力系统模拟值与实际值对比

年份	水资源承载力			水环境承载力		
	实际值	模拟值	误差/%	实际值	模拟值	误差/%
2018	0.547038	0.545536	−0.275	0.602513	0.620391	2.96
2019	0.546694	0.545816	−0.161	0.603616	0.620366	2.78
2020	0.547127	0.545416	−0.313	0.609570	0.620445	1.78

年份	水生态承载力			水环境承载力		
	实际值	模拟值	误差/%	实际值	模拟值	误差/%
2018	0.682035	0.680163	−2.74	0.348284	0.350992	0.78
2019	0.732790	0.686634	−6.29	0.355290	0.348023	−2.05
2020	0.69774	0.645519	−7.48	0.351709	0.346524	−1.47

2. 模型预测分析

模型检验有效性，本研究以 2020 年为模拟基底，预测时间为 2021~2050 年，通过所构建系统动力学模型仿真，得到 2021~2050 年乌梁素海系统总人口、总用水量、生活用水量、农业用水量、人均水资源量、污水排放总量 6 个主要影响因素变化趋势图见图 8-5 所示。

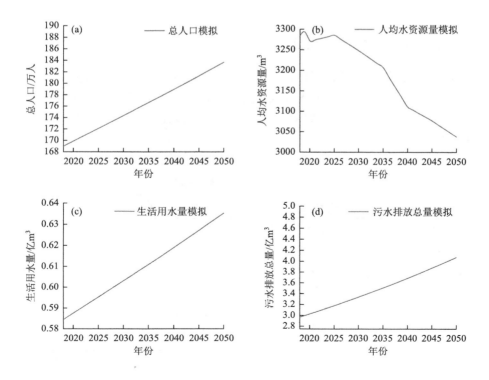

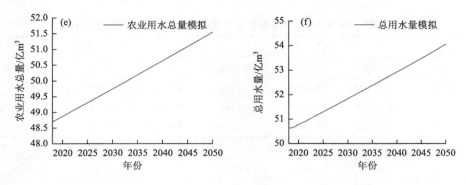

图 8-5　2021~2050 年乌梁素海承载力系统主要指标变化趋势图

由图 8-5 各评价指标变化趋势可知，2021~2050 年间，农业用水量缓慢上升，主要是因为乌梁素海处于河套灌区内，主要用于农作物灌溉，需要大量的水资源供给；生活用水量处于缓慢增长趋势，主要是受人口的影响，人口变化使生活用水发生了改变；人均水资源缓慢下降且都为正值，说明不是水资源总量的减少造成，最有可能是人口总量增长快所导致；污水排放总量缓慢增长，说明水体污染严重，面临治理的压力就变大，随着生活水平的快速发展，水资源压力不断提高，因此在有限供水量情况下，如何提高水资源利用率且达到最大是我们面临主要问题。

3. 系统动力学模型情景模拟分析

基于模拟结果在有效范围内，对系统动力学模型进行情景模拟分析，本研究设定了 5 种情形方案，5 种情景模式主要参数设置见表 8-22，通过模拟不同情景在 2021~2050 年的承载力，找出现有社会经济发展条件下，乌梁素海协同承载力的变化趋势。

表 8-22　情景模式参数设定

参数	现状延续型	发展延续型	节约延续型	综合型一	综合型二
人口增长率/‰	2.61	5.61	4.61	2.61	2.61
城镇化率/%	54.2	75.6	54.2	54.5	59.5
农村人均用水量/[L/(人·d)]	85	120	75	80	75
城市人均用水量/[L/(人·d)]	116	150	90	105	116
污水处理率/%	85	85	100	95	95
农田灌溉定额/(m³/亩)	475	495	445	460	475

参数	现状延续型	发展延续型	节约延续型	综合型一	综合型二
林牧渔用水量/亿 m³	2.375	2.85	1.875	2.075	1.875
生活污水排放系数	0.7	0.76	0.6	0.6	0.56
工业污水排放系数	0.51	0.53	0.43	0.46	0.43
第一产业增长率/%	6	9	3	4	4
工业用水变化率/%	1.2	1.4	0.8	1	0.9
第三产业增长率/%	11	24	11	13	13

本研究参考相关文献（曹祺文，2019；郏雨旱，2018；张钧茹，2016），结合内蒙古自治区水资源利用现状以及社会经济发展状况，选取人口增长率、城镇化率、农村人均用水量、城市人均用水量、污水处理率、有效灌溉面积、生活污水排放系数和工业污水系数作为决策参数，设定现状延续型、节约延续型、发展延续型、综合型一和综合型二 5 种情景来模拟预测 2019~2050 年内蒙古自治区"一湖两海"的承载力状况。在情景模式设计时，通过调整决策参数输入值来模拟不同的发展模式，参数值的调整主要依据《内蒙古自治区"十三五"人口发展规划》《内蒙古自治区国民经济和社会发展第十三个五年规划纲要》《内蒙古自治区黄河流域生态保护和高质量发展规划》《2010—2018 年内蒙古自治区水资源公报》和《内蒙古自治区各用水定额标准》等。

现状延续型是指保持现有的发展情况不变，所有参数的初始值以 2018 年的参数值为基础进行 2019~2050 年的承载力模拟预测；节约型是指在现状型的基础上，从农业、工业、生活、污水处理等方面考虑，注重水资源的保护，以较少的投入获得较高的产出；发展型主要是在现状型基础上，单纯追求社会经济发展，在符合内蒙古自治区"十三五"经济发展规划的目标前提下，经济保持快速发展状态；综合型情景下，强调综合协调发展，经济发展速度保持中高速发展，但同时注重水资源利用效率的提高以及减污排放，以此达到节水的效果。在模型的有效检验内，对乌梁素海 2021~2050 年系统中总人口、总用水量、生活用水量、农业用水量、人均水资源量、污水排放总量 6 个主要影响因素在不同情景模式下进行模拟，其变化趋势图如图 8-6 所示。

从图 8-6 仿真结果来看，在 5 种情景下，通过对 6 个主要影响指标进行调节模拟得知：总人数、农业用水、生活用水、总用水量和污水排放量都是缓慢上升趋势，人均水资源量呈下降趋势。现状延续型模式下和发展延续型模式下保证了经济的稳定发展，但人均水资源量不断变小，失衡较为严重；节约延续型模式下，人均水资源量基本处于平稳状态，表明水资源所面对的压力最小，但是它限制了经济的发展,相对比之下综合型一和综合型二模式下较优,人均水资源变化较缓慢,同时保证了经济的稳定发展,总用水量增加趋势变缓慢,短期内能够提高水资源利用率。说明今后可从提高用水效率,减少污水排放,提高污水处理利用等措施在长期内保障人均水资源量的平衡。

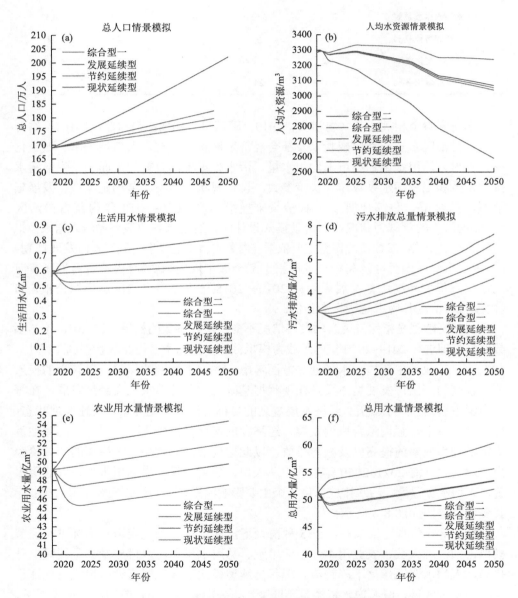

图 8-6　2021~2050 年协同承载力系统主要指标情景模式变化趋势图

4. 协同承载力模拟分析

由图 8-7 知，2021~2050 年 5 种情景模式设定模拟结果得知，水资源承载力、水生态承载力和协同承载力在综合型一和综合型二模式下均高于其他三种模式下的承载力值，且乌梁素海的水资源承载力值最低；水资源承载力模拟结果为：节约延续型>综合型一>综合型二>现状延续型>发展延续型，在现状延续型和发展延续型模式下均处于下降趋势，发展延续型下在 2050 年后水资源承载力值将由较好变为一般，承载状态由良好变为一般；水生态承载力模拟结果为：节约延续型>综合型一>综合型二>现状延续型>发展延续型，在现状延续型模式下变化不大，在发展延续型模式下呈现下降趋势，在 2048 年后承载状态变为一般，其他三种综合型模式下水生态承载力呈现上升趋势，节约延续型模式下水生态承载力最大，综合型一的承载力值大于综合型二承载力，且三种模式长期均处于良好状态；水环境承载力模拟结果为：综合型一>综合型二>节约延续型>现状延续型>发展延续型，在发展延续型模式下呈下降趋势且下降较快，其他四种模式呈上升趋势长期内处于良好状态；协同承载力模拟结果为：节约延续型>综合型一>综合型二>现状延续型>发展延续型，现状延续型、发展延续型和综合型二三种模式长期处于脆弱状态，节约延续型和综合型二模式在 2043 年后承载力值大于 0.35，承载状态由脆弱变为一般，使承载力有效提高，有利于提高承载力，协同可以将单个水资源承载力低的弱点和水环境和水生态承载力高的特点协同起来改变整个体系的承载力；乌梁素海承载力在现状模式情景下承载值变化趋势不明显，长期处于脆弱状态，说明未来乌梁素海承载要急需改变方略来提高承载力；节约延续型模拟结果虽然呈现上升趋势，但考虑地方发展战略，不适合用来提高承载力；发展延续型承载力处下降趋势不利于水资源、水环境和水生态的保护；两种综合型承载力值均处上升趋势，但综合型一>综合型二的承载力值，综合型二长期处于脆弱，而综合型一到 2043 年后承载力值大于 0.35，使得承载力状态由脆弱变为一般，承载级别由差变为一般，相比之下综合型一情景下更有利于提高承载力值，是最优方案。

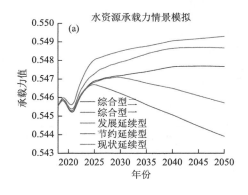

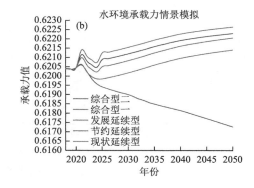

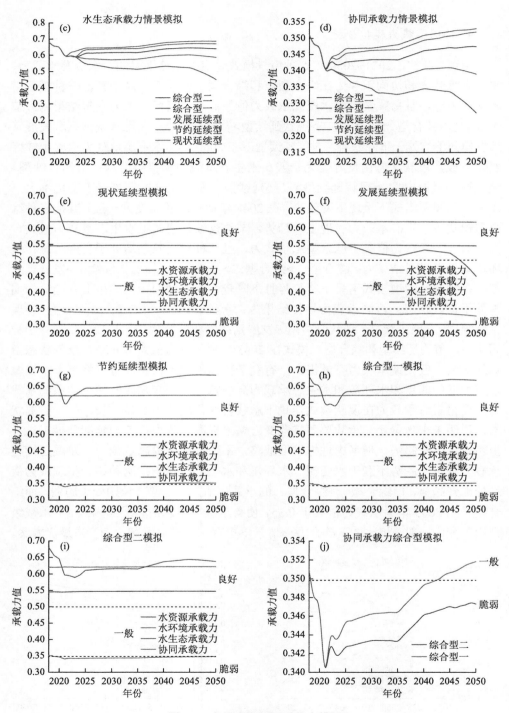

图 8-7 乌梁素海协同承载力模拟

8.5 本 章 小 结

基于水资源-水环境-水生态系统建立了内蒙古"一湖两海"协同承载力系统动力学模型,以模型为基础开展了乌梁素海协同承载力动态预测与调控工作。乌梁素海承载力可以用水资源承载力,水环境承载力和水生态承载力综合表示。乌梁素海承载力差,主要与现时水资源承载力降低有关。因此,我们可以从水资源承载力方面入手,可以建立节约用水意识,培养节水习惯,建造雨水储备设施,减少农业部门的用水量等措施增加水资源量,来提高水资源承载力。为提高乌梁素海承载力,可以通过采用综合型一模式对乌梁素海进行治理,比如,将污水处理率提高到 95%、提高水资源利用率和提高农田灌溉有效利用系数等,同时将生活污水排放系数、工业污水排放系数适当变小等方法来提高乌梁素海承载力,即也就是对城镇、农村用水和工业用水做出加大节水管理力度。

因河套灌区的农田退水绝大部分排入该湖,化肥、农药的使用使得湖水污染加剧,导致湖泊富营养化的进程加快,对水生态环境的破坏力度加剧,使水生态承载力降低;加之当地工业与城乡废水业排入湖中,区域气候干燥,降水少,湖水以水渠进入和排出,吞吐量较小,流动性差,污染物在湖中积累,污染逐渐严重,可采取以下措施解决:第一,减少化肥、农药的使用,改变种植结构,采取绿色生产;第二,严格执行工业和生活废水的排放标准,控制入湖废水排放量;第三,及时清淤,采用生物措施净化;第四,提高污水处理率,使污水高质量达标排放;第五,执行环境保护法,加大违法排污处罚力度。

参 考 文 献

巴达日夫. 2019. 乌梁素海水环境因子时空分布特征及富营养化评价. 海洋湖沼通报(4): 108-114.

包为民, 胡海英, 瞿思敏, 等. 2007. 稳定同位素方法在湖泊水量平衡研究中的应用. 人民黄河 (8): 29-30.

曹建廷, 段学军, 王苏民, 等. 2002a. 近800a来内蒙古岱海湖水的盐度定量及其气候意义. 地学前缘(1): 187-192.

曹建廷, 王苏民, 沈吉, 等. 2002b. 近40年来内蒙古岱海水位下降的主要原因. 干旱区研究, 19(1): 1-6.

曹祺文, 鲍超, 顾朝林, 等. 2019. 基于水资源约束的中国城镇化SD模型与模拟. 地理研究, 38(1): 167-180.

陈迪云, 王湘云, 关晓丽, 等. 2000. 珠海市地下水中放射性元素及对室内氡浓度的影响. 环境化学(4): 377-381.

陈建生, 季弼宸, 刘震, 等. 2013. 内蒙古高原岱海接受远程深循环地下水补给的环境同位素及水化学证据. 湖泊科学, 25(4): 521-530.

陈威, 周铖. 2014. 基于系统动力学仿真模拟评价武汉市水资源承载力. 中国工程科学, 16(3): 103-107＋112.

陈玺, 陈德华, 王昭. 2007. 我国北方地区开采地下水发展农业的几点意见. 地球学报(3): 309-314.

陈晓江, 李兴, 李佳佳. 2021. 乌梁素海浮游植物污染指示种及水质评价. 生态科学, 40(3).

成爱芳, 冯起, 张健恺, 等. 2015. 未来气候情景下气候变化响应过程研究综述. 地理科学, 35(1): 84-90.

程玉琴, 郑丽娟, 付志强. 2017. 岱海湖泊萎缩原因分析及流域水生态保护建议. 内蒙古气象(5): 24-26.

崔颖颖, 朱立平, 鞠建廷, 等. 2017. 基于流量监测的西藏东南部然乌湖水量平衡季节变化及其补给过程分析. 地理学报, 72(7): 1221-1234.

丹旸. 2019. 内蒙古典型草原地区内陆湖面积变化研究——以达里诺尔湖与呼日查干淖尔湖为例. 呼和浩特: 内蒙古师范大学.

地方志编写委员会. 1998. 呼伦湖志(续志一, 1987—1997). 呼和浩特: 内蒙古文化出版社.

丁夏平. 2022. 西北干旱区湖泊生态需水研究——以内蒙古乌梁素海为例. 水利科学与寒区工程, 5(1): 50-52.

丁相毅, 石小林, 凌敏华, 等. 2021. 基于"量-质-域-流"的太原市水资源承载力评价. 南水北调与水利科技: 1-16.

董煜. 2016. 艾比湖流域气候与土地利用覆被变化的径流响应研究. 乌鲁木齐: 新疆大学.

杜丹丹, 李畅游, 史小红, 等. 2019. 乌梁素海水体营养状态季节性变化特征研究. 干旱区资源与环境, 33(12): 186-192.

樊贵盛, 邢日县, 张明斌. 2012. 不同级配砂砾石介质渗透系数的试验研究. 太原理工大学学报, 43(3): 373-378.

范元元, 李兴, 春喜. 2018. 乌梁素海水体富营养化研究进展. 环境保护科学, 44: 83-88.

冯秋园, 王殊然, 刘学勤, 等. 2020. 滇池浮游植物群落结构的时空变化及与环境因子的关系. 北京大学学报(自然科学版), 56: 184-192.

付意成, 赵进勇, 朱国平, 等. 2017. 基于 M-K 检验的黄旗海湖面面积退化成因分析. 中国农村水利水电, (7): 79-84.

傅侃, 周筱宇, 柴夏, 等. 2021. 呼伦湖流域浮游植物群落结构特征与历史演替趋势. 环境生态学, 3(9): 27-32.

高峰, 蔡万园, 张玉虎, 等. 2017. 5 种 CMIP5 模拟降水数据在中国的适用性评估. 水土保持研究, 24(6): 122-130 + 138 + 397.

高兴东. 2006. 岱海湖泊营养盐的环境地球化学特征研究. 呼和浩特: 内蒙古大学.

高亚, 章恒全. 2016. 基于系统动力学的江苏省水资源承载力的仿真与控制. 水资源与水工程学报, 27(4): 103-109.

巩艳萍. 2017. 巴丹吉林沙漠地下水对湖泊水均衡及其盐分变化的影响. 北京: 中国地质大学.

顾润源, 李思慧, 赵慧颖, 等. 2012. 呼伦湖流域径流对气候变化的响应. 生态学杂志, 31(6): 1517-1524.

郭芳, 韦丽琼, 姜光辉. 2021. 广西典型岩溶水系统环境中 ^{222}Rn 的分布及指示意义. 中国环境科学, 41(9): 4294-4299.

郭金燕. 2016. 呼伦湖水系水质预测及生态需水量研究. 呼和浩特: 内蒙古农业大学.

郭军, 任国玉. 2005. 黄淮海流域蒸发量的变化及其原因分析. 水科学进展(5): 666-672.

郭鹏, 郑唯唯. 1995. AHP 应用的一些改进. 系统工程(1): 28-31.

郭占荣, 李开培, 袁晓婕, 等. 2012. 用氡-222 评价五缘湾的地下水输入. 水科学进展, 23(2): 263-270.

郭子扬, 李畅游, 史小红, 等. 2019. 寒旱区呼伦湖水体叶绿素 a 含量的时空分布特征及其影响因子分析. 生态环境学报, 28(7): 1434-1442.

国家地震局华北地球化学背景场课题组. 1990. 华北地震水文地球化学研究. 上海: 上海科学技术文献出版社: 215.

韩向红, 杨持. 2002. 呼伦湖自净功能及其在区域环境保护中的作用分析. 自然资源学报(6): 684-690.

韩知明, 贾克力, 孙标, 等. 2018. 呼伦湖流域地表水与地下水离子组成特征及来源分析. 生态环境学报, 27(4): 744-751.

何仁伟, 刘邵权, 刘运伟. 2011. 基于系统动力学的中国西南岩溶区的水资源承载力——以贵州省毕节地区为例. 地理科学, 31(11): 1376-1382.

何志辉 1987. 中国湖泊水库的初级生产力及其能量转化效率. 水产科学(1): 24-30.

侯庆秋, 董少刚, 高东辉, 等. 2021. 乌梁素海流域水文地球化学演化及水盐运移. 环境科学与技术, 44(1): 108-114.

胡立堂, 王忠静, 赵建世, 等. 2007. 地表水和地下水相互作用及集成模型研究. 水利学报(1): 54-59.

胡芩, 姜大膀, 范广洲. 2014. CMIP5 全球气候模式对青藏高原地区气候模拟能力评估. 大气科学, 38(5): 924-938.

黄怡萌. 2019. 氡同位素示踪渤海湾西部海底地下水排泄. 北京: 中国地质大学.

季劲钧, 刘青, 李银鹏. 2004. 半干旱地区地表水平衡的特征和模拟. 地理学报, 59(6).

江南, 王永, 董进, 等. 2016. 内蒙古查干淖尔湖2000a 以来气候环境演变的沉积记录. 地质通报, 35(6): 953-962.

姜忠峰. 2011. 乌梁素海综合需水分析及生态系统健康评价. 呼和浩特: 内蒙古农业大学.

姜忠峰, 李畅游, 张生. 2014. 呼伦湖浮游动物调查与水体富营养化评价. 干旱区资源与环境, 28(1): 158-162.

姜忠峰, 李畅游, 张生, 等. 2011. 呼伦湖浮游植物调查与营养状况评价. 农业环境科学学报, 30(4): 726-732.

蒋业放, 张兴有. 1999. 河流与含水层水力耦合模型及其应用. 地理学报(6): 526-533.

金章东, 沈吉, 王苏民, 等. 2002. 岱海的"中世纪暖期". 湖泊科学, 14(3): 209-216.

孔凡翠, 杨英魁, 马玉军, 等. 2021. 大柴旦盐湖中镧同位素分布特征来源及示踪意义. 湖泊科学, 33(2): 632-646.

孔繁翔, 高光. 2005. 大型浅水富营养化湖泊中蓝藻水华形成机理的思考. 生态学报(3): 589-595.

来剑斌, 王永平, 蒋庆华, 等. 2003. 土壤质地对潜水蒸发的影响. 西北农林科技大学学报(自然科学版)(6): 153-157.

蓝学恒, 赵春生, 苏志发. 2000. 岱海湖浮游动物生态结构演变的评析. 内陆水产(7): 10-11.

雷宏军, 王刚, 温随群, 等. 2012. 乌梁素海湖泊水质演变特征及富营养化评价. 华北水利水电学院学报, 33(2): 130-133.

李畅游, 高瑞忠, 刘廷玺, 等. 2005. 乌梁素海水质富营养化评价及其年季动态变化特征. 水资源与水工程学报(2): 11-15.

李畅游, 史小红, 赵胜男. 2016a. 乌梁素海湖冰环境特征及物质迁移规律研究. 北京: 科学出版社.

李畅游, 史小红, 赵胜男. 2019. 乌梁素海水环境状态特征及模拟研究. 北京: 科学出版社.

李畅游, 孙标. 2013. 基于 3S 技术的乌梁素海湿地水环境研究. 北京: 科学出版社.

李畅游, 孙标, 张生, 等. 2016b. 呼伦湖水量动态演化特征及水文数值模拟研究. 北京: 科学出版社.

李畅游, 武国正, 李卫平, 等. 2007. 乌梁素海浮游植物调查与营养状况评价. 农业环境科学学报(S1): 283-287.

李翀, 马巍, 叶柏生, 等. 2006. 呼伦湖水面蒸发及水量平衡估计. 水文(5): 41-44.

李海峰, 吴冀川, 刘建波, 等. 2012. 有限元网格剖分与网格质量判定指标. 中国机械工程, 23(3): 368-377.

李红良, 李焯, 李晓宇. 2013. 黄河下游河段渗漏耗水量时空变化分析. 华北水利水电学院学报, 34(6): 4-7.

李建茹, 李畅游, 李兴, 等. 2013. 乌梁素海浮游植物群落特征及其与环境因子的典范对应分析. 生态环境学报, 22(6): 1032-1040.

李金柱. 2008. 潜水蒸发系数综合分析. 地下水(6): 27-30.

李金柱. 2009. 降水入渗补给系数综合分析. 水文地质工程地质, 36(2): 29-33.

李军, 赵乐. 2021. 用气象因子推算自然水面蒸发量的探讨. 内蒙古水利(8): 70-72.

李亮, 史海滨, 贾锦凤, 等. 2010. 内蒙古河套灌区荒地水盐运移规律模拟. 农业工程学报, 26(1): 31-35.

李美霞. 2021. 半干旱区浅水富营养化湖泊浮游生物稳定性对多样性的响应研究. 呼和浩特: 内蒙古大学.

李山羊, 郭华明, 黄诗峰, 等. 2016. 1973—2014 年河套平原湿地变化研究. 资源科学, 38(1): 19-29.

李卫平, 陈阿辉, 于玲红, 等. 2016. 呼伦湖主要入湖河流克鲁伦河丰水期污染物通量(2010—2014). 湖泊科学, 28(2): 281-286.

李孝荣, 塔娜. 2014. 呼伦湖水位与气象要素关系分析. 内蒙古气象(6): 26-28.

李星醇. 2020. 呼伦湖浮游植物功能群及其与水环境因子的关系. 哈尔滨: 东北林业大学.

李星醇, 于洪贤, 窦华山, 等. 2020. 呼伦湖及其周围水域春季浮游植物功能群及其影响因子. 水产学杂志, 33(3): 31-41.

李兴, 李建茹, 徐效清, 等. 2015. 乌梁素海浮游植物功能群季节演替规律及影响因子. 生态环境学报, 24(10): 1668-1675.

李艳, 范超, 朱悦, 等. 2021. 浑河流域细河水环境承载力评估预警研究. 环境保护与循环经济, 41(6): 51-55.

李豫新, 武庆彬. 2018. 可持续发展视角下基于 SD 模型的干旱地区水资源承载力研究——以新疆地区为例. 生态经济, 34(4): 175-179 + 227.

李致家, 谢悦波. 1998. 地下水流与河网水流的耦合模型. 水利学报(4): 44-48.

梁丽娥, 李畅游, 史小红, 等. 2016a. 2006—2015 年内蒙古呼伦湖富营养趋势及分析. 湖泊科学, 28(6): 1265-1273.

梁丽娥, 李畅游, 史小红, 等. 2016b. 2015 年 8 月呼伦湖水化学特征. 湿地科学, 14(6): 936-941.

梁丽娥, 李畅游, 孙标, 等. 2017. 内蒙古自治区呼伦湖水质变化特征及其影响因素. 水土保持通报, 37(2): 102-106.

梁飘飘. 2019. 内蒙古乌梁素海重金属分布特征及环境风险研究. 北京: 中央民族大学.

梁文军, 春喜, 刘继遥, 等. 2017. 近 40a 岱海湖面动态变化研究. 干旱区资源与环境, 31(4): 93-98.

梁旭. 2021. 岱海 COD 时空分布特征及来源解析. 呼和浩特: 内蒙古大学.

刘慧. 2020. 呼伦湖浮游生物资源调查分析. 大连: 大连海洋大学.

刘丽梅, 赵景峰, 张建平, 等. 2013. 近50a博斯腾湖逐年水量收支估算与水平衡分析. 干旱区地理, 36(1): 33-40.

刘美萍, 哈斯, 春喜. 2015. 近50年来内蒙古查干淖尔湖水量变化及其成因分析. 湖泊科学, 27(1): 141-149.

刘卫国, 李祥忠, 王政, 等. 2019. 西北干旱区湖泊碳同位素与环境变化. 中国科学: 地球科学, 49(8): 1182-1196.

刘旭隆. 2019. 岱海湖泊面积与水位动态变化及其驱动力分析. 呼和浩特: 内蒙古大学.

刘永, 郭怀成, 戴永立, 等. 2004. 湖泊生态系统健康评价方法研究. 环境科学学报(4): 723-729.

刘永, 郭怀成, 周丰, 等. 2006. 湖泊水位变动对水生植被的影响机理及其调控方法. 生态学报: 3117-3126.

刘永, 蒋青松, 梁中耀, 等. 2021. 湖泊富营养化响应与流域优化调控决策的模型研究进展. 湖泊科学, 3: 49-63.

刘忠方, 田立德, 姚檀栋, 等. 2009. 基于 $\delta^{18}O$ 的青藏高原中部错那湖湖水蒸发研究. 自然资源学报(11): 2014-2023.

刘子豪, 陆建忠, 黄建武, 等. 2019. 基于 CMIP5 模式鄱阳湖流域未来参考作物蒸散量预估. 湖泊科学, 31(6): 1685-1697.

卢凤艳, 安芷生. 2010. 鹤庆钻孔沉积物总有机碳、氮含量测定的前处理方法及其环境意义. 地质力学学报, 16(4): 393-401.

鲁帆, 朱奎, 宋昕熠, 等. 2016. 基于核密度估计和 Copula 函数的降水径流丰枯组合概率研究. 中国水利水电科学研究院学报, 14: 297-303.

马佳丽. 2021. 岱海生态需水与生态补水的联合效应研究. 呼和浩特: 内蒙古大学.

毛志刚, 谷孝鸿, 曾庆飞. 2016. 呼伦湖鱼类群落结构及其渔业资源变化. 湖泊科学, 28(2): 387-394.

孟玉婧, 姜彤, 苏布达, 等. 2013. 高分辨率区域气候模式 CCLM 对鄱阳湖流域气温的模拟评估. 中国农业气象, 34(2): 123-129.

闵文武, 韩洁, 王培培, 等. 2016. 太子河流域硅藻群落与驱动因子的定量关系. 环境科学研究, 29: 672-679.

内蒙古自治区水文总局. 2017. 内蒙古自治区河流湖泊特征值手册(巴彦淖尔市卷). 呼和浩特: 内蒙古大学出版社.

彭书时, 岳超, 常锦峰. 2020. 陆地生物圈模型的发展与应用. 植物生态学报, 44(4): 436-448.

钱云平, Andrew L H, 张春岚, 等. 2005. 应用 ^{222}Rn 研究黑河流域地表水与地下水转换关系. 人民黄河, 27(12): 58-59 + 61.

乔西现, 蒋晓辉, 陈江南, 等. 2007. 黑河调水对下游东、西居延海生态环境的影响. 西北农林科技大学学报(自然科学版)(6): 190-194.

秦伯强, 王苏民. 1994. 呼伦湖的近期扩张及其与全球气候变化的关系. 海洋与湖沼, 25(3): 280-287.

任东阳, 徐旭, 黄冠华. 2019. 河套灌区典型灌排单元农田耗水机制研究. 农业工程学报, 35(1): 98-105.

师明川, 付世骞, 杜尚海. 2020. 基于同位素技术的冬奥会崇礼赛区地表水-地下水转化关系研究. 中国农村水利水电(3):52-57.

施晔, 段海妮. 2016. 水生态文明视角下的云南高原湖泊管理对策研究. 人民珠江, 37: 76-79.

石培礼, 李文华. 2001. 森林植被变化对水文过程和径流的影响效应. 自然资源学报(5): 481-487.

史小红, 赵胜男, 李畅游, 等. 2015. 乌梁素海水体砷存在形态模拟及影响因素分析. 生态环境学报, 24(3): 444-451.

水利部牧区水利科学研究所. 2018. 岱海流域退灌还水对岱海湖的影响分析研究报告.

苏阅文, 冯绍元, 王娟, 等. 2017. 内蒙古河套灌区地下水位埋深分布规律及其影响因素分析. 中国农村水利水电(7): 33-37.

孙标. 2010. 基于空间信息技术的呼伦湖水量动态演化研究. 呼和浩特: 内蒙古农业大学.

孙标, 李畅游, 杨志岩, 等. 2011. 呼伦湖水深反演及湖盆三维模型分析. 人民黄河, 33(2): 34-36.

孙海霞, 张泽平, 于松伟, 等. 2019. 乳山河地下水库建库条件与调蓄能力分析. 水资源研究, 8(3):

304-311.

孙千里, 肖举乐. 2006. 岱海沉积记录的季风/干旱过渡区全新世适宜期特征. 第四纪研究(5): 781-790.

孙鑫, 李兴, 李建茹. 2019. 乌梁素海全季不同形态氮磷及浮游植物分布特征. 生态科学, 38(1): 64-70.

孙占东, 黄群, 薛滨. 2021. 呼伦湖近年水情变化原因分析. 干旱区地理, 44(2): 299-307.

孙占东, 姜加虎, 黄群 2005. 近 50 年岱海流域气候与湖泊水文变化分析. 水资源保护, 21(5): 16-18 + 26.

孙占东, 姜加虎, 王润. 2006. 岱海水盐变化原因及影响研究. 干旱区研究(2): 264-268.

童菊秀, 杨金忠, 岳卫峰, 等. 2007. 冻结期与融解期潜水蒸发系数模拟研究. 灌溉排水学报(2): 21-24.

万力, 王旭升, 蒋小伟. 2022. 地下水循环结构的动力学研究进展. 地质科技通报, 41(1): 19-29.

汪敬忠, 吴敬禄, 曾海鳌, 等. 2015. 内蒙古主要湖泊水资源及其变化分析. 干旱区研究, 32(1): 7-14.

王朝, 周立志, 戴秉国, 等. 2019. 水位洪枯变化对菜子湖江湖过渡带鱼类物种和功能多样性的影响. 湖泊科学, 31: 1403-1414.

王翠, 蓝学恒, 刘静. 2003. 岱海浮游植物种群演替及渔业开发对策. 内蒙古农业科技(1): 28-30.

王登, 荐圣淇, 胡彩虹. 2018. 气候变化和人类活动对汾河流域径流情势影响分析. 干旱区地理, 41(177): 27-33.

王芳, 刘佳, 燕华云. 2008. 青海湖水平衡要素水文过程分析. 水利学报(11): 1229-1238.

王静洁, 李畅游, 孙标, 等. 2017. 1963—2014 年呼伦湖流域降水对径流量变化的影响. 水土保持通报, 37(2): 115-119 + 125.

王俊, 冯伟业, 张利, 等. 2011. 呼伦湖水质和生物资源量监测及评价. 水生态学杂志, 32(5): 64-68.

王俊枝, 薛志忠, 张弛, 等. 2019. 内蒙古河套平原耕地盐碱化时空演变及其对产能的影响. 地理科学, 39(5): 827-835.

王磊. 2021. 岱海流域地下水特征及其对岱海水均衡变化的影响. 呼和浩特: 内蒙古大学.

王荔弘. 2006. 呼伦湖水环境及水质状况浅析. 呼伦贝尔学院学报, 14(6): 5-7.

王璐瑶. 2018. 河套灌区地下水开发利用的渠井结合比研究. 武汉: 武汉大学.

王鹏飞, 郭云艳, 周康, 等. 2021. 1961—2018 年呼伦湖水面面积变化特征及其对气候变化的响应. 环境科学研究, 34: 792-800.

王书航, 白妙馨, 陈俊伊, 等. 2019. 典型农牧交错带山水林田湖草生态保护修复——以内蒙古岱海流域为例. 环境工程技术学报, 9(5): 515-519.

王文华. 2005. 浅析呼伦湖水位变化对水质的影响. 内蒙古水利(3): 3-4.

王雯雯, 陈俊伊, 姜霞, 等. 2021. 呼伦湖表层沉积物有机质的释放效应分析. 环境科学研究, 34: 812-823.

王希欢. 2021. 乌梁素海流域氮污染来源的时空特征解析研究. 北京: 中国环境科学研究院.

王希欢, 杨芳, 马文娟, 等. 2021. 乌梁素海硝酸盐来源的季节性变化. 环境科学研究, 34(5): 1091-1098.

王莺, 闫正龙, 高凡. 2018. 1957—2015 年红碱淖湖水域面积时空变化监测及驱动力分析. 农业工程学报, 34(2): 265-271.

王雨山, 程旭学, 连晟, 等. 2019. 马莲河流域下游水体^{222}Rn特征及指示意义. 长江科学院院报, 36(7): 28-32 + 40.

王雨山, 程旭学, 张梦南, 等. 2018. 基于^{222}Rn的马莲河下游地下水补给河水空间差异特征研究. 水文地质工程地质, 45(5): 34-40.

王玉, 邓娴敏, 吴东浩, 等. 2012. 内蒙古典型湖泊夏季浮游动物群落结构特征及营养状况//中国水文科技新发展-2012中国水文学术讨论会. 江苏南京: 976-981.

王玉亭, 李宝林, 张路增. 1993. 高寒地区半咸水湖的浮游植物. 水产科学(3): 13-16.

王志杰. 2012. 未来气候下内蒙古呼伦湖流域水文数值模拟. 呼和浩特: 内蒙古农业大学.

王志杰, 李畅游, 贾克力, 等. 2009. 呼伦湖生态系统健康状况变化趋势分析//第十三届世界湖泊大会论文集. 湖北武汉: 1484-1488.

王志杰, 李畅游, 贾克力, 等. 2012a. 呼伦湖水面蒸发量计算及变化特征分析. 干旱区资源与环境, 26(3): 88-95.

王志杰, 李畅游, 李卫平, 等. 2012b. 内蒙古呼伦湖水量平衡计算与分析. 湖泊科学, 24(2): 273-281.

王志杰, 李畅游, 张生, 等. 2012c. 基于水平衡模型的呼伦湖湖泊水量变化. 湖泊科学, 24(5): 667-674.

王中根, 夏军, 刘昌明, 等. 2007. 分布式水文模型的参数率定及敏感性分析探讨. 自然资源学报(4): 649-655.

乌兰, 王俊. 2017. 乌梁素海2014—2015年水环境质量评价分析. 内蒙古师范大学学报(自然科学汉文版), 46(4): 530-533.

吴东浩, 徐兆安, 马桂芬, 等. 2012. 内蒙古典型湖泊夏季浮游植物群落结构特征及变化. 水文, 32(6): 80-85.

吴剑锋, 朱学愚, 钱家忠, 等. 2000. GASAPF方法在徐州市裂隙岩溶水资源管理模型中的应用. 水利学报(12): 7-13.

吴时强, 戴江玉, 石莎. 2018. 引水工程湖泊水生态效应评估研究进展. 南昌工程学院学报, 37: 14-26.

吴亚男. 2013. 呼伦湖生态系统健康评价及稳定阈值遥感分析. 北京: 中国水利水电科学研究院.

吴易雯, 李莹杰, 张列宇, 等. 2017. 基于主客观赋权模糊综合评价法的湖泊水生态系统健康评价. 湖泊科学, 29(5): 1091-1102.

武国正, 李畅游, 周龙伟, 等. 2008. 乌梁素海浮游动物与底栖动物调查及水质评价. 环境科学研究(3): 76-81.

武强, 徐军祥, 张自忠, 等. 2005. 地表河网-地下水流系统耦合模拟II: 应用实例. 水利学报(6): 754-758.

谢清芳. 2014. 铀尾矿库滩面植被对氡大气扩散的影响及环境效应研究. 衡阳: 南华大学.

谢清芳, 彭小勇, 万芬, 等. 2013. 植被覆盖对铀尾矿库氡大气扩散影响的数值模拟. 安全与环境学报, 13(6): 264-268.

新疆水资源软科学课题研究组. 1989. 新疆水资源及其承载能力和开发战略对策. 水利水电技术(6): 2-9.

邢茜茜, 王文华, 邢子丰, 等. 2011. 克鲁伦河流域水文特性分析. 内蒙古水利: 49-50.

徐健. 2018. 鄱阳湖DOC和CDOM的特性、时空分布及其遥感监测. 南昌: 江西师范大学.

许清海, 肖举乐, 中村俊夫, 等. 2003. 孢粉资料定量重建全新世以来岱海盆地的古气候. 海洋地质与第四纪地质(4): 99-108.

许清海, 肖举乐, 中村俊夫, 等. 2004. 孢粉记录的岱海盆地 1500 年以来气候变化. 第四纪研究, 24(3): 341-347.

薛明霞, 王立琴. 2002. 潜水蒸发系数与影响因素分析. 地下水(4): 206-207.

闫立娟, 郑绵平. 2014. 我国蒙新地区近 40 年来湖泊动态变化与气候耦合. 地球学报, 35(4): 463-472.

严登华, 何岩, 邓伟, 等. 2001. 呼伦湖流域生态水文过程对水环境系统的影响. 水土保持通报, 21(5): 1-5.

颜文博, 张洪海, 张承德. 2006. 达赉湖自然保护区湿地生物生境保护. 国土与自然资源研究(2): 47-48.

杨朝霞. 2020. 呼伦湖水体浮游植物群落特征与水环境因子关系分析. 呼和浩特: 内蒙古农业大学.

杨晨辉, 王艳君, 苏布达, 等. 2022. SSP "双碳" 路径下赣江流域径流变化趋势. 气候变化研究进展, 18(2): 177-187.

杨大文, 雷慧闽, 丛振涛. 2010. 流域水文过程与植被相互作用研究现状评述. 水利学报, 41(10): 1142-1149.

杨谦, 刑立文, 赵璐. 2019. 基于改进层次分析法的四川省生态承载力评价. 资源开发与市场, 35(2): 190-196.

杨群兴, 严晖. 2021. 湖泊鱼类区系中控制浮游动物食性鱼类种群的生态意义. 云南农业科技: 55-58.

杨增丽, 商书芹, 郭伟. 2016. 国内外水生态监测发展概况及建议. 山东水利(8): 61-62.

易云华, 刘汉营, 郇心善. 1995. 河流和含水层相互作用数值模拟计算. 电力勘测(4): 1-8.

于海峰, 史小红, 孙标, 等. 2021. 2011—2020 年呼伦湖水质及富营养化变化分析. 干旱区研究, 38(6): 1534-1545.

于瑞宏, 刘廷玺, 许有鹏, 等. 2007. 人类活动对乌梁素海湿地环境演变的影响分析. 湖泊科学 (4): 465-472.

于洋, 彭福利, 孙聪, 等. 2017. 典型湖泊水华特征及相关影响因素分析. 中国环境监测, 33: 88-94.

喻生波, 屈君霞. 2021. 苏干湖盆地地下水氢氧稳定同位素特征及其意义. 干旱区资源与环境, 35(1): 169-175.

袁冬海. 2016. 草型湖泊富营养化控制原理与技术. 北京: 中国环境出版社.

袁赛波, 张晓可, 刘学勤, 等. 2019. 长江中下游湖泊水生植被的生态水位管理策略. 水生生物学报, 43: 104-109.

袁一星. 2013. 寒冷地区城市水资源承载力模型. 哈尔滨: 哈尔滨工业大学出版社: 12-245.

岳彩英, 赵卫东, 李明娜, 等. 2008. 达赉湖水质状况及影响因素分析. 内蒙古环境科学(2): 7-9.

岳丹. 2015. 内蒙古大型湖泊湿地水面面积变化及其生态效应研究. 呼和浩特: 内蒙古大学.

岳卫峰, 杨金忠, 占车生. 2011. 引黄灌区水资源联合利用耦合模型. 农业工程学报, 27(4): 35-40.

郧雨旱, 文倩, 李晓东. 2018. 河南省水土资源阻尼效应研究. 河南农业大学学报, 52(1): 151-156.

张兵, 李俊生, 申茜, 等. 2021. 长时序大范围内陆水体光学遥感研究进展. 遥感学报, 25: 37-52.

张兵, 宋献方, 马英, 等. 2013. 煤电基地建设对内蒙古锡林郭勒盟乌拉盖水库周边水环境的影响. 干旱区资源与环境, 27(1): 190-194.

张博, 郭云艳, 王书航, 等. 2021. 呼伦湖水体磷的时空演变及其影响因素. 环境科学研究, 34: 824-830.

张浩然, 清华, 刘华民, 等. 2018. 呼伦湖湖泊动态变化及其驱动力分析. 内蒙古大学学报(自然科学版), 49(1): 102-107.

张景涛, 史浙明, 王广才, 等. 2021. 柴达木盆地大柴旦地区地下水水化学特征及演化规律. 地学前缘, 28(4): 194-205.

张钧茹. 2016. 基于系统动力学的京津冀地区水资源承载力研究. 北京: 中国地质大学.

张娜, 乌力吉, 刘松涛, 等. 2015. 呼伦湖地区气候变化特征及其对湖泊面积的影响. 干旱区资源与环境, 29(7): 192-197.

张晓洁, 徐晓涵, 相湛昌, 等. 2018. 黄河下游地下水中镭氡同位素的分布及影响因素研究. 海洋环境科学, 37(1): 1-7.

张晓晶, 李畅游, 张生, 等. 2010. 内蒙古乌梁素海富营养化与环境因子的相关分析. 环境科学与技术, 33(7): 125-128 + 133.

张亚丽, 许秋瑾, 席北斗, 等. 2011. 中国蒙新高原湖区水环境主要问题及控制对策. 湖泊科学, 23(6): 828-836.

张义强, 白巧燕, 王会永. 2019. 河套灌区地下水适宜埋深、节水阈值、水盐平衡探讨. 灌溉排水学报, 38(S2): 83-86.

张运林, 张毅博, 秦伯强, 等. 2019. 长江中下游湖泊生态空间演变过程及影响因素. 环境与可持续发展, 44: 33-36.

张志杰, 杨树青, 史海滨, 等. 2011. 内蒙古河套灌区灌溉入渗对地下水的补给规律及补给系数. 农业工程学报, 27(3): 61-66.

张胄. 2020. 岱海流域地下水与地表水关系研究. 石家庄: 河北地质大学.

赵慧颖, 乌力吉, 郝文俊. 2008. 气候变化对呼伦湖湿地及其周边地区生态环境演变的影响. 生态学报, 28(3): 1064-1071.

赵磊, 刘永, 李玉照, 等. 2014. 湖泊生态系统稳态转换理论与驱动因子研究进展. 生态环境学报, 23: 1697-1707.

赵丽, 陈俊伊, 姜霞, 等. 2020. 岱海水体氮、磷时空分布特征及其差异性分析. 环境科学, 41(4): 1676-1683.

赵永宏, 邓祥征, 鲁奇. 2010. 乌梁素海流域种养系统氮素收支及其对当地环境的影响. 生态与农村环境学报, 26(5): 442-447.

甄小丽. 2012. 乌梁素海富营养化评价及污染现状. 内蒙古科技与经济(2): 32-34.

郑天赋, 门云云. 2020. 岱海流域污染负荷估算及控制对策. 北京水务(2): 32-37.

中国环境科学研究院. 2019. 《乌梁素海综合治理方案(2018—2020)》(CTPW).

周婕, 曾诚. 2008. 水生植物对湖泊生态系统的影响. 人民长江: 88-91.

周岩. 2018. 蒙古高原 2000—2015 年湖泊变化及其成因分析. 北京: 中国地质大学.

周云凯. 2006. 我国干旱半干旱区内陆湖泊变化及其原因分析——以内蒙古岱海为例. 南京: 中国科学院南京地理与湖泊研究所.

周云凯, 姜加虎. 2009a. 近 43 年岱海湖区气候变化特征分析. 干旱区资源与环境, 23(7): 8-13.

周云凯, 姜加虎. 2009b. 近 50 年岱海生态与环境变化分析. 干旱区研究, 26(2):162-168.

周云凯, 姜加虎, 黄群, 等. 2006. 内蒙古岱海水体营养状况分析. 干旱区地理(1): 42-46.

周云凯, 姜加虎, 黄群, 等. 2008. 内蒙古岱海水质咸化过程分析. 干旱区资源与环境, 22(12): 51-55.

Aitkenhead-Peterson J A, McDowell W H, Neff J C. 2003. Sources, production, and regulation of allochthonous dissolved organic matter inputs to surface waters. Aquatic Ecosystems. Academic Press, 2003: 25-70.

Alcântara E, Bernardo N, Watanabe F, et al. 2016. Estimating the CDOM absorption coefficient in tropical inland waters using OLI/Landsat-8 images. Remote Sensing Letters, 7: 661-670.

Anibas C, Buis K, Verhoeven R, et al. 2011. A simple thermal mapping method for seasonal spatial patterns of groundwater-surface water interaction. Journal of Hydrology, 397(1-2): 93-104.

Ask J, Karlsson P L, Ask P, et al. 2009. Terrestrial organic matter and light penetration: Effects on bacterial and primary production in lakes. Limnology and Oceanography, 54(6), 2034-2040.

Azarnivand A, Malekian A. 2016. Analysis of flood risk management strategies based on a group decision making process *via* interval-valued intuitionistic fuzzy numbers. Water Resources Management, 30: 1903-1921.

Bao H, Wang G, Yao Y, et al. 2021. Warming-driven shifts in ecological control of fish communities in a large northern Chinese lake over 66 years. Science of The Total Environment, 770: 144722.

Barnett T P, Pierce D W, Hidalgo H G, et al. 2008. Human-induced changes in the hydrology of the western United States. Science, 319(5866): 1080-1083.

Beck H E, Wood E F, Pan M, et al. 2019. MSWEP V2 Global 3-Hourly 0.1° precipitation: Methodology and quantitative assessment. Bulletin of the American Meteorological Society, 100(3): 473-500.

Beeton A M. 2002. Large freshwater lakes: Present state, trends, and future. Environmental Conservation, 29(1): 21-38.

Belzile C, Vincent W F, Kumagai M. 2002. Contribution of absorption and scattering to the attenuation of UV and photosynthetically available radiation in Lake Biwa. Limnology and Oceanography, 47(1): 95-107.

Bennett E M, Carpenter S R, Caraco N F. 2001. Human impact on erodable phosphorus and eutrophication: A global perspective. Bioscience, 51: 227-234.

Berggren M, Ström L, Laudon H, et al. 2010. Lake secondary production fueled by rapid transfer of low molecular weight organic carbon from terrestrial sources to aquatic consumers. Ecology Letters, 13(7): 870-880.

Berghuijs W R, Woods R A, Hrachowitz M. 2014. A precipitation shift from snow towards rain leads to a decrease in streamflow. Nature Climate Change, 4(7): 583-586.

Boano F, Harvey J W, Marion A, et al. 2014. Hyporheic flow and transport processes: Mechanisms, models, and biogeochemical implications. Reviews of Geophysics, 52(4): 603-679.

Bontemps S, Boettcher M, Brockmann C, et al. 2015. Multi-year global land cover mapping at 300 m and characterization for climate modelling: Achievements of the land cover component of the ESA climate change initiative. The International Archives of the Photogrammetry, Remote

Sensing and Spatial Information Sciences, XL-7/W3: 323-328.

Borucke M, Moore D, Cranston G, et al. 2013. Accounting for demand and supply of the biosphere's regenerative capacity: The National Footprint Accounts' underlying methodology and framework. Ecological Indicators, 24: 518-533.

Boulay A, Hoekstra A Y, Vionnet S. 2013. Complementarities of water-focused life cycle assessment and water footprint assessment. Environmental Science & Technology; 47: 11926-11927.

Bracchini L, Dattilo A M, Hull V, et al. 2006. The bio-optical properties of CDOM as descriptor of lake stratification. Journal of Photochemistry and Photobiology B: Biology, 85: 145-149.

Bruner A G, Gullison R E, Rice R E, et al. 2001. Effectiveness of parks in protecting tropical biodiversity. Science 291: 125-128.

Brunner P, Simmons C T. 2012. HydroGeoSphere: A fully integrated, physically based hydrological model. Ground Water, 50(2): 170-176.

Burnett W C, Dulaiova H. 2003. Estimating the dynamics of groundwater input into the coastal zone *via* continuous radon-222 measurements. Journal of Environmental Radioactivity, 69(1-2): 21-35.

Burnett W C. 2012. A Radon-Based Mass Balance Model for Assessing Groundwater Inflows to Lakes. Tokyo: Springer Japan: 55-66.

Cai Z S, Jin T Y, Li C Y, et al. 2016. Is China's fifth-largest inland lake to dry-up? Incorporated hydrological and satellite-based methods for forecasting Hulun lake water levels. Advances in Water Resources, 94(8): 185-199.

Cao S, Chen L, Shankman D, et al. 2011. Excessive reliance on afforestation in China's arid and semi-arid regions: Lessons in ecological restoration. Earth-Science Reviews, 104(4): 240-245.

Cao Y, Fu C, Wang X, et al. 2021. Decoding the dramatic hundred-year water level variations of a typical great lake in semi-arid region of northeastern Asia. Science of the Total Environment, 770: 145353.

Carpenter S R, Christensen D L, Cole J J, et al. 1995. Biological control of eutrophication in lakes. Environmental Science & Technology, 29(3): 784-786.

Carpenter S R, Lathrop R C. 2008. Probabilistic estimate of a threshold for eutrophication. Ecosystems, 11(4): 601-613.

Chen J, Wang J, Wang Q, et al. 2021.Common fate of sister lakes in Hulunbuir Grassland: Long-term harmful algal bloom crisis from multi-source remote sensing insights. Journal of Hydrology, 594: 125970.

Chen M, Ding S, Chen X, et al. 2018. Mechanisms driving phosphorus release during algal blooms based on hourly changes in iron and phosphorus concentrations in sediments. Water Research, 133: 153-164.

Chen M, Hur J. 2015. Pre-treatments, characteristics, and biogeochemical dynamics of dissolved organic matter in sediments: A review. Water Research, 79(1): 10-25.

Chen Q Y, Liu J L, Ho K C, et al. 2012. Development of a relative risk model for evaluating ecological risk of water environment in the Haihe River Basin estuary area. Science of the Total Environment, 420: 79-89.

Chen Q, Ni Z, Wang S, et al. 2020. Climate change and human activities reduced the burial efficiency of nitrogen and phosphorus in sediment from Dianchi Lake, China. Journal of Cleaner Production, 274: 122839.

Chen Q, Wang S, Ni Z, et al. 2021a. No-linear dynamics of lake ecosystem in responding to changes of nutrient regimes and climate factors: Case study on Dianchi and Erhai lakes, China. Science of the Total Environment, 781: 146761.

Chen Q, Wang S, Ni Z, et al. 2021b. Dynamic and driving evolution of lake basin pressure in cold and arid regions based on a new method: A case study of three lakes in Inner Mongolia, China. Journal of Environmental Management, 298: 113425.

Chen X, Chuai X, Yang L, et al. 2012. Climatic warming and overgrazing induced the high concentration of organic matter in Lake Hulun, a large shallow eutrophic steppe lake in Northern China. Science of The Total Environment, 431: 332-338.

Chen X, Huang Y, Chen G, et al. 2018. The secretion of organics by living Microcystis under the dark/anoxic condition and its enhancing effect on nitrate removal. Chemosphere, 196: 280-287.

Choudhury B. 1999. Evaluation of an empirical equation for annual evaporation using field observations and results from a biophysical model. Journal of Hydrology, 216(1-2): 99-110.

Chuai X, Chen X, Yang L, et al. 2012. Effects of climatic changes and anthropogenic activities on lake eutrophication in different ecoregions. International Journal of Environmental Science and Technology, 9: 503-514.

Chun X, Qin F, Zhou H, et al. 2020. Effects of climate variability and land use/land cover change on the Daihai wetland of central Inner Mongolia over the past decades. Journal of Mountain Science, 17: 3070-3084.

Coppens J, Trolle D, Jeppesen E, et al. 2020. The impact of climate change on a Mediterranean shallow lake: Insights based on catchment and lake modelling. Regional Environmental Change: 20.

Corbett D R, Burnett W C, Cable P H, et al. 1998. A multiple approach to the determination of radon fluxes from sediments. Journal of Radioanalytical and Nuclear Chemistry, 236(1): 247-253.

Corbett D R, Dillon K, Burnett W, et al. 2000. Estimating the groundwater contribution into Florida Bay via natural tracers, ^{222}Rn and CH_4. Limnology and Oceanography, 45(7): 1546-1557.

Creed I F, Bergström A K, Trick C G, et al. 2018. Global change-driven effects on dissolved organic matter composition: Implications for food webs of northern lakes. Global Change Biology, 24(8).

Creed i F, Spargo A T, Jones J A, et al. 2014. Changing forest water yields in response to climate warming: Results from long-term experimental watershed sites across North America. Global Change Biology, 20(10): 3191-3208.

Davie J C S, Falloon P D, Kahana R, et al. 2013. Comparing projections of future changes in runoff from hydrological and biome models in ISI-MIP. Earth System Dynamics, 4(2): 359-374.

Dilling J, Kaiser K. 2002. Estimation of the hydrophobic fraction of dissolved organic matter in water samples using UV photometry. Water Research, 36(20): 5037-5044.

Dimova N, Burnett W. 2011. Evaluation of groundwater discharge into small lakes based on the temporal distribution of radon-222. Limnology and Oceanography, 56: 486-494.

Dimova N T, Burnett W C, Chanton J P, et al. 2013. Application of radon-222 to investigate groundwater discharge into small shallow lakes. Journal of hydrology (Amsterdam), 486: 112-122.

Dixit S S, Smol J P, Kingston J C, et al. 1992. ES&T diatoms: Powerful indicators of environmental change. Environmental Science & Technology, 26(1): 22-33.

Dooge J C I, Bruen M, Parmentier B. 1999. A simple model for estimating the sensitivity of runoff to long-term changes in precipitation without a change in vegetation. Advances in Water Resources, 23(2): 153-163.

Dudgeon D. 2014. Threats to freshwater biodiversity in a Changing World. Global Environmental Change: 243-253.

Dulaiova H, Burnett W C. 2006. Radon loss across the water-air interface (Gulf of Thailand) estimated experimentally from ^{222}Rn-^{224}Ra. Geophysical Research Letters, 33(5).

Eyring V, Gleckler P J, Heinze C, et al. 2016. Towards improved and more routine earth system model evaluation in CMIP. Earth System Dynamics, 7(4): 813-830.

Fang C, Song K S, Shang Y X, et al. 2018. Remote sensing of harmful algal blooms variability for Lake Hulun using adjusted FAI (AFAI) algorithm. Journal of Environmental Informatics.

Fleckenstein J H, Krause S, Hannah D M, et al. 2010. Groundwater-surface water interactions: New methods and models to improve understanding of processes and dynamics. Advances in Water Resources, 33(11): 1291-1295.

Fox J W. 2013. The intermediate disturbance hypothesis is broadly defined, substantive issues are key: A reply to Sheil and Burslem. Trends in Ecology & Evolution, 28: 572-573.

Fu C, Wu H, Zhu Z, et al. 2021. Exploring the potential factors on the striking water level variation of the two largest semi-arid-region lakes in northeastern Asia. Catena, 198: 105037.

Gao H, Ryan M, Li C, et al. 2017. Understanding the role of groundwater in a remote transboundary lake (Hulun Lake, China). Water, 9: 363.

Gareis J A L, Lesack L F W, Bothwell M L. 2010. Attenuation of in situ UV radiation in Mackenzie Delta Lakes with varying dissolved organic matter compositions. Water Resources Research, 46(9): 2095-2170.

Gedney N, Cox P M, Betts R A, et al. 2006. Detection of a direct carbon dioxide effect in continental river runoff records. Nature, 439(7078): 835-838.

Gedney N, Huntingford C, Weedon G P, et al. 2014. Detection of solar dimming and brightening effects on Northern Hemisphere River flow. Nature Geoscience, 7(11): 796-800.

Gerten D, Rost S, von Bloh W, et al. 2008. Causes of change in 20th century global river discharge. Geophysical Research Letters, 35(20).

Gholizadeh M, Melesse A, Reddi L. 2016. A comprehensive review on water quality parameters estimation using remote sensing techniques. Sensors, 16: 1298.

Green G, Stewart S. 2008. Interactions between groundwater and surface water systems in the Eastern Mount Lofty Ranges. Adelaide: Knowledge and Information Division, Department of Water, Land and Biodiversity Conservation.

Greve P, Orlowsky B, Mueller B, et al. 2014. Global assessment of trends in wetting and drying over land. Nature Geoscience, 7(10): 716-721.

Griffiths J R, Schindler D E, Balistrieri L S, et al. 2011. Effects of simultaneous climate change and geomorphic evolution on thermal characteristics of a shallow alaskan lake. Limnology and Oceanography Letters, 56: 193-205.

Griffiths M L, Bradley R S. 2007. Variations of twentieth-century temperature and precipitation extreme indicators in the Northeast United States. Journal of Climate, 20(21): 5401-5417.

Guzzo M M, Blanchfield P J, Rennie M D. 2017. Behavioral responses to annual temperature variation alter the dominant energy path way, growth, and condition of a cold-water predator. Proceedings of the National Academy of Sciences of the United States of America, 114: 9911-9912.

Haines-Young R, Potschin M. 2018. Common International Classification of Ecosystem Services (CICES) V5.1 and Guidance on the Application of the Revised Structure.

Hansell D A, Carlson C A. 2014. Biogeochemistry of Marine Dissolved Organic Matter: Second Edition. Academic Press.

Hansen A M, Kraus T E C, Pellerin B A, et al. 2016. Optical properties of dissolved organic matter (DOM): Effects of biological and photolytic degradation. Limnology and Oceanography, 61(3): 1015-1032.

Harris J M, Kennedy S. 1999. Carrying capacity in agriculture: Global and regional issues. Ecological Economics, 29: 443-461.

Hatch C E, Fisher A T, Revenaugh J S, et al. 2006. Quantifying surface water-groundwater interactions using time series analysis of streambed thermal records: Method development. Water Resources Research, 42(10).

Haywood J, Boucher O. 2000. Estimates of the direct and indirect radiative forcing due to tropospheric aerosols: A review. Reviews of Geophysics, 38(4): 513-543.

He S, Liu T, Kang C, et al. 2021. Photodegradation of dissolved organic matter of chicken manure: Property changes and effects on Zn^{2+}/Cu^{2+} binding property. Chemosphere(6): 130054.

Helms J R, Stubbins A, Ritchie J D, et al. 2008. Absorption spectral slopes and slope ratios as indicators of molecular weight, source, and photobleaching of chromophoric dissolved organic matter. Limnology and Oceanography, 54(3): 1023.

Hooper T, Beaumont N, Griffiths C, et al. 2017. Assessing the sensitivity of ecosystem services to changing pressures. Ecosystem Services, 24: 160-169.

Hu J, Ma J, Nie C, et al. 2020. Attribution analysis of runoff change in Min-Tuo River Basin based on SWAT model simulations, China. Scientific Reports.

Huang C, Zhang Y, Huang T, et al. 2019. Long-term variation of phytoplankton biomass and physiology in Taihu Lake as observed *via* MODIS satellite. Water Research, 153: 187-199.

Huguet A, Vacher L, Relexans S, et al. 2009. Properties of fluorescent dissolved organic matter in the Gironde Estuary. Organic Geochemistry, 40(6): 706-719.

Huss M, Hock R. 2018. Global-scale hydrological response to future glacier mass loss. Nature Climate Change, 8(2): 135-140.

IPCMEEH (China International Engineering Consulting Co., Ltd). 2019. Implementation Plan for Comprehensive Management of Ecology and Environment in Hulun Lake Basin.

Jacquin A, Sheeren D, Lacombe J P. 2009. Vegetation cover degradation assessment in Madagascar savanna based on trend analysis of MODIS NDVI time series. International Journal of Applied Earth Observations and Geoinformation, 12.

Jiang T, Bravo A G, Skyllberg U, et al. 2018. Influence of dissolved organic matter (DOM) characteristics on dissolved mercury (Hg) species composition in sediment porewater of lakes from southwest China. Water Research, 146: 146-158.

Jiang T, Wang D, Meng B, et al. 2020. The concentrations and characteristics of dissolved organic matter in high-latitude lakes determine its ambient reducing capacity. Water Research, 169: 115217.

Jones P W. 1999. First- and second-order conservative remapping schemes for grids in spherical coordinates. Monthly Weather Review, 127(9): 2204-2210.

Kann J, Walker J D. 2020. Detecting the effect of water level fluctuations on water quality impacting endangered fish in a shallow, hypereutrophic lake using long-term monitoring data. Hydrobiologia, 847: 1851-1872.

Karr J R. 1981. Assessment of Biotic Integrity Using Fish Communities. Fisheries, 6(6).

Keery J, Binley A, Crook N, et al. 2007. Temporal and spatial variability of groundwater-surface water fluxes: Development and application of an analytical method using temperature time series. Journal of Hydrology, 336(1-2): 1-16.

Kelly M G, Whitton B A. 1998. Biological monitoring of eutrophication in rivers. Hydrobiologia , 384(1/3): 55-67.

Kida M, Kojima T, Tanabe Y, et al. 2019. Origin, distributions, and environmental significance of ubiquitous humic-like fluorophores in Antarctic lakes and streams. Water Research, 163: 114901.

Kim K Y, North G R. 1999. EOF-based linear prediction algorithm: Examples. Journal of Climate, 12(7): 2076-2092.

Kirk J T O. 1994. Light and Photosynthesis in Aquatic Ecosystems. Cambridge: Cambridge University Press.

Koch B P, Kattner G, Witt M, et al. 2014. Molecular insights into the microbial formation of marine dissolved organic matter: Recalcitrant or labile? Biogeosciences, 11(15): 4173-4190.

Kolada A. 2014. The effect of lake morphology on aquatic vegetation development and changes under the influence of eutrophication. Ecological Indicators, 38: 282-293.

Kollet S J, Maxwell R M. 2006. Integrated surface-groundwater flow modeling: A free-surface overland flow boundary condition in a parallel groundwater flow model. Advances in Water Resources, 29(7): 945-958.

Kuhn C, de Matos Valerio A, Ward N, et al. 2019. Performance of Landsat-8 and Sentinel-2 surface reflectance products for river remote sensing retrievals of chlorophyll-a and turbidity. Remote Sensing of Environment, 224: 104-118.

Kwandrans J, Eloranta P, Kawecka B, et al. 1998. Use of benthic diatom communities to evaluate water quality in rivers of southern Poland. Journal of Applied Phycology, 10(2): 193-201.

Landis W G, Wiegers J K. 1997. Design considerations and a suggested approach for regional and comparative ecological risk assessment. Human and Ecological Risk Assessment, 3: 287-297.

Landis W G. 2005. Regional Scale Ecological Risk Assessment: Using the Relative Risk Model. Boca Raton, FL, USA: CRC Press.

Lehmann M F, Carstens D, Deek A, et al. 2020. Amino acid and amino sugar compositional changes during *in vitro* degradation of algal organic matter indicate rapid bacterial re-synthesis. Geochimica et Cosmochimica Acta, 283: 67-84.

Lei Y, Yao T, Bird B W, et al. 2013. Coherent Lake growth on the central Tibetan Plateau since the 1970s: Characterization and attribution. Journal of Hydrology, 483: 61-67.

Leloup M, Nicolau R, Pallier V, et al. 2013. Organic matter produced by algae and cyanobacteria: Quantitative and qualitative characterization. Journal of Environmental Sciences, 25(6): 1089-1097.

Li C Y, Sun B, Jia K L, et al. 2013. Multi-band remote sensing based retrieval model and 3D analysis of water depth in Hulun Lake, China. Mathematical and Computer Modelling, 58(8): 765-775.

Li H, Gao Y, Li Y, et al. 2017. Dynamic of Dalinor Lakes in the Inner Mongolian Plateau and its driving factors during 1976-2015. Water, 9(10): 749.

Li J, Bai X, Jin Y, et al. 2020. Recent intensified runoff variability in the Hailar River Basin during the past two centuries. Journal of Hydrometeorology, 21: 2257-2273.

Li N, Shi K, Zhang Y, et al. 2019. Decline in transparency of Lake Hongze from long-term MODIS observations: Possible causes and potential significance. Remote Sensing, 11: 177.

Li S, Chen J, Xiang J, et al. 2019. Water level changes of Hulun Lake in Inner Mongolia derived from Jason satellite data. Journal of Visual Communication and Image Representation, 58: 565-575.

Li X, Xu H, Sun Y, et al. 2007. Lake-level change and water balance analysis at Lake Qinghai, West China during recent decades. Water Resources Management, 21(9): 1505-1516.

Lian M Q. 2009. Hydrology and water resources effect analysis of land use change in Hulun Lake water system. Northeast Water Resources and Hydropower, 12: 24-26.

Lin Y C, Huang S L, Budd W W. 2013. Assessing the environmental impacts of high-altitude agriculture in Taiwan: A driver-pressure-state-impact-response (DPSIR) framework and spatial energy synthesis. Ecological Indicators, 32: 42-50.

Lind O T, Dávalos-Lind L O. 2002. Interaction of water quantity with water quality: The Lake Chapala example. Hydrobiologia, 467: 159-167.

Liu B. 2004. A spatial analysis of pan evaporation trends in China, 1955-2000. Journal of Geophysical Research, 109(D15).

Liu G, Ou W, Zhang Y, et al. 2015. Validating and mapping surface water temperatures in Lake Taihu: Results from MODIS land surface temperature products. IEEE Journal of Selected Topics in Applied Earth Observations and Remote Sensing, 8: 1230-1244.

Liu S, Feng W, Song F, et al. 2019. Photodegradation of algae and macrophyte-derived dissolved organic matter: A multi-method assessment of DOM transformation. Limnologica, 77: 125683.

Liu X L. 2019. Dynamic changes in the area and water level of Daihai Lake and its driving force analysis. Inner Mongolia University.

Liu X, Feng J, Wang Y. 2019. Chlorophyll a predictability and relative importance of factors governing lake phytoplankton at different timescales. Science of The Total Environment, 648: 472-480.

Liu X, Yao T, Kang S, et al. 2010. Bacterial community of the largest oligosaline Lake, Namco on the Tibetan Plateau. Geomicrobiology Journal, 27(8): 669-682.

Lockwood M. 2010. Good governance for terrestrial protected areas: A framework, principles and performance outcomes. Journal of Environmental Management, 91: 754-766.

Lü C, He J, Sun H, et al. 2008. Application of allochthonous organic carbon and phosphorus forms in the interpretation of past environmental conditions. Environmental Geology, 55(6): 1279-1289.

Luo S, Song C, Ke L, et al. 2022. Satellite laser altimetry reveals a net water mass gain in global lakes with spatial heterogeneity in the early 21st century. Geophysical Research Letters, 49(3): e2021GL096676.

MacIntyre S, Sickman J O, Goldthwait S A, et al. 2006. Physical pathways of nutrient supply in a small, ultraoligotrophic arctic lake during summer stratification. Limnology and Oceanography, 251(2): 1107-1124.

Macintyre S, Wanninkhof R, Chanton J P. 1995. Trace gas exchange across the air-water interface in freshwatre and coastal marine environments//Mattson P A, Harris R C. Biogenic Trace Gases Measuring Emissions from Soil and Water. New York: Blackwell: 52-57.

Mahmood R, Hubbard K G. 2003. Simulating sensitivity of soil moisture and evapotranspiration under heterogeneous soils and land uses. Journal of Hydrology, 280(1-4): 72-90.

Malekian A, Azarnivand A. 2016. Application of integrated Shannon's entropy and VIKOR techniques in prioritization of flood risk in the Shemshak Watershed, Iran. Water Resources Management, 30(1): 409-425.

Mammides C. 2020. A global assessment of the human pressure on the world's lakes. Global Environmental Change, 63(102084): 1-13.

Mann H B. 1945. Nonparametric tests against trend. Econometrica, 13: 245-259.

Mao R F, Hu Y Y, Zhang S Y, et al. 2020. Microplastics in the surface water of Wuliangsuhai Lake, Northern China. Science of the Total Environment, 723(6): 137820.

Marcarelli A M, Wurtsbaugh W A, 2006. Temperature and nutrient supply interact to control nitrogen fixation in oligotrophic streams: An experimental examination. Limnology and Oceanography, 51(5): 2278-2289.

Martens B, Miralles D G, Lievens H, et al. 2017. GLEAM v3: Satellite-based land evaporation and root-zone soil moisture. Geoscientific Model Development, 10(5): 1903-1925.

Martens C S, Kipphut G W, Klump J V. 1980. Sediment-water chemical exchange in the coastal zone traced by *in situ* radon-222 flux measurements. Science, 208(4441): 285-288.

Miao C, Zheng H, Jiao J, et al. 2020. The changing relationship between rainfall and surface runoff on the Loess Plateau, China. Journal of Geophysical Research: Atmospheres, 125(8): e2019JD032053.

Mischke S, Herzschuh U, Zhang C, et al. 2005. A late quaternary lake record from the Qilian Mountains (NW China): Lake level and salinity changes inferred from sediment properties and ostracod assemblages. Global and Planetary Change, 46: 337-359.

Montocchio D, Chow-Fraser P. 2021. Influence of water-level disturbances on the performance of ecological indices for assessing human disturbance: A case study of Georgian Bay coastal wetlands. Ecological Indicators, 127: 107716.

Mostofa K M G, Liu C, Mottaleb M A, et al. 2013. Photobiogeochemistry of Organic Matter, Photobiogeochemistry of Organic Matter, Environmental Science and Engineering. Berlin

Heidelberg: Springer-Verlag.

North G R, Bell T L, Cahalan R F, et al. 1982. Sampling errors in the estimation of empirical orthogonal functions. Monthly Weather Review, 110(7): 699-706.

Ohmura A, Wild M. 2002. Climate change. Is the hydrological cycle accelerating? Science, 298(5597): 1345-1346.

Ohno T. 2002. Fluorescence inner-filtering correction for determining the humification index of dissolved organic matter. Environmental Science & Technology, 36(4): 742-746.

Paerl H W, Havens K E, Hall N S, et al. 2019. Mitigating a global expansion of toxic cyanobacterial blooms: Confounding effects and challenges posed by climate change. Marine and Freshwater Research, 71(5): 579-592.

Palmer M E, Yan N D, Somers K M. 2014. Climate change drives coherent trends in physics and oxygen content in North American lakes. Climatic Change, 124(1): 285-299.

Pan Y, Zhang L, Koh J, et al. 2021. An adaptive decision making method with copula Bayesian network for location selection. Information Sciences, 544: 56-77.

Pan Y, Zhang L, Wu X, et al. 2019. Modeling face reliability in tunneling: A copula approach. Computers and Geotechnics, 109: 272-286.

Peng T H, Takahashi T, Broecker W S. 1974. Surface radon measurements in the North Pacific Ocean station Papa. Journal of Geophysical Research, 79(12): 1772-1780.

Peng X, Yi K, Lin Q, et al. 2020. Annual changes in periphyton communities and their diatom indicator species, in the littoral zone of a subtropical urban lake restored by submerged plants. Ecological Engineering, 155: 105958.

Peng X, Zhang L, Li Y, et al. 2021. The changing characteristics of phytoplankton community and biomass in subtropical shallow lakes: Coupling effects of land use patterns and lake morphology. Water Research, 200: 117235.

Philips E J, Cichra M, Havens K, et al. 1997. Relationships between phytoplankton dynamics and the availability of light and nutrients in a shallow sub-tropical lake. Journal of plankton research, 19: 319-342.

Piao S, Ciais P, Huang Y, et al. 2010. The impacts of climate change on water resources and agriculture in China. Nature, 467(7311): 43-51.

Piao S, Friedlingstein P, Ciais P, et al. 2007. Changes in climate and land use have a larger direct impact than rising CO_2 on global river runoff trends. Proceedings of the National Academy of Sciences of the United States of America, 104(39): 15242-15247.

Pilson M. 1998. An introduction to the chemistry of the sea//Michael E Q. Pilson: An Introduction to the CHEmistry of the Sea, Cambridge:Cambridge University Press

Pivokonsky M, Kloucek O, Pivokonska L. 2006. Evaluation of the production, composition and aluminum and iron complexation of algogenic organic matter. Water Research, 40(16): 3045-3052.

Poikane S, Herrero F S, Kelly M G, et al. 2020. European aquatic ecological assessment methods: A critical review of their sensitivity to key pressures. Science of the Total Environment, 740: 140075.

Porst G, Brauns M, Irvine K, et al. 2019. Effects of shoreline alteration and habitat heterogeneity on macroinvertebrate community composition across European lakes. Ecological Indicators, 98:

285-296.

Potts T, Burdon D, Jackson E, et al. 2014. Do marine protected areas deliver flows of ecosystem services to support human welfare? Marine Policy, 44: 139-148.

Qin D H, Wang S W, Dong G R. 2002. Evaluation of environmental evolution in Western China (Volume 1): Environmental Features and Evolution in Western China. Beijing: Science Press.

QRWEIF (Yellow River Conservancy Commission Yellow River Conservancy Research Institute). 2016. Quantitative Research on Water Environment Influencing Factors of Daihai Lake and its Adaptive Countermeasures.

Rankinen K, Keinnen H, Bernal J E C. 2016. Influence of climate and land use changes on nutrient fluxes from Finnish rivers to the Baltic Sea. Agriculture Ecosystems & Environment, 216: 100-115.

Read J S, Rose K C. 2013. Physical responses of small temperate lakes to variation in dissolved organic carbon concentrations. Limnology and Oceanography, 58(3): 921-931.

Reavie E D, Allinger L E, 2011. What have diatoms revealed about the ecological history of Lake Superior? Ecosystem Health & Management, 14(4): 396-402.

Redhead J W, Stratford C, Sharps K et al. 2016. Empirical validation of the InVEST water yield ecosystem service model at a national scale. Science of the Total Environment, 569-570: 1418-1426.

Reichwaldt E S, Ghadouani A. 2012. Effects of rainfall patterns on toxic cyanobacterial blooms in a changing climate: Between simplistic scenarios and complex dynamics. Water research, 46: 1372-1393.

Reid A J, Carlson A K, Creed I F, et al. 2019. Emerging threats and persistent conservation challenges for freshwater biodiversity. Biological Reviews, 94(3): 849-873.

Rigosi A, Hason P, Hamilton D P, et al. 2015. Determining the probability of cyanobacterial blooms: The application of Bayesian networks in multiple lake systems. Ecological Applications, 25(1): 186-199.

Rodellas V, Stieglitz T C, Andrisoa A, et al. 2018. Groundwater-driven nutrient inputs to coastal lagoons: The relevance of lagoon water recirculation as a conveyor of dissolved nutrients. Science of the Total Environment, 642:764-780.

Sahoo G B, Forrest A L, Schladow S G, et al. 2016. Climate change impacts on lake thermal dynamics and ecosystem vulnerabilities. Limnology and Oceanography. 61, 496-507.

Salmaso N, Zignin A. 2010. At the extreme of physical gradients: phytoplankton in highly flushed, large rivers. Hydrobiologia, 639: 21-36.

Sardans J, Peuelas J, Estiarte M. 2008. Changes in soil enzymes related to C and N cycle and in soil C and N content under prolonged warming and drought in a Mediterranean shrubland. Applied Soil Ecology, 39(2): 223-235.

Schindler D E. 2017. Warmer climate squeezes aquatic predators out of their preferred habitat. Proceedings of the National Academy of Sciences, 114(37): 9764-9765.

Schinegger R, Trautwein C, Melcher A, et al. 2012. Multiple human pressures and their spatial patterns in European running waters. Water and Environment Journal, 26 (2): 261-273.

Schmidt A, Stringer C E, Haferkorn U, et al. 2009. Quantification of groundwater discharge into lakes using radon-222 as naturally occurring tracer. Environmental Geology, 56(5):855-863.

Schmidt C, Conant B, Bayer-Raich M, et al. 2007. Evaluation and Field-Scale Application of an Analytical Method to Quantify Groundwater Discharge Using Mapped Streambed Temperatures. Journal of Hydrology, 347(3-4): 292-307.

Senga Y, Yabe S, Nakamura T, et al. 2018. Influence of parasitic chytrids on the quantity and quality of algal dissolved organic matter (AOM). Water research, 145, 346-353.

Shen B, Wu J, Zhao Z. 2015. A ~150-year record of human impact in the Lake Wuliangsu (China) watershed: evidence from polycyclic aromatic hydrocarbon and organochlorine pesticide distributions in sediments. Journal of Limnology, 76(1).

Shen Y, Liu C, Liu M, et al. 2009. Change in Pan Evaporation Over the Past 50 Years in the Arid Region of China. Hydrological Processes: n/a-n/a.

Shi K, Zhang Y, Song K, et al. 2019a. A semi-analytical approach for remote sensing of trophic state in inland waters: Bio-optical mechanism and application. Remote Sensing of Environment, 232: 111349.

Shi K, Zhang Y, Zhang Y, et al. 2019b. Phenology of phytoplankton blooms in a trophic lake observed from long-term MODIS data. Environmental Science & Technology, 53: 2324-2331.

Shi K, Zhang Y, Zhang Y, et al. 2020. Understanding the long-term trend of particulate phosphorus in a cyanobacteria-dominated lake using MODIS-Aqua observations. Science of The Total Environment, 737: 139736.

Shi Q L. 2013. Research on the response of non-point source pollution load to LUCC in Wuliangsuhai Basin. Jinan University (In Chinese).

Shi Y B, Zhao X X, Jang C L, et al. 2019. Decoupling effect between economic development and environmental pollution: A spatial-temporal investigation using 31 provinces in China. Energy & Environment, 30, 755-775.

Sievers M, Hale R, Parris K M, et al. 2018. Impacts of human-induced environmental change in wetlands on aquatic animals. Biological Reviews, 93, 529-554.

Solomon C T, Jones S E, Weidel B C, et al. 2015. Ecosystem Consequences of Changing Inputs of Terrestrial Dissolved Organic Matter to Lakes: Current Knowledge and Future Challenges. Ecosystems, 18(3): 376-389.

Sophocleous M. 2002. Interactions Between Groundwater and Surface Water: The State of the Science. Hydrogeology Journal, 10(1): 52-67.

Steinman A D, Ogdahl M E, Weinert M, et al. 2012. Water level fluctuation and sediment-water nutrient exchange in Great Lakes coastal wetlands. Journal of Great Lakes Research, 38: 766-775.

Strokal M, Ma L, Bai Z, et al. 2016. Alarming nutrient pollution of Chinese rivers as a result of agricultural transitions. Environmental Research Letters, 11(2), 024014.

Su T, Feng G, Zhou J, et al. 2015. The Response of Actual Evaporation to Global Warming in China Based On Six Reanalysis Datasets. International Journal of Climatology, 35(11): 3238-3248.

Sun B, Li C Y, Cordovil C, et al. 2013. Variability of water quality in a lake receiving drainage water from Hetao irrigation system, in Yellow River basin, China. Fresenius Environmental Bulletin,

22(6): 1666-1676.

Sun B, Li CY, Zhu D N. 2011. Changes of Wuliangsuhai Lake in Past 150 Years Based on 3S Technology. Proceedings of 2011 International Conference on Remote Sensing. Environment and Transportation Engineering: 2993-2997.

Sun H, Lu X, Yu R, et al. 2021. Eutrophication decreased CO_2 but increased CH_4 emissions from lake: A case study of a shallow Lake Ulansuhai. Water Research, 201: 117363.

Sun H, Zhang Z, Yu S, et al. 2019. Construction conditions and storage capacity analysis of Rushan River underground reservoir. Journal of Water Resources Research, 8(3): 304-311.

Sun Q, Wang S, Zhou J, et al. 2009. Lake surface fluctuations since the late glaciation at Lake Daihai, North central China: A direct indicator of hydrological process response to East Asian monsoon climate. Quaternary International, 194(1-2): 45-54.

Tang Q, Oki T, Kanae S, et al. 2008. Hydrological Cycles Change in the Yellow River Basin during the Last Half of the Twentieth Century. Journal of Climate, 21(8): 1790-1806.

Tang Q H, Peng L, Yang Y, et al. 2019. Total phosphorus-precipitation and Chlorophyll a-phosphorus relationships of lakes and reservoirs mediated by soil iron at regional scale. Water research, 154, 136-143.

Tao S, Fang J, Ma S, et al. 2020. Changes in China's lakes: climate and human impacts. National Science Review, 7(1): 132-140.

Tao S, Fang J, Zhao X, et al. 2015. Rapid loss of lakes on the Mongolian Plateau. Proceedings of the National Academy of Sciences, 112(7): 2281-2286.

Tian Y, Zheng Y, Wu B, et al. 2015. Modeling Surface Water-Groundwater Interaction in Arid and Semi-Arid Regions with Intensive Agriculture. Environmental Modelling & Software, 63: 170-184.

Toming K, Tuvikene L, Vilbaste S, et al. 2013. Contributions of autochthonous and allochthonous sources to dissolved organic matter in a large, shallow, eutrophic lake with a highly calcareous catchment. Limnology and oceanography, 58(4): 1259-1270.

Ullman W J, Aller R C. 1982. Diffusion Coefficients in Nearshore Marine Sediments. Limnology and Oceanography, 27(3): 552-556.

Uudeberg K, Aavaste A, Kõks K, et al. 2020. Optical Water Type Guided Approach to Estimate Optical Water Quality Parameters. Remote Sensing; 12: 931.

Vadeboncoeur Y, Jeppesen E, Vander Zanden M J, et al. 2003. From Greenland to green lakes: Cultural eutrophication and the loss of benthic pathways in lakes. Limnology and oceanography, 48(4): 1408-1418.

Villacorte L O, Ekowati Y, Neu T R, et al. 2015. Characterisation of algal organic matter produced by bloom-forming marine and freshwater algae. Water Research, 73, 216-230.

Vitousek P M, Mooney H A, Lubchenco J et al. 1997. Human Domination of Earth's Ecosystems. Science, 277(5325): 494-499.

Wang Q X, Chen X K, Peng W Q, et al. 2021. Changes in runoff volumes of inland terminal lake: A case study of Lake Daihai. Earth and Space Science, 8(11).

Wang Q, Li H, Zhang Y, et al. 2020. Submarine groundwater discharge and its implication for nutrient budgets in the Western Bohai Bay, China. Journal of Environmental Radioactivity, 212: 106132.

Wang Q, Song K, Wen Z, et al. 2021. Long-term remote sensing of total suspended matter using Landsat series sensors in Hulun Lake, China. International journal of remote sensing, 42: 1379-1397.

Wang S, Gao Y, Jia J, et al. 2021a. Water level as the key controlling regulator associated with nutrient and gross primary productivity changes in a large floodplain-lake system (Lake Poyang), China. Journal of Hydrology, 599: 126414.

Wang S, Li J, Zhang W, et al. 2021b. A dataset of remote-sensed Forel-Ule Index for global inland waters during 2000-2018. Scientific Data, 8(1): 1-10.

Wang S, Zhang L, Ni L, et al. 2015. Ecological degeneration of the Erhai Lake and prevention measures. Environmental Earth Sciences, 74: 3839-3847.

Wang W, Li W, Yan Y, et al. 2020. Organic matter pollution during the Spring Thaw in Hulun Lake Basin: Contribution of multiform human activities. Bulletin of Environmental Contamination and Toxicology, 105: 307-316.

Wang X, Zang N, Liang P, et al. 2017. Identifying priority management intervals of discharge and TN/TP concentration with copula analysis for Miyun Reservoir inflows, North China. Science of The Total Environment, 609: 1258-1269.

Wang Y, Shen Y, Guo Y, et al. 2022. Increasing shrinkage risk of endorheic lakes in the middle of farming-pastoral ecotone of Northern China. Ecological Indicators, 135: 108523.

Warnecke F, Sommaruga R, Sekar R, et al. 2005. Abundances, identity, and growth state of actinobacteria in mountain lakes of different UV transparency. Applied and environmental microbiology, 71(9), 5551-5559.

Webster K E, Soranno P A, Cheruvelil K S, et al. 2008. An empirical evaluation of the nutrient-color paradigm for lakes. Limnology and Oceanography, 53: 1137-1148.

Wei W, Gao Y, Huang J, et al. 2020. Exploring the effect of basin land degradation on lake and reservoir water quality in China. Journal of Cleaner Production, 268: 122249.

Weishaar J L, Aiken G R, Bergamaschi B A, et al. 2003. Evaluation of specific ultraviolet absorbance as an indicator of the chemical composition and reactivity of dissolved organic carbon. Environmental Science & Technology, 37(20): 4702-4708.

Wen Z, Song K, Liu G, et al. 2019. Quantifying the trophic status of lakes using total light absorption of optically active components. Environmental Pollution, 245: 684-693.

Whitehead P G, Wade A J, Butterfield D. 2009. Potential impacts of climate change on water quality and ecology in six UK rivers. Hydrology Research, 40(2-3): 113-122.

Wilkinson G M, Pace M L, Cole J J. 2013. Terrestrial dominance of organic matter in north temperate lakes. Global Biogeochemical Cycles, 27(1): 43-51.

Williamson C E, Stemberger R S, Morris D P, et al. 1996. Ultraviolet radiation in North American lakes: Attenuation estimates from DOC measurements and implications for plankton communities. Limnology and Oceanography, 41(5): 1024-1034.

Wilson C, Weng Q. 2010. Assessing Surface Water Quality and Its Relation with Urban Land Cover Changes in the Lake Calumet Area, Greater Chicago. Environmental Management, 45: 1096-1111.

Wüest A, Lorke A. 2003. Small-scale hydrodynamics in lakes. Annual Review of fluid mechanics, 35(1): 373-412.

Xia H S. 2019. Construction Conditions and Storage Capacity Analysis of Rushan River Underground Reservoir. Journal of Water Resources Research, 08(03): 304-311.

Xia J, Zuo Q T, Pang J W. 2001. Enlightenment on sustainable management of water resources from past practices in the Bositeng Lake basin, Xinjiang, China. IAHS-AISH publication, 41-48.

Xiong J, Lin C, Ma R, et al. 2019. Remote Sensing Estimation of Lake Total Phosphorus Concentration Based on MODIS: A Case Study of Lake Hongze. Remote Sensing, 11: 2068.

Xu J, Fang C, Gao D, et al. 2018. Optical models for remote sensing of chromophoric dissolved organic matter (CDOM) absorption in Poyang Lake. ISPRS Journal of Photogrammetry and Remote Sensing, 142: 124-136.

Xu W, Gao Q, He C, et al. 2020. Using ESI FT-ICR MS to characterize dissolved organic matter in salt lakes with different salinity. Environmental Science & Technology, 54(20): 12929-12937.

Xu X, Zhang Y, Chen Q, et al. 2020. Regime shifts in shallow lakes observed by remote sensing and the implications for management. Ecological Indicators, 113: 106285.

Xue B, Qu W C, Wang S M, et al. 2003. Lake level changes documented by sediment properties and diatom of Hulun Lake, China since the late Glacial. Hydrobiologia, 498(1-3): 133-141.

Xue J, Gavin K. 2007. Effect of Rainfall Intensity on Infiltration into Partly Saturated Slopes. Geotechnical and Geological Engineering , 26(2): 199-209.

Xue K, Ma R, Duan H, et al. 2019. Inversion of inherent optical properties in optically complex waters using sentinel-3A/OLCI images: A case study using China's three largest freshwater lakes. Remote Sensing of Environment, 225: 328-346.

Yang H B, Yang D W, Lei Z D, et al. 2008. New analytical derivation of the mean annual water-energy balance equation. Water Resources Research, 44(3): 131-139.

Yang J, Yu Z, Yi P, et al. 2020. Evaluation of surface water and groundwater interactions in the upstream of Kui river and Yunlong lake, Xuzhou, China. Journal of Hydrology, 583: 124549.

Yang Y, Cai Z X. 2020. Ecological security assessment of the Guanzhong Plain urban agglomeration based on an adapted ecological footprint mode. Journal of Cleaner Production, 260: 120973.

Ye X, Zhang Q, Liu J, et al. 2013. Distinguishing the relative impacts of climate change and human activities on variation of streamflow in the Poyang Lake catchment, China. Journal of Hydrology, 494: 83-95.

Yi P, Luo H, Chen L, et al. 2018. Evaluation of groundwater discharge into surface water by using Radon-222 in the Source Area of the Yellow River, Qinghai-Tibet Plateau. Journal of Environmental Radioactivity, 192: 257-266.

Young K C, Docherty K M, Maurice P A, et al. 2005. Degradation of surface-water dissolved organic matter: Influences of DOM chemical characteristics and microbial populations. Hydrobiologia, 539(1): 1-11.

Yu H, Chu H. 2010. Understanding Space-time patterns of groundwater system by empirical orthogonal functions: A case study in the Choshui River Alluvial Fan, Taiwan. Journal of Hydrology, 381(3-4): 239-247.

Yu R, Zhang C. 2021. Early warning of water quality degradation: A copula-based Bayesian network model for highly efficient water quality risk assessment. Journal of Environmental Management, 292: 112749.

Yue W, Meng K, Hou K, et al. 2020. Evaluating Climate and Irrigation Effects On Spatiotemporal Variabilities of Regional Groundwater in an Arid Area Using EOFs. Science of the Total Environment, 709: 136147.

Zang N, Zhu J, Wang X, et al. 2022. Eutrophication risk assessment considering joint effects of water quality and water quantity for a receiving reservoir in the South-to-North Water Transfer Project, China. Journal of Cleaner Production, 331: 129966.

Zelinka M D, Myers T A, Mccoy D T, et al. 2020. Causes of Higher Climate Sensitivity in CMIP6 Models. Geophysical Research Letters, 47(1): n/a-n/a.

Zhang L, Cheng L, Chiew F, et al. 2018. Understanding the impacts of climate and land use change on water yield. Current Opinion in Environmental Sustainability, 33: 167-174.

Zhang X Y, Xu D Y, Wang Z Y, et al. 2021. Balance of water supply and consumption during ecological restoration in arid regions of Inner Mongolia, China. Journal of Arid Environments, 186, 104406.

Zhang Y Y, Sun M Y, Yang R J, et al. 2021. Decoupling water environment pressures from economic growth in the Yangtze River Economic Belt, China. Ecological Indicators, 122, 107314.

Zhang Y, Shi K, Zhang Y, et al. 2021. Water clarity response to climate warming and wetting of the Inner Mongolia-Xinjiang Plateau: A remote sensing approach. Science of The Total Environment, 796: 148916.

Zhang Y, Zhang B, Ma R, et al. 2007. Optically active substances and their contributions to the underwater light climate in Lake Taihu, a large shallow lake in China. Fundamental and Applied Limnology, 170: 11-19.

Zhang Y, Zhou Y, Shi K, et al. 2018. Optical properties and composition changes in chromophoric dissolved organic matter along trophic gradients: Implications for monitoring and assessing lake eutrophication. Water Research, 131: 255-263.

Zheng J, Ke C, Shao Z, et al. 2016. Monitoring changes in the water volume of Hulun Lake by integrating satellite altimetry data and Landsat images between 1992 and 2010. Journal of Applied Remote Sensing, 10: 016029.

Zhou S Q, Kang S C, Chen F, et al. 2013. Water balance observations reveal significant subsurface water seepage from Lake Nam Co, south-central Tibetan Plateau. Journal of Hydrology, 491: 89-99.

Ziegelgruber K L, Zeng T, Arnold W A, et al. 2013. Sources and composition of sediment pore-water dissolved organic matter in prairie pothole lakes. Limnology and Oceanography, 58(3): 1136-1146.

Zou W, Zhu G W, Cai Y J, et al. 2020. Relationships between nutrient, chlorophyll a and Secchi depth in lakes of the Chinese Eastern Plains ecoregion: Implications for eutrophication management, Journal of Environmental Management, 260, 109923.